徹底攻略

情報セキュリティマネジメント

過去問題集

令和3年度 下期

五十嵐 聡［著］

インプレス

目次

■掲載している過去問題について

情報処理推進機構（IPA）による，情報セキュリティマネジメント試験の新規の過去問題公開が行われていないため，本書では令和元年の秋期試験までの問題・解説を掲載しています。あらかじめご了承ください。

購入者限定特典のご案内

●「午後解説動画」、スマホで学べるWebアプリ「でる語句単語帳」「よくでる問題集」のご利用

「午後解説動画」やいつでもどこでも暗記できる単語帳アプリ「でる語句単語帳」，午前の頻出問題を集中特訓できる「よくでる問題集」をご利用いただけます。
手順については，下記「本書のご案内ページURL」にアクセスして「特典」コーナーをご参照ください。

●電子版の無料ダウンロード

- 本文全文の電子版（PDF。印刷不可）を無料でダウンロードいただけます。
- 答案用紙のPDF（印刷可能）をダウンロードいただけます。
- 本書に掲載していない問題＆解説のPDF（印刷不可）「平成29年度秋期試験」「平成29年度春期試験」「平成28年度秋期試験」「平成28年度春期試験」「第１回模擬試験」「第２回模擬試験」「第３回模擬試験」※をダウンロードいただけます。
- 情報セキュリティ関連用語を厳選してまとめた「情報セキュリティマネジメント重要用語334選」（印刷可能）を無料ダウンロードいただけます。
- IPAが第１回試験開始前に、参考として公開したサンプル問題（午前・午後）の解答・解説PDF（印刷不可）をダウンロードいただけます。
- PDFのダウンロードについては，下記のURLにアクセスして「特典」コーナーをご確認ください。

●本書のご案内ページURL

https://book.impress.co.jp/books/1120101176

※特典のご利用には，無料の読者会員サービス「CLUB Impress」への登録が必要となります。
※本特典のご利用は，書籍をご購入いただいた方に限ります。
※特典のご利用可能期間はいずれも本書発売より１年間です。

情報セキュリティマネジメント

攻略ガイド

情報セキュリティマネジメント試験の概要

情報セキュリティマネジメント試験は，経済産業省が創設し，平成28年4月からIPA（独立行政法人情報処理推進機構）が実施している国家資格です。近年増加しているサイバー攻撃や内部不正などの脅威に対抗するために，情報セキュリティ人材の育成と確保を目的としている試験です。以前は他の試験と同様に，4月（春期）と10月（秋期）の年2回実施されていましたが，令和2年（2020年）度では12月にCBT方式で実施され，令和3年度以降も，CBT方式での実施が継続されることとなっています。

試験の開催状況は、IPAのWebサイトの試験ページの新着情報コーナーで、最新の情報を確認してください。

この試験は，一般企業において必要とされる「情報セキュリティマネジメント人材」を対象としています。

◆情報セキュリティマネジメント試験の対象者像

「情報システムの利用部門にあって，情報セキュリティリーダとして，部門の業務遂行に必要な情報セキュリティ対策や組織が定めた情報セキュリティ諸規程（情報セキュリティポリシを含む組織内諸規程）の目的・内容を適切に理解し，情報及び情報システムを安全に活用するために，情報セキュリティが確保された状況を実現し，維持・改善する者」
（IPA（独立行政法人情報処理推進機構）試験要項より抜粋）

情報セキュリティマネジメント試験では，情報セキュリティマネジメント人材がもつべき知識やスキルを測ることを目的としています。特に，情報セキュリティマネジメントの計画，運用，評価，改善を通して，自らが所属する組織の情報セキュリティ管理体制を確立し，安全性を向上させるために必要な知識が重要視されます。

◆午前試験の概要

	試験時間	出題数（解答数）	出題形式	基準点
午前試験	90分	50問 （50問）	多肢選択式 （四肢択一）	60点 （100点満点）

午前試験では四肢択一（4つの選択肢から1つを選ぶ）の問題が50問出題されます。

ポイント

・90分の試験時間中に全問解答するには，1問に約1分48秒しか費やせません。後述するテクニックを用いて，解答時間を削減する必要があります。

◆午後試験の概要

	試験時間	出題数（解答数）	出題形式	基準点
午後試験	90分	3問 （3問）	多肢選択式	60点※ （100点満点）

※得点調整が行われる場合があります

午後試験では，8～10ページの長文の問題が3問出題されます。全問必須です。

ポイント

- 90分の試験時間中に全問解答するには，1問に30分しか費やせません。
- 全問必須なので，得意分野の問題をあらかじめ特定しておき，試験が開始したらその問題だけを解くといったことができません。情報セキュリティ全般に関する知識と応用力が要求されます。

◆平成28年度春期～令和元年度秋期試験における出題内容（午前）

大分類	中分類	小分類	出題内容
技術要素（セキュリティ）	セキュリティ	情報セキュリティ	情報セキュリティの3要素，**不正のトライアングル**，**2要素認証**，**C&Cサーバ**，**APT**，クロスサイトスクリプティング，ディレクトリトラバーサル，クリックジャッキング，**ハッシュ関数**，ディジタル証明書，タイムスタンプ，認証局，CRL，ドライブバイダウンロード，**パスワードリスト攻撃**，バックドア，AES，ポートスキャン，**公開鍵暗号方式**，暗号の危殆（たい）化，ルートキット，スクリプトキディ，**ソーシャルエンジニアリング**，ランサムウェア，PKI，ドメイン名ハイジャック，バイオメトリクス認証，リスクベース認証，ブルートフォース攻撃，EDoS，ゼロデイ攻撃，DNSキャッシュポイズニング，XML署名，メッセージ認証，楕円曲線暗号，ハイブリッド暗号，**DNSキャッシュポイズニング**，XML署名，**メッセージ認証**，BEC（ビジネスメール詐欺），MITB，リバースブルートフォース攻撃，ディジタル署名，ランダムサブドメイン攻撃
		情報セキュリティ管理	CSIRT，クリアデスク，情報セキュリティ監査，**JIS Q 27000**，**JIS Q 27001**，**JIS Q 27002**，リスク特定，リスク受容，**リスク評価**，残留リスク，リスクレベル，情報セキュリティ方針，特権的アクセス権，ICカード，**リスク対応**，**JPCERT/CC**，**JVN**，ベースラインアプローチ，MDM，JIS Q 31000，サポートユーティリティ，J-CRAT，真正性，割れ窓理論，シャドーIT，SECURITY ACTION，JIS Q 15001，J-CSIP
		セキュリティ技術評価	**PCI DSS**，CVSS，ペネトレーションテスト
		情報セキュリティ対策	情報漏えい対策，**組織における内部不正防止ガイドライン**，アクセスログの取扱い，BYOD，IDS/IPS，**WAF**，マルウェア対策，内部不正の防止，**ディジタルフォレンジックス**，磁気ディスクの廃棄，HDDパスワード，**SIEM**，ビヘイビア法，**CAPTCHA**，サイバーセキュリティ戦略，ポートスキャナ，中小企業のセキュリティガイドライン，セキュリティバイデザイン，パケットフィルタリング，**マルウェアの動的解析**，ステガノグラフィ，アンチパスバック，**ハニーポット**

大分類	中分類	小分類	出題内容
技術要素（セキュリティ）	セキュリティ	セキュリティ実装技術	**SPF**, NTP, IPsec, **S/MIME**, SMTP-AUTH
企業と法務（法務）	法務	知的財産権	**不正競争防止法**, **著作権法**, ボリュームライセンス, シュリンクラップ契約
		セキュリティ関連法規	**個人情報保護法**, 電子計算機損壊等業務妨害, 電子計算機使用詐欺罪, **不正アクセス禁止法**, **特定電子メール送信適正化法**, **電子署名法**, プロバイダ責任制限法, **特定個人情報の適正な取扱いに関するガイドライン**, **サイバーセキュリティ経営ガイドライン**, **CSIRTマテリアル**, **サイバーセキュリティ基本法**, 個人情報の保護に関する法律についてのガイドライン, 政府機関の情報セキュリティ対策のための統一基準, **刑法**
		労働関連・取引関連法規	請負契約, 準委任契約, 労働基準法, **労働者派遣法**, 公益通報者保護法, 労働法
		その他の法律・ガイドライン・技術者倫理	OECDプライバシーガイドライン, 中小企業の情報セキュリティ対策ガイドライン
コンピュータシステム	システム構成要素	システムの構成	RAID, **クライアントサーバシステム**
		システムの評価指標	レスポンスタイム（応答時間）, フェールセーフ
技術要素（セキュリティ以外）	データベース	データベース設計	E-R図
		データベース応用	データウェアハウス, データマイニング, ビッグデータ
		データベース構造	**排他制御**, トランザクション
	ネットワーク	データ通信と制御	ルータ, **無線LAN**, WPA3
		通信プロトコル	DHCP, NTP, **SSH**, DNS, ポート番号, SMTP, IMAP4, TELNET
		ネットワーク応用	プロキシサーバ, hostsファイル, IPマスカレード
プロジェクトマネジメント	プロジェクトマネジメント	プロジェクトのスコープ	WBS, プロジェクトライフサイクル
		プロジェクトの時間	**アローダイアグラム**
サービスマネジメント	サービスマネジメント	サービスマネジメント	SLA, 移行テスト, サービスマネジメントシステム
		サービスマネジメントシステムの計画及び運用	RTO, バックアップ, 運用レベル合意書（OLA）, **インシデント**, 問題管理プロセス
		サービスの運用	アウトソーシング, サービスデスク, データの取扱い
		ファシリティマネジメント	UPS
	システム監査	システム監査	スプレッドシートの利用に係るコントロール, 従業員の守秘義務, **情報セキュリティ監査基準**, **監査報告書**, ISMSの内部監査, **BCP**, 監査調書, コントロールトータルチェック, 監査証拠, 被監査部門, 財務報告に係る内部統制の評価及び監査に関する実施基準, 監査ログ, 独立性, 情報セキュリティ監査基準, ウォークスルー法, システム監査人
システム戦略	システム戦略	業務プロセス	**BPO**, ディジタルデバイド, RPA, テキストマイニング
		ソリューションビジネス	**SaaS**, PaaS
	システム企画	システム化計画	**企画プロセス**
		要件定義	要件定義プロセス
		調達計画・実施	**RFP**
企業と法務（法務以外）	企業活動	経営・組織論	事業継続計画, コーポレートガバナンス, マトリックス組織, CIO, **CSR**, リーダシップのスタイル
		OR・IE	積上げ棒グラフ
		会計・財務	売上総利益, 投資の回収

（太字は2回以上出題されたテーマ）

◆平成28年度春期～令和元年度秋期試験における出題内容（午後）

年期	問題	内容（キーワード）
28年度春期	問1	標的型攻撃メール，マルウェア，ウイルスメール，ソーシャルエンジニアリング
	問2	業務委託，利用者ID，ロール
	問3	URLフィルタリング，リモート接続，アクセスログ，最小権限の原則，チェックリスト，CSA
28年度秋期	問1	オンラインストレージサービス，ファイル共有設定の問題点，事故発生時の原因特定，組織的・技術的対策
	問2	情報機器の持出し，紛失時の対応手順，HDDの暗号化，ノートPCの調査
	問3	インシデントへの初動対応，不正プログラム感染，公開Webサイトの改ざん，アクセス権限の設定，リスクアセスメント
29年度春期	問1	ランサムウェア，Bitcoin，Tor，バックアップ
	問2	クラウドサービスの利用，操作権限の管理，オプトアウト
	問3	共連れ，アンチパスバック，リスク対応，認証方式，物理的セキュリティ対策
29年度秋期	問1	中小企業の情報セキュリティ対策ガイドライン，情報セキュリティの3要素，シンクライアント，リスクアセスメント，リスク対策
	問2	ブルートフォース攻撃，パスワードリスト攻撃，ウェブ健康診断仕様，再委託に関する事項，WAF
	問3	スマートデバイス利用時のリスクと対策，マルウェア感染の対策，誤操作への対策，OSの改造のリスク，スマートデバイスのロック機能，モバイル端末の利用申請
30年度春期	問1	個人情報保護法，情報機器の持出し，匿名加工情報，個人情報保護（ガイドライン）
	問2	内部不正事案，CISO，メール利用ルール，不正のトライアングル
	問3	個人情報取扱事業者，メール誤配信，情報セキュリティガバナンス，情報セキュリティポリシ，シャドーIT
30年度秋期	問1	ICカードの危殆化，内部不正の牽制，情報セキュリティリスク，標的型攻撃（MITB），S/MIME
	問2	利用者ID管理，ソフトウェア管理，バックアップ
	問3	標的型攻撃訓練
31年度春期	問1	レッドチーム演習，ディジタルフォレンジックス，WHOISサイト
	問2	特定商取引に関する法律，PCI DSS，ソーシャルエンジニアリング
	問3	情報セキュリティ（CIA），CVSSv3，シャドーIT，BYOD，リスク対策
元年度秋期	問1	パスワードリスト攻撃，アカウントロック，ボット，CAPTCHA
	問2	なりすまし，フォレンジック，フィッシング，二要素認証
	問3	HTTP over TLS，暗号化，リスク対策，VPN

本試験では過去に出題された問題や用語が繰り返し出題されるので，今まで出題された内容を復習しておきましょう。

CBT方式試験ガイド

情報セキュリティマネジメント試験は，令和２年度秋期試験より，紙を使った筆記試験ではなく，パソコンを使ったCBT（Computer Based Testing）方式で実施することになりました。令和３年度以降も，CBT方式での実施が継続されます※。

CBTは，受験者１人ひとりがパソコンを使って，画面に表示された問題を確認しながら，マウスやキーボードを使って解答を選んでいく形の試験です。

また，自宅で自分のパソコンを使って受験するのではなく，申込みをした日時に所定の試験会場に行き，そこに設置してあるパソコンを使用して，試験を受けることになります。

※ IPAのWebサイト，2020年９月18日掲載「【重要なお知らせ】令和２年度における情報処理技術者試験，情報処理安全確保支援士試験の実施について」より

◆出題内容について

試験方式はCBTに変わりますが，出題方針，試験時間（午前，午後とも90分），出題数（午前50問，午後３問）ともに，紙の試験のときと変更はありません。そのため，CBT方式でも，試験対策は，過去問題集をベースにした本書での学習で対応可能です。

◆CBT方式試験の流れ

受験に関する，申込みから試験当日の流れについては，試験実施業務を委託されているプロメトリック株式会社（以下，プロメトリック）のWebサイトに詳しい説明があります。

● プロメトリックの『情報セキュリティマネジメント試験』のページ

http://pf.prometric-jp.com/testlist/sg/

ここでは，主に注意しておきたい点についてピックアップしてみました。

CBT方式試験の概要の把握や，申込みの際に確認ポイントとして活用してください。

①申込み（予約）

受験申込み（予約）は，IPAサイトではなく，プロメトリックが運営するWebサイトで行われています。申込み方法はオンライン受付（インターネット申込み）のみの対応となっています。

②試験当日

試験開始15分前が集合時間になっており，集合時間に遅刻すると受験できません。これまでの比較的場所がわかりやすい学校や，大きな施設とは異なり，ビルの一室が会場になることがあり，初めて訪れた場合は見つけにくいことがあります。そのため，余裕を持って会場に向かうことをお勧めします。

● 本人確認書類が必要

プロメトリック公認テストセンターで受験される際は，有効期限内である顔写真付きの本人確認書類の原本が必要になります。コピー及び電子媒体の本人確認書類は使用できません。

本人確認書類は，運転免許証やパスポート，個人番号カード，学生証などが該当します。ただし，該当書類でも，注意事項がありますので，有効な書類かどうか，Webサイトの「本人確認書類について」で，しっかり確認しましょう。また，確認書類が試験日当日に有効期限内であるかも，忘れずに確認しておきましょう。

③試験の画面例

プロメトリックのWebサイトの「試験当日の受験の流れ」で登場する画面で，試験時のパソコンに表

示される画面や，操作方法など，受験時の状況がイメージできるようになっています。はじめてCBT方式で受験される方は，この「試験当日の受験の流れ」を何度か見直しておくと，当日取り組みやすくなると思います。

● **午前試験の画面例**

画面の左側に試験問題が表示され，右側に選択肢が表示されます。試験の残り時間の表示は，右画面上部にあります。

表示される文字の拡大や縮小，ページ移動などはツールバーで行うことができます。そのほか，見直す問題のマーキングなどの操作も可能です。

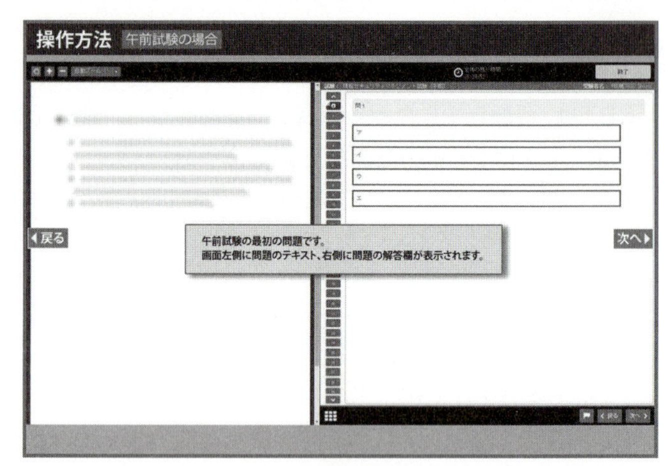

● **午後試験の画面例**

午前試験と同じく，左側に問題，右側に選択肢が表示されます。午後問題の場合は，問題文が長く，選択肢も複数あるため，画面をそれぞれスクロールして解答する必要があります。

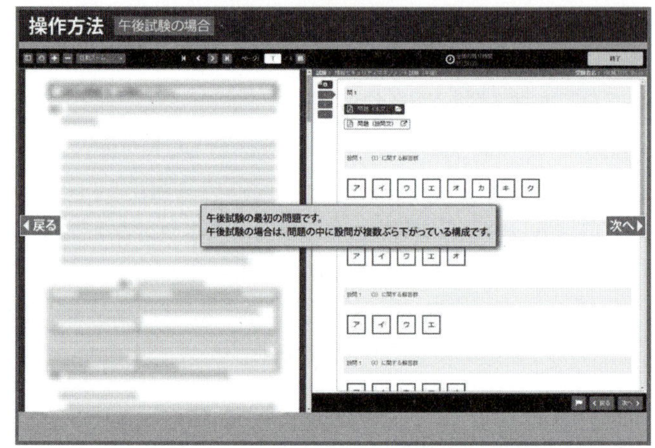

（出典：プロメトリック株式会社）

④試験終了後

試験終了後にも本人確認書類の提示があります。

受験後得点が記載された「スコアレポート」が登録したメールアドレスに送付され，成績の確認が可能となっています。合否については，午前，午後の受験を終えた翌月にIPAサイトで合格者番号が発表されるので，そこで確定します。

この記事で紹介した以外にも，いろいろな注意点がありますので，Webサイトで十分ご確認ください。

※ この「CBTガイド」の情報は，令和２年（2020年）にIPAから発表された情報をもとに作成しております。令和３年度試験で変更される可能性がありますので，IPAのサイトで，常に最新の発表を確認して受験を進めてください。

おすすめ学習法・試験のテクニック

◆過去問題の反復練習が合格のカギ

情報セキュリティマネジメント試験に限らず，情報処理技術者試験では過去問題の学習を何度も行う反復練習が効果的です。

◆午前試験では過去問題が出題される

午前試験では過去問題が高い頻度で出題されます（令和元年度秋期では，情報セキュリティマネジメント試験から14問（28%），基本情報技術者試験から4問（8%），応用情報技術者試験から5問（10%），システム監査技術者試験から1問　計24問（48%））。過去の各試験のセキュリティ関連の過去問を解いておくことで，本試験で見覚えのある問題が出題される可能性が高くなります。

◆攻略のカギ

自分の苦手な分野などを洗い出すために，解説欄の「攻略のカギ」を利用してください。午前の「攻略のカギ」には問題に関連する用語や要点，計算に関しては必要な計算式を，午後の「攻略のカギ」には問題を解くためのヒントを掲載しています。

◆間違えた問題は必ず復習する

間違えた問題は必ず復習して，次に解答するときは正解できるようにします。本書掲載の問題にはチェックボックスが付いています。チェックボックスに×印などをつけておき，解説をよく読んで間違えた理由を理解します。

- **解答群が全て単語の午前問題や，解答群から語句を選ぶ形式の午後の設問を間違えた場合**：正解の単語を記憶する。また，他の問題で正解以外の単語が出題されることもあるので，正解以外の単語もおろそかにせず，本書解説などで調べておくこと
- **解答群が文章の午前問題を間違えた場合**：正解の選択肢で説明されている内容と，出題されたテーマの単語とを結び付けて記憶する

◆繰り返し問題を解く

時間の許す限り，何回も繰り返して問題を解き，重要な語句や内容を覚えましょう。前述したように，午前試験では過去問題が出題される頻度が高いので，過去問題を何度も読むことで，問題（図表も含む）と正解のイメージをできるだけ多く頭に入れていくことが必要です。

午後試験では，問題文を全て熟読する必要はありません。問題文を流し読みして概要をつかんだら，先に設問に目を通し，各設問に対応する問題文の一部だけを参照することで，大部分の設問の正解そのものまたはそのヒントを得ることができます。

◆時間を計る

午前試験及び午後試験の時間は限られています。本試験で時間が足りなくなったということがないように，実際の試験を受けていると想定して，時間を正確に計って問題を解く練習をしてみましょう。さらに，今回からCBT方式になるため，特に午後試験ではページをめくる操作がスクロールに変わります。操作に慣れていないと，考えている以上に時間がかかることが想定されます。

直前対策に効く！ 五十嵐先生「秘伝の頻出トレーニング」

情報処理技術者試験では過去に出題された問題が繰り返し出題される傾向にあります。ここでは，五十嵐先生が分析して割り出した，特によく出題される概念や用語について，**これだけは覚えておきたい重要ポイント**としてまとめ、関連する問題を付けました。

【午前対策】午前試験では，ここで挙げた重要ポイントそのものが題材となることがよくあります。重要ポイントを理解し，実際に過去に出題された問題を確認しましょう。
【午後対策】午後試験では，情報セキュリティに関わる状況に対し，どのような対応を取るかなどを問う長文問題が出題されます。午後問題を解く準備として，ここで挙げた概念や用語を確認してから解く練習をしてください。

■暗号化①

暗号方式の特徴

⇒平成30年度秋午前問26，問27（p.208），平成31年度春午前問27（p.136）

内容を秘匿にするため。

- **共通鍵暗号方式：暗号化と復号に同じ鍵を使う（3DES／AESなど）**
  ＜使用例＞ 無線LAN規格（WPA2）など
  なお，ブロック単位で暗号化／復号するものを**ブロック暗号**といい，1ビット／バイト単位で暗号化するものを**ストリーム暗号**という。
- **公開鍵暗号方式：公開鍵で暗号化し，秘密鍵で復号する（RSA／楕円曲線暗号など）**
  RSA：素因数分解の困難さを使用
  楕円曲線暗号：離散対数問題の困難さを使用
  ＜使用例＞ 暗号資産（ビットコイン）など

問1 □□□ PCとサーバとの間でIPsecによる暗号化通信を行う。ブロック暗号の暗号化アルゴリズムとしてAESを使うとき，用いるべき鍵はどれか。（平成28年度春午前問28）

ア PCだけが所有する秘密鍵　　イ PCとサーバで共有された共通鍵
ウ PCの公開健　　エ サーバの公開鍵

問2 □□□ 公開鍵暗号方式を用いて，図のようにAさんからBさんへ，他人に秘密にしておきたい文章を送るとき，暗号化に用いる鍵Kとして，適切なものはどれか。（平成29年度秋午前問28）

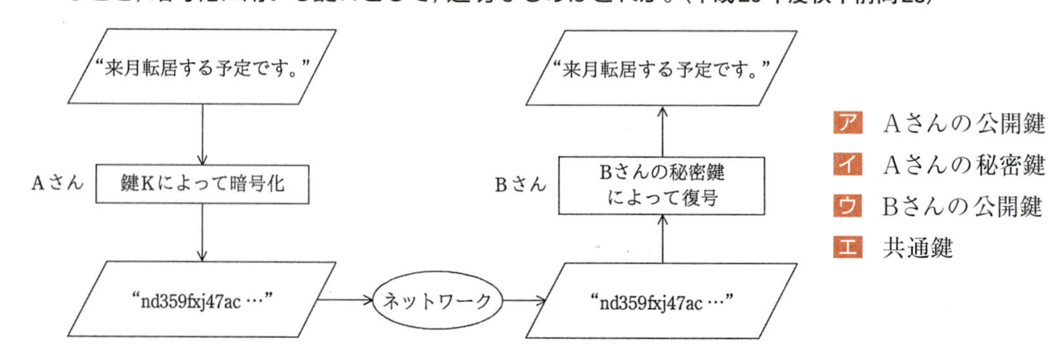

問3 暗号方式のうち，共通鍵暗号方式はどれか。（平成28年度春AP午前問37）

□□□

ア AES　イ ElGamal暗号　ウ RSA　エ 楕円曲線暗号

問4 暗号方式に関する記述のうち，適切なものはどれか。（平成29年度秋AP午前問41）

□□□

ア AESは公開鍵暗号方式，RSAは共通鍵暗号方式の一種である。

イ 共通鍵暗号方式では，暗号化及び復号に同一の鍵を使用する。

ウ 公開鍵暗号方式を通信内容の秘匿に使用する場合は，暗号化に使用する鍵を秘密にして，復号に使用する鍵を公開する。

エ ディジタル署名に公開鍵暗号方式が使用されることはなく，共通鍵暗号方式が使用される。

問5 楕円曲線暗号に関する記述のうち，適切なものはどれか。（平成30年度秋AP午前問37）

□□□

ア AESに代わる共通鍵暗号方式としてNISTが標準化している。

イ 共通鍵暗号方式であり，ディジタル署名にも利用されている。

ウ 公開鍵暗号方式であり，TLSにも利用されている。

エ 素因数分解問題の困難性を利用している。

問6 暗号方式に関する説明のうち，適切なものはどれか。（平成29年度春AP午前問38）

□□□

ア 共通鍵暗号方式で相手ごとに秘密の通信をする場合，通信相手が多くなるに従って，鍵管理の手間が増える。

イ 共通鍵暗号方式を用いて通信を暗号化するときには，送信者と受信者で異なる鍵を用いるが，通信相手にそれぞれの鍵を知らせる必要はない。

ウ 公開鍵暗号方式で通信文を暗号化して内容を秘密にした通信をするときには，復号鍵を公開することによって，鍵管理の手間を減らす。

エ 公開鍵暗号方式では，署名に用いる鍵を公開しておく必要がある。

暗号化②

ハイブリッド暗号

⇒令和元年度秋午前問26（p.64），平成30年度春午前問28（p.278）

共通鍵暗号方式の長所=「暗号化・復号が早い」と，公開鍵暗号方式の長所=「鍵を安全に利用できる」を合わせ持つ方式。

<使用例> S/MIME，openPGPなど

CRYPTREC

電子政府推奨暗号の安全性を評価・監視し，暗号技術の適切な実装法・運用法を調査・検討するプロジェクト。

暗号の危殆化

⇒平成30年度春午前問26（p.276）

暗号の考案された当時は容易に解読できなかった暗号アルゴリズムが，コンピュータの性能の飛躍的な向上などによって，解読されやすい状態になること。

問7 CRYPTRECの役割として，適切なものはどれか。(平成29年度秋午前問4)

□□□

ア 外国為替及び外国貿易法で規制されている暗号装置の輸出許可申請を審査，承認する。

イ 政府調達においてIT関連製品のセキュリティ機能の適切性を評価，認証する。

ウ 電子政府での利用を推奨する暗号技術の安全性を評価，監視する。

エ 民間企業のサーバに対するセキュリティ攻撃を監視，検知する。

問8 AさんがBさんの公開鍵で暗号化した電子メールを，BさんとCさんに送信した結果のうち，適切なものはどれか。ここで，Aさん，Bさん，Cさんのそれぞれの公開鍵は3人全員がもち，それぞれの秘密鍵は本人だけがもっているものとする。(平成28年度春午前問30)

□□□

ア 暗号化された電子メールを，Bさん，Cさんともに，Bさんの公開鍵で復号できる。

イ 暗号化された電子メールを，Bさん，Cさんともに，自身の秘密鍵で復号できる。

ウ 暗号化された電子メールを，Bさんだけが，Aさんの公開鍵で復号できる。

エ 暗号化された電子メールを，Bさんだけが，自身の秘密鍵で復号できる。

問9 暗号の危殆(たい)化に該当するものはどれか。(平成29年度春午前問9)

□□□

ア 暗号化通信を行う前に，データの伝送速度や，暗号の設定情報などを交換すること

イ 考案された当時は容易に解読できなかった暗号アルゴリズムが，コンピュータの性能の飛躍的な向上などによって，解読されやすい状態になること

ウ 自身が保有する鍵を使って，暗号化されたデータから元のデータを復元すること

エ 元のデータから一定の計算手順に従って疑似乱数を求め，元のデータをその疑似乱数に置き換えること

■暗号化③

ハッシュ関数

⇒令和元年度秋午前問12 (p.54)，平成30年度春午前問16 (p.268)

改ざん検知する目的。

①データからハッシュ値（メッセージともいう）の変換は容易だが，逆は困難

②入力データがわずかでも異なれば，ハッシュ値も異なる

③入力データの長さが異なっていても，ハッシュ値は同じ長さになる

<代表的なハッシュ関数>

SHA-256：256ビットのハッシュ値を出力する

MD5：128ビットのハッシュ値を出力する

メッセージ認証符号 (MAC)

⇒令和元年度秋午前問23 (p.62)，平成30年度春午前問24 (p.274)

改ざんを検知するためにブロック暗号で生成。

問10 ディジタル署名などに用いるハッシュ関数の特徴はどれか。(平成29年度春午前問20)

□□□

ア 同じメッセージダイジェストを出力する二つの異なるメッセージは容易に求められる。

イ メッセージが異なっていても，メッセージダイジェストは全て同じである。

解答 問1 イ　問2 ウ　問3 ア　問4 イ　問5 ウ　問6 ア

ウ メッセージダイジェストからメッセージを復元することは困難である。

エ メッセージダイジェストの長さはメッセージの長さによって異なる。

問11 パスワードを用いて利用者を認証する方法のうち，適切なものはどれか。（平成29年度秋午前問18）

□□□

ア パスワードに対応する利用者IDのハッシュ値を登録しておき，認証時に入力されたパスワードをハッシュ関数で変換して比較する。

イ パスワードに対応する利用者IDのハッシュ値を登録しておき，認証時に入力された利用者IDをハッシュ関数で変換して比較する。

ウ パスワードをハッシュ値に変換して登録しておき，認証時に入力されたパスワードをハッシュ関数で変換して比較する。

エ パスワードをハッシュ値に変換して登録しておき，認証時に入力された利用者IDをハッシュ関数で変換して比較する。

■暗号化④

ディジタル（電子）署名

⇒令和元年度秋午前問20（p.60），平成30年度秋午前問25（p.206），問33（p.212），平成30年度春午前問29（p.278）

改ざん／なりすまし／否認を防止。

署名はハッシュ値を作成（送信）者の秘密鍵で暗号化する。作成（送信）者しか使えない秘密鍵で暗号化することで本人確認となる。送信されてきた署名を「作成（送信）者の公開鍵」で復号してハッシュ値に戻す。

<使用例> S/MIME，XML署名など ⇒平成31年度春午前問24（p.134）

問12 なりすましメールでなく，EC（電子商取引）サイトから届いたものであることを確認できる電子メールはどれか。（平成28年度秋午前問28）

□□□

ア 送信元メールアドレスがECサイトで利用されているアドレスである。

イ 送信元メールアドレスのドメインがECサイトのものである。

ウ ディジタル署名の署名者のメールアドレスのドメインがECサイトのものであり，署名者のディジタル証明書の発行元が信頼できる組織のものである。

エ 電子メール本文の末尾にテキスト形式で書かれた送信元の連絡先に関する署名のうち，送信元の組織を表す組織名がECサイトのものである。

問13 ディジタル署名における署名鍵の使い方と，ディジタル署名を行う目的のうち，適切なものはどれか。（平成29年度秋午前問24）

□□□

ア 受信者が署名鍵を使って，暗号文を元のメッセージに戻すことができるようにする。

イ 送信者が固定文字列を付加したメッセージを署名鍵を使って暗号化することによって，受信者がメッセージの改ざん部位を特定できるようにする。

ウ 送信者が署名鍵を使って署名を作成し，その署名をメッセージに付加することによって，受信者が送信者を確認できるようにする。

エ 送信者が署名鍵を使ってメッセージを暗号化することによって，メッセージの内容を関係者以外に分からないようにする。

■暗号化⑤

PKI（公開鍵基盤）

公開鍵証明書を作成する仕組み。

ネットワーク上に公開している公開鍵が，本当にその利用者のものか（本人性があるか）を証明するために，公開鍵証明書（ディジタル証明書や電子証明書ともいう）が用いられる。

- **CA（認証局）：公開鍵の真正性を証明する公開鍵証明書を発行**
- **公開鍵証明書：公開鍵などの情報（X.509），認証局の秘密鍵で署名されている**
- **CRL：有効期間内に失効したディジタル証明書のリスト（CAが発行）**

<使用例> HTTP over TLS（HTTPS）など

問14 PKI（公開鍵基盤）における認証局が果たす役割はどれか。（平成28年度秋午前問29／平成30年度春午前問30）
□□□

ア 共通鍵を生成する。
イ 公開鍵を利用してデータの暗号化を行う。
ウ 失効したディジタル証明書の一覧を発行する。
エ データが改ざんされていないことを検証する。

問15 所有者と公開鍵の対応付けをするのに必要なポリシや技術の集合によって実現される基盤はどれか。（平成24年度春AP午前問36）
□□□

ア IPsec　イ PKI　ウ ゼロ知識証明　エ ハイブリッド暗号

問16 何らかの理由で有効期間中に失効したディジタル証明書の一覧を示すデータはどれか。（平成29年度春午前問25）
□□□

ア CA　イ CP　ウ CPS　エ CRL

■認証①

パスワード認証

⇒平成30年度春午前問15（p.266）

個人の知識により利用者を認証する。

パスワードの文字の種類と長さを十分に保ち，推測されにくいものにすることが重要。

バイオメトリクス（生体）認証

⇒平成30年度春午前問22（p.274）

身体的特徴や行動的特徴から利用者を認証する

- **FRR（本人拒否率）：本人を他人と誤認識・拒否する確率**
- **FAR（他人受入率）：他人を本人と誤認識・許可する確率**

解答　問7 ウ　問8 エ　問9 イ　問10 ウ　問11 ウ　問12 ウ

2要素認証

⇒令和元年度秋午後問1(p.82)

認証方法が異なる2つの認証技術を併用して安全性を高めようとすること。

①知識による認証（パスワードなど，それを知っている人だけ認証する）
②物による認証（鍵，ICカード，トークンなど，それを持つ人だけ認証する）
③バイオメトリクス認証（指紋など，その身体的または行動的特徴を有する人だけ認証する）

リスクベース認証

⇒令和元年度秋午前問24(p.64)，平成30年度春午前問25(p.276)

アクセス元など利用者のいつもと異なるアクセスに対して追加の認証を行う。

CAPCHA

⇒平成31年度春午前問21(p.132)

ロボットではなく人からのアクセスであることを確認するために，ゆがんだ文字などの入力を求め，その結果を分析する仕組み。

問17 2要素認証に該当する組はどれか。（平成28年度春午前問18）

□□□

ア ICカード認証，指紋認証
イ ICカード認証，ワンタイムパスワードを生成するハードウェアトークン
ウ 虹彩認証，静脈認証
エ パスワード認証，秘密の質問の答え

問18 バイオメトリクス認証システムの判定しきい値を変化させるとき，FRR（本人拒否率）とFAR（他人受入率）との関係はどれか。（平成20年度春FE午前問64）

□□□

ア FRRとFARは独立している。
イ FRRを減少させると，FARは減少する。
ウ FRRを減少させると，FARは増大する。
エ FRRを増大させると，FARは増大する。

問19 バイオメトリクス認証には身体的特徴を抽出して認証する方式と行動的特徴を抽出して認証する方式がある。行動的特徴を用いているものはどれか。（平成22年度秋FE午前問40／平成24年度秋FE午前問39／平成27年度春FE午前問41）

□□□

ア 血管の分岐点の分岐角度や分岐点間の長さから特徴を抽出して認証する。
イ 署名するときの速度や筆圧から特徴を抽出して認証する。
ウ どう孔から外側に向かって発生するカオス状のしわの特徴を抽出して認証する。
エ 隆線によって形作られる紋様からマニューシャと呼ばれる特徴点を抽出して認証する。

問20 虹彩（こう）認証に関する記述のうち，最も適切なものはどれか。（令和元年度秋AP午前問45）

□□□

ア 経年変化による認証精度の低下を防止するために，利用者の虹彩情報を定期的に登録し直さなければならない。
イ 赤外線カメラを用いると，照度を高くするほど，目に負担を掛けることなく認証精度を向上させることができる。

ウ 他人受入率を顔認証と比べて低くすることが可能である。

エ 本人が装置に接触したあとに残された遺留物を採取し，それを加工することによって認証データを偽造し，本人になりすますことが可能である。

問21 リスクベース認証に該当するものはどれか。（平成28年度秋SC午前Ⅱ問6）

□
□
□

ア インターネットからの全てのアクセスに対し，トークンで生成されたワンタイムパスワードで認証する。

イ インターネットバンキングでの連続する取引において，取引の都度，乱数表の指定したマス目にある英数字を入力させて認証する。

ウ 利用者のIPアドレスなどの環境を分析し，いつもと異なるネットワークからのアクセスに対して追加の認証を行う。

エ 利用者の記憶，持ち物，身体の特徴のうち，必ず二つ以上の方式を組み合わせて認証する。

■認証②

パスワードなどを推測する攻撃

⇒令和元年度秋午後問1（p.82）

- **辞書攻撃：辞書に掲載されているような文字をパスワードとして試す**
  対策：推測されにくい十分な長さを持つ文字列をパスワードにする
- **総当たり（ブルートフォース）攻撃：IDを固定してパスワードを試す**
  ⇒平成30年度春午前問27（p.276）
  対策：同一IDからの連続ログイン失敗回数の制限
- **逆総当たり（リバースブルートフォース）攻撃：パスワードを固定してIDを試す**
  ⇒令和元年度秋午前問19（p.60）
  対策：単位時間内の同一のIPアドレスからの異なるIDへの複数回のアクセスを制限
- **パスワードリスト攻撃：あるサイトから流出したIDとパスワードを他のサイトで試す**
  ⇒平成31年度春午前問16（p.130）
  対策：各サイトで異なるパスワードを使用する

問22 パスワードリスト攻撃の手口に該当するものはどれか。（平成28年度春午前問26）

□
□
□

ア 辞書にある単語をパスワードに設定している利用者がいる状況に着目して，攻撃対象とする利用者IDを定め，英語の辞書にある単語をパスワードとして，ログインを試行する。

イ 数字4桁のパスワードだけしか設定できないWebサイトに対して，パスワードを定め，文字を組み合わせた利用者IDを総当たりに，ログインを試行する。

ウ パスワードの総文字数の上限が小さいWebサイトに対して，攻撃対象とする利用者IDを一つ定め，文字を組み合わせたパスワードを総当たりに，ログインを試行する。

エ 複数サイトで同一の利用者IDとパスワードを使っている利用者がいる状況に着目して，不正に取得した他サイトの利用者IDとパスワードの一覧表を用いて，ログインを試行する。

問23 AES-256で暗号化されていることが分かっている暗号文が与えられているとき，ブルートフォース攻撃で鍵と解読した平文を得るまでに必要な試行回数の最大値はどれか。（平成30年度秋FE午前問37）

□
□
□

ア 256　　イ 2^{128}　　ウ 2^{255}　　エ 2^{256}

解答 問13 ウ　問14 ウ　問15 イ　問16 エ　問17 ア　問18 ウ　問19 イ

問24 ブルートフォース攻撃に該当するものはどれか。(平成30年度秋AP午前問42)

□
□
□

ア　Webブラウザと Webサーバの間の通信で，認証が成功してセッションが開始されているときに，Cookieなどのセッション情報を盗む。
イ　コンピュータへのキー入力を全て記録して外部に送信する。
ウ　使用可能な文字のあらゆる組合せをそれぞれパスワードとして，繰り返しログインを試みる。
エ　正当な利用者のログインシーケンスを盗聴者が記録してサーバに送信する。

各種攻撃手法①

SQLインジェクション

⇒平成30年度秋午前問25（p.206）

DBへの不正アクセス。

Webページ上の入力フォームに不正な文字列を入力し，その文字列から生成されたSQL文を不正なものにして，データベースの内容を不正に閲覧または削除しようとする攻撃。

- **対策：WAF（Web Application Firewall）を導入して，入力文字のエスケープ／バインド機構の利用**
- **エスケープの例：「'」（シングルクォーテーション）→「''」**
- **バインド：ひな形（プレースホルダ）をそのまま割り当てる処理**

問25 SQLインジェクションの説明はどれか。(平成24年度秋FE午前問40)

□
□
□

ア　Webアプリケーションに問題があるとき，データベースに悪意のある問合せや操作を行う命令文を入力して，データベースのデータを改ざんしたり不正に取得したりする攻撃
イ　悪意のあるスクリプトを埋め込んだWebページを訪問者に閲覧させて，別のWebサイトで，その訪問者が意図しない操作を行わせる攻撃
ウ　市販されているDBMSの脆（ぜい）弱性を利用することによって，宿主となるデータベースサーバを探して自己伝染を繰り返し，インターネットのトラフィックを急増させる攻撃
エ　訪問者の入力データをそのまま画面に表示するWebサイトに対して，悪意のあるスクリプトを埋め込んだ入力データを送ることによって，訪問者のブラウザで実行させる攻撃

問26 SQLインジェクション攻撃を防ぐ方法はどれか。(平成25年度春FE午前問40)

□
□
□

ア　入力中の文字がデータベースへの問合せや操作において，特別な意味をもつ文字として解釈されないようにする。
イ　入力にHTMLタグが含まれていたら，HTMLタグとして解釈されない他の文字列に置き換える。
ウ　入力に，上位ディレクトリを指定する文字列（../）を含むときは受け付けない。
エ　入力の全体の長さが制限を超えているときは受け付けない。

問27 クライアントとWebサーバの間において，クライアントがWebサーバに送信されたデータを検査して，SQLインジェクションなどの攻撃を遮断するためのものはどれか。(平成28年度春午前問13)

□
□
□

ア　SSL-VPN機能　　イ　WAF
ウ　クラスタ構成　　エ　ロードバランシング機能

■各種攻撃手法②

クロスサイトスクリプティング

不正なスクリプトの実行による情報漏えい

アクセスした入力データをそのまま画面に表示するWebサイトに対して，悪意のあるスクリプトを埋め込んだ入力データを送り，アクセスした人のブラウザ上で当該スクリプトの処理を実行させ，Cookieなどの情報を盗もうとする攻撃。

- **対策：WAFを導入して，Webページに出力するデータのサニタイジング（無害化）**
- **Cookie：Webサーバとブラウザとの間のセッションを管理したり，Webサーバにアクセスしてきたクライアントを識別したりするために用いられるもの。**

クリックジャッキング攻撃

正しいサイトの上に透明化した悪意のあるサイトを作成し，クリックさせる攻撃。

- **対策：「X-Frame-Options」で制限する**

問28 クロスサイトスクリプティングに該当するものはどれか。（平成28年度春午前問21）

□□□

ア Webアプリケーションのデータ操作言語の呼出し方に不備がある場合に，攻撃者が悪意をもって構成した文字列を入力することによって，データベースのデータの不正な取得，改ざん及び削除を可能とする。

イ Webサイトに対して，他のサイトを介して大量のパケットを送り付け，そのネットワークトラフィックを異常に高めてサービスを提供不能にする。

ウ 確保されているメモリ空間の下限又は上限を超えてデータの書込みと読出しを行うことによって，プログラムを異常終了させたりデータエリアに挿入された不正なコードを実行させたりする。

エ 攻撃者が罠（わな）を仕掛けたWebページを利用者が閲覧し，当該ページ内のリンクをクリックしたときに，不正スクリプトを含む文字列が脆（ぜい）弱なWebサーバに送り込まれ，レスポンスに埋め込まれた不正スクリプトの実行によって，情報漏えいをもたらす。

問29 クリックジャッキング攻撃に該当するものはどれか。（平成28年度春午前問22）

□□□

ア Webアプリケーションの脆（ぜい）弱性を悪用し，Webサーバに不正なリクエストを送ってWebサーバからのレスポンスを二つに分割させることによって，利用者のWebブラウザのキャッシュを偽造する。

イ WebサイトAのコンテンツ上に透明化した標的サイトBのコンテンツを配置し，WebサイトA上の操作に見せかけて標的サイトB上で操作させる。

ウ Webブラウザのタブ表示機能を利用し，Webブラウザの非活性なタブの中身を，利用者が気づかないうちに偽ログインページに書き換えて，それを操作させる。

エ 利用者のWebブラウザの設定を変更することによって，利用者のWebページの閲覧履歴やパスワードなどの機密情報を盗み出す。

解答 問20 ウ　問21 ウ　問22 エ　問23 エ　問24 ウ　問25 ア　問26 ア　問27 イ

問30 クロスサイトスクリプティングの手口はどれか。(平成30年度春AP午前問37)

□□□

ア Webアプリケーションのフォームの入力フィールドに，悪意のあるJavaScriptコードを含んだデータを入力する。

イ インターネットなどのネットワークを通じてサーバに不正にアクセスしたり，データの改ざんや破壊を行ったりする。

ウ 大量のデータをWebアプリケーションに送ることによって，用意されたバッファ領域をあふれさせる。

エ パス名を推定することによって，本来は認証された後にしかアクセスが許可されないページに直接ジャンプする。

問31 クロスサイトスクリプティング対策に該当するものはどれか。(平成30年度秋AP午前問41)

□□□

ア WebサーバでSNMPエージェントを常時稼働させることによって，攻撃を検知する。

イ WebサーバのOSにセキュリティパッチを適用する。

ウ Webページに入力されたデータの出力データが，HTMLタグとして解釈されないように処理する。

エ 許容量を超えた大きさのデータをWebページに入力することを禁止する。

■各種攻撃手法③

ディレクトリトラバーサル

許可されていないデータへの不正な閲覧。

Webページのファイル名を入力する欄に，"../passwd" などの不正な文字列を入力して，利用者がアクセスできないフォルダやファイルを不正に閲覧する攻撃。

- **対策：WAFを導入して，ファイル名や".."などの文字列をサニタイジング**
- **Webサーバ上にあり閲覧などされると困るファイル：設定（config）ファイルなど**

問32 ディレクトリトラバーサル攻撃に該当するものはどれか。(平成29年度春午前問23)

□□□

ア 攻撃者が，Webアプリケーションの入力データとしてデータベースへの命令文を構成するデータを入力し，管理者の意図していないSQL文を実行させる。

イ 攻撃者が，パス名を使ってファイルを指定し，管理者の意図していないファイルを不正に閲覧する。

ウ 攻撃者が，利用者をWebサイトに誘導した上で，WebアプリケーションによるHTML出力のエスケープ処理の欠陥を悪用し，利用者のWebブラウザで悪意のあるスクリプトを実行させる。

エ セッションIDによってセッションが管理されるとき，攻撃者がログイン中の利用者のセッションIDを不正に取得し，その利用者になりすましてサーバにアクセスする。

問33 ディレクトリトラバーサル攻撃はどれか。(平成25年度秋SC午前Ⅱ問16)

□□□

ア 攻撃者が，OSの操作コマンドを利用するアプリケーションに対して，OSのディレクトリ作成コマンドを渡して実行する。

イ 攻撃者が，SQL文のリテラル部分の生成処理に問題があるアプリケーションに対して，任意のSQL文を渡して実行する。

ウ 攻撃者が，シングルサインオンを提供するディレクトリサービスに対して，不正に入手した認証情報を用いてログインし，複数のアプリケーションを不正使用する。

エ 攻撃者が，ファイル名の入力を伴うアプリケーションに対して，上位のディレクトリを意味する文字列を使って，非公開のファイルにアクセスする。

■各種攻撃手法④

DNSキャッシュポイズニング

⇒平成31年度春午前問10（p.126）

不正なWebサイトなどへの誘導。

DNSサーバに，ドメイン名などを改ざんした不正な情報を送り込み，そのDNSサーバを参照してきた利用者を，本来のサーバとは異なるサーバに誘導する攻撃。

- **対策：DNSSECを導入する／ポート番号のランダム化**
- **DNSSEC：DNSサーバにディジタル証明書を導入して認証を行う仕組み**

ポートスキャン

ポート番号を順に変えて空いているサービスを確認する。

- **ポート番号：プロトコル（サービス）ごとに付けられている番号（例：HTTP＝80，DNS=53など）**

ドメイン名ハイジャック攻撃

⇒平成30年度春午前問20（p.272）

権威DNSサーバに書かれている情報を書き換え攻撃者のサーバに誘導する攻撃。

- **権威DNSサーバ：企業が保有するWebサーバやメールサーバなどのホスト名およびIPアドレスなどを管理しているDNSサーバ。**

ランダムサブドメイン攻撃

⇒令和元年度秋午前問25（p.64）

ボットに感染した多数のPCから，攻撃対象のDNSサーバに対して，短時間に大量の問合せを集中させると当該DNSサーバは過負荷状態になり，問合せに対応できなくする攻撃。

問34 DNSキャッシュポイズニングに分類される攻撃内容はどれか。（平成29年度秋午前問22）

□
□
□

ア DNSサーバのソフトウェアのバージョン情報を入手して，DNSサーバのセキュリティホールを特定する。

イ PCが参照するDNSサーバに偽のドメイン情報を注入して，利用者を偽装されたサーバに誘導する。

ウ 攻撃対象のサービスを妨害するために，攻撃者がDNSサーバを踏み台に利用して再帰的

解答 問28 エ　問29 イ　問30 ア　問31 ウ　問32 イ

な問合せを大量に行う。

エ 内部情報を入手するために, DNSサーバが保存するゾーン情報をまとめて転送させる。

問35 攻撃者がシステムに侵入するときにポートスキャンを行う目的はどれか。(平成28年度春午前問29)

ア 事前調査の段階で, 攻撃できそうなサービスがあるかどうかを調査する。

イ 権限取得の段階で, 権限を奪取できそうなアカウントがあるかどうかを調査する。

ウ 不正実行の段階で, 攻撃者にとって有益な利用者情報があるかどうかを調査する。

エ 後処理の段階で, システムログに攻撃の痕跡が残っていないかどうかを調査する。

問36 企業のDMZ上で1台のDNSサーバを, インターネット公開用と, 社内のPC及びサーバからの名前解決の問合せに対応する社内用とで共用している。このDNSサーバが, DNSキャッシュポイズニング攻撃を受けた結果, 直接引き起こされ得る現象はどれか。(平成30年度春AP午前問36)

ア DNSサーバのハードディスク上に定義されているDNSサーバ名が書き換わり, インターネットからのDNS参照者が, DNSサーバに接続できなくなる。

イ DNSサーバのメモリ上にワームが常駐し, DNS参照元に対して不正プログラムを送り込む。

ウ 社内の利用者間の電子メールについて, 宛先メールアドレスが書き換えられ, 送信ができなくなる。

エ 社内の利用者が, インターネット上の特定のWebサーバにアクセスしようとすると, 本来とは異なるWebサーバに誘導される。

問37 DNSキャッシュサーバに対して外部から行われるキャッシュポイズニング攻撃への対策のうち, 適切なものはどれか。(平成30年度秋AP午前問39)

ア 外部ネットワークからの再帰的な問合せにも応答できるように, コンテンツサーバにキャッシュサーバを兼ねさせる。

イ 再帰的な問合せに対しては, 内部ネットワークからのものだけを許可するように設定する。

ウ 再帰的な問合せを行う際の送信元のポート番号を固定する。

エ 再帰的な問合せを行う際のトランザクションIDを固定する。

問38 DNSSECについての記述のうち, 適切なものはどれか。(平成31年度春AP午前問40)

ア DNSサーバへの問合せ時の送信元ポート番号をランダムに選択することによって, DNS問合せへの不正な応答を防止する。

イ DNSの再帰的な問合せの送信元として許可するクライアントを制限することによって, DNSを悪用したDoS攻撃を防止する。

ウ 共通鍵暗号方式によるメッセージ認証を用いることによって, 正当なDNSサーバからの応答であることをクライアントが検証できる。

エ 公開鍵暗号方式によるディジタル署名を用いることによって, 正当なDNSサーバからの応答であることをクライアントが検証できる。

問39 □□□ DNS水責め攻撃（ランダムサブドメイン攻撃）の手口と目的に関する記述のうち，適切なものはどれか。（平成29年度春SC午前Ⅱ問6）

ア　ISPが管理するDNSキャッシュサーバに対して，送信元を攻撃対象のサーバのIPアドレスに詐称してランダムかつ大量に生成したサブドメイン名の問合せを送り，その応答が攻撃対象のサーバに送信されるようにする。

イ　オープンリゾルバとなっているDNSキャッシュサーバに対して，攻撃対象のドメインのサブドメイン名をランダムかつ大量に生成して問い合わせ，攻撃対象の権威DNSサーバを過負荷にさせる。

ウ　攻撃対象のDNSサーバに対して，攻撃者が管理するドメインのサブドメイン名をランダムかつ大量に生成してキャッシュさせ，正規のDNSリソースレコードを強制的に上書きする。

エ　攻撃対象のWebサイトに対して，当該ドメインのサブドメイン名をランダムかつ大量に生成してアクセスし，非公開のWebページの参照を試みる。

■各種攻撃手法⑤

フィッシング

⇒令和元年度秋午後問2（p.93）

サイトの偽装や偽造電子メールの使用などの手法で，ユーザを騙して個人情報やパスワードなどを偽のWebサイトに入力させて，不正に入手する行為のこと。

- **対策：メールにあるURLにむやみにアクセスしない／パスワードなど不用意に教えない**

ビジネスメール詐欺（BEC）

⇒令和元年度秋午前問1（p.48）

取引先などと偽った巧妙な手口を使い，偽サイトに誘導させて，パスワードなどを不正に入手する行為のこと。

問40 □□□ フィッシング（phishing）による被害はどれか。（平成23年度秋AP午前問39）

ア　インターネットからソフトウェアをダウンロードしてインストールしたところ，設定したはずのない広告がデスクトップ上に表示されるようになった。

イ　インターネット上の多数のコンピュータから，公開しているサーバに一斉にパケットが送りこまれたので，当該サーバが一時使用不能になった。

ウ　知人から送信されてきた電子メールに添付されていたファイルを実行したところ，ハードディスク上にあった全てのファイルを消失してしまった。

エ　“本人情報の再確認が必要なので入力してください”という電子メールで示されたURLにアクセスし，個人情報を入力したところ，詐取された。

解答　問33 エ　問34 イ　問35 ア　問36 エ　問37 イ　問38 エ

各種攻撃手法⑥

ソーシャルエンジニアリング

⇒平成31年度春午後問2(p.164)

人間の不注意や誤解・勘違いなどの心理的な盲点を突く攻撃方法。

不正な利用者が，本人になりすましたり，パスワードの書かれた紙をごみ箱から漁ったり（トラッシング／スキャベンジング）などの方法で，セキュリティに関する情報を不正に得る行為のことである。

- **対策：本人認証の徹底／パスワードなど不用意に教えない**

シャドーIT

⇒令和元年度秋午前問10(p.54)，平成30年度秋午前問16(p.200)

社内のネットワークに無断で個人のPCなどを接続すること。

問41 緊急事態を装って組織内部の人間からパスワードや機密情報を入手する不正な行為は，どれに分類されるか。(平成28年度秋午前問25)

□□□

ア　ソーシャルエンジニアリング
イ　トロイの木馬
ウ　踏み台攻撃
エ　ブルートフォース攻撃

問42 ソーシャルエンジニアリングに該当するものはどれか。(平成29年度春午前問21)

□□□

ア　オフィスから廃棄された紙ごみを，清掃員を装って収集して，企業や組織に関する重要情報を盗み出す。

イ　キー入力を記録するソフトウェアを，不特定多数が利用するPCで動作させて，利用者IDやパスワードを窃取する。

ウ　日本人の名前や日本語の単語が登録された辞書を用意して，プログラムによってパスワードを解読する。

エ　利用者IDとパスワードの対応リストを用いて，プログラムによってWebサイトへのログインを自動的かつ連続的に試みる。

問43 シャドーITに該当するものはどれか。(令和元年度秋午前問10／平成29年度秋午前問16)

□□□

ア　IT製品やITを活用して地球環境への負荷を低減する取組み

イ　IT部門の公式な許可を得ずに，従業員又は部門が業務に利用しているデバイスやクラウドサービス

ウ　攻撃対象者のディスプレイやキータイプを物陰から盗み見て，情報を盗み出すこと

エ　ネットワーク上のコンピュータに侵入する準備として，攻撃対象の弱点を探るために個人や組織などの情報を収集すること

ネットワークセキュリティ①

ファイアウォール ⇒平成30年度秋午前問25（p.206），平成30年度春午前問13（p.266）

IPアドレスとポート番号でパケットフィルタリング。
パケットのIPアドレスなどを参照して安全なものだけ通過させる。

インターネットなどの外部ネットワークと内部ネットワークおよびDMZの間に位置し，パケットのヘッダにある送信側と受信側のIPアドレスとポート番号（サービス）を確認して，遮断と許可をする装置。

- **DMZ：DNSサーバなど，外部からアクセスされる（公開している）サーバを置く**
- **内部セグメント：データベースなど重要なサーバを置く**

問44 □□□ 1台のファイアウォールによって，外部セグメント，DMZ，内部セグメントの三つのセグメントに分割されたネットワークがある。このネットワークにおいて，Webサーバと，重要なデータをもつデータベースサーバから成るシステムを使って，利用者向けのサービスをインターネットに公開する場合，インターネットからの不正アクセスから重要なデータを保護するためのサーバの設置方法のうち，最も適切なものはどれか。ここで，ファイアウォールでは，外部セグメントとDMZとの間及びDMZと内部セグメントとの間の通信は特定のプロトコルだけを許可し，外部セグメントと内部セグメントとの間の直接の通信は許可しないものとする。（平成29年度春午前問17）

ア　WebサーバとデータベースサーバをDMZに設置する。
イ　Webサーバとデータベースサーバを内部セグメントに設置する。
ウ　WebサーバをDMZに，データベースサーバを内部セグメントに設置する。
エ　Webサーバを外部セグメントに，データベースサーバをDMZに設置する。

問45 □□□ パケットフィルタリング型ファイアウォールがルール一覧に基づいてパケットを制御する場合，パケットAに適用されるルールとそのときの動作はどれか。ここで，ファイアウォールでは，ルール一覧に示す番号の1から順にルールを適用し，一つのルールが適合したときには残りのルールは適用しない。（平成27年度秋FE午前問44）

〔ルール一覧〕

番号	送信元アドレス	宛先アドレス	プロトコル	送信元ポート番号	宛先ポート番号	動作
1	10.1.2.3	*	*	*	*	通過禁止
2	*	10.2.3.*	TCP	*	25	通過許可
3	*	10.1.*	TCP	*	25	通過許可
4	*	*	*	*	*	通過禁止

注記　*は任意のものに適合するパターンを表す。

〔パケットA〕

送信元アドレス	宛先アドレス	プロトコル	送信元ポート番号	宛先ポート番号
10.1.2.3	10.2.3.4	TCP	2100	25

ア　番号1によって，通過を禁止する。
イ　番号2によって，通過を許可する。
ウ　番号3によって，通過を許可する。
エ　番号4によって，通過を禁止する。

解答　問39 イ　問40 エ　問41 ア　問42 ア　問43 イ

問46 □□□ インターネットに接続された利用者のPCから，DMZ上の公開Webサイトにアクセスし，利用者の個人情報を入力すると，その個人情報が内部ネットワークのデータベース（DB）サーバに蓄積されるシステムがある。このシステムにおいて，利用者個人のディジタル証明書を用いたTLS通信を行うことによって期待できるセキュリティ上の効果はどれか。（平成30年度秋AP午前問40）

ア PCとDBサーバ間の通信データを暗号化するとともに，正当なDBサーバであるかを検証することができるようになる。

イ PCとDBサーバ間の通信データを暗号化するとともに，利用者を認証することができるようになる。

ウ PCとWebサーバ間の通信データを暗号化するとともに，正当なDBサーバであるかを検証することができるようになる。

エ PCとWebサーバ間の通信データを暗号化するとともに，利用者を認証することができるようになる。

問47 □□□ パケットフィルタリング型ファイアウォールが，通信パケットの通過を許可するかどうかを判断するときに用いるものはどれか。（平成31年度春AP午前問44）

ア Webアプリケーションに渡されるPOSTデータ

イ 送信元と宛先のIPアドレスとポート番号

ウ 送信元のMACアドレス

エ 利用者のPCから送信されたURL

問48 □□□ パケットフィルタリング型ファイアウォールのフィルタリングルールを用いて，本来必要なサービスに影響を及ぼすことなく防げるものはどれか。（平成30年度春AP午前問44）

ア 外部に公開しないサーバへのアクセス

イ サーバで動作するソフトウェアの脆(ぜい)弱性を突く攻撃

ウ 電子メールに添付されたファイルに含まれるマクロウイルスの侵入

エ 不特定多数のIoT機器から大量のHTTPリクエストを送り付けるDdoS攻撃

■ネットワークセキュリティ②

プロキシサーバ

⇒平成31年度春午後問1（p.152）

外部のサーバへの中継／内部のIPアドレスの隠蔽。

インターネット上のサーバに内部の機器から直接アクセスさせないで，外部にアクセスする際の中継サーバ。このサーバによって，プロキシサーバのIPアドレスだけが外部に判明するため，安全性が高まる。また，プロキシサーバには，一度アクセスしたWebコンテンツをキャッシュする機能もあり，URLフィルタリングやコンテンツフィルタリングも可能。

NAT/NAPT (IPマスカレード)

⇒平成31年度春午前問17 (p.130)

内部でしか使えないプライベートIPアドレスと外部で使うグローバルIPアドレスの変換／複数のプライベートIPアドレスに対して1つのグローバルIPアドレスで対応する。

問49 社内ネットワークからインターネットへのアクセスを中継し，Webコンテンツをキャッシュすることによってアクセスを高速にする仕組みで，セキュリティの確保にも利用されるものはどれか。(平成28年度春午前問46)

ア DMZ
イ IPマスカレード(NAPT)
ウ ファイアウォール
エ プロキシ

問50 IPv4において，インターネット接続用ルータのNAT機能の説明として，適切なものはどれか。(平成29年度秋午前問47)

ア インターネットへのアクセスをキャッシュしておくことによって，その後に同じIPアドレスのWebサイトへアクセスする場合，表示を高速化できる機能である。
イ 通信中のIPパケットを検査して，インターネットからの攻撃や侵入を検知する機能である。
ウ 特定の端末宛てのIPパケットだけを通過させる機能である。
エ プライベートIPアドレスとグローバルIPアドレスを相互に変換する機能である。

■ネットワークセキュリティ③

IDS／IPS

⇒平成31年度春午前問15 (p.128)

侵入検知／侵入防止システム。

- **IDS：外部から社内ネットワークに対して行われる不正侵入などの攻撃を検知し，管理者に警告を発する。**
- **IPS：IDSの機能をもつとともに，攻撃を検知するとファイアウォールに指示を送信して攻撃元からのアクセスを遮断したり，サーバを停止させたりすることで，被害を出さないように防御する。**
- **ネットワーク型(NIDS)：社内LANなどのネットワークに設置され，ネットワーク全体に対する攻撃を検知できる。例：DoS攻撃**
- **ホスト型(HIDS)：サーバなどの機器にインストールされ，その機器だけに対する攻撃を検知できる。例：サーバ上のデータの改ざん**

DLP

秘密情報を判別し，秘密情報の漏えいにつながる操作に対して警告を発令したり，その操作を自動的に無効化させたりするシステムのこと。

問51 IDSの機能はどれか。(平成28年度春午前問12)

ア PCにインストールされているソフトウェア製品が最新のバージョンであるかどうかを確認

解答 問44 ウ　問45 ア　問46 エ　問47 イ　問48 ア

する。

イ 検査対象の製品にテストデータを送り，製品の応答や挙動から脆弱性を検出する。

ウ サーバやネットワークを監視し，セキュリティポリシを侵害するような挙動を検知した場合に管理者へ通知する。

エ 情報システムの運用管理状況などの情報セキュリティ対策状況と企業情報を入力し，組織の情報セキュリティへの取組状況を自己診断する。

問52 NIDS（ネットワーク型IDS）を導入する目的はどれか。（平成29年度春午前問13）

□□□

ア 管理下のネットワークへの侵入の試みを検知し，管理者に通知する。

イ 実際にネットワークを介してWebサイトを攻撃し，侵入できるかどうかを検査する。

ウ ネットワークからの攻撃が防御できないときの損害の大きさを判定する。

エ ネットワークに接続されたサーバに格納されているファイルが改ざんされたかどうかを判定する。

問53 情報システムにおいて，秘密情報を判別し，秘密情報の漏えいにつながる操作に対して警告を発令したり，その操作を自動的に無効化させたりするものはどれか。（平成29年度秋午前問13）

□□□

ア DLP　　イ DMZ　　ウ IDS　　エ IPS

ネットワークセキュリティ④

WAF

⇒平成30年度春午前問12（p.264），令和元年度秋午前問14（p.56）

SQLインジェクション／クロスサイトスクリプティング／ディレクトリトラバーサルなどに有効。Webアプリケーションへの攻撃を検査して，その通信を遮断もしくは無害化（サニタイジング）するファイアウォール。

- **ホワイトリスト：安全と確認されているアクセスのパターンだけのアクセスを許可して，それ以外のアクセスを遮断する**
- **ブラックリスト：攻撃用のパターンをリストに登録されているパターンのものを遮断／無害化する**

問54 WAFの説明として，適切なものはどれか。（平成29年度秋午前問20）

□□□

ア DMZに設置されているWebサーバへの侵入を外部から実際に試みる。

イ TLSによる暗号化と復号の処理をWebサーバではなく専用のハードウェアで行うことによって，WebサーバのCPU負荷を軽減するために導入する。

ウ システム管理者が質問に答える形式で，自組織の情報セキュリティ対策のレベルを診断する。

エ 特徴的なパターンが含まれるかなどWebアプリケーションへの通信内容を検査して，不正な通信を遮断する。

問55 WAF（Web Application Firewall）におけるブラックリスト又はホワイトリストの説明のうち，適切なものはどれか。（平成29年度春午前問29）

□□□

ア ブラックリストは，脆弱性のあるWebサイトのIPアドレスを登録するものであり，該当する通信を遮断する。

イ ブラックリストは，問題のある通信データパターンを定義したものであり，該当する通信を遮断又は無害化する。

ウ ホワイトリストは，暗号化された受信データをどのように復号するかを定義したものであり，復号鍵が登録されていないデータを遮断する。

エ ホワイトリストは，脆弱性がないWebサイトのFQDNを登録したものであり，登録がないWebサイトへの通信を遮断する。

問56 WAFの説明はどれか。(平成31年度春AP午前問45)

□
□
□

ア Webアプリケーションへの攻撃を検知し，阻止する。

イ Webブラウザの通信内容を改ざんする攻撃をPC内で監視し，検出する。

ウ サーバのOSへの不正なログインを監視する。

エ ファイルへのマルウェア感染を監視し，検出する。

ネットワークセキュリティ⑤

送信ドメイン認証

電子メールでの認証により，なりすましや改ざん検出ができる。
メールの送信者がメールアドレスを偽装していないこと，すなわち，正当なメールサーバからメールを送信したことを証明できる。

- **SPF：メールの送信元ドメインと送信元メールサーバのIPアドレスを認証する。**
  ⇒平成30年度春午前問30 (p.278)，平成31年度春午前問11 (p.126)，令和元年度秋午前問7 (p.52)
- **DKIM：電子メールにディジタル署名を付けることで，送信元のドメイン認証や改ざんの検出を可能とする。**

SMTP-AUTH

⇒令和元年度秋午前問28 (p.66)

自メールサーバに対するSMTPに認証技術を付けたプロトコル。

問57 SPF (Sender Policy Framework) を利用する目的はどれか。(平成28年度秋午前問16)

□
□
□

ア HTTP通信の経路上での中間者攻撃を検知する。

イ LANへのPCの不正接続を検知する。

ウ 内部ネットワークへの侵入を検知する。

エ メール送信元のなりすましを検知する。

問58 SMTP-AUTH認証はどれか。(平成21年度秋SC午前Ⅱ問3)

□
□
□

ア SMTPサーバに電子メールを送信する前に，電子メールを受信し，その際にパスワード認証が行われたクライアントのIPアドレスに対して，一定時間だけ電子メールの送信を許可する。

イ クライアントがSMTPサーバにアクセスしたときに利用者認証を行い，許可された利用者だけから電子メールを受け付ける。

ウ サーバはCAの公開鍵証明書をもち，クライアントから送信されたCAの署名付きクライアン

解答 問49 エ　問50 エ　問51 ウ　問52 ア　問53 ア　問54 エ

ト証明書の妥当性を確認する。

エ 電子メールを受信する際の認証情報を秘匿できるように，パスワードからハッシュ値を計算して，その値で利用者認証を行う。

ネットワークセキュリティ⑥

SSH（ポート番号22）

⇒平成31年度春午前問29（p.138），平成30年度秋午前問29（p.208）

遠隔地のコンピュータに外部から安全に接続するためのプロトコルで，公開鍵暗号方式とハッシュ関数を利用。

- **パスワード認証方式：接続時にパスワードを入力する。**
- **公開鍵認証方式：SSHサーバは自分の秘密鍵を用いて作成したディジタル署名をクライアントに送信し，クライアントはSSHサーバの公開鍵を用いて，送信されてきたディジタル署名の正当性を検証する。**

TELNET（ポート番号23）

⇒令和元年度秋午前問6（p.50）

遠隔地のコンピュータにログインする際に，パスワードなどを暗号化しないで通信するプロトコルなので危険である。

問59 暗号化や認証機能を持ち，遠隔にあるコンピュータに安全にログインするためのプロトコルはどれか。（平成28年度春AP午前問43）

□
□
□

ア IPsec　　イ L2TP　　ウ RADIUS　　エ SSH

ネットワークセキュリティ⑦

VPN（Virtual Private Network）

⇒令和元年度秋午後問3（p.106）

インターネットなどの開かれたネットワーク上で，専用線と同等にセキュリティが確保された通信を行い，あたかもプライベートなネットワークを利用しているかのようにするための技術。

マルウェア①

トロイの木馬

ある条件（特定のサイトに接続した場合など）になるまで活動しないで待機する。感染機能がないマルウェア。

ワーム

自分自身の複製をコピーして増殖するマルウェア。

ドライブバイダウンロード

⇒平成30年度春午前問21（p.272）

Webサイト閲覧時に密かにマルウェアをダウンロードする。

問60 マルウェアについて，トロイの木馬とワームを比較したとき，ワームの特徴はどれか。（平成29年度秋午前問27）

□□□

ア 勝手にファイルを暗号化して正常に読めなくする。

イ 単独のプログラムとして不正な動作を行う。

ウ 特定の条件になるまで活動をせずに待機する。

エ ネットワークやリムーバブルメディアを媒介として自ら感染を広げる。

問61 ドライブバイダウンロード攻撃の説明はどれか。（平成28年度春午前問25）

□□□

ア PCにUSBメモリが接続されたとき，USBメモリに保存されているプログラムを自動的に実行する機能を用いてウイルスを実行し，PCをウイルスに感染させる。

イ PCに格納されているファイルを勝手に暗号化して，戻すためのパスワードを教えることと引換えに金銭を要求する。

ウ Webサイトを閲覧したとき，利用者が気付かないうちに，利用者の意図にかかわらず，利用者のPCに不正プログラムが転送される。

エ 不正にアクセスする目的で，建物の外部に漏れた無線LANの電波を傍受して，セキュリティの設定が脆弱（ぜい）な無線LANのアクセスポイントを見つけ出す。

■マルウェア②

ランサムウェア

⇒平成30年度秋午前問15（p.198），平成31年度春午後問3（p.177）

PCデータを暗号化する身代金マルウェア。

<例> Wanna Cryptor（Wanna Cry）

バックドア

⇒令和元年度秋午前問21（p.62）

サーバなどに不正侵入した攻撃者が，再度当該サーバに容易に侵入できるようにするために，密かに組み込んでおくプログラム。

ルートキット

バックドアなどの不正なプログラムを，隠蔽するための機能をまとめたパッケージツール。

C&Cサーバ

⇒令和元年度秋午前問15（p.58），平成30年度秋午前問14（p.198）

PCをマルウェア（ボットネット）に感染後，別のコンピュータに不正アクセスや情報収集させるサーバ。

解答 問55 イ　問56 ア　問57 エ　問58 イ　問59 エ

ボットネット

⇒令和元年秋午後問1(p.82)

攻撃者に乗っ取られてその命令に従うコンピュータで構成されるネットワーク。特定のサイトに一斉に攻撃を仕掛ける。

問62 バックドアに該当するものはどれか。(平成28年度春午前問27)

□□□

ア 攻撃を受けた結果,ロックアウトされた利用者アカウント

イ システム内に攻撃者が秘密裏に作成した利用者アカウント

ウ 退職などの理由で,システム管理者が無効にした利用者アカウント

エ パスワードの有効期限が切れた利用者アカウント

問63 ランサムウェアに分類されるものはどれか。(平成28年度秋午前問27)

□□□

ア 感染したPCが外部と通信できるようプログラムを起動し,遠隔操作を可能にするマルウェア

イ 感染したPCに保存されているパスワード情報を盗み出すマルウェア

ウ 感染したPCのキー操作を記録し,ネットバンキングの暗証番号を盗むマルウェア

エ 感染したPCのファイルを暗号化し,ファイルの復号と引換えに金銭を要求するマルウェア

問64 サーバにバックドアを作り,サーバ内での侵入の痕跡を隠蔽するなどの機能をもつ不正なプログラムやツールのパッケージはどれか。(平成28年度秋午前問14)

□□□

ア RFID　イ rootkit　ウ TKIP　エ web beacon

マルウェア③

ウイルス対策ソフト

ウイルスを検知/駆除するソフトウェア。

- **コンペア法:ウイルス感染が疑わしい検査対象と,安全な場所に確保してあるその対象の原本を比較する方法。**
- **チェックサム法/インテグリティチェック法:検査対象に対して「ウイルスではないこと」を保証する情報(チェックサムやディジタル署名)を事前に付加しておき,その情報の内容が変更されているなどの理由で,検査時にウイルスでないことの保証が得られない場合,ウイルスとして検出する方法。**
- **パターンマッチング法:パターンファイル(ウイルスの特徴的なコードをあらかじめ登録しておいたウイルス定義ファイル)を用いて,検査対象のファイルを検索し,ファイル中に同じパターンがあれば感染を検出する方法。**
- **ビヘイビア法:ウイルスの実際の感染や発病の際に発生する動作を監視し,検出する方法**

ゼロディ攻撃

⇒平成30年度秋午前問13(p.198)

未知ウイルスによる攻撃で,対策ソフトがまだ準備されていないもの。

セキュリティパッチ

⇒平成30年度春午前問17（p.268）

ソフトウェア製品で新たな脆弱性を修正するプログラム。

対策漏れをなくすには，製品バージョン／前回の日時／IPアドレスなどの情報が必要。

標的型攻撃

特定の個人を狙ってマルウェアに感染させる

MITB

⇒平成30年度秋午後問1（p.224）

インターネットバンキングサイト上で利用者が振込操作を行うとき，マルウェアが操作内容を改ざんすることで，振込金額を詐取しようとする攻撃。

- **対策：トランザクション署名を使用する** ⇒令和元年度秋午前問13（p.56）
- **トランザクション署名：インターネットバンキングなどで，振込み操作（これをトランザクションという）をディジタル署名を使って暗号化し，トランザクションの内容が改ざんされていないかをサーバで確認する。**

APT

⇒平成30年度秋午前問21（p.204）

複数の高度な攻撃を仕掛け，情報を盗み出そうとする攻撃。

問65 ウイルス検出におけるビヘイビア法に分類されるものはどれか。（平成28年度秋午前問18）

□
□
□

ア　あらかじめ検査対象に付加された，ウイルスに感染していないことを保証する情報と，検査対象から算出した情報とを比較する。

イ　検査対象と安全な場所に保管してあるその原本とを比較する。

ウ　検査対象のハッシュ値と既知のウイルスファイルのハッシュ値とを比較する。

エ　検査対象をメモリ上の仮想環境下で実行して，その挙動を監視する。

問66 PCで行うマルウェア対策のうち，適切なものはどれか。（平成28年度春午前問14）

□
□
□

ア　PCにおけるウイルスの定期的な手動検査では，ウイルス対策ソフトの定義ファイルを最新化した日時以降に作成したファイルだけを対象にしてスキャンする。

イ　PCの脆弱性を突いたウイルス感染が起きないように，OS及びアプリケーションの修正パッチを適切に適用する。

ウ　電子メールに添付されたウイルスに感染しないように，使用しないTCPポート宛ての通信を禁止する。

エ　ワームが侵入しないように，PCに動的グローバルIPアドレスを付与する。

解答　問60 エ　問61 ウ　問62 イ　問63 エ　問64 イ

マルウェア④

クリプトジャッキング

所有者の知らない間に，コンピュータのCPUなどを利用して暗号資産（仮想通貨）のマイニング（採掘）を不正に行うこと。

情報セキュリティマネジメントシステム①

JIS Q 27001：2014

⇒平成31年度春午後問2（p.164）

情報セキュリティマネジメントシステム（ISMS）を確立し，実施し，維持し，継続的に改善するための要求事項を提供する規格。

- **組織のトップマネジメントは以下の事項で，ISMSに関するリーダーシップ及びコミットメントを実証しなければならないとしている。**
  ①情報セキュリティ方針及び情報セキュリティ目的を確立し，それらが組織の戦略的な方向性と両立することを確実にする。
  ②組織のプロセスへのISMS要求事項の統合を確実にする。
  ③ISMSに必要な資源が利用可能であることを確実にする。
  ④有効な情報セキュリティマネジメント及びISMS要求事項への適合の重要性を伝達する。
  ⑤ISMSがその意図した成果を達成することを確実にする。
  ⑥ISMSの有効性に寄与するよう人々を指揮し，支援する。
  ⑦継続的改善を促進する。
  ⑧その他の関連する管理層がその責任の領域においてリーダーシップを実証するよう，管理層の役割を支援する。
- **情報セキュリティ方針は以下の要件を満たす必要がある。**
  ①文書化した情報として利用可能である。
  ②組織内に伝達する。
  ③必要に応じて，利害関係者が入手可能である。
- **組織はこの規格に従って確立，実施，維持，継続的に改善しなければならない。ただし，附属書Aの管理策を除外できる。**

問67 □□□ JIS Q 27001に基づく情報セキュリティ方針の取扱いとして，適切なものはどれか。（平成28年度春午前問6）

ア　機密情報として厳格な管理を行う。

イ　従業員及び関連する外部関係者に通知する。

ウ　情報セキュリティ担当者各人が作成する。

エ　制定後はレビューできないので，見直しの必要がない内容で作成する。

問68 □□□ JIS Q 27001:2014（情報セキュリティマネジメントシステム－要求事項）において，ISMSに関するリーダーシップ及びコミットメントをトップマネジメントが実証する上で行う事項として挙げられているものはどれか。（平成29年度春午前問1）

ア　ISMSの有効性に寄与するよう人々を指揮し，支援する。

イ ISMSを組織の他のプロセスと分けて運営する。
ウ 情報セキュリティ方針に従う。
エ 情報セキュリティリスク対応計画を策定する。

問69 組織がJIS Q 27001:2014(情報セキュリティマネジメントシステム— 要求事項)への適合を宣言するとき，要求事項及び管理策の適用要否の考え方として，適切なものはどれか。(平成29年度秋午前問2)

	規格本文の箇条 4～10 に規定された要求事項	附属書 A “管理目的及び管理策” に規定された管理策
ア	全て適用が必要である。	全て適用が必要である。
イ	全て適用が必要である。	妥当な理由があれば適用除外できる。
ウ	妥当な理由があれば適用除外できる。	全て適用が必要である。
エ	妥当な理由があれば適用除外できる。	妥当な理由があれば適用除外できる。

情報セキュリティマネジメントシステム②

JIS Q 27002

⇒令和元年度秋午前問9 (p.52)，平成31年度春午前問4 (p.122)，平成30年度春午前問7 (p.262)

JIS Q 27001に基づいて，情報セキュリティ管理策を実施するための手引を提供している規格。

この規格では，「電気，通信サービス，給水，ガス，下水，換気，空調」など，装置を稼働させるために必要なインフラや設備などのことを，サポートユーティリティとしている。

- **JISQ27017：JISQ27002を補うもので「クラウドサービスのセキュリティ管理策」が記述されている**

問70 JIS Q 27002:2014(情報セキュリティ管理策の実践のための規範)の“サポートユーティリティ”に関する例示に基づいて，サポートユーティリティと判断されるものはどれか。(平成29年度秋午前問12)

ア サーバ室の空調
イ サーバの保守契約
ウ 特権管理プログラム
エ ネットワーク管理者

問71 情報システムに対するアクセスのうち，JIS Q 27002でいう特権的アクセス権を利用した行為はどれか。(平成28年度春午前問8)

ア 許可を受けた営業担当者が，社外から社内の営業システムにアクセスし，業務を行う。
イ 経営者が，機密性の高い経営情報にアクセスし，経営の意思決定に生かす。
ウ システム管理者が業務システムのプログラムのバージョンアップを行う。
エ 来訪者が，デモシステムにアクセスし，システム機能の確認を行う。

解答 問65 エ 問66 イ 問67 イ

■情報セキュリティマネジメントシステム③

情報セキュリティの３要素

機密性（不正アクセス防止），完全性（データ正確性保持），可用性（いつでもアクセス可能にする）。

- **公開鍵暗号方式とハッシュ関数を利用**
- **データの改ざんやなりすましの検知，送信者の否認防止をする**

問72 ファイルサーバについて，情報セキュリティにおける“可用性”を高めるための管理策として，適切なものはどれか。（平成28年度秋午前問5）

□□□

ア　ストレージを二重化し，耐障害性を向上させる。

イ　ディジタル証明書を利用し，利用者の本人確認を可能にする。

ウ　ファイルを暗号化し，情報漏えいを防ぐ。

エ　フォルダにアクセス権を設定し，部外者の不正アクセスを防止する。

■情報セキュリティマネジメントシステム④

JIS Q 31000：2010

⇒平成31年度春午後問3（p.177）

リスクマネジメントの原則及び指針を定義した規格。

- **リスク特定：リスク源，影響を受ける領域，事象，原因，結果を特定する**
- **リスク分析：リスクの影響度や発生確率を分析する**
- **リスク評価：リスク分析の結果に基づき，対応するリスクと対応しないリスクの仕分けや，対応の優先順位を決定する**
- **リスク対応：リスクに対応するための各種の方法を選択する**

■情報セキュリティマネジメントシステム⑤

CSIRT

⇒平成31年度春午後問1（p.152）

企業などでセキュリティの問題（不正アクセス，マルウェア，情報漏えいなど）を監視し，その報告を受け取って原因を調査したり，対策を検討したりする組織。

- **CSIRTマテリアル：JPCERT/CCが公表している指針** ⇒平成30年度秋午前問3（p.190）

問73 CSIRTの説明として，適切なものはどれか。（平成28年度春午前問1）

□□□

ア　IPアドレスの割当て方針の決定，DNSルートサーバの運用監視，DNS管理に関する調整などを世界規模で行う組織である。

イ　インターネットに関する技術文書を作成し，標準化のための検討を行う組織である。

ウ　企業内・組織内や政府機関に設置され，情報セキュリティインシデントに関する報告を受け取り，調査し，対応活動を行う組織の総称である。

エ　情報技術を利用し，宗教的又は政治的な目標を達成するという目的をもった人や組織の総称である。

問74　JPCERT/CC“CSIRTガイド(2015年11月26日)”では，CSIRTを活動とサービス対象によって六つに分類しており，その一つにコーディネーションセンターがある。コーディネーションセンターの活動とサービス対象の組合せとして，適切なものはどれか。（平成29年度秋午前問3）

	活動	サービス対象
ア	インシデント対応の中で，CSIRT 間の情報連携，調整を行う。	他の CSIRT
イ	インシデントの傾向分析やマルウェアの解析，攻撃の痕跡の分析を行い，必要に応じて注意を喚起する。	関係組織，国又は地域
ウ	自社製品の脆(ぜい)弱性に対応し，パッチ作成や注意喚起を行う。	自社製品の利用者
エ	組織内 CSIRT の機能の一部又は全部をサービスプロバイダとして，有償で請け負う。	顧客

セキュリティ関連法規①

著作権法

⇒平成31年度春午前問35（p.140），平成30年度秋午前問34（p.212），平成30年度春午前問34（p.282）

思想又は感情を創作的に表現したもので，アルゴリズム，言語，規約は保護されない。

WebページののURLは，書籍の題名などと同様に，著作権法における著作物とはみなされない。しかし，URLに独自の解釈を付けたリンク集は，その人の思想などが解釈に反映されているので，「思想または感情を創作的に表現したもの」としての著作物に該当する。

ステガノグラフィ

⇒平成30年度秋午前問24（p.206）

画像データなどの著作物に秘密のデータを入れておく技術。

問75　著作権法による保護の対象となるものはどれか。（平成29年度春午前問34）

ア　ソースプログラムそのもの
イ　データ通信のプロトコル
ウ　プログラムに組み込まれたアイディア
エ　プログラムのアルゴリズム

問76　著作権法において，保護の対象と**なり得ない**ものはどれか。（平成29年度秋午前問33）

ア　インターネットで公開されたフリーソフトウェア
イ　ソフトウェアの操作マニュアル
ウ　データベース

解答　問68 ア　問69 イ　問70 ア　問71 ウ　問72 ア

エ プログラム言語や規約

問77 ステガノグラフィはどれか。(令和元年度秋午前問11／平成29年度秋午前問17)
□□□

ア 画像などのデータの中に，秘密にしたい情報を他者に気付かれることなく埋め込む。

イ 検索エンジンの巡回ロボットにWebページの閲覧者とは異なる内容を送信し，該当Webページの検索順位が上位に来るように検索エンジンを最適化する。

ウ 検査対象の製品に，JPEG画像などの問題を引き起こしそうなテストデータを送信し読み込ませて，製品の応答や挙動から脆(ぜい)弱性を検出する。

エ コンピュータに認識できないほどゆがんだ文字が埋め込まれた画像を送信して表示し，利用者に文字を認識させて入力させることによって，人が介在したことを確認する。

セキュリティ関連法規②

特定電子メール送信適正化法

⇒平成31年度春午前問33（p.140），平成29年度秋午前問32

迷惑メールの送信の規制などを目的として制定された法律。

- **特定電子メール**：「電子メールの送信（国内にある電気通信設備（電気通信事業法第二条第二号に規定する電気通信設備をいう。以下同じ。）からの送信又は国内にある電気通信設備への送信に限る。以下同じ。）をする者（営利を目的とする団体及び営業を営む場合における個人に限る。以下「送信者」という。）が自己又は他人の営業につき広告又は宣伝を行うための手段として送信をする電子メールをいう」

  「第三条　送信者は、次に掲げる者以外の者に対し、特定電子メールの送信をしてはならない。

  一　あらかじめ、特定電子メールの送信をするように求める旨又は送信をすることに同意する旨を送信者又は送信委託者（電子メールの送信を委託した者（営利を目的とする団体及び営業を営む場合における個人に限る。）をいう。以下同じ。）に対し通知した者」
- **オプトイン方式**：あらかじめ送信に同意した者だけに対して，メールを送信できる方式。
- **オプトアウト方式**：送信に同意しない者は事業者にその旨を伝えなければならない。その旨を伝えていない者には，原則として許可を得ないままメールを送信してよい方式。

問78 特定電子メール送信適正化法で規制される，いわゆる迷惑メール（スパムメール）はどれか。(平成28年度春午前問34)
□□□

ア ウイルスに感染していることを知らずに，職場全員に送信した業務連絡メール

イ 書籍に掲載された著者のメールアドレスへ，匿名で送信した批判メール

ウ 接客マナーへの不満から，その企業のお客様窓口に繰り返し送信したクレームメール

エ 送信することの承諾を得ていない不特定多数の人に送った広告メール

問79 広告宣伝の電子メールを送信する場合，特定電子メール法に照らして適切なものはどれか。(平成28年度秋午前問34)
□□□

ア 送信の許諾を通知する手段を電子メールに表示していれば，同意を得ていない不特定多数の人に電子メールを送信することができる。

イ 送信の同意を得ていない不特定多数の人に電子メールを送信する場合は，電子メールの表題部分に未承諾広告であることを明示する。

ウ 取引関係にあるなどの一定の場合を除き，あらかじめ送信に同意した者だけに対して送信するオプトイン方式をとる。

エ メールアドレスを自動的に生成するプログラムを利用して電子メールを送信する場合は，送信者の氏名・連絡先を電子メールに明示する。

セキュリティ関連法規③

不正競争防止法

⇒平成30年度春午前問35（p.282）

秘密として管理されているものを保護する法律。

- **不正競争行為には，次のようなものがある。**
  ①周知の他者の商品表示（商号，商標，容器，包装など）と極めて類似しているものを使用して，本物の商品と混同させる行為
  ②著名なブランドのもつ信用を利用する行為（業種，業務内容は関係ない）
  ③他社の営業秘密を不正な手段で入手して使用する行為
  ④商品の原産地や品質，内容，製造方法，用途，数量などを虚偽に表示する行為
  ⑤競争関係にある他人の信用を害する虚偽の事実やうわさを流す行為
- **営業秘密：事業活動上重要な情報のこと。「秘密として管理されている生産方法，販売方法その他の事業活動に有用な技術上又は営業上の情報であって，公然と知られていないもの」と定義されている。**

問80 不正競争防止法によって保護される対象として規定されているものはどれか。（平成28年度春午前問35）

□□□

ア 自然法則を利用した技術的思想の創作のうち高度なものであって，プログラム等を含む物と物を生産する方法

イ 著作物を翻訳し，編曲し，若しくは変形し，又は脚色し，映画化し，その他翻案することによって創作した著作物

ウ 秘密として管理されている事業活動に有用な技術上又は営業上の情報であって，公然と知られていないもの

エ 法人等の発意に基づきその法人等の業務に従事する者が職務上作成するプログラム著作物

問81 不正競争防止法で保護されるものはどれか。（平成29年度春午前問33）

□□□

ア 特許権を取得した発明

イ 頒布されている自社独自のシステム開発手順書

ウ 秘密として管理していない，自社システムを開発するための重要な設計書

エ 秘密として管理している，事業活動用の非公開の顧客名簿

解答 問73 ウ　問74 ア　問75 ア　問76 エ　問77 ア　問78 エ

問82 不正の利益を得る目的で，他社の商標名と類似したドメイン名を登録するなどの行為を規制する法律はどれか。（平成29年度秋午前問34）

□□□

ア 独占禁止法
イ 特定商取引法
ウ 不正アクセス禁止法
エ 不正競争防止法

セキュリティ関連法規④

不正アクセス禁止法

⇒平成30年度秋午前問32（p.210）

不正アクセス行為や，不正アクセス行為を助長する行為を禁止する法律。

- **不正アクセス行為：機器の利用権限をもたない第三者が，他人のIDやパスワードなどを悪用して，アクセス制御機能による利用制限を免れて特定電子計算機の利用をできる状態にする行為やそれを助長する行為。**

問83 不正アクセス禁止法による処罰の対象となる行為はどれか。（平成28年度秋午前問35）

□□□

ア 推測が容易であるために，悪意のある攻撃者に侵入される原因となった，パスワードの実例を，情報セキュリティに関するセミナの資料に掲載した。

イ ネットサーフィンを行ったところ，意図せずに他人の利用者IDとパスワードをダウンロードしてしまい，PC上に保管してしまった。

ウ 標的とする人物の親族になりすまし，不正に現金を振り込ませる目的で，振込先の口座番号を指定した電子メールを送付した。

エ 不正アクセスを行う目的で他人の利用者ID，パスワードを取得したが，これまでに不正アクセスは行っていない。

セキュリティ関連法規⑤

サイバーセキュリティ基本法

⇒平成30年度春午前問19（p.272），問31（p.280），平成30年度秋午前問31（p.210）

サイバーセキュリティ対策本部を内閣に設置（NISC）し，国民にサイバーセキュリティに関する施策を総合的かつ効果的に推進する法律。
サイバーセキュリティ戦略は以下の５つ。

①**情報の自由な流通の確保**
②**法の支配**
③**開放性**
④**自律性**
⑤**多様な主体の連携**

問84 サイバーセキュリティ基本法において，サイバーセキュリティの対象として規定されている情報の説明はどれか。（平成27年度秋AP午前問79）

□□□

ア 外交，国家安全に関する機密情報に限られる。

イ 公共機関で処理される対象の手書きの書類に限られる。

ウ 個人の属性を含むプライバシー情報に限られる。

エ 電磁的方式によって，記録，発信，伝送，受信される情報に限られる。

問85 サイバーセキュリティ基本法に基づき，内閣官房に設置された機関はどれか。（平成30年度秋AP午前問36）

□
□
□

ア IPA　イ JIPDEC　ウ JPCERT/CC　エ NISC

セキュリティ関連法規⑥

電子署名法

⇒平成30年度秋午前問33（p.212）

電子署名に関連した電磁的記録の真正性の証明や本人が行ったことを証明する業務などについて定めた法律。

問86 電子署名法に関する記述のうち，適切なものはどれか。（平成29年度春午前問31）

□
□
□

ア 電子署名には，電磁的記録以外で，コンピュータ処理の対象とならないものも含まれる。

イ 電子署名には，民事訴訟法における押印と同様の効力が認められる。

ウ 電子署名の認証業務を行うことができるのは，政府が運営する認証局に限られる。

エ 電子署名は共通鍵暗号技術によるものに限られる。

セキュリティ関連法規⑦

個人情報保護法

⇒平成31年度春午後問2（p.164）

個人の権利と利益を保護するために，個人情報を取扱っている事業者に対して様々な義務と対応を定めた法律。個人情報保護法では，個人情報を収集する際には利用目的を明確にすること，目的以外で利用する場合には本人の同意を得ること，情報漏えい対策を講じる義務，情報の第三者への提供の禁止，本人の情報開示要求に応ずること，などが定められている。

- **氏名，生年月日など「生存している個人」を特定できる情報**
- **人種，犯罪の経歴，信条，病歴、障害等を「要配慮個人情報」という**
- **個人情報取扱事業者＝個人情報データベースなどを事業に用いている者**

問87 個人情報に関する記述のうち，個人情報保護法に照らして適切なものはどれか。（平成28年度春午前問32）

□
□
□

ア 構成する文字列やドメイン名によって特定の個人を識別できるメールアドレスは，個人情報である。

イ 個人に対する業績評価は，特定の個人を識別できる情報が含まれていても，個人情報ではない。

ウ 新聞やインターネットなどで既に公表されている個人の氏名，性別及び生年月日は，個人情報ではない。

エ 法人の本店所在地，支店名，支店所在地，従業員数及び代表電話番号は，個人情報である。

解答 問79 ウ　問80 ウ　問81 エ　問82 エ　問83 エ

問88 個人情報保護法が保護の対象としている個人情報に関する記述のうち，適切なものはどれか。(平成29年度秋午前問31)

□
□
□

ア 企業が管理している顧客に関する情報に限られる。

イ 個人が秘密にしているプライバシに関する情報に限られる。

ウ 生存している個人に関する情報に限られる。

エ 日本国籍を有する個人に関する情報に限られる。

セキュリティ関連法規⑧

PCI-DSS

⇒令和元年度秋午前問27 (p.66)，平成31年度春午前問14 (p.128)，平成31年度午後問2 (p.164)

クレジットカードなどのカード会員データのセキュリティ強化を目的として制定された基準。

調査／テスト

ペネトレーションテスト

⇒平成31年度春午前問18 (p.130)

DMZに設置されている公開Webサーバなどへ侵入し，脆(ぜい)弱性を診断するなどのテスト。

ファジング

多様なファズ (システムの仕様に反した予測不能な入力データ) を入力して，その挙動を観察することでソフトウェアに内在する脆弱性を発見するテスト。

ディジタルフォレンジクス

⇒平成31年度春午後問1 (p.152)

コンピュータ犯罪 (不正アクセスなど) に対する科学的調査のことで，犯罪を立証するために必要な情報を，各種の手段を用いて調査すること。

問89 ファジングの説明はどれか。(平成29年度秋午前問30)

□
□
□

ア 社内ネットワークへの接続を要求するPCに対して，マルウェア感染の有無を検査し，セキュリティ要件を満たすPCだけに接続を許可する。

イ ソースコードの構文を機械的にチェックし，特定のパターンとマッチングさせることによって，ソフトウェアの脆(ぜい)弱性を自動的に検出する。

ウ ソースコードを閲読しながら，チェックリストに従いソフトウェアの脆弱性を検出する。

エ 問題を引き起こしそうな多様なデータを自動生成し，ソフトウェアに入力したときのソフトウェアの応答や挙動から脆弱性を検出する。

問90 ディジタルフォレンジックスの説明として，適切なものはどれか。（平成29年度春午前問15）
□□□

ア　あらかじめ設定した運用基準に従って，メールサーバを通過する送受信メールをフィルタリングすること

イ　外部からの攻撃や不正なアクセスからサーバを防御すること

ウ　磁気ディスクなどの書き換え可能な記憶媒体を廃棄する前に，単に初期化するだけではデータを復元できる可能性があるので，任意のデータ列で上書きすること

エ　不正アクセスなどコンピュータに関する犯罪に対してデータの法的な証拠性を確保できるように，原因究明に必要なデータの保全，収集，分析をすること

問91 インシデントの調査やシステム監査にも利用できる，証拠を収集し保全する技法はどれか。（平成28年度秋午前問38）
□□□

ア　コンティンジェンシープラン　　イ　サンプリング

ウ　ディジタルフォレンジックス　　エ　ベンチマーキング

問92 脆（ぜい）弱性検査手法の一つであるファジングはどれか。（平成30年度秋AP午前問43）
□□□

ア　既知の脆弱性に対するシステムの対応状況に注目し，システムに導入されているソフトウェアのバージョン及びパッチの適用状況の検査を行う。

イ　ソフトウェアのデータの入出力に注目し，問題を引き起こしそうなデータを大量に多様なパターンで入力して挙動を観察し，脆弱性を見つける。

ウ　ベンダや情報セキュリティ関連機関が提供するセキュリティアドバイザリなどの最新のセキュリティ情報に注目し，ソフトウェアの脆弱性の検査を行う。

エ　ホワイトボックス検査の一つであり，ソフトウェアの内部構造に注目し，ソースコードの構文をチェックすることによって脆弱性を見つける。

問93 ファジングに該当するものはどれか。（令和元年度秋AP午前問44）
□□□

ア　サーバにFINパケットを送信し，サーバからの応答を観測して，稼働しているサービスを見つけ出す。

イ　サーバのOSやアプリケーションソフトウェアが生成したログやコマンド履歴などを解析して，ファイルサーバに保存されているファイルの改ざんを検知する。

ウ　ソフトウェアに，問題を引き起こしそうな多様なデータを入力し，挙動を監視して，脆（ぜい）弱性を見つけ出す。

エ　ネットワーク上を流れるパケットを収集し，そのプロトコルヘッダやペイロードを解析して，あらかじめ登録された攻撃パターンと一致した場合は不正アクセスと判断する。

解答　問84 エ　問85 エ　問86 イ　問87 ア　問88 ウ　問89 エ

組織における内部不正防止のガイドライン

⇒令和元年度秋午前問4(p.50), 平成30年度春午前問4(p.258)

組織における内部不正を防止するために実施する事項などをまとめたもの。
次の五つを基本原則としている。

- **犯行を難しくする(やりにくくする):対策を強化することで犯罪行為を難しくする**
- **捕まるリスクを高める(やると見つかる):管理や監視を強化することで捕まるリスクを高める**
- **犯行の見返りを減らす(割に合わない):標的を隠したり, 排除したり, 利益を得にくくすることで犯行を防ぐ**
- **犯行の誘因を減らす(その気にさせない):犯罪を行う気持ちにさせないことで犯行を抑止する**
- **犯罪の弁明をさせない(言い訳させない):犯行者による自らの行為の正当化理由を排除する**

問94 IPA"組織における内部不正防止ガイドライン"にも記載されている, 組織の適切な情報セキュリティ対策はどれか。(平成28年度春午前問7)

□□□

ア インターネット上のWebサイトへのアクセスに関しては, コンテンツフィルタ(URLフィルタ)を導入して, SNS, オンラインストレージ, 掲示板などへのアクセスを制限する。

イ 業務の電子メールを, システム障害に備えて, 私用のメールアドレスに転送するよう設定させる。

ウ 従業員がファイル共有ソフトを利用する際は, ウイルス対策ソフトの誤検知によってファイル共有ソフトの利用が妨げられないよう, ウイルス対策ソフトの機能を一時的に無効にする。

エ 組織が使用を許可していないソフトウェアに関しては, 業務効率が向上するものに限定して, 従業員の判断でインストールさせる。

問95 システム管理者に対する施策のうち, IPA"組織における内部不正防止ガイドライン"に照らして, 内部不正防止の観点から適切なものはどれか。(平成28年度秋午前問11)

□□□

ア システム管理者間の会話・情報交換を制限する。

イ システム管理者の操作履歴を本人以外が閲覧することを制限する。

ウ システム管理者の長期休暇取得を制限する。

エ 夜間・休日のシステム管理者の単独作業を制限する。

■システム監査②

事業継続計画（BCP）

⇒平成30年度春午前問41（p.286）

緊急時対応計画。

- **災害などの発生時に業務の継続を可能とするための計画。**
- **従業員を招集できるように緊急連絡先リストを作成・定期的に更新。**

問96 事業継続計画（BCP）について監査を実施した結果，適切な状況と判断されるものはどれか。（平成28年度秋午前問39）

□□□

ア 従業員の緊急連絡先リストを作成し，最新版に更新している。

イ 重要書類は複製せずに1か所で集中保管している。

ウ 全ての業務について，優先順位なしに同一水準のBCPを策定している。

エ 平時にはBCPを従業員に非公開としている。

問97 企業活動におけるBCPを説明したものはどれか。（平成29年度春午前問50）

□□□

ア 企業が事業活動を営む上で，社会に与える影響に責任をもち，あらゆるステークホルダからの要求に対し，適切な説明責任を果たすための取組のこと

イ 形式知だけでなく，暗黙知を含めた幅広い知識を共有して活用することによって，新たな知識を創造しながら経営を実践する経営手法のこと

ウ 災害やシステム障害など予期せぬ事態が発生した場合でも，重要な業務の継続を可能とするために事前に策定する行動計画のこと

エ 組織体の活動に伴い発生するあらゆるリスクを，統合的，包括的，戦略的に把握，評価，最適化し，価値の最大化を図る手法のこと

■システム監査③

情報セキュリティ監査制度

⇒平成31年度春午前問40（p.144）

企業や政府などの情報セキュリティ対策が適切に実行され，情報セキュリティに係るリスクマネジメントが効果的に実施されているかどうかを，情報セキュリティ監査によって確認するための制度のこと。

情報セキュリティ監査基準

経済産業省公表の，情報セキュリティ監査業務の品質を確保し，有効かつ効率的に監査を実施することを目的とした監査人の行為規範。一般基準，実施基準，報告基準からなる。また，監査人の独立性も明記してある。

解答　問90 エ　問91 ウ　問92 イ　問93 ウ　問94 ア　問95 エ

問98 □□□ “情報セキュリティ監査基準” に基づいて情報セキュリティ監査を実施する場合，監査の対象，及びコンピュータを導入していない部署における監査実施の要否の組合せのうち，最も適切なものはどれか。(平成28年度春午前問39)

	監査の対象	コンピュータを導入していない部署における監査実施の要否
ア	情報資産	必要
イ	情報資産	不要
ウ	情報システム	必要
エ	情報システム	不要

問99 □□□ “情報セキュリティ監査基準” に関する記述のうち，最も適切なものはどれか。(平成28年度秋午前問40)

ア “情報セキュリティ監査基準” は情報セキュリティマネジメントシステムの国際規格と同一の内容で策定され，更新されている。

イ 情報セキュリティ監査人は，他の専門家の支援を受けてはならないとしている。

ウ 情報セキュリティ監査の判断の尺度には，原則として，“情報セキュリティ管理基準”を用いることとしている。

エ 情報セキュリティ監査は高度な技術的専門性が求められるので，監査人に独立性は不要としている。

システム監査④

財務報告に係る内部統制の評価及び監査に関する実施基準

金融庁が作成した内部統制に関する基準の基本的要素には以下のものがある。

①統制環境
②リスクの評価と対応
③統制活動
④情報と伝達
⑤モニタリング
⑥ITへの対応

IT統制

⇒令和元年度秋午前問38 (p.72)，平成30年度秋午前問36 (p.214)

情報システムを利用する業務における内部統制のことで，その中の信頼性は，「情報が，組織の意思・意図に沿って承認され，漏れなく正確に記録・処理されること」をいう。

問100 □□□ 金融庁の“財務報告に係る内部統制の評価及び監査に関する実施基準” における “ITへの対応” に関する記述のうち，適切なものはどれか。(平成28年度秋AP午前問60)

ア IT環境とは，企業内部に限られた範囲でのITの利用状況である。

イ ITの統制は，ITに係る全般統制及びITに係る業務処理統制から成る。

ウ ITの利用によって統制活動を自動化している場合，当該統制活動は有効であると評価される。

エ ITを利用せず手作業だけで内部統制を運用している場合，直ちに内部統制の不備となる。

解答 問96 ア　問97 ウ　問98 ア　問99 ウ　問100 イ

令和元年度 秋期

情報セキュリティマネジメント

※328～329ページに答案用紙がありますので，ご利用ください。
※「問題文中で共通に使用される表記ルール」については，325ページを参照してください。

令和元年度 秋期 午前問題

□□□ **問1** BEC (Business E-mail Compromise) に該当するものはどれか。

ア 巧妙なだましの手口を駆使し，取引先になりすまして偽の電子メールを送り，金銭をだまし取る。
イ 送信元を攻撃対象の組織のメールアドレスに詐称し，多数の実在しないメールアドレスに一度に大量に電子メールを送り，攻撃対象の組織のメールアドレスを故意にブラックリストに登録させて，利用を阻害する。
ウ 第三者からの電子メールが中継できるように設定されたメールサーバを，スパムメールの中継に悪用する。
エ 誹謗（ひぼう）中傷メールの送信元を攻撃対象の組織のメールアドレスに詐称し，組織の社会的な信用を大きく損なわせる。

□□□ **問2** 参加組織及びそのグループ企業において検知されたサイバー攻撃などの情報を，IPAが情報ハブになって集約し，参加組織間で共有する取組はどれか。

ア CRYPTREC　　イ CSIRT
ウ J-CSIP　　エ JISEC

□□□ **問3** JIS Q 27001：2014（情報セキュリティマネジメントシステム－要求事項）において，リスクを受容するプロセスに求められるものはどれか。

ア 受容するリスクについては，リスク所有者が承認すること
イ 受容するリスクを監視やレビューの対象外とすること
ウ リスクの受容は，リスク分析前に行うこと
エ リスクを受容するかどうかは，リスク対応後に決定すること

解説

問1 BEC

BEC (Business E-mail　Compromise：**ビジネスメール詐欺**) は，フィッシング詐欺の一つで，取引先などと偽った巧妙な手口を使い，偽の電子メールを使用してユーザを信用させ，偽サイトに誘導させて，パスワードなどを不正に入手する行為のことです。よって正解は，ア です。

○ア 正解です。
×イ スパムメールを使った，嫌がらせ行為の説明です。
×ウ メールサーバを使った踏み台の説明です。
×エ デマ（誹謗中傷）メールの説明です。

攻略のカギ

覚えよう！ 問1

BECといえば
- フィッシング詐欺の一つ
- 取引先などと偽った偽の電子メールを使用してユーザを信用させ，パスワードなどを不正に入手する行為

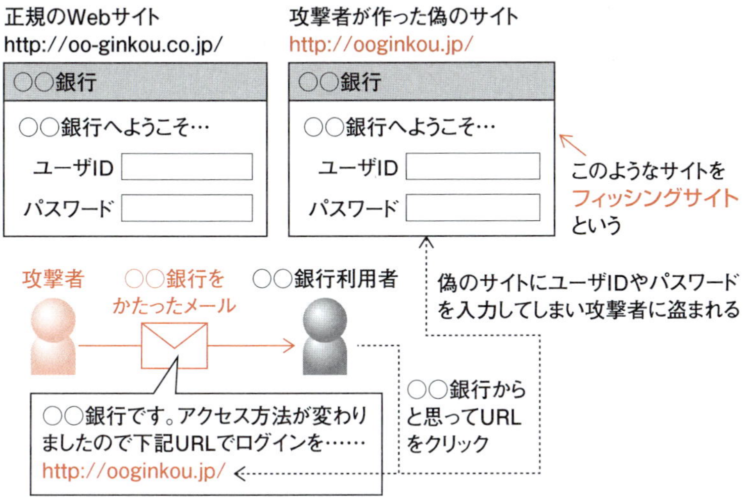

正規のWebサイト
http://oo-ginkou.co.jp/

攻撃者が作った偽のサイト
http://ooginkou.jp/

○○銀行
○○銀行へようこそ…
ユーザID
パスワード

○○銀行
○○銀行へようこそ…
ユーザID
パスワード

このようなサイトをフィッシングサイトという

攻撃者　○○銀行をかたったメール　○○銀行利用者

偽のサイトにユーザIDやパスワードを入力してしまい攻撃者に盗まれる

○○銀行から と思ってURL をクリック

○○銀行です。アクセス方法が変わりましたので下記URLでログインを……
http://ooginkou.jp/

問2 J-CSIP

IPA（独立行政法人情報処理推進機構）が発足させ，「公的機関であるIPAを情報ハブ（集約点）の役割として，参加組織間で情報共有を行い，高度なサイバー攻撃対策に繋げていく」（https://www.ipa.go.jp/security/J-CSIP/より）のは，**サイバー情報共有イニシアティブ（J-CSIP**, Initiative for Cyber Security Information sharing Partnership of Japan, ウ）です。

× ア　CRYPTREC（Cryptography Research and Evaluation Committees）は，「電子政府推奨暗号の安全性を評価・監視し，暗号技術の適切な実装法・運用法を調査・検討するプロジェクト」です。

× イ　CSIRT（Computer Security Incident Response Team）は，ネットワーク上での各種の問題（不正アクセス，マルウェア，情報漏えいなど）を監視し，その報告を受け取って原因を調査したり，対策を検討したりする組織です。

○ ウ　正解です。

× エ　JISEC（Japan Information Technology Security Evaluation and Certification Scheme：**ITセキュリティ評価及び認証制度**）は，政府調達においてIT関連製品のセキュリティ機能の適切性を評価，認証するものです。

問3 JIS Q 27001

JIS Q 27001の「6.1.3 情報セキュリティリスク対応」の項では，情報セキュリティリスク対応計画を策定した後も残留しているリスクに対して，次のように定めています。「情報セキュリティリスク対応計画及び残留している情報セキュリティリスクの受容について，リスク所有者の承認を得る」（ア）

○ ア　正解です。

× イ　受容するリスクも含めて，全てのリスクをモニタリング（監視）やレビューの対象とします。

× ウ　先にリスク分析を行ってリスクの影響度を特定した後に，リスクを受容するプロセスを実行します。

× エ　リスクを受容するかどうかを先に決めてから，リスク対応を行います。

攻略のカギ

覚えよう！ 問2

J-CSIPといえば
- IPAが発足させた取組み
- IPAを情報ハブとして，参加組織間で情報共有を行い，高度なサイバー攻撃対策に繋げる

J-CSIPの7つのSIG 問2
- 重要インフラ機器製造業者SIG
- 電力業界SIG
- ガス業界SIG
- 化学業界SIG
- 石油業界SIG
- 資源開発業界SIG
- 自動車業界SIG

※SIG：Special Interest Groupの略

JIS Q 27001 問3
情報セキュリティマネジメントシステムの確立，実施，維持及び継続的改善の要求事項を提供しているJIS規格。

残留リスク 問3
情報セキュリティに関するリスクの中には，発生確率が非常に低かったり，被害額が非常に少なかったりするものがある。このようなリスクの対策を取ると費用が高額になる場合がある。そこで対策をとらないままにするリスクのこと。

リスクを受容するプロセス 問3
残留リスクを決めること。

解答

問1	ア	問2	ウ
問3	ア		

問4

退職する従業員による不正を防ぐための対策のうち，IPA“組織における内部不正防止ガイドライン（第４版）”に照らして，適切なものはどれか。

ア　在職中に知り得た重要情報を退職後に公開しないように，退職予定者に提出させる秘密保持誓約書には，秘密保持の対象を明示せず，重要情報を客観的に特定できないようにしておく。

イ　退職後，同業他社に転職して重要情報を漏らすということがないように，職業選択の自由を行使しないことを明記した上で，具体的な範囲を設定しない包括的な競業避止義務契約を入社時に締結する。

ウ　退職者による重要情報の持出しなどの不正行為を調査できるように，従業員に付与した利用者IDや権限は退職後も有効にしておく。

エ　退職間際に重要情報の不正な持出しが行われやすいので，退職予定者に対する重要情報へのアクセスや媒体の持出しの監視を強化する。

問5

JIS Q 27000：2019（情報セキュリティマネジメントシステム－用語）において，不適合が発生した場合にその原因を除去し，再発を防止するためのものとして定義されているものはどれか。

ア　継続的改善　　イ　修正

ウ　是正処置　　エ　リスクアセスメント

問6

ネットワークカメラなどのIoT機器ではTCP 23番ポートへの攻撃が多い理由はどれか。

ア　TCP 23番ポートはIoT機器の操作用プロトコルで使用されており，そのプロトコルを用いると，初期パスワードを使って不正ログインが容易に成功し，不正にIoT機器を操作できることが多いから

イ　TCP 23番ポートはIoT機器の操作用プロトコルで使用されており，そのプロトコルを用いると，マルウェアを添付した電子メールをIoT機器に送信するという攻撃ができることが多いから

ウ　TCP 23番ポートはIoT機器へのメール送信用プロトコルで使用されており，そのプロトコルを用いると，初期パスワードを使って不正ログインが容易に成功し，不正にIoT機器を操作できることが多いから

エ　TCP 23番ポートはIoT機器へのメール送信用プロトコルで使用されており，そのプロトコルを用いると，マルウェアを添付した電子メールをIoT機器に送信するという攻撃ができることが多いから

解説

攻略のカギ

問4　組織における内部不正防止ガイドライン　よく出る！

IPA「組織における内部不正防止ガイドライン」とは，組織における内部不正を防止するために実施する事項などをまとめたものです。このガイドラインでは，次の五つを基本原則としています。

犯行を難しくする（やりにくくする）：対策を強化することで犯罪行為を難しくする
捕まるリスクを高める（やると見つかる）：管理や監視を強化することで捕まるリスクを高める
犯行の見返りを減らす（割に合わない）：標的を隠したり，排除したり，利益を得にくくすることで犯行を防ぐ
犯行の誘因を減らす（その気にさせない）：犯罪を行う気持ちにさせないことで犯行を抑止する
犯罪の弁明をさせない（言い訳させない）：犯行者による自らの行為の正当化理由を排除する

本ガイドラインの中に，雇用終了間際に情報の持ち出し等の内部不正が発生しやすいことの記述があります。「雇用終了前の一定期間から，PC等をシステム管理部門等の管理下に置くことが望まれます（例：アクセス範囲の限定，USBメモリの利用制限等）」。したがって，解答は エ です。

× ア　退職予定者に，秘密保持契約（誓約書を含む）を結ぶ必要はありますが，重要情報の認識がないまま退職してしまわないことが大切です。
× イ　職業選択の自由を考慮してから，必要に応じて競業避止義務契約を締結することもありえます。
× ウ　退職者の利用者IDや権限は退職後に直ちに削除しなければいけません。
○ エ　正解です。

問5 JIS Q 27000

JIS Q 27000は，情報セキュリティマネジメントシステムに関する用語や定義について規定している規格です。

この規格において，「不適合の原因を除去し，再発を防止するための処置」として定義されているのは，是正処置（corrective action，ウ）です。

× ア　継続的改善（continual improvement）とは，パフォーマンスを向上するために繰り返し行われる活動のことです。
× イ　修正（correction）とは，検出された不適合を除去するための処置のことです。
○ ウ　正解です。
× エ　リスクアセスメント（risk assessment）とは，リスク特定，リスク分析及びリスク評価のプロセス全体のことです。

問6 TCP 23番ポート

TCP 23番ポートは，ネットワークに接続されたIoT機器を遠隔で操作するTelnetで利用されています。IoT機器は各地で販売されているため，IDやパスワードの初期値を変更しないままにしておくと同じ機器を購入したりしてIDやパスワードを知っている攻撃者に外部から不正にログインを行われる可能性があります。よって，ア が正解です。

○ ア　正解です。
× イ　操作用機器にログインするにはTCP 23番ポートを使用しますが，マルウェアを添付する電子メールを送信することはしません。
× ウ，エ　機器への電子メール送信のプロトコルはTCP 25番のポート番号を使用します。

攻略のカギ

JIS Q 27000シリーズ 問5
情報セキュリティマネジメントシステムに関する用語を定義している規格。

ポート番号 問6
パケットのTCPヘッダに含まれる番号で，サーバやPC上で稼働するサービス（プログラム）を識別するためのもの。0～65,535の値をとる。

解答

問4	エ	問5	ウ
問6	ア		

問7

SPF（Sender Policy Framework）の仕組みはどれか。

ア　電子メールを受信するサーバが，電子メールに付与されているディジタル署名を使って，送信元ドメインの詐称がないことを確認する。

イ　電子メールを受信するサーバが，電子メールの送信元のドメイン情報と，電子メールを送信したサーバのIPアドレスから，送信元ドメインの詐称がないことを確認する。

ウ　電子メールを送信するサーバが，電子メールの宛先のドメインや送信者のメールアドレスを問わず，全ての電子メールをアーカイブする。

エ　電子メールを送信するサーバが，電子メールの送信者の上司からの承認が得られるまで，一時的に電子メールの送信を保留する。

問8

A社では現在，インターネット上のWebサイトを内部ネットワークのPC上のWebブラウザから参照している。新たなシステムを導入し，DMZ上に用意したVDI（Virtual Desktop Infrastructure）サーバにPCからログインし，インターネット上のWebサイトをVDIサーバ上の仮想デスクトップのWebブラウザから参照するように変更する。この変更によって期待できるセキュリティ上の効果はどれか。

ア　インターネット上のWebサイトから，内部ネットワークのPCへのマルウェアのダウンロードを防ぐ。

イ　インターネット上のWebサイト利用時に，MITB攻撃による送信データの改ざんを防ぐ。

ウ　内部ネットワークのPC及び仮想デスクトップのOSがボットに感染しなくなり，C&Cサーバにコントロールされることを防ぐ。

エ　内部ネットワークのPCにマルウェアが侵入したとしても，他のPCに感染するのを防ぐ。

問9

JIS Q 27002：2014には記載されていないが，JIS Q 27017：2016において記載されている管理策はどれか。

ア　クラウドサービス固有の情報セキュリティ管理策

イ　事業継続マネジメントシステムにおける管理策

ウ　情報セキュリティガバナンスにおける管理策

エ　制御システム固有のサイバーセキュリティ管理策

解説

攻略のカギ

問7　SPF　よく出る！

SPF（Sender Policy Framework）とは，送信ドメイン認証の方法の一つです。この方法では，送信元メールサーバが所属するDNSサーバに，IPアドレスの情報を登録しておくことで，その組織の送信元メールサーバの正しいIPアドレスを受信メールサーバから確認できるようにしています（イ）。

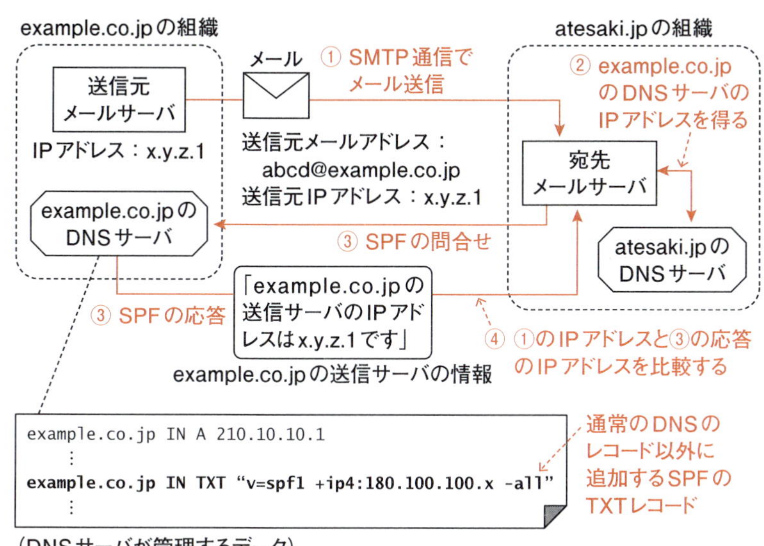

×ア　メールサーバが，電子メールに付与されているディジタル署名の確認をすることはありません。

○イ　正解です。

×ウ　送信メールを一時保存（アーカイブ）するサービスに加入すれば可能ですがSPFではありません。

×エ　承認機能搭載のメールサーバを使用すれば可能ですが，SPFではありません。

問8　VDI　初モノ

シンクライアントシステムの一方式である，**VDI**（Virtual Desktop Infrastructure）は，サーバ上に複数の仮想デスクトップを作成します。利用者はネットワーク経由で，その仮想デスクトップに接続することができます。利用者が使用するPCなどのクライアントPCにはデータを記録させず，サーバのみにデータを記録させる形態のシステムです。このシステムを用いると，PCなどにデータを一切保存させないようにできるため，PCの情報が漏えいしたり，Web経由でダウンロードしたりできないことになり，セキュリティが向上します。よって，正解はアです。

○ア　正解です。

×イ，ウ，エ　ウイルス対策ソフトで可能です。

問9　JIS Q 27017：2016　初モノ

JIS Q 27017：2016は，JIS Q 27002を補うもので，クラウドサービスカスタマ及びクラウドサービスプロバイダのための情報セキュリティ管理策の実施を支援する指針を提示しています。正解はアです。

○ア　正解です。

×イ　事業継続マネジメントは，JIS Q 22301で規定されています。

×ウ　情報セキュリティガバナンスは，JIS Q 27014で規定されています。

×エ　制御システムのセキュリティは，IEC 62443で規定されています。

攻略のカギ

覚えよう！　問7

SPFといえば

- 送信ドメイン認証の方法の一つ
- メールを送信する組織のDNSサーバに，メールサーバのIPアドレスを記載した情報を追記
- 受信するメールサーバから参照して，送信したメールサーバの正しいIPアドレスを確認する

覚えよう！　問8

VDIといえば

- シンクライアントシステムの一方式
- サーバ上に複数の仮想デスクトップを作成する
- 利用者はネットワーク経由で接続する
- PCなどにデータを一切保存させないようにできる

解答

問7	イ	問8	ア
問9	ア		

問10 シャドーITに該当するものはどれか。

ア IT製品やITを活用して地球環境への負荷を低減する取組
イ IT部門の許可を得ずに，従業員又は部門が業務に利用しているデバイスやクラウドサービス
ウ 攻撃対象者のディスプレイやキータイプを物陰から盗み見て，情報を盗み出す行為
エ ネットワーク上のコンピュータに侵入する準備として，侵入対象の弱点を探るために組織や所属する従業員の情報を収集すること

問11 ステガノグラフィはどれか。

ア 画像などのデータの中に，秘密にしたい情報を他者に気付かれることなく埋め込む。
イ 検索エンジンの巡回ロボットにWebページの閲覧者とは異なる内容を応答し，該当Webページの検索順位が上位に来るようにする。
ウ 検査対象の製品に，問題を引き起こしそうなJPEG画像などのテストデータを送信し読み込ませて，製品の応答や挙動から脆(ぜい)弱性を検出する。
エ コンピュータには認識できないほどゆがんだ文字を画像として表示し，利用者に文字を認識させて入力させることによって，利用者が人であることを確認する。

問12 セキュアハッシュ関数SHA-256を用いてファイルA及びファイルBのハッシュ値を算出すると，どちらも全く同じ次に示すハッシュ値n（16進数で示すと64桁）となった。この結果から考えられることとして，適切なものはどれか。

ハッシュ値n：86620f2f 152524d7 dbed4bcb b8119bb6 d493f734 0b4e7661 88565353 9e6d2074

ア ファイルAとファイルBの各内容を変更せずに再度ハッシュ値を算出すると，ファイルAとファイルBのハッシュ値が異なる。
イ ファイルAとファイルBのハッシュ値nのデータ量は64バイトである。
ウ ファイルAとファイルBを連結させたファイルCのハッシュ値の桁数は16進数で示すと128桁である。
エ ファイルAの内容とファイルBの内容は同じである。

解説

問10 シャドーIT よく出る！

シャドーITとは，企業の従業員が私物のPC，携帯電話，スマートフォン，及びネットワーク機器を勝手に社内に持ち込み，LANに接続することを指します。また，企業のIT部門の許可を得ないまま，Web上のオンラインストレージサービスなど，クラウドサービスを勝手に利用することなども該当します（イ）。

シャドーITを許しておくと，情報漏えいにつながります。

攻略のカギ

×ア　グリーンITの説明です。
○イ　正解です。
×ウ　ショルダハッキングの説明です。
×エ　攻撃の準備段階で実行される作業の説明です。

問11 ステガノグラフィ

画像データなどに，利用者には分からない形式で著作者情報などを埋め込む技術を，電子透かしといいます。

例えば，画像データの画素の色情報のビットの値を少しずつ正規の値からずらし，ずらした差分の値を順番に組み合わせていくと，何らかの情報を表したビット列になっているようにすることで，情報を画像に埋め込めます。ずらす割合は非常に少ないため，人間の目では判別できません。

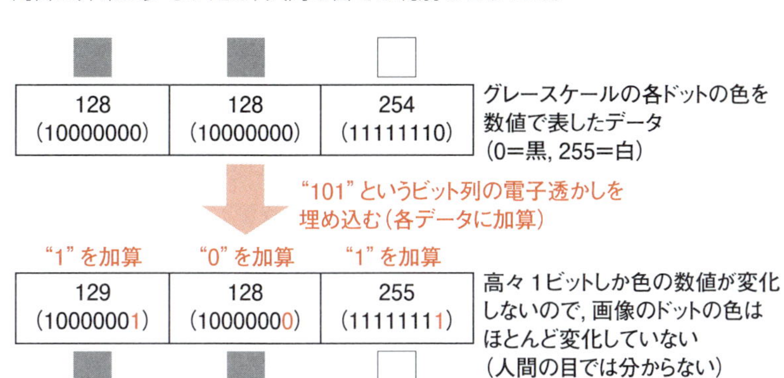

ステガノグラフィとは，この電子透かし技術を応用して，秘密にしたい情報を画像などに密かに埋め込む技術のことです。
○ア　正解です。
×イ　SEO (Search Engine Optimization) の説明です。
×ウ　ファジングの説明です。
×エ　CAPTCHAの説明です。

問12 ハッシュ値

SHA-256は，2^{64}-1以内の任意の長さをもつデータから，256ビットの固定長のハッシュ値を出力します。入力ビット列の長さが256未満であっても，ハッシュ値の長さは必ず256ビットになります。

なお，ハッシュ関数の特徴は以下のとおりです。

- 出力されたハッシュ値から入力データの内容を推定（復元）することは困難
- 入力データがわずかでも異なれば，ハッシュ値は著しく異なるものになる
- 入力データの長さが異なっていても，ハッシュ値は同じ長さになる

同じハッシュ値が求められる場合は，元のデータが同じであることがわかります。したがって，正解はエです。
×ア　ファイルAとファイルBの各内容を変更しなければ同じ値になります。
×イ　ハッシュ値の長さは256ビット＝32バイトです。
×ウ　ハッシュ値はデータの長さに関係なく同じになるので，ファイルCのハッシュ値の桁数も256ビット（16進数で64桁）になります。
○エ　正解です。

攻略のカギ

覚えよう！ 問10

シャドーITといえば
- 従業員が私物の機器を勝手に社内に持ち込み，LANに接続すること
- IT部門の許可を得ないままクラウドサービスを勝手に利用することなども該当する

ステガノグラフィの例 問11

九州大学の研究グループなどが公開した，BPCS-Steganographyというプログラムでは，秘匿したい情報を画像データ（Vessel画像という）に埋め込むことで隠すことができる。また，不正プログラムがステガノグラフィの技術を悪用した例として，「Tropic Trooper作戦」（トレンドマイクロ社命名）という攻撃がある。画像ファイルに攻撃用コードを埋め込んだものがダウンロードされ，被害者のPCにマルウェアを感染させていた。

ハッシュ関数 問12

任意の長さのデータを入力すると，固定長のハッシュ値（メッセージダイジェストともいう）を出力する関数。出力されたハッシュ値から入力データの内容を推定（復元）することは困難。入力データがわずかでも異なれば，ハッシュ値は著しく異なるものになる。入力データの長さが異なっていても，ハッシュ値は同じ長さになる。

解答

問10 イ　問11 ア
問12 エ

問 13 インターネットバンキングでのMITB攻撃による不正送金について，対策として用いられるトランザクション署名の説明はどれか。

ア 携帯端末からの送金取引の場合，金融機関から携帯端末の登録メールアドレスに送金用のワンタイムパスワードを送信する。

イ 特定認証業務の認定を受けた認証局が署名したディジタル証明書をインターネットバンキングでの利用者認証に用いることによって，ログインパスワードが漏えいした際の不正ログインを防止する。

ウ 利用者が送金取引時に，送金処理を行うPCとは別のデバイスに振込先口座番号などの取引情報を入力して表示された値をインターネットバンキングに送信する。

エ ログイン時に，送金処理を行うPCとは別のデバイスによって，一定時間だけ有効なログイン用のワンタイムパスワードを算出し，インターネットバンキングに送信する。

問 14 WAFにおけるフォールスポジティブに該当するものはどれか。

ア HTMLの特殊文字“<”を検出したときに通信を遮断するようにWAFを設定した場合，“<”などの数式を含んだ正当なHTTPリクエストが送信されたとき，WAFが攻撃として検知し，遮断する。

イ HTTPリクエストのうち，RFCなどに仕様が明確に定義されておらず，Webアプリケーションソフトウェアの開発者が独自の仕様で追加したフィールドについてはWAFが検査しないという仕様を悪用して，攻撃の命令を埋め込んだHTTPリクエストが送信されたとき，WAFが遮断しない。

ウ HTTPリクエストのパラメタとして許可する文字列以外を検出したときに通信を遮断するようにWAFを設定した場合，許可しない文字列を含んだ不正なHTTPリクエストが送信されたとき，WAFが攻撃として検知し，遮断する。

エ 悪意のある通信を正常な通信と見せかけ，HTTPリクエストを分割して送信されたとき，WAFが遮断しない。

解説

問13 トランザクション署名 初モノ

MITB攻撃を防ぐには，Webブラウザで利用者が入力した情報と，金融機関のサーバが受信した情報との間に差異がないことを検証する必要があります。そのために，トランザクション署名が有効です。トランザクション署名とは，次ページの図のような方法です。

なお，マルウェアは利用者のPCに感染しているので，PCに保存された情報を知ることは可能ですが，PCと異なる機器であるトークンの内容は参照できません。よって，解答は，ウ です。

×ア ワンタイムパスワードによる認証の説明です。
×イ クライアント証明書を使用した認証の説明です。
○ウ 正解です。
×エ トークンなどを使用したワンタイムパスワード認証の説明です。

攻略のカギ

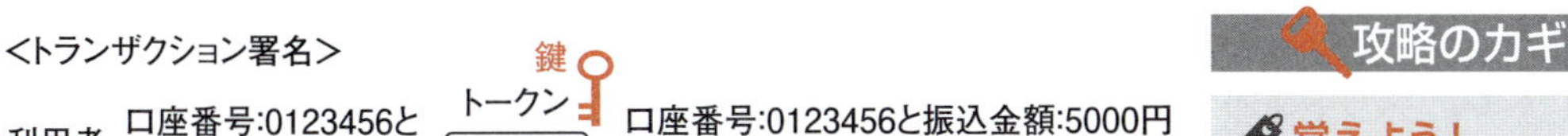

<トランザクション署名>

トークンと同じ鍵を用いて,口座番号と振込金額を合わせた情報を鍵付きハッシュ関数に与えて署名を求める。この署名が,利用者から送られてきた署名と一致すれば,利用者が入力した情報は改ざんされていない(安全である)

問14 WAFのフォールスポジティブ

WAF(Web Application Firewall)とは，WebサーバとWebブラウザとの間でやり取りされるデータの内容を監視し，Webサーバプログラムなどの脆弱性を突く攻撃(SQLインジェクションなど)を防御するために用いられるものです。そこで起こるエラーには以下のようなものがあります。

フォールスポジティブ(偽陽性)：正常な通信を不正アクセスや攻撃と誤認識して，遮断してしまうエラー

フォールスネガティブ(偽陰性)：外部からの攻撃を正常な通信と誤認識してしまうエラー

<クロスサイトスクリプティングの例>

(スクリプトを埋め込む)
埋め込まれるデータ:

```
<script>alert("!!!!")</script>
```

HTML

```
<p>$name</p>        ($nameの箇所にデータが埋め込まれる)
    ↓
<p><script>alert("!!!!")</script></p>
```

この部分がscriptタグとして解釈され,"!!!!" というメッセージが勝手に表示される

クロスサイトスクリプティングでは，HTMLに埋め込むデータとして，"<" や ">" を含むタグの文字列を与えることで，そのHTMLをWebページとして開いたブラウザ上で不正なスクリプトを動作させます。

さらに悪質なスクリプトを埋め込めば，クッキーの内容を勝手に外部に送信するなどの不正行為を実行できます。

これを防ぐために "<" や ">" を含むHTTPリクエストを遮断した場合に，計算式で "<" が含まれる通信を誤って遮断してしまうことがあります(ア)。

○ア　正解です。
×イ，エ　フォールスネガティブの説明です。
×ウ　通常の処理です。

攻略のカギ

覚えよう！ 問13

トランザクション署名といえば

- インターネットバンキングサイトでMITB攻撃を防ぐためのもの
- 口座番号と振込金額をトークンに入力
- トークンは情報を鍵付きハッシュ関数に与えて署名を生成
- インターネットバンキングサイトはトークンと同じ鍵を用いて口座番号と振込金額をハッシュ関数に与えて署名を求める
- 署名が一致すれば情報は改ざんされていない

WAF 問14

Web Application Firewall。Webサーバとブラウザの間でやり取りされるデータの内容を監視し，Webアプリケーションプログラムの脆弱性を突く，クロスサイトスクリプティングやSQLインジェクションなどの攻撃を検知するために用いられる，アプリケーション層で動作するファイアウォールのこと。

解答

問13 ウ　　問14 ア

問 15 ボットネットにおいてC&Cサーバが担う役割はどれか。

ア 遠隔操作が可能なマルウェアに，情報収集及び攻撃活動を指示する。
イ 攻撃の踏み台となった複数のサーバからの通信を制御して遮断する。
ウ 電子商取引事業者などに，偽のディジタル証明書の発行を命令する。
エ 不正なWebコンテンツのテキスト，画像及びレイアウト情報を一元的に管理する。

問 16 攻撃者が用意したサーバXのIPアドレスが，A社WebサーバのFQDNに対応するIPアドレスとして，B社DNSキャッシュサーバに記憶された。これによって，意図せずサーバXに誘導されてしまう利用者はどれか。ここで，A社，B社の各従業員は自社のDNSキャッシュサーバを利用して名前解決を行う。

ア A社Webサーバにアクセスしようとする A社従業員
イ A社Webサーバにアクセスしようとする B社従業員
ウ B社Webサーバにアクセスしようとする A社従業員
エ B社Webサーバにアクセスしようとする B社従業員

問 17 PCとサーバとの間でIPsecによる暗号化通信を行う。通信データの暗号化アルゴリズムとしてAESを使うとき，用いるべき鍵はどれか。

ア PCだけが所有する秘密鍵
イ PCとサーバで共有された共通鍵
ウ PCの公開鍵
エ サーバの公開鍵

解説

問15 C&Cサーバ よく出る！

ボットネットとは，不正プログラム（ボット）に感染させられ，攻撃者に乗っ取られてその命令に従うコンピュータ（**ゾンビコンピュータ**）で構成されるネットワークのことです。

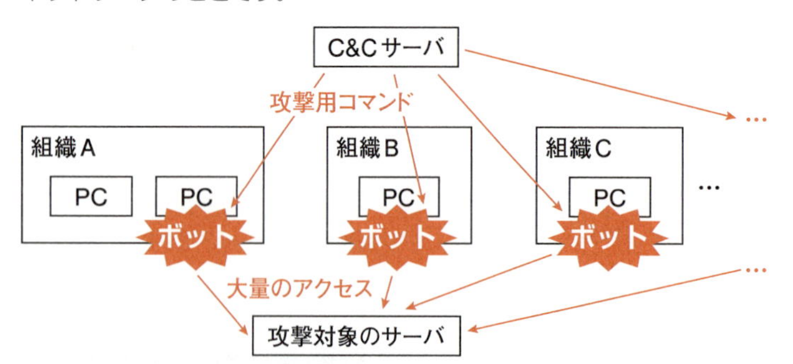

C&C（Command & Control）とは，ボットネット内の多数のPCに対して，命令を送って挙動を制御することで，攻撃対象のサーバの情報を収集したり，不正な処理を実行させたりする（ア）サーバのことです。

攻略のカギ

覚えよう！ 問15

ボットネットといえば
- 攻撃者に乗っ取られてその命令に従うコンピュータで構成されるネットワーク

C&Cサーバといえば
- ボットネット内の多数のPCに命令を送って制御するサーバ
- 攻撃対象のサーバの情報を収集したり，不正な処理を実行させたりする

イ～エの記述は，いずれもC&Cサーバと関係のない記述です。

問16 DNSキャッシュサーバ

問題文の状況を図で表します。

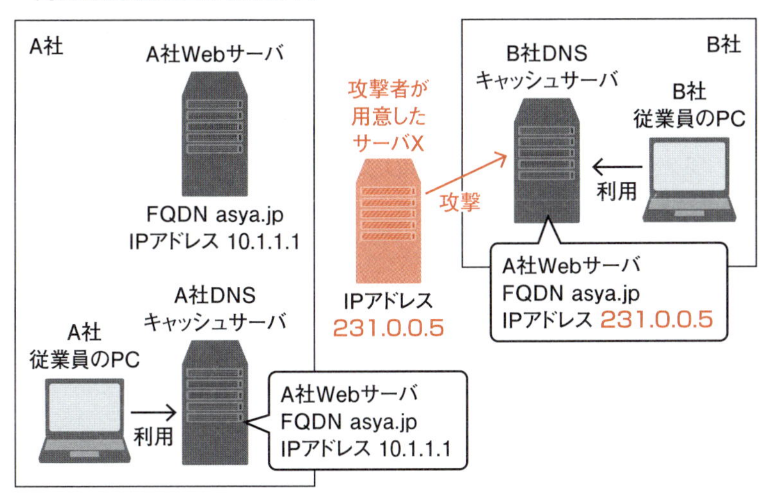

攻撃者が用意したサーバXのIPアドレスが記憶されているのはB社DNSキャッシュサーバだけです。「A社，B社の各従業員は自社のDNSキャッシュサーバを利用して名前解決を行う」ので，A社の従業員はA社DNSキャッシュサーバを利用します。このサーバは，A社WebサーバのFQDNに対応するIPアドレスとして正しいアドレスを記憶しているので，A社従業員がA社Webサーバにアクセスするときは，サーバXには誘導されません。

B社の従業員はB社DNSキャッシュサーバを利用します。このサーバは，A社WebサーバのFQDNに対応するIPアドレスとして，攻撃者が用意したサーバXのIPアドレスを記憶しています。B社従業員がA社Webサーバにアクセスするとき，名前解決でサーバXのIPアドレスが得られるので，意図せずサーバXに誘導されます。イが適切です。

なお，B社WebサーバのFQDNに関する攻撃は行われていないので，B社のWebサーバにアクセスしようとするA社従業員や，B社のWebサーバにアクセスしようとするB社従業員がサーバXに誘導されることはありません。

問17 IPsec よく出る！

IPsecとは，IPパケットの暗号化及び認証に関する規格のことです。IPsecでは，IPパケットを暗号化するために，任意の暗号方式を選択して利用できます。

ブロック暗号は，データを一定のサイズに区切った単位（ブロック）ごとに暗号化を行う方式です。AES（Advanced Encryption Standard）は共通鍵暗号方式の一つで，ブロック暗号に属します。

AESを使うときは，PCとサーバが同じ共通鍵を共有し，PCが共通鍵で暗号化して送信したデータを，サーバが同じ共通鍵で復号できるようにします。イが正解です。ア，ウ，エは公開鍵暗号方式で用いられる鍵であり，AESでは使用できません。

攻略のカギ

IPsec 問17
インターネットなどの開かれたネットワーク上において，専用線と同様にセキュリティの確保された通信を行うための暗号化・認証プロトコル。

解答

問15 ア	問16 イ
問17 イ	

問18 WPA3はどれか。

ア HTTP通信の暗号化規格
イ TCP/IP通信の暗号化規格
ウ Webサーバで使用するディジタル証明書の規格
エ 無線LANのセキュリティ規格

問19 リバースブルートフォース攻撃に該当するものはどれか。

ア 攻撃者が何らかの方法で事前に入手した利用者IDとパスワードの組みのリストを使用して，ログインを試行する。
イ パスワードを一つ選び，利用者IDとして次々に文字列を用意して総当たりにログインを試行する。
ウ 利用者ID，及びその利用者IDと同一の文字列であるパスワードの組みを次々に生成してログインを試行する。
エ 利用者IDを一つ選び，パスワードとして次々に文字列を用意して総当たりにログインを試行する。

問20 ディジタル署名に用いる鍵の組みのうち，適切なものはどれか。

	ディジタル署名の作成に用いる鍵	ディジタル署名の検証に用いる鍵
ア	共通鍵	秘密鍵
イ	公開鍵	秘密鍵
ウ	秘密鍵	共通鍵
エ	秘密鍵	公開鍵

解説

問18 WPA3

WPA3（Wi-Fi Protected Access 3）は，Wi-Fi（無線LAN）のセキュリティ規格です。これまでよく利用されている"WPA2"の拡張版として策定されました。WPA2は，無線LANの暗号規格やプロトコルなどの総称です。共通鍵暗号方式のAESに対応しており，強力な暗号化プロトコルCCMP（Counter Mode with Cipher Block Chaining Message Authentication Code Protocol）と，認証プロトコルであるIEEE 802.1xを利用しています。正解はエです。

×ア TLSなどの説明です。
×イ 暗号化規格はTLSなどがあります。
×ウ X.509の説明です。

攻略のカギ

覚えよう！ 問18

WPA3といえば
- 無線LANのセキュリティ規格
- WPA2の拡張版として策定された

○エ　正解です。

問19 リバースブルートフォース 初モノ

リバースブルートフォース（逆総当たり）攻撃とは，パスワードを固定し，利用者IDを次々に変えてログインを試すことで，当該パスワードを使用している利用者として不正にログインする攻撃手法のことです。

パスワード“admin”
利用者 ID“U0001” → 失敗
パスワード“admin”
利用者 ID“U0002” → 失敗
パスワード“admin”
利用者 ID“U0003” → 失敗 …
パスワード“admin”
利用者 ID“U4189” → 成功

正解はイです。

IDを固定してパスワードを変更する従来の攻撃では，同一IDでの“パスワード入力試行回数の上限値の設定”で防げます。しかし，リバースブルートフォース攻撃では，同じIDにつき1回となるため，効果が期待できません。

×ア　パスワードリスト攻撃の説明です。
○イ　正解です。
×ウ　利用者IDとパスワードの組を試す攻撃の説明です。
×エ　ブルートフォース（総当たり）攻撃の説明です。

問20 ディジタル署名の鍵

通信相手に送付するデータの正当性を送信者が証明するために，ディジタル署名が用いられます。

送信者は，送付データ全体に対してハッシュ関数を用いて，ハッシュ値を求めます。さらにそのハッシュ値を「送信者の秘密鍵」で暗号化し，これを「送信者の署名」としてデータと一緒に添付し，受信者に送付します。

受信者は，送信者と同じハッシュ関数を用いてデータ本体からハッシュ値を生成します。さらに，「送信者の署名」を「送信者の公開鍵」で復号して，元のハッシュ値を入手します。二つのハッシュ値が一致すれば，そのデータは送信者からのものと確認できます。送信者以外は知らない（使用できない）「送信者の秘密鍵」で「送信者の署名」の暗号化が行われていることは，そのデータが確かに送信者本人の管理下にあったことを証明します。

以上から，ディジタル署名の作成に用いる鍵は秘密鍵であり，ディジタル署名の検証に用いる鍵は公開鍵のため，エが正解です。

攻略のカギ

覚えよう！ 問19

リバースブルートフォース攻撃といえば
- パスワードを固定し利用者IDを次々に変えてログインを試すことで不正にログインする攻撃手法
- パスワード入力試行回数の上限値の設定では防げない

ディジタル署名 問20

公開鍵暗号方式とハッシュ関数を利用して，データの改ざん，なりすましの検知，及び送信者の否認防止をするための技術。

解答

問18 エ	問19 イ
問20 エ	

問21 情報セキュリティにおいてバックドアに該当するものはどれか。

ア　アクセスする際にパスワード認証などの正規の手続が必要なWebサイトに，当該手続を経ないでアクセス可能なURL

イ　インターネットに公開されているサーバのTCPポートの中からアクティブになっているポートを探して，稼働中のサービスを特定するためのツール

ウ　ネットワーク上の通信パケットを取得して通信内容を見るために設けられたスイッチのLANポート

エ　プログラムが確保するメモリ領域に，領域の大きさを超える長さの文字列を入力してあふれさせ，ダウンさせる攻撃

問22 マルウェアの動的解析に該当するものはどれか。

ア　検体のハッシュ値を計算し，オンラインデータベースに登録された既知のマルウェアのハッシュ値のリストと照合してマルウェアを特定する。

イ　検体をサンドボックス上で実行し，その動作や外部との通信を観測する。

ウ　検体をネットワーク上の通信データから抽出し，さらに，逆コンパイルして取得したコードから検体の機能を調べる。

エ　ハードディスク内のファイルの拡張子とファイルヘッダの内容を基に，拡張子が偽装された不正なプログラムファイルを検出する。

問23 メッセージが改ざんされていないかどうかを確認するために，そのメッセージから，ブロック暗号を用いて生成することができるものはどれか。

ア　PKI
イ　パリティビット
ウ　メッセージ認証符号
エ　ルート証明書

解説

攻略のカギ

問21 バックドア

バックドアとは，サーバなどに不正侵入した攻撃者が，再度当該サーバに正規のアクセスをしないで容易に侵入できるようにするために，密かに組み込んでおく通信用プログラムなどのことをいいます。アが正解です。

○ア　正解です。
×イ　**ポートスキャン**の説明です。
×ウ　**ミラーポート**の説明です。
×エ　**バッファオーバフロー**の説明です。

問22 マルウェアの動的解析

プログラムが実行できる機能やアクセスできるリソース（ファイルなど）を

制限してプログラムを動作させる環境のことを**サンドボックス**といいます。マルウェアなど不正な命令を組み込んだプログラムの実行（これを**動的解析**といいます）などによって，システムファイルが破壊されるなどの被害を防ぐために有効です。

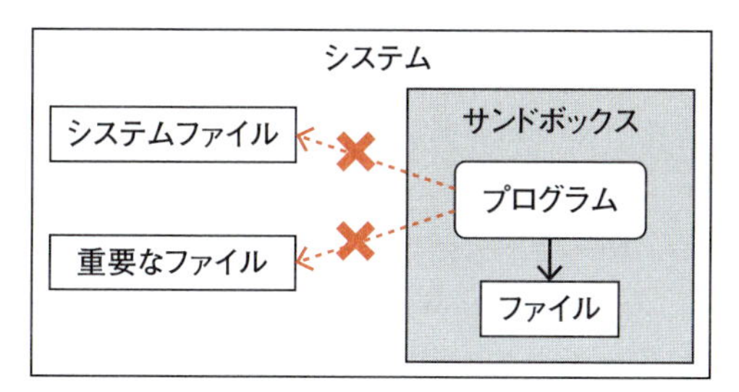

プログラムはサンドボックスの中のもの以外アクセスできない

×ア　マルウェアのコード特定の方法です。
○イ　正解です。
×ウ　逆コンパイルをしてコード解析してマルウェアを特定する方法です。
×エ　拡張子偽装のマルウェアの説明です。

問23 改ざん検知

データの完全性（改ざんされていないこと）を送信者が証明するための技術が，**メッセージ認証符号**（ウ）です。

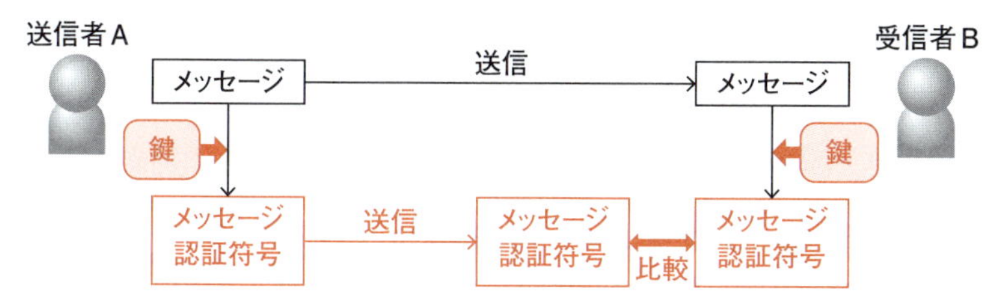

送信者Aと受信者Bは同じ鍵を共有します。送信者Aはメッセージを鍵で暗号化してメッセージ認証符号を生成し，メッセージと一緒に受信者Bに送ります。

メッセージなどを受け取った受信者Bは，送信者Aと同じ鍵でメッセージを暗号化し，メッセージ認証符号を生成します。送信者Aから受信したメッセージ認証符号と，受信者Bが生成したメッセージ認証符号が一致すれば，そのデータは送信の途中で改ざんされていないことがわかります。

暗号化に用いる鍵が同じでも，異なる内容のデータを暗号化すると，生成された暗号文の内容は異なります。データが送信の途中で改ざんされた場合，送信者Aがメッセージ認証符号を生成したときのデータの内容と，受信者Bがメッセージ認証符号を生成したときのデータの内容が異なるので，それぞれが作ったメッセージ認証符号は異なります（改ざんを検知できる）。

×ア　**PKI**とは，公開鍵暗号方式及びディジタル署名（電子署名）の仕組みを応用した，公開鍵とその利用者を結び付けるための仕組みのことをいいます。
×イ　**パリティビット**は文字などに付ける数ビットのチェック用データのことをいいます。
○ウ　正解です。
×エ　ルート認証局が発行する証明書のことをいいます。

攻略のカギ

サンドボックス　問22
情報セキュリティ対策技術の一つで，プログラムが実行できる機能やアクセスできるリソース（ファイルやハードウェアなど）を制限して，プログラムを動作させること。プログラムのバグや不正な命令を組み込んだプログラムの実行などによって，システムファイルが破壊されるなどの被害を防ぐために有効。

覚えよう！　問23
メッセージ認証符号といえば
- 送信者と受信者は同じ鍵を共有する
- 送信者はメッセージを鍵で暗号化してメッセージ認証符号を生成し，メッセージと一緒に受信者に送る
- 受信者Bは，送信者と同じ鍵でメッセージを暗号化し，メッセージ認証符号を生成する
- 受信したメッセージ認証符号と，メッセージ認証符号が一致すれば，改ざんされていないことがわかる

解答
問21 ア　問22 イ
問23 ウ

問24 リスクベース認証に該当するものはどれか。

ア インターネットバンキングでの取引において，取引の都度，乱数表の指定したマス目にある英数字を入力させて認証する。
イ 全てのアクセスに対し，トークンで生成されたワンタイムパスワードを入力させて認証する。
ウ 利用者のIPアドレスなどの環境を分析し，いつもと異なるネットワークからのアクセスに対して追加の認証を行う。
エ 利用者の記憶，持ち物，身体の特徴のうち，必ず二つ以上の方式を組み合わせて認証する。

問25 攻撃者が，多数のオープンリゾルバに対して，“あるドメイン”の実在しないランダムなサブドメインを多数問い合わせる攻撃（ランダムサブドメイン攻撃）を仕掛け，多数のオープンリゾルバが応答した。このときに発生する事象はどれか。

ア “あるドメイン”を管理する権威DNSサーバに対して負荷が掛かる。
イ “あるドメイン”を管理する権威DNSサーバに登録されているDNS情報が改ざんされる。
ウ オープンリゾルバが保持するDNSキャッシュに不正な値を注入される。
エ オープンリゾルバが保持するゾーン情報を不正に入手される。

問26 手順に示す電子メールの送受信によって得られるセキュリティ上の効果はどれか。

〔手順〕
(1) 送信者は，電子メールの本文を共通鍵暗号方式で暗号化し（暗号文），その共通鍵を受信者の公開鍵を用いて公開鍵暗号方式で暗号化する（共通鍵の暗号化データ）。
(2) 送信者は，暗号文と共通鍵の暗号化データを電子メールで送信する。
(3) 受信者は，受信した電子メールから取り出した共通鍵の暗号化データを，自分の秘密鍵を用いて公開鍵暗号方式で復号し，得た共通鍵で暗号文を復号する。

ア 送信者による電子メールの送達確認
イ 送信者のなりすましの検出
ウ 電子メールの本文の改ざん箇所の修正
エ 電子メールの本文の内容の漏えいの防止

解説

問24 リスクベース認証

×ア 乱数表を用いた認証の説明です。
×イ ワンタイムパスワードによる認証の説明です。
○ウ 正解です。
×エ 2要素認証の説明です。

攻略のカギ

リスクベース認証 問24
なりすましの可能性があるアクセスの発生時に，追加の認証を求めること。普段と異なる環境からのアクセスに対しては，パスワードだけでなく秘密の質問の入力も求めることなど。利便性を保ちながら不正アクセスに対抗できる。

問25 ランダムサブドメイン攻撃 初モノ

ランダムサブドメイン攻撃（DNS水責め攻撃）は，次のようなものです。

攻撃者は，ボットに感染した多数のPCから，攻撃対象のドメインの権威DNSサーバに対して，下の図のようにして短時間に大量のDNS問合せを集中させます。対象の権威DNSサーバは過負荷状態になり，メモリなどのリソースが枯渇してDNS問合せに対応できなくなります。

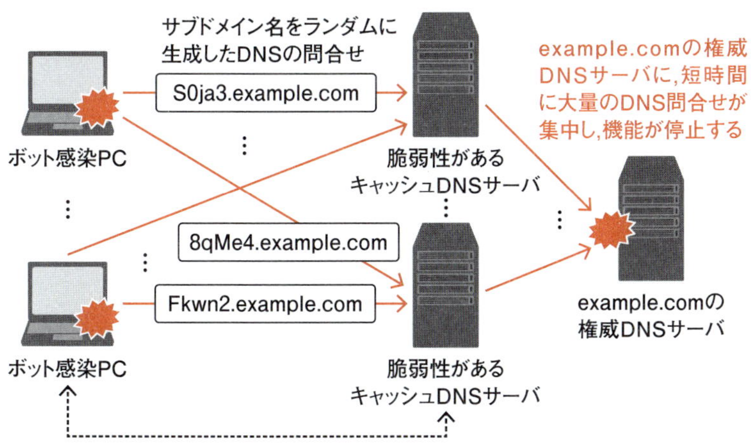

ボットに感染したPCは，キャッシュDNSサーバとは異なるドメインに属する。異なるドメイン（外部）のPCからの問合せには答える必要はないが，設定が不適切なDNSサーバは，当該の問合せに回答してしまうことがある。このような脆弱性があるDNSサーバを，オープンリゾルバという。

上の図の，脆弱性があるキャッシュDNSサーバのことをオープンリゾルバといいます。ランダムサブドメイン攻撃で発生する事象はアです。

○ア　正解です。
×イ　ドメイン名ハイジャック攻撃で発生する事象です。
×ウ　DNSキャッシュポイズニング攻撃で発生する事象です。
×エ　不正アクセスで発生する事象です。

問26 電子メールの暗号化

電子メールの本文を暗号化するために用いた共通鍵を電子メールと一緒に送信してしまうと，電子メールを攻撃者に盗聴されたときに共通鍵が露呈するため，電子メールの本文を復号されてしまい，内容が漏れてしまいます。

手順（1）では，攻撃者が共通鍵を不正に利用できないようにしています。よって，攻撃者は暗号文を復号することもできません。そして，手順（2）で送られた，暗号化された共通鍵を，受信者は手順（3）でまず，受信者しか利用できない受信者の秘密鍵で復号します。そして，得た共通鍵で暗号文（暗号化した電子メールの本文）を復号し，電子メールの本文を読むことができます。

以上から，電子メールを盗聴した攻撃者が暗号文を復号して電子メールの本文を読むことができないという効果が得られるため，エが正解です。

×ア　手順では，受信した電子メールの応答を受信者が送信者に返していないため，送信者による電子メールの送達確認はできません。
×イ，ウ　なりすましの検出や改ざんの検出は，ディジタル署名を利用しなければ実現できません。
○エ　正解です。

攻略のカギ

覚えよう！ 問25

ランダムサブドメイン攻撃（DNS水責め攻撃）といえば

- ボット感染PCからオープンリゾルバに，標的ドメインのサブドメイン名をランダムに生成したDNSの問合せを行う
- 標的ドメインの権威DNSサーバに，短時間に大量のDNS問合せが集中し，機能が停止する

解答

問24 ウ　問25 ア
問26 エ

□□□ **問27** クレジットカードなどのカード会員データのセキュリティ強化を目的として制定され，技術面及び運用面の要件を定めたものはどれか。

ア ISMS適合性評価制度　イ PCI DSS
ウ 特定個人情報保護評価　エ プライバシーマーク制度

□□□ **問28** 電子メールをドメインAの送信者がドメインBの宛先に送信するとき，送信者をドメインAのメールサーバで認証するためのものはどれか。

ア APOP　イ POP3S　ウ S/MIME　エ SMTP-AUTH

□□□ **問29** ハニーポットの説明はどれか。

ア サーバやネットワークを実際の攻撃に近い手法で検査することによって，もし実際に攻撃があった場合の被害の範囲を予測する。
イ 社内ネットワークに接続しようとするPCを，事前に検査専用のネットワークに接続させ，セキュリティ状態を検査することによって，安全ではないPCの接続を防ぐ。
ウ 保護された領域で，検査対象のプログラムを動作させることによって，その挙動からマルウェアを検出して，隔離及び駆除を行う。
エ わざと侵入しやすいように設定した機器やシステムをインターネット上に配置することによって，攻撃手法やマルウェアの振る舞いなどの調査と研究に利用する。

□□□ **問30** Webサーバの検査におけるポートスキャナの利用目的はどれか。

ア Webサーバで稼働しているサービスを列挙して，不要なサービスが稼働していないことを確認する。
イ Webサーバの利用者IDの管理状況を運用者に確認して，情報セキュリティポリシからの逸脱がないことを調べる。
ウ Webサーバへのアクセスの履歴を解析して，不正利用を検出する。
エ 正規の利用者IDでログインし，Webサーバのコンテンツを直接確認して，コンテンツの脆(ぜい)弱性を検出する。

解説

攻略のカギ

問27 PCI DSS よく出る！

×ア **ISMS適合性評価制度**は，財団法人 日本情報処理開発協会（JIPDEC）が公表している評価制度です。組織のISMS（情報セキュリティマネジメントシステム）が，JIS Q 27001の基準を満たしていることを評価します。

○イ 正解です。

×ウ 特定個人情報保護評価は，内閣府の外局として設立された個人情報保護委員会が公表している評価制度です。「特定個人情報ファイルを保有しようとする又は保有する国の行政機関や地方公共団体等が，個人のプライバシー等の権利利益に与える影響を予測した上で特定個人情報の漏えいその他の事態を発生させるリスクを分析し，そのようなリスクを軽減するための適切な措置を講ずる」としています。

×エ プライバシーマーク制度は，日本情報処理開発協会が制定した制度です。事業者に個人情報を保護するための体制の整備や個人情報保護措置の実践を促し，JIS Q 15001に従って個人情報保護を適切に行う事業者には，プライバシーマークの使用を許可するなどのメリットを与えるというものです。

問28 メール送信の認証 初モノ

×ア APOP (Authenticated Post Office Protocol) とは，メール受信時に使用するPOPパスワードを暗号化して通信を行うプロトコルです。

×イ POP3SはPOPパスワードも含めメール本文もSSL/TLS方式の暗号化をして通信を行うプロトコルです。

×ウ S/MIMEは電子メールの認証とその内容を暗号化して送受信するプロトコルです。

○エ 正解です。

問29 ハニーポット

×ア ペネトレーションテストの説明です。

×イ 検疫ネットワークの説明です。

×ウ サンドボックスの説明です。

○エ 正解です。

問30 ポートスキャナ

サーバ上で稼働しているサービスの種類を確認するため，宛先ポート番号の値を1つずつ変化させた多数のIPパケットを送信する手法（ア）をポートスキャンといい，そのツールをポートスキャナといいます。

攻撃者のPC
宛先ポート番号:1（反応なし）→ 攻撃対象のサーバ
宛先ポート番号:2（反応なし）→
⋮
宛先ポート番号:80 →
← 応答のパケット

攻撃対象のサーバ上では,HTTP（ポート番号 80）が稼働していると判断する……80がオープンである

○ア 正解です。

×イ 情報セキュリティ監査において行われる行動です。

×ウ Webサーバの不正アクセスを検知する行動です。

×エ コンテンツの脆弱性を検出する行動です。

攻略のカギ

PCI DSS 問27
Payment Card Industry Data Security Standard。クレジットカード情報などを保護することを目的として，VISA，American Expressなどが共同で策定した基準で，技術面及び運用面に関する各種のセキュリティ要件が提示されている。

SMTP-AUTH 問28
SMTPにてユーザ認証を行うための方式。メール送信時にSMTPサーバとユーザクライアントの間で，アカウントやパスワードを用いた利用者認証を行い，正式なパスワードによる認証が成功した場合だけメールの送信を許可する。

ハニーポット 問29
脆弱性のあるコンピュータやシステムなどを外部に公開し，クラッカーなどに当該コンピュータなどを攻撃させ，攻撃内容を観察するために設けるもの。

ポートスキャン 問30
サーバ上で稼働しているサービスの種類を確認するため，宛先ポート番号の値を1つずつ変化させた多数のIPパケットを送信する手法。

解答

問27	イ	問28	エ
問29	エ	問30	ア

□□□ **問31** 企業において業務で使用されているコンピュータに，記憶媒体を介してマルウェアを侵入させ，そのコンピュータのデータを消去した者がいたとき，その者を処罰の対象とする法律はどれか。

ア 刑法
イ 製造物責任法
ウ 不正アクセス禁止法
エ プロバイダ責任制限法

□□□ **問32** 技術者の活動に関係する法律のうち，罰則規定のないものはどれか。

ア 公益通報者保護法
イ 個人情報保護法
ウ 特許法
エ 不正競争防止法

□□□ **問33** シュリンクラップ契約において，ソフトウェアの使用許諾契約が成立するのはどの時点か。

ア 購入したソフトウェアの代金を支払った時点
イ ソフトウェアの入ったDVD-ROMを受け取った時点
ウ ソフトウェアの入ったDVD-ROMの包装を解いた時点
エ ソフトウェアをPCにインストールした時点

解説

攻略のカギ

問31 ウイルスに関する罪

平成23年に刑法の一部が改正され，新たに「**不正指令電磁的記録に関する罪**（いわゆる**コンピュータ・ウイルスに関する罪**）」が設けられました。

> 【刑法第百六十八条の二】
> 正当な理由がないのに，人の電子計算機における実行の用に供する目的で，次に掲げる電磁的記録その他の記録を作成し，又は提供した者は，三年以下の懲役又は五十万円以下の罰金に処する。
> 一　人が電子計算機を使用するに際してその意図に沿うべき動作をさせず，又はその意図に反する動作をさせるべき不正な指令を与える電磁的記録
> 二　前号に掲げるもののほか，同号の不正な指令を記述した電磁的記録その他の記録
> 2　正当な理由がないのに，前項第一号に掲げる電磁的記録を人の電子計算機における実行の用に供した者も，同項と同様とする
> 【刑法第百六十八条の三】
> 正当な理由がないのに，前条第一項の目的で，同項各号に掲げる電磁的記録その他の記録を取得し，又は保管した者は，二年以下の懲役又は三十万円以下の罰金に処する

「企業で使用されているコンピュータの記憶内容を消去する行為」は，上の

「人が電子計算機を使用するに際してその意図に沿うべき動作をさせず，又はその意図に反する動作」に該当します。ア（刑法）が適切です。

○ア　正解です。

×イ　**製造物責任法**（**PL法**）は，「製造物の欠陥により人の生命，身体又は財産に係る被害が生じた場合における製造業者等の損害賠償の責任について定めることにより，被害者の保護を図り，もって国民生活の安定向上と国民経済の健全な発展に寄与すること」（同法第一条より）を目的とした法律です。

×ウ　**不正アクセス禁止法**（正式名称：**不正アクセス行為の禁止等に関する法律**）における，「不正アクセス行為」とは，特定電子計算機（コンピュータなど）の利用権限をもたない第三者が，他人のIDやパスワードを悪用して，アクセス制御機能による利用制限を免れて特定電子計算機の利用をできる状態にする行為のことを指します。不正アクセス禁止法では，このような行為及びその助長行為を処罰の対象にしています。

×エ　**プロバイダ責任制限法**（正式名称：**特定電気通信役務提供者の損害賠償責任の制限及び発信者情報の開示に関する法律**）は，インターネット上で著作権などの権利侵害があった場合に，権利侵害を行った者がインターネットに接続するために契約していたプロバイダが負う責任（損害賠償の義務や，当該人物の住所氏名の公表の義務など）を規定している法律です。

問32　公益通報者保護法　初モノ

公益通報者保護法（ア）とは，内部告発などをした場合にそれを理由に解雇や業務上不利益を被らないように通報者を保護する法律です。なお，罰則規定はありません。

○ア　正解です。

×イ　**個人情報保護法**では，国からの命令に違反した場合は，6ヶ月以下の懲役又は30万円以下の罰金。虚偽の報告等をした場合は，30万円以下の罰金。従業員等が不正な利益を図る目的で個人情報データベース等を提供，又は，盗用した場合（個人情報データベース等不正提供罪）は，1年以下の懲役又は50万円以下の罰金となります。

×ウ　**特許法**には，特許権又は専用実施権を侵害した者は，10年以下の懲役若しくは1,000万円以下の罰金又はその両方となっています。

×エ　**不正競争防止法**の営業秘密に関しては，詐欺行為などを行った場合は，10年以下の懲役若しくは1,000万円以下の罰金又はその両方となっています。

問33　シュリンクラップ契約

シュリンクラップ契約では，ソフトウェアの入ったDVD-ROMなどのメディアの包装を破った時点で，ソフトウェアの使用許諾契約が成立します。よって，ウのみが正解です。購入したソフトウェアの代金を支払った時点またはソフトウェアの入ったDVD-ROMを受け取った時点では，ソフトウェアの使用許諾契約は成立しません。ソフトウェアをPCにインストールするためには，メディアの包装を破る必要があるので，ソフトウェアをPCにインストールする時点よりも前にソフトウェアの使用許諾契約が成立しています。

攻略のカギ

覚えよう！　問32

公益通報者保護法といえば
- 内部告発などをした場合にそれを理由に解雇や業務上不利益を被らないように通報者を保護する法律
- 罰則規定はない

解答

問31 ア　問32 ア
問33 ウ

□□□ **問34** A社は，B社と著作物の権利に関する特段の取決めをせず，A社の要求仕様に基づいて，販売管理システムのプログラム作成をB社に委託した。この場合のプログラム著作権の原始的帰属に関する記述のうち，適切なものはどれか。

ア　A社とB社が話し合って帰属先を決定する。
イ　A社とB社の共有帰属となる。
ウ　A社に帰属する。
エ　B社に帰属する。

□□□ **問35** A社は，A社で使うソフトウェアの開発作業をB社に実施させる契約を，B社と締結した。締結した契約が労働者派遣であるものはどれか。

ア　A社監督者が，B社の雇用する労働者に，業務遂行に関する指示を行い，A社の開発作業を行わせる。
イ　B社監督者が，B社の雇用する労働者に指示を行って成果物を完成させ，A社の監督者が成果物の検収作業を行う。
ウ　B社の雇用する労働者が，A社の依頼に基づいて，B社指示の下でB社所有の機材・設備を使用し，開発作業を行う。
エ　B社の雇用する労働者が，B社監督者の業務遂行に関する指示の下，A社施設内で開発作業を行う。

□□□ **問36** 常時10名以上の従業員を有するソフトウェア開発会社が，社内の情報セキュリティ管理を強化するために，秘密情報を扱う担当従業員の扱いを見直すこととした。労働法に照らし，適切な行為はどれか。

ア　就業規則に業務上知り得た秘密の漏えい禁止の一般的な規定があるときに，担当従業員の職務に即して秘密の内容を特定する個別合意を行う。
イ　就業規則には業務上知り得た秘密の漏えい禁止の規定がないときに，漏えい禁止と処分の規定を従業員の意見を聴かずに就業規則に追加する。
ウ　情報セキュリティ事故を起こした場合の処分について，担当従業員との間で，就業規則よりも処分の内容を重くした個別合意を行う。
エ　情報セキュリティに関連する規定は就業規則に記載してはいけないので，就業規則に規定を設けずに，各従業員と個別合意を行う。

解説

問34 著作権法

著作権法では，著作物は「創作者」に帰属すると規定されています。よって，A社がB社に依頼してプログラムの著作物が作成された場合，発注側ではなく受注側（プログラムを実際に作成した側）に著作権が帰属します。

本問では，A社からB社に販売管理システムのプログラム作成が委託されて

攻略のカギ

著作権法 問34

「思想又は感情を創作的に表現したもの」である著作物を，その作成者（著作者）が独占的に扱うことができる権利（著作権）や著作権の保護期間などを規定している法律。日本の著作権法では，著作

います。A社においてシステムの要件定義までは行われていますが，この段階では著作物として認められる主体であるプログラム（ソースコードなども含む）は完成しておらず，設計からテストまでを行ってプログラム本体を実際に完成させたのはB社です。よって，著作物の権利に関する特段の取決めがない場合は，著作権はB社に帰属します。

以上から，エが正解です。A社とB社が話し合って著作権の帰属する側がどちらかを決定したり，A社とB社で著作権を共有したり，創作者でないA社が著作権をもったりすることはありません。

問35 労働者派遣法 基本

労働者派遣法では，「派遣労働者」，「派遣先事業主（企業）」，「派遣元事業主（企業）」の3者間の関係を右の図のように定めています。

派遣労働者は，派遣先事業主の指揮命令下で業務を行います。正解はアです。

○ア　正解です。

×イ，ウ，エ　B社指示の下で行われるので，**請負契約**の説明です。

問36 労働法における秘密情報の扱い

労働基準法では，常時10名以上の労働者を使用する使用者は，次の事項について就業規則を作成し，行政官庁に届け出なければならないとしています。

> 一　始業及び終業の時刻，休憩時間，休日，休暇並びに労働者を二組以上に分けて交替に就業させる場合においては就業時転換に関する事項
> …
> 六　安全及び衛生に関する定めをする場合においては，これに関する事項
> …
> 十　前各号に掲げるもののほか，当該事業場の労働者のすべてに適用される定めをする場合においては，これに関する事項
> （労働基準法第八十九条より）

労働契約法の第九条では，「使用者は，労働者と合意することなく，就業規則を変更することにより，労働者の不利益に労働契約の内容である労働条件を変更することはできない」としています。「就業規則に業務上知り得た秘密の漏えい禁止の一般的な規定がある」場合に，この規定とは異なる「担当従業員の職務に即した秘密」の漏えい禁止を就業規則に含めるためには，従業員との間で個別の合意をする必要があります。アが適切な行為です。

○ア　正解です。

×イ　従業員の合意を得ずに，就業規則を追加・変更することはできません。

×ウ　「労働者の不利益に労働契約の内容である労働条件を変更することはできない」ので，就業規則よりも処分の内容を重くした個別合意を行っても無効となります。

×エ　情報セキュリティに関連する規定は「安全及び衛生に関する定め」なので，就業規則に記載する事項です。

攻略のカギ

物の作成と同時に作者にその著作権が与えられるとしている（無方式主義）。著作権は，著作財産権（複製権，上映権，公衆送信権，口述権，展示権，頒布権，翻訳権などの，著作物に認められる財産的権利）と，著作者人格権（著作者の人格にかかわる権利である，公表権，氏名表示権，同一性保持権）に細分化される。著作財産権は他人に譲渡可能だが，著作者人格権は他人には譲渡できない。

労働者派遣法 問35

派遣契約などについて定義している法律。

> 第1条「労働力の需給の適正な調整を図るため労働者派遣事業の適正な運営の確保に関する措置を講ずるとともに，派遣労働者の保護等を図り，もつて派遣労働者の雇用の安定その他福祉の増進に資することを目的とする」

労働基準法 問36

労働に関する各種条件や罰則などについて規定した法律。

> 第一条　労働条件は，労働者が人たるに値する生活を営むための必要を充たすべきものでなければならない。
> 2　この法律で定める労働条件の基準は最低のものであるから，労働関係の当事者は，この基準を理由として労働条件を低下させてはならないことはもとより，その向上を図るように努めなければならない。

解答

問34 エ　問35 ア
問36 ア

問37

入出金管理システムから出力された入金データファイルを，売掛金管理システムが読み込んでマスタファイルを更新する。入出金管理システムから売掛金管理システムに受け渡されたデータの正確性及び網羅性を確保するコントロールはどれか。

ア　売掛金管理システムにおける入力データと出力結果とのランツーランコントロール
イ　売掛金管理システムのマスタファイル更新におけるタイムスタンプ機能
ウ　入金額及び入金データ件数のコントロールトータルのチェック
エ　入出金管理システムへの入力のエディットバリデーションチェック

問38

金融庁"財務報告に係る内部統制の評価及び監査の基準（平成23年）"に基づいて，内部統制の基本的要素を，統制環境，リスクの評価と対応，統制活動，情報と伝達，モニタリング，ITへの対応の六つに分類したときに，統制活動に該当するものはどれか。

ア　経営者が自らの意思としての経営方針を全社的に明示していること
イ　情報システムの故障・不具合に備えて保険契約に加入しておくこと
ウ　内部監査部門が定期的に業務監査を実施すること
エ　発注業務と検収業務をそれぞれ別の者に担当させること

問39

データの生成から入力，処理，出力，活用までのプロセス，及び組み込まれているコントロールを，システム監査人が書面上で又は実際に追跡する技法はどれか。

ア　インタビュー法　　イ　ウォークスルー法
ウ　監査モジュール法　　エ　ペネトレーションテスト法

解説

問37 コントロールトータルのチェック　よく出る！

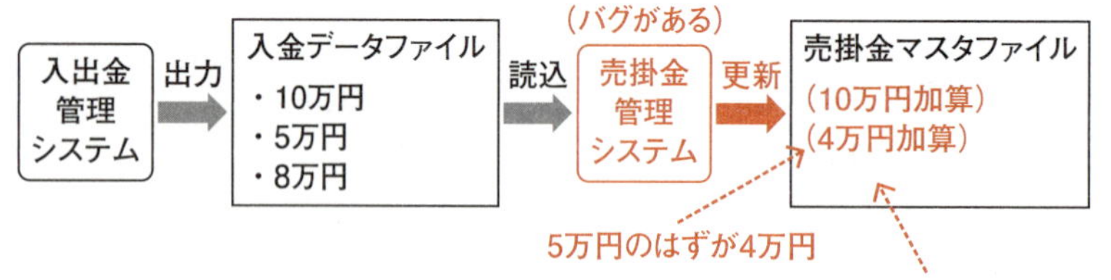

上の図のように，売掛金管理システムのプログラムのミスにより，入金された金額と異なる額を売掛金マスタファイルに加算すると，データ受渡しにおいて**正確性**が維持されなくなります。また，入金があったのに反映されていないと，**網羅性**が維持されていないことになります。

このような状況にならないように，入金額や出金額と各マスタファイルの更新金額との値が，常に一致していることを検証することが必要です。そのために，入金データの入金額やマスタファイルの更新額の合計値や，入金データ

攻略のカギ

覚えよう！　問37

コントロールトータルチェックといえば

- 関連する複数のデータの値が一致しているか確認するためのコントロール
- 日々の処理において，複数の入金額の合計やその出金額の合計を確認することなど

件数の合計値などを検証し，仕訳どおりに処理が行われているかを確認するチェックを行うことになります。このようなチェックを，コントロールトータル（の）チェック（ウ）といいます。

× ア　ランツーランコントロールとは，直前の入力または出力の正当性を検証し，以降の入力や出力の方法を改善していく手法のことです。売掛金管理システムにおけるランツーランコントロールを行うことで，売掛金の増加額または減少額の正当性を検証できます。しかし，マスタファイルの更新額についてチェックしていないため，データ受渡しにおいての正確性や網羅性を検証することはできません。

× イ　マスタファイル更新時のタイムスタンプを検証することで，マスタファイルの更新を行った事実を確認できます。しかし，マスタファイルの更新額についてチェックしていないため，データ受渡しにおいての正確性や網羅性を検証することはできません。

○ ウ　正解です。

× エ　入出金管理システムの入力のエディットバリデーションチェックにより，入力された入金データの値の正確性を検証できます。しかし，マスタファイルの更新額などについてチェックしていないため，データ受渡しにおいての正確性や網羅性を検証することはできません。

問38　内部統制の基本的要素

「財務報告に係る内部統制の評価及び監査の基準」の内部統制の基本的要素は，六つに分類されています。攻略のカギで説明しているように，統制活動には権限及び職責の付与や，職務の分掌などが含まれます。エが正解です。

× ア　統制環境の説明です。

× イ　リスクの評価と対応の説明です。

× ウ　モニタリングの説明です。

○ エ　正解です。

問39　ウォークスルー法　初モノ

データの生成から入力，処理，出力，活用までのプロセス，及び組み込まれているコントロールを，システム監査人が書面上で，又は実際に追跡する技法をウォークスルー法（イ）といいます。

× ア　インタビュー法とは，監査対象の実態を確かめるために，直接関係者に口頭で問い合わせ，回答を入手する技法をいいます。

○ イ　正解です。

× ウ　監査モジュール法とは，監査人が用意した検証用プログラムをシステムに組み込み，稼働中のオンラインシステムで処理されている本番データを，特定のタイミングで抽出して内容を検証する方法です。

× エ　ペネトレーションテスト法とは，テスト対象の情報システムに対して実際に攻撃を行い，侵入を試みることによって，ファイアウォールや公開サーバなどに存在するセキュリティホールや脆弱性，及び設定ミスなどを発見するテスト手法のことです。

攻略のカギ

内部統制の基本要素の6分類　問38

①統制環境
組織の気風を決定し，組織内の全ての者の統制に対する意識に影響を与えるとともに，他の基本的要素の基礎をなし，リスクの評価と対応，統制活動，情報と伝達，モニタリング及びITへの対応に影響を及ぼす基盤。

②リスクの評価と対応
組織目標の達成に影響を与える事象について，組織目標の達成を阻害する要因をリスクとして識別，分析及び評価し，当該リスクへの適切な対応を行う一連のプロセス。

③統制活動
経営者の命令及び指示が適切に実行されることを確保するために定める方針及び手続。統制活動には，権限及び職責の付与，職務の分掌等の広範な方針及び手続が含まれる。

④情報と伝達
必要な情報が識別，把握及び処理され，組織内外及び関係者相互に正しく伝えられることを確保すること。

⑤モニタリング
内部統制が有効に機能していることを継続的に評価するプロセス。モニタリングにより，内部統制は常に監視，評価及び是正されることになる。

⑥ITへの対応
組織目標を達成するために予め適切な方針及び手続を定め，それを踏まえて，業務の実施において組織の内外のITに対し適切に対応すること。

解答

問37 ウ	問38 エ
問39 イ	

□□□ **問40** アクセス制御を監査するシステム監査人の行為のうち，適切なものはどれか。

ア　ソフトウェアに関するアクセス制御の管理台帳を作成し，保管した。
イ　データに関するアクセス制御の管理規程を閲覧した。
ウ　ネットワークに関するアクセス制御の管理方針を制定した。
エ　ハードウェアに関するアクセス制御の管理手続を実施した。

□□□ **問41** ITサービスマネジメントにおいて，“サービスに対する計画外の中断”，“サービスの品質の低下”，又は“顧客へのサービスにまだ影響していない事象”を何というか。

ア　インシデント　　イ　既知の誤り
ウ　変更要求　　エ　問題

□□□ **問42** ヒューマンエラーに起因する障害を発生しにくくする方法に，エラープルーフ化がある。運用作業におけるエラープルーフ化の例として，最も適切なものはどれか。

ア　画面上の複数のウィンドウを同時に使用する作業では，ウィンドウを間違えないようにウィンドウの背景色をそれぞれ異なる色にする。
イ　長時間に及ぶシステム監視作業では，疲労が蓄積しないように，2時間おきに交代で休憩を取得する体制にする。
ウ　ミスが発生しやすい作業について，過去に発生したヒヤリハット情報を共有して同じミスを起こさないようにする。
エ　臨時の作業を行う際にも落ち着いて作業ができるように，臨時の作業の教育や訓練を定期的に行う。

□□□ **問43** プロジェクトライフサイクルの一般的な特性はどれか。

ア　開発要員数は，プロジェクト開始時が最多であり，プロジェクトが進むにつれて減少し，完了に近づくと再度増加する。
イ　ステークホルダがコストを変えずにプロジェクトの成果物に対して及ぼすことができる影響の度合いは，プロジェクト完了直前が最も大きくなる。
ウ　プロジェクトが完了に近づくほど，変更やエラーの修正がプロジェクトに影響する度合いは小さくなる。
エ　リスクは，プロジェクトが完了に近づくにつれて減少する。

解説

攻略のカギ

問40 システム監査人 基本

システム監査人は，システムに関する各種の業務が適切に行われているか検証するために，管理状況を確認する行動（監査）を実行します。アクセス制御を監査するシステム監査人としては，アクセス制御が適切に行われているか検証するために，その管理状況を確認することが適切な行動なので，イが適切です。

ア，ウ，エ の行動（管理表の作成や保管，管理方針の制定，運用管理の実施）は，システム監査人ではなく，アクセス制御の業務の責任者など，被監査部門に所属する者が実行します。

問41 ITサービスマネジメント

JIS Q 20000-1（サービスマネジメントシステム要求事項）によると，サービスに対する計画外の中断，サービスの品質の低下，又は顧客へのサービスにまだ影響していない事象をインシデント（ア）といいます。

○ア　正解です。

×イ　既知の誤りとは，根本原因が特定されているか，若しくは回避策によってサービスへの影響を低減又は除去する方法がある問題のことです。

×ウ　変更要求とは，サービス，サービスコンポーネント，又はサービスマネジメントシステムに対して行う変更についての提案のことです。

×エ　問題とは，一つ以上のインシデントの根本原因のことです。

問42 エラープルーフ化 初モノ

エラープルーフ化とは，運用作業においてシステムを構成する機器，その手順などによりエラーが起きないように，エラーに導く作業方法を人に合うように改善することです。例えば，時刻や手順を間違えないように，大きく表示したり色を変えたりすることがあります（ア）。

○ア　正解です。

×イ，ウ，エ　ヒューマンエラー改善に関する記述ですが，エラープルーフ化の説明ではありません。

問43 プロジェクトライフサイクル

多くのプロジェクトライフサイクルでは，プロジェクトの開始時，すなわちプロジェクトにおいて開発されるシステムの企画や要件定義などの初期段階において，不確実性の度合いが最も高くなります。例えば，ステークホルダ（利害関係者）のうちのシステムの発注者が急に新しい要件をシステムに大量に追加するよう要求してくることや，システムの企画時に決めていた，プロジェクトを遂行するために必要な要員が急に確保できなくなり，要員が不足した状態でプロジェクトを開始しなければならなくなることなどが，不確実性の例となります。

プロジェクトの中盤の時点や終了時点でもリスクは発生しますが，プロジェクトの開始時の不確実性によるリスクはプロジェクトが完了に近づくほど小さくなっていきます（エ）。

×ア　プロジェクト要員の必要人数は，そのプロジェクトにおいて最も重要となる作業，または最も工数の大きい作業の実行時に最大となります。

×イ　ステークホルダがプロジェクトの成果物に対して及ぼすことのできる影響の度合いは，プロジェクトの初期段階が最も大きくなります。

×ウ　変更やエラー修正がプロジェクトにかける影響は，プロジェクトの初期段階ではなく，プロジェクトの終盤の段階が最も高くなります。

○エ　正解です。

攻略のカギ

覚えよう！ 問40

システム監査といえば

- 情報システムが適切に構築・運用されているかどうかを監査する業務
- 被監査部門から独立した立場の者が調査する

ITサービスマネジメント 問41

顧客の要件（要求事項）を満たす高品質のITサービスの開発や提供を行うために，必要な業務プロセスを構築して運営管理すること。

覚えよう！ 問42

エラープルーフ化といえば

- 運用作業において機器や手順などによりエラーが起きないように，作業方法を人に合うように改善することです。
- 例えば，時刻や手順を間違えないように大きく表示したり色を変えたりすること

解答

問40	イ	問41	ア
問42	ア	問43	エ

□□□ 問44 あるプロジェクトの日程計画をアローダイアグラムで示す。クリティカルパスはどれか。

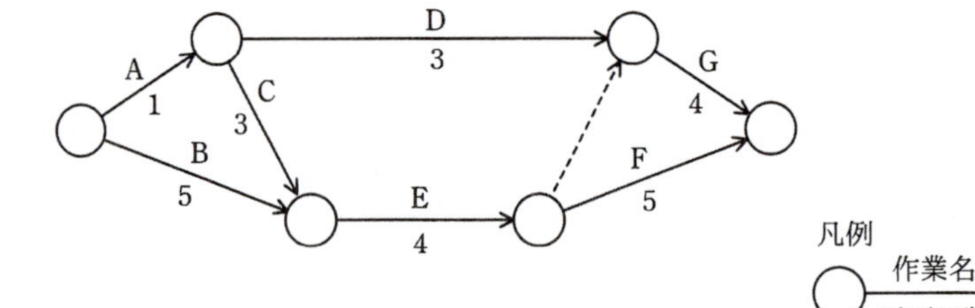

ア A, C, E, F　　イ A, D, G
ウ B, E, F　　エ B, E, G

解説

問44 クリティカルパス 基本

問題文の図のアローダイアグラムの各結合点の最早結合点時刻などを求め，クリティカルパスを明示します。

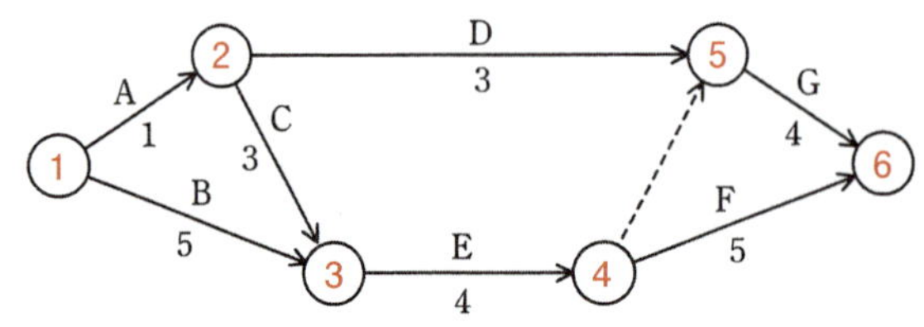

上の図は，問題文のアローダイアグラムのノード（丸印）に，説明のために番号を付与したものです。起点の①のノードの最早結合点時刻は0となります。①から作業Aのみを経由する②については，最早結合点時刻は0＋1（作業Aの所要日数）＝1となります。

③については，以下のように考えます。

アローダイアグラムの作業A～C及び作業Eの矢印の部分に着目すると，作業Cの矢印と，作業Bの矢印が入っている結合点から作業Eが出ていることがわかります。よって，作業Cと作業Bが終了すると，③以降の作業である作業Eが開始できることになります。作業Cの終了時刻＝1（作業A）＋3（作業C）＝4（日），作業Bの終了時刻＝5（日）となるため，終了がより遅くなる作業Bの終了時刻を，③の最早結合点時刻とします。よって，③の最早結合点時刻は5となります。

同様にして，全てのノードの最早結合点時刻のみを求めた結果を次の図に示します。

この図の状態から，⑥のノードから逆に戻りながら，各ノードの最遅結合点時刻を求めます。

⑥：最後のノードは，最早結合点時刻＝最遅結合点時刻となるため，最遅結合点時刻は14となります。

攻略のカギ

アローダイアグラム 問44
作業の前後関係を整理して矢印で結んだ図。作業の前後関係や段取りを確認したり，進行上の障害となるポイントを見付けたりできる。

最早結合点時刻 問44
アローダイアグラムの各結合点において，次の作業を最も早く開始できる時刻。各結合点の最早結合点時刻と最遅結合点時刻を求めて，両者が等しい結合点を結んだ経路を，クリティカルパスという。

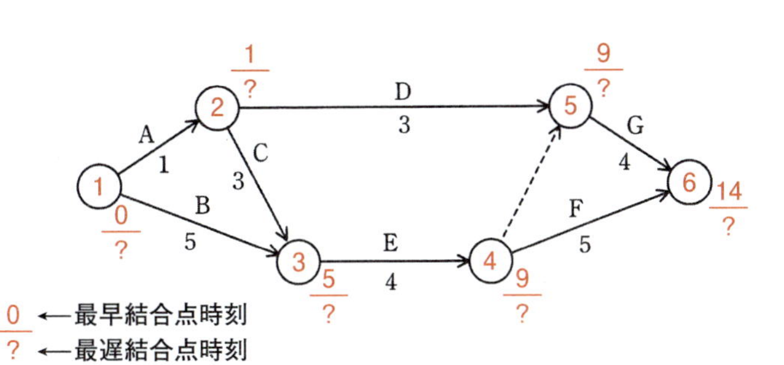

⑤：⑥から作業Gのみを経由して戻るため，最遅結合点時刻は14－4＝10となります。

④：⑥から作業Gを，⑤から作業F（ダミー作業のため所要日数＝0日）を経由して戻るため，複数の経路から戻ってくることになります。このようなノードは，より少ないほうの日数を最遅結合点時刻とする規則になっています。

⑥から作業Gを経由：14－5＝9

⑤から作業Fを経由：10－0＝10

よって，⑥から作業Gを経由する場合の日数（9）の方が少ないため，この値を最遅結合点時刻とします。

③：④から作業Eのみを経由して戻るため，最遅結合点時刻は9－4＝5となります。

②：⑤から作業Dを，③から作業Cを経由して戻るため，複数の経路から戻ってくることになります。

⑤から作業Dを経由：10－3＝7

③から作業Cを経由：5－3＝2

よって，③から作業Cを経由する場合の日数（2）の方が少ないため，この値を最遅結合点時刻とします。

①：③から作業Bを，②から作業Aを経由して戻るため，複数の経路から戻ってくることになります。

③から作業Bを経由：5－5＝0

②から作業Aを経由：2－1＝1

よって，③から作業Bを経由する場合の日数（0）の方が少ないため，この値を最遅結合点時刻とします。

以上より，各ノードの最遅結合点時刻を求めた結果を下図に示します。

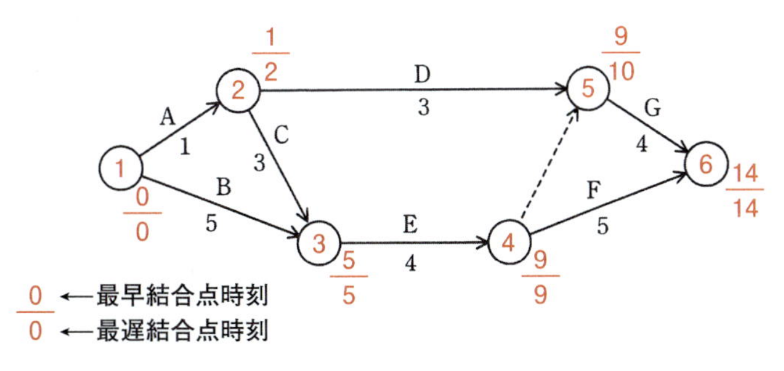

この図のノードのうち，最早結合点時刻と最遅結合点時刻の値が等しいノード（①，③，④，⑥）のみを結んで，最初のノード（①）から最後のノード（⑥）まで到達する経路がクリティカルパスとなります。よって，B→E→Fの経路（**ウ**）がクリティカルパスとなります。

攻略のカギ

最遅結合点時刻 問44

アローダイアグラムの各結合点において，次の作業を最も遅く開始できる時刻。最早結合点時刻から逆算して求める。

解答

問44 **ウ**

問45 Webシステムの性能指標のうち，応答時間の説明はどれか。

ア　Webブラウザに表示された問合せボタンが押されてから，Webブラウザが結果を表示し始めるまでの時間

イ　Webブラウザを起動してから，最初に表示するようにあらかじめ設定したWebページの全てのデータ表示が完了するまでの時間

ウ　サーバ側のトランザクション処理が完了してから，Webブラウザが結果を表示し始めるまでの時間

エ　ダウンロードを要求してから，ダウンロードが完了するまでの時間

問46 データベースのトランザクションに関する記述のうち，適切なものはどれか。

ア　他のトランザクションにデータを更新されないようにするために，テーブルに対するロックをアプリケーションプログラムが解放した。

イ　トランザクション障害が発生したので，異常終了したトランザクションをDBMSがロールフォワードした。

ウ　トランザクションの更新結果を確定するために，トランザクションをアプリケーションプログラムがロールバックした。

エ　複数のトランザクション間でデッドロックが発生したので，トランザクションをDBMSがロールバックした。

解説

問45 応答時間 基本

応答時間（**レスポンスタイム**）は，利用者からの入力（ここでは，問合せボタンを押す）を受け取って，その入力内容を基にしてCPU処理を行い，その結果を出力する時間のことをいいます（ア）。

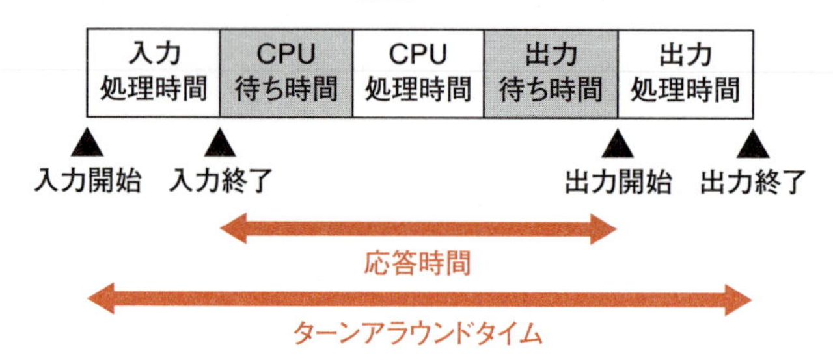

また，**ターンアラウンドタイム**は，システムを起動してからその結果が全て出力されるまでの経過時間のことであり，入出力速度やオーバヘッド時間などに影響されます。

○ア　正解です。
×イ　ターンアラウンドタイムの説明です。
×ウ　通信時間の説明です。
×エ　ダウンロード時間の説明です。

攻略のカギ

覚えよう！ 問45

応答時間といえば
- 利用者からの入力を受け取って，その入力内容を基にしてCPU処理を行い，その結果を出力する時間

ターンアラウンドタイムといえば
- システムを起動してからその結果が全て出力されるまでの経過時間
- 入出力速度やオーバヘッド時間などに影響される

問46 トランザクション 基本

複数の**トランザクション**を実行していると，排他制御機能によって，自分のトランザクションが，相手のトランザクションがロックしている資源を参照しようとして，相手のトランザクションの更新が終わるのを待機する状態になり，停止することがあります。また，相手のトランザクションも自分のトランザクションがロックしている資源を参照しようとして停止すると，どのトランザクションも終了しなくなることがあります。この現象を**デッドロック**といいます。

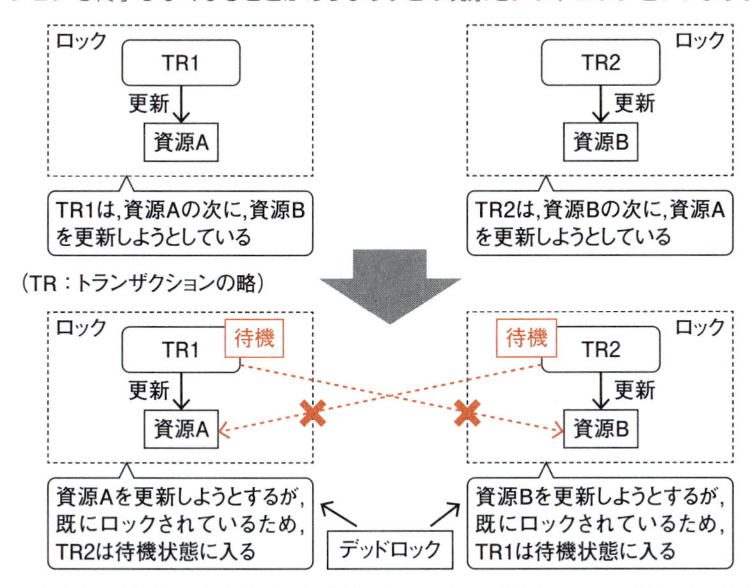

上記の問題が起きた場合は，異常終了したトランザクションを，「まったく実行されていない」状態に戻す必要があります。それを**ロールバック**といいます（エ）。

ロールバックでは，トランザクションが行っていた更新によって変更されていたデータを，全て更新前の状態に戻します。ロールバックには，更新前情報（更新前ログ，または更新前ジャーナル）が用いられます。

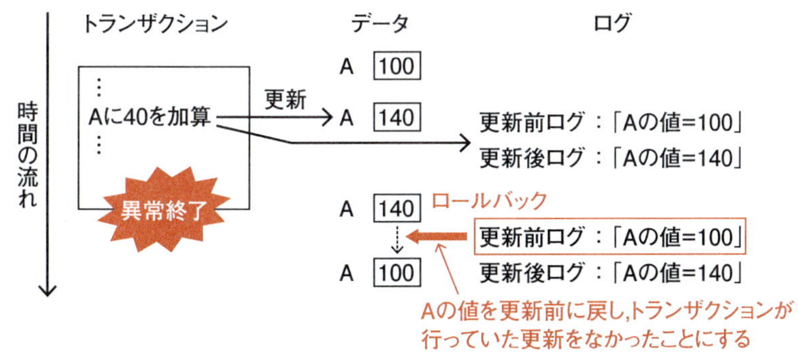

×ア　ロックを解放すると複数のトランザクションからの更新などがあった場合，不整合が起きます。

×イ　トランザクション障害があった場合は，異常終了したトランザクションをロールバックします。

×ウ　トランザクションの更新結果を確定するために，トランザクションをコミットします。

○エ　正解です。

攻略のカギ

覚えよう！ 問46

ロールバックといえば

- 異常終了したトランザクションを「まったく実行されていない」状態に戻すこと
- トランザクションが行っていた更新によって変更されていたデータを，全て更新前の状態に戻す
- 更新前情報が用いられる

解答

問45 ア　問46 エ

□□□ **問 47** PCが，Webサーバ，メールサーバ，他のPCなどと通信を始める際に，通信相手のIPアドレスを問い合わせる仕組みはどれか。

ア ARP（Address Resolution Protocol）
イ DHCP（Dynamic Host Configuration Protocol）
ウ DNS（Domain Name System）
エ NAT（Network Address Translation）

□□□ **問 48** RPAを活用することによって業務の改善を図ったものはどれか。

ア 果物の出荷検査のために，画像解析によって大きさや形が規格外の果物をふるい落とす装置を導入し，検査速度を向上させた。
イ 事務職員が人手で行っていた定型的かつ大量のコピー＆ペースト作業をソフトウェアによって自動化し，作業時間の短縮と作業精度の向上を実現させた。
ウ 倉庫での作業従事者にパワーアシストスーツを着用させ，身体の不調で病欠する従業員の割合を低減させた。
エ ビッグデータを用いてあらかじめ解析した結果から，タクシーの需要が多いと見込まれる地域を日ごとに特定し，タクシーの空車の割合を低減させた。

□□□ **問 49** 情報システムを取得するための提案依頼書（RFP）の作成と提案依頼に当たって，取得者であるユーザ企業側の反応のうち，適切なものはどれか。

ア RFP作成の手間を省くために，要求事項の記述は最小限にとどめる。曖昧な点や不完全な点があれば，供給者であるベンダ企業から取得者に都度確認させる。
イ 取得者であるユーザ企業側では，事前に実現性の確認を行わずに，要求事項が実現可能かどうかの調査や検討は供給者であるベンダ企業側に任せる。
ウ 複数の要求事項がある場合，重要な要求とそうでない要求の区別がつくようにRFP作成時点で重要度を設定しておく。
エ 要求事項は機能を記述するのではなく，極力，具体的な製品名や実現手段を細かく指定する。

□□□ **問 50** アンケートの自由記述欄に記入された文章における単語の出現頻度などを分析する手法はどれか。

ア アクセスログ分析
イ シックスシグマ
ウ テキストマイニング
エ マーケットバスケット分析

解説

攻略のカギ

問47 DNS

×ア ARPは，宛先のコンピュータのIPアドレスから，そのコンピュータの

MACアドレスを求めるためのプロトコルです。

×イ DHCPは，IPアドレスなどの自動割当を可能とするプロトコルです。

○ウ 正解です。

×エ NATは，プライベートIPアドレスとグローバルIPアドレスを変換する仕組みのことです。

問48 RPA 初モノ

RPA（Robotic Process Automation）は，ホワイトカラー業務の定型作業（議事録作成など）をPC内のソフトウェアが自動で行うことです。RPAにより生産性が向上し，より人手不足の解消やコスト削減などの効果が期待できます。正解はイです。

×ア カメラを使って画像解析を行う組込みシステムの説明です。

○イ 正解です。

×ウ 重い荷物などを持ったり，同じ姿勢で長時間行ったりする業務の作業軽減につながりますが，RPAの説明ではありません。

×エ ビッグデータのデータマイニング分析の説明です。

問49 提案依頼書

複数の要求事項をRFP（提案依頼書）に記載する場合，どの要求が重要であり，どの要求は重要でないということを明確にするために，RFP作成時点で重要度を設定しておくべきです（ウ）。このようにすることで，重要度の高い要求事項を十分に満たすような提案を作成したベンダを，発注先の有力な候補として絞り込むことができます。

×ア 要求事項の記述を最小限に留めると，曖昧な点などについてベンダから取得者に問合せが殺到し，取得者の業務が煩雑になるだけでなく，ベンダが適切な提案を作成できないことがあります。

×イ 取得者は，要求事項が実現可能かどうかを調査・確認するために，RFPを送付する前にRFI（情報提供依頼書）を各ベンダに送付して，情報の提供を求めるべきです。

○ウ 正解です。

×エ 取得者ではなくベンダの役割です。

問50 テキストマイニング 初モノ

文字列を対象とした大量のデータを蓄積し，統計解析・ニューラルネットワークなどの統計的・数学的手法を用いてそれらを分析して，データの中に隠れた法則や因果関係などを算出するデータマイニング手法のことをテキストマイニング（ウ）といいます。

×ア アクセスログ分析では，Webサイトの閲覧回数や，サイト内でどのページからどのページに移動したかなどの移動履歴の情報を得ることができます。

×イ シックスシグマとは，製造業などにおける品質管理手法の一つです。

○ウ 正解です。

×エ マーケットバスケット分析とは，商品購入時に一緒に買われる商品（ついで買い）を分析する方法です。

攻略のカギ

覚えよう！ 問48

RPAといえば

- ホワイトカラー業務の定型作業をPC内のソフトウェアが自動で行うこと
- 生産性が向上し，より人手不足の解消やコスト削減などの効果が期待できる

RFP 問49

情報システムの取得者からベンダに対して送付されるもので，発注する情報システムの概要や発注依頼事項，調達条件及びサービスレベル要件などを明示し，情報システムの提案書の提出を依頼するための文書。RFPを受け取った各ベンダは，取得者に対して情報システムの提案書を提出する。

解答

問47	ウ	問48	イ
問49	ウ	問50	ウ

令和元年度 秋期 午後問題

全問が必須問題です。必ず解答してください。

問 1

ECサイトの情報セキュリティの改善に関する次の記述を読んで，設問１～５に答えよ。

J社は，従業員数90名の生活雑貨販売会社であり，店舗とECサイト（以下，J社のECサイトをJサイトという）で生活雑貨を販売している。Jサイトでの販売は5年前に開始され，現在はJ社の売上の7割を占めている。Jサイトに登録されたアカウント数は現在100万を超えている。Jサイトの顧客は幅広い年齢層にわたることから，ECサイトに不慣れな顧客でも容易に利用できるように，顧客からの問合せへの対応に力を入れており，問合せをJサイトの問合せフォーム及び電話で受け付けている。Jサイトに投稿された問合せは，カスタマサポート部に電子メール（以下，電子メールをメールという）で送信される。問合せには，通常，1日以内に対応している。

J社には，総務部，商品企画部，店舗営業部，EC営業部，情報システム部，カスタマサポート部の六つの部があり，EC営業部はJサイトの利用者の管理及び商品登録（以下，サイト運営という）並びにJサイトの情報セキュリティ対策を担当している。

J社では，3年前に最高情報セキュリティ責任者（CISO）を委員長とする情報セキュリティ委員会を設置し，情報セキュリティポリシ及び情報セキュリティ関連規程を整備した。J社のCISOは副社長である。情報セキュリティ委員会の事務局は，情報システム部が担当している。また，各部の部長は，情報セキュリティ委員会の委員，及び自部における情報セキュリティ責任者を務め，自部の情報セキュリティを確保し，維持，改善する役割を担っている。各情報セキュリティ責任者は，自部の情報セキュリティに関わる実務を担当する情報セキュリティリーダを選任している。EC営業部のCさんは，同部の情報セキュリティリーダに任命されている。

〔Jサイトの情報セキュリティ対策〕

Jサイトはインターネットからの通信を監視・制御するためにファイアウォール（以下，FWという），IPS及びWAFを導入している。Jサイトには，次の2種類のアカウントがある。

- 管理者がハードウェア，OS，ミドルウェア及びアプリケーションソフトウェアの運用管理，並びにサイト運営を行う際に用いる管理用アカウント
- 顧客がJサイトで商品を購入する際に用いる顧客用アカウント

管理用アカウントでのログインには2要素認証を実装しており，パスワード及び携帯用トークンを使った時刻同期式ワンタイムパスワードを採用している。一方，顧客用アカウントとその認証の仕様は顧客の利便性を考慮し，次のようになっている。

- 利用者IDとパスワードの組み（以下，利用者IDとパスワードの組みを認証情報という）を採用
- パスワードは8文字以上で英数字混在が必要
- 顧客が登録している情報を確認又は変更する際には認証情報の再入力が必要
- 新規にアカウントを登録する際に，既に使われている利用者IDを指定すると，使用されている旨を画面に表示
- 顧客用アカウントをもっていない者でも問合せを投稿できるようにするために，問合せを投稿する際には利用者認証が不要

〔Jサイトの顧客情報〕

J社の情報セキュリティリスクアセスメントの結果では，Jサイトの顧客の個人情報が，情報セキュリティ上，J社で最も重要な情報となっている。この個人情報には，顧客の氏名，配送先住所，連絡先電話番号，認証情報，メールアドレスが含まれており，それらは，Jサイト内のデータベースに保存されている。

なお，クレジットカード番号及びクレジットカード会員名は，外部の決済サービスを用いて非保持化を実現しており，Jサイトでは取り扱っていない。

〔情報セキュリティインシデントの発生〕

2018年11月7日，カスタマサポート部からCさんに連絡があった。偽ブランド品の販売サイトと思われるサイトに誘導するメッセージ（以下，誘導メッセージという）が書かれた問合せが数万件投稿されたので，通常の問合せへの対応が遅延しているとのことだった。Cさんが情報システム部にJサイトの調査を依頼したところ，誘導メッセージ以外にも，不正アクセスと思われるログイン試行があり，既に調査を開始しているとのことだった。この一連の情報セキュリティ事象を受けて臨時の情報セキュリティ委員会が開催され，情報セキュリティインシデント（以下，インシデントという）が宣言された。不正ログインが成功した顧客用アカウントについて更に詳細に調査したところ，購入していないものが届いたとか，購入していないのに請求が来たといった被害はなかった。顧客への影響は顧客用アカウントの認証情報を攻撃者に知られてしまったことだけであることが確認できたので，顧客への連絡とパスワードのリセットを実施した。不正ログインへの対応が完了した後に開催された情報セキュリティ委員会で，今回のインシデントについて，情報システム部のU部長及びカスタマサポート部のM部長から調査結果が**表1**のとおり報告された。

表1　調査結果

攻撃	調査結果
攻撃1	Jサイトの2018年10月からのログインログを確認したところ，2018年11月5日の3:00～4:00に海外のあるIPアドレスから，不正ログインの試みと思われる攻撃が980件の顧客用アカウントに対して1件ずつあり，その全てがJサイトに実在する顧客用アカウントに対するものであった。980件の不正ログインの試みのうち，90件が成功していた。
攻撃2	Jサイトのアクセスログの中からアカウント新規登録画面へのアクセスのログを確認したところ，攻撃1と同一のIPアドレスから合計100,000件のアカウントの登録が2018年10月から試みられており，攻撃1の不正ログインで利用された980件が登録済みアカウントとしてエラーとなっていた。
攻撃3	2018年11月1日に，Jサイトのログインログに，国内の複数のIPアドレスからそれぞれ一つの顧客用アカウントへのログイン試行が，IPアドレスごとに平均1,000件程度記録され，全てログイン失敗になっていた。
攻撃4	2018年11月6日に，誘導メッセージが書かれた問合せをJサイトに50,000件投稿するという攻撃があった。カスタマサポート部は問合せの中から誘導メッセージ以外のメッセージを抽出するのに多くの工数を取られ，顧客の問合せ対応が遅延した。問合せ内容に書かれた電話番号数件に電話で確認したところ，投稿はしていないとのことであった。 誘導メッセージは，攻撃1，攻撃2とは別の海外のあるIPアドレスから投稿された。1件目と2件目は問合せフォームを閲覧してから問合せが投稿されていたが，3件目以降は閲覧せずに問合せが投稿されていた。

情報セキュリティ委員会は，EC営業部のE部長に対し，表1の攻撃について，対策を検討するよう指示した。E部長はCさんと協力し，対策を検討した。

〔攻撃1への対応〕

次は，攻撃1についてのE部長とCさんの会話である。

E部長：攻撃1には，Jサイトから漏えいした顧客用アカウントの認証情報が利用されているとは考えられませんか。

Cさん：考えられません。もし，漏えいした顧客用アカウントの認証情報が利用されているとしたら，ログインが全て成功しているはずです。しかし，ログインの9割は失敗しています。

E部長：攻撃1では，どのような方法が使われたと考えられますか。

Cさん：攻撃1では，最近よく聞く，[a]という方法が使われたと考えています。その方法を使った攻撃は，一般的に[b]場合に成功しやすいといわれています。

E部長：攻撃1を防ぐにはどのような対策が考えられますか。

Cさん：攻撃1の対策には複数ありますが，利用者本人かどうかを確認するために，認証情報による利用者認証に加え，[c1]を導入する方法が一般的だと考えます。この方法は，攻撃1の被害を未然に防ぐことができるというメリットがあり，かつ，他の多数のECサイトでも利用されています。

E部長：その対策には，[c2]という特有の課題があるのではないでしょうか。

Cさん：可能性はありますが，多くの実績があるので問題はないでしょう。

Cさんは，攻撃1が成功したのは，顧客側にも問題があるので，その問題も解決する必要があると考え，顧客に①自衛のための対策を促すことを考えた。

〔攻撃2への対応〕

次は，攻撃2についてのE部長とCさんの会話である。

E部長：攻撃2では何が行われたのでしょうか。

Cさん：アカウント新規登録画面へのアクセスのログを確認した範囲では，Jサイトに対して[d]が行われたと考えています。同様の事例が最近，他サイトでもあったという情報がありました。

E部長：攻撃2を防ぐにはどのような対策が考えられますか。

Cさんは対策を説明した。

〔攻撃3への対応〕

Cさんは，今回，攻撃3は防ぐことができたものの，[e]場合には成功しやすいと考え，連続ログイン失敗回数の上限を超えたアカウントをロックする（以下，アカウントロックという）という対策をE部長に提案した。E部長は，対策としてはよいが，顧客に影響があるのでM部長に意見を求めるようにと指示した。次はCさんとM部長の会話である。

Cさん：アカウントロックは広く使われている技術です。

M部長：Jサイトの顧客は幅広い年齢層にわたるので，[f]状況が多数発生し，顧客がカスタマサポート部に電話をして対応を依頼するでしょう。問合せが大幅に増えるのは困ります。

Cさん：②問合せがなるべく増えないよう，適切に対応します。

〔攻撃4への対応〕

Cさんは，攻撃4は，問合せフォームに自動で大量の投稿を試みる攻撃であり，大量の投稿が成功してしまった原因は[g]ことであると考え，対策について，U部長及びM部長に相談した。次はU部長，M部長及びCさんの会話である。

U部長：問合せを投稿する際に，利用者認証をしてはどうでしょうか。

M部長：問合せフォームは既存の顧客以外からも広く意見を集める重要な手段なので，誰でも投稿できるようにする必要があり，利用者認証をするのはよい方法とは言えません。

U部長：それでは，利用者本人かどうかを確認する代わりに，[h1]のはどうでしょうか。

Cさん：[h1]のは，利用者によっては[h2]という問題が起こる可能性があるので実装には十分注意する必要がありますね。

攻撃1から攻撃4への対応について検討した対策（以下，検討済対策という）をE部長は情報セキュリティ委員会に諮り，実施について承認を得た。ただし，検討済対策を実施したとしても，攻撃1から攻撃4を防ぐことができないこともある得るので，追加の対策として，今回と同様のインシデントが発生したらすばやく対応できるようにするための対策を検討するよう指示があった。

〔追加の対策の検討〕

Cさんは，追加の対策として，表1の攻撃を検知するために監視することにし，監視すべき値を**表2**にまとめた。これらの値が単位時間当たり一定数以上となった場合，EC営業部の情報セキュリティ責任者と情報セキュリティリーダにメールで通知する。

表2　監視すべき値

攻撃	監視すべき値
攻撃1	[i]
攻撃2	（省略）
攻撃3	[j]
攻撃4	[k]

J社は，検討済対策及び追加の対策を全て完了させた。その後，Jサイトは表1と同様の攻撃を受けたが，検討済対策が有効に機能していたので，攻撃が成功することは少なかった。また，攻撃が成功した場合でも，追加の対策が有効に機能したので，被害を最小限に抑えることができた。Jサイトの情報セキュリティは大きく向上した。

設問1　〔攻撃1への対応〕について，(1)～(4)に答えよ。

(1)　本文中の[a]に入れる字句はどれか。解答群のうち，最も適切なものを選べ。

aに関する解答群

- ア　Jサイトの顧客の個人情報が保存されているデータベースの管理用アカウントの認証情報を利用して不正アクセスする
- イ　Jサイトの顧客の個人情報が保存されているデータベースの脆（ぜい）弱性を利用して不正アクセスする
- ウ　Jサイトのパスワード入力時のパスワード判定ロジックの脆弱性を利用する
- エ　認証情報のリストに不正アクセスし，改ざんする
- オ　認証情報のリストを入手して利用する

(2)　本文中の[b]に入れる字句はどれか。解答群のうち，最も適切なものを選べ。

bに関する解答群

- ア　攻撃対象のサイトにSQLインジェクションの脆弱性がある
- イ　攻撃対象のサイトのWAFのシグネチャやIPSのシグネチャの定期的な更新がされていない
- ウ　攻撃対象のサイトの顧客が複数のオンラインサービスで認証情報を使い回している
- エ　攻撃対象のサイトの顧客用アカウントの認証情報に単純で短いパスワードを設定できる
- オ　攻撃対象のサイトの問合せフォームの処理に脆弱性がある
- カ　攻撃対象のサイトのログイン処理に送信元IPアドレスによるアクセス制限機能がない

(3) 本文中の[c1], [c2]に入れる技術と課題を，次の(i) ～ (x)の中から一つずつ挙げた組合せはどれか。cに関する解答群のうち，最も適切なものを選べ。

[技術]

(i) Jサイトの顧客用アカウントの認証情報の複製を保存して利用するディレクトリシステム
(ii) 指紋，虹彩（こう），静脈などを利用した生体認証
(iii) ディジタル証明書を利用したクライアント認証
(iv) ボットからの入力と人からの入力を判別するCAPTCHA
(v) ログインごとにメールで通知される認証用キーによる利用者認証

[課題]

(vi) 顧客が意図せず利用者IDを複数回間違った場合にJサイトにログインできなくなる
(vii) 顧客がメールアドレスを変更した際にJサイトにログインできなくなる
(viii) 顧客の端末が変わった際に端末の設定に関する問合せがカスタマサポート部に入る
(ix) ボットの使い方についてカスタマサポート部に問合せが入る
(x) 連続ログイン失敗回数が上限を超えてアカウントがロックされ，Jサイトにログインできなくなる

cに関する解答群

	c1	c2
ア	(i)	(x)
イ	(ii)	(vii)
ウ	(ii)	(viii)
エ	(iii)	(x)
オ	(iv)	(vi)
カ	(iv)	(ix)
キ	(v)	(vii)
ク	(v)	(ix)

(4) 本文中の下線①について，どのような対策が考えられるか。解答群のうち，最も適切なものを選べ。

解答群

- ア 各サイトで異なるパスワードを利用する。
- イ 公衆無線LANからはJサイトを利用しない。
- ウ 顧客のPCのOSに脆弱性修正プログラムを適用し，OSにログインするためのパスワードを定期的に更新する。
- エ 顧客の自宅や職場の無線LANアクセスポイントのパスワードを推測されにくいものにする。
- オ 顧客の端末にマルウェア対策ソフトを導入し，マルウェア定義ファイルの自動更新を有効にする。
- カ 顧客の端末の内蔵ストレージを暗号化する。
- キ 送信するメールの添付ファイルにパスワードを付ける。
- ク 定期的に教育を受け，標的型メール攻撃に注意する。

設問2 本文中の[d]に入れる字句はどれか。解答群のうち，最も適切なものを選べ。

dに関する解答群

- ア 顧客用アカウントパスワードのリストの作成

- イ 実際の利用者が使っているパスワードの複雑性の確認
- ウ 従業員の認証情報のリストの登録
- エ 特定の利用者IDが存在するかどうかの確認
- オ 入力フォームに特定の脆弱性があるかどうかの確認
- カ 認証方式の確認

設問3 〔攻撃3への対応〕について，(1)～(3)に答えよ。

(1) 本文中の［ e ］に入れる字句はどれか。解答群のうち，最も適切なものを選べ。

eに関する解答群

- ア 2要素認証が実装されている
- イ ECサイトで要求しているパスワードの強度が低い
- ウ ECサイトで利用していないポートが開いている
- エ FWのルールの末尾に全て拒否のルールが設定されている
- オ OSの脆弱性修正プログラムが適用されていない
- カ 問合せフォーム処理時のアクセスが攻撃かどうかの判別に不備がある
- キ ファイルへのアクセス制御に不備がある
- ク 複数のサイトで認証情報を使い回している顧客がいる

(2) 本文中の［ f ］に入れる字句はどれか。解答群のうち，最も適切なものを選べ。

fに関する解答群

- ア 攻撃者の入力したパスワードが誤っていることを攻撃者に知られてしまう
- イ 顧客が何回もパスワードを間違えてJサイトにログインできなくなる
- ウ 顧客が利用者IDを変更した際にJサイトにログインできなくなる
- エ 導入の際，顧客自身での生体情報の登録が必要になる
- オ ボットと顧客を判別できなくなる

(3) 本文中の下線②について，どのような対応が必要か。解答群のうち，最も適切なものを選べ。

解答群

- ア アカウントロックされた顧客からの問合せへの対応マニュアルを作成する。
- イ 顧客の連続ログイン失敗回数をログインログから算出し，その値に基づいて，連続ログイン失敗回数の上限を全顧客で一つ決定する。
- ウ 今回の不正ログイン試行の回数をログインログから抽出して，連続ログイン失敗回数の上限を決定する。
- エ 生体認証導入前に，Webページにカスタマサポート部の問合せ先を掲載しておく。
- オ パスワードを連続5回間違えたらアカウントロックする。
- カ ボットからのアクセスを検知したらアカウントロックする。

設問4 〔攻撃4への対応〕について，(1)，(2)に答えよ。

(1) 本文中の［ g ］に入れる字句はどれか。解答群のうち，最も適切なものを選べ。

gに関する解答群

- ア 問合せフォームに入力できる文字数の制限はあるが，文字種の制限がない
- イ 問合せフォームへのアクセスを顧客用アカウントをもっている者だけに許可している
- ウ 問合せを投稿する際に投稿者を認証する機能がある

エ 問合せを投稿する際にボットかどうかを判別する仕組みがない

(2) 本文中の[h1]，[h2]に入れる対策と課題を，次の(i)～(x)の中から一つずつ挙げた組合せはどれか。hに関する解答群のうち，最も適切なものを選べ。

[対策]

(i) 問合せの通信パケットをキャプチャし，解析する

(ii) 問合せは顧客用アカウントをもっている者だけに許可し，問合せ投稿時に認証情報を暗号化する

(iii) 問合せは顧客用アカウントをもっている者だけに許可し，問合せフォームへの入力後に認証情報をハッシュ化する

(iv) 問合せフォームへの入力後にCAPTCHAへの対応を求める

(v) 問合せフォームへの入力の許容上限時間を設定する

[課題]

(vi) パスワード誤りが続いてアカウントロックされる

(vii) パスワードを間違えて問合せが投稿できない

(viii) パスワードを間違えてメールが送信できない

(ix) ボットと認識されて問合せが投稿できない

(x) ボットと認識されてメールが送信できない

hに関する解答群

	h1	h2
ア	(i)	(vii)
イ	(i)	(x)
ウ	(ii)	(vi)
エ	(ii)	(viii)
オ	(iii)	(vii)
カ	(iv)	(ix)
キ	(iv)	(x)
ク	(v)	(ix)

設問5 表2中の[i]～[k]に入れる字句はどれか。解答群のうち，最も適切なものをそれぞれ選べ。

i～kに関する解答群

ア WAFが検知した攻撃のうちJサイトの脆弱性を悪用した攻撃の数

イ カスタマサポート部に入った電話での問合せ数

ウ 同一IPアドレスからの問合せフォームへのアクセス数

エ 同一の顧客用アカウントについて一定数以上のIPアドレスから試行したログイン数

オ 同一の顧客用アカウントについて失敗したログイン数

カ 複数の顧客用アカウントについて同一のIPアドレスから試行したログイン数

問1 攻略のカギ

ECサイトの不正ログインの原因やその対策，監視についての問題です。

設問1 (1) 攻撃1の内容が，パスワードリスト攻撃であることが読み取れれば解答可能です。
(2) パスワードリスト攻撃が起こる利用者側の問題点についての理解が必要です。
(3) 最近様々なWebサイトで増えている利用者認証方法についてと，その課題についての見識が必要です。
(4) パスワードリスト攻撃での対策の一つです。
設問2 表1で示されている攻撃1と攻撃2の比較により解答を導けます。
設問3 (1) 攻撃3は空欄eの直後にヒントがあります。
(2) 不正アクセスのアカウントロックをした場合の顧客側で起こる問題を理解しましょう。
(3) アカウントロックをした場合の顧客の行動を把握する必要があります。
設問4 (1) 同じ投稿を何度もしてくるDoS攻撃（ボット）の知識が必要です。
(2) ボットの対策で取られているものと，その注意点についての理解が必要です。
(3) 攻撃がどのような場合に起きるのかがわかれば，監視すべき値がわかります。

設問の解説に入る前に【パスワードによる認証】【2要素認証】【パスワードを推測する攻撃】【CAPTCHA】について解説します。

【パスワードによる認証】

パスワードを用いた認証では，文字の種類の数と文字数（長さ）を十分大きくして，設定できるパスワードの総数を多くすることが重要です。パスワードの総数が少ないと，攻撃者に推測されやすくなるからです。

<例>

0～9までの10種類の文字が利用可能で，文字数が4文字のパスワード（銀行ATMの暗証番号が該当）

→パスワードの総数＝10×10×10×10＝10,000（10,000とおりの文字列がある）

英数記号（数字10種類，英大文字26種類，英小文字26種類，記号18種類とする）の計80種類の文字が使用可能で，文字数が8文字のパスワード

→パスワードの総数＝80×80×80×80×80×80×80×80＝約1,677兆

パスワードの文字の種類の数，文字数が増えるとパスワードの総数は多くなる

● パスワードの総数の式

文字の種類（パターン）＝X，文字数＝Yとすると，設定できるパスワードの総数＝X^Y

【2要素認証】

認証方法が異なる2つの認証技術を併用して安全性を高めようとすること（図A）。

<主な認証技術>

①知識による認証（パスワードなど，それを知っている人だけ認証する）

②物による認証（鍵，ICカード，トークンなど，それを持つ人だけ認証する）

③生体認証（指紋など，その身体的または行動的特徴を有する人だけ認証する）

（①～③のどれか1つの要素だけで認証すると…）

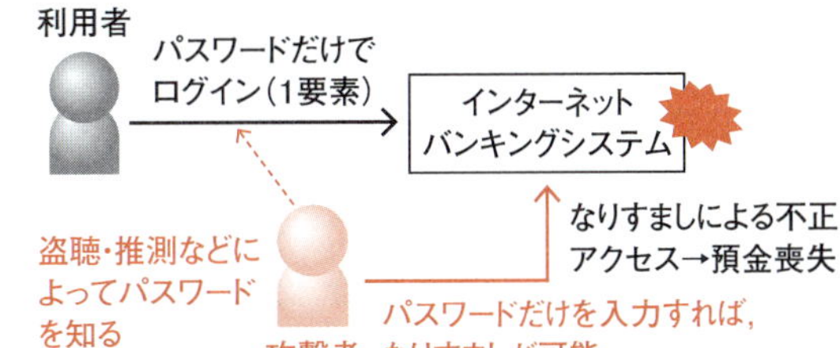

（①～③のうちの2つの要素を組み合わせると…）

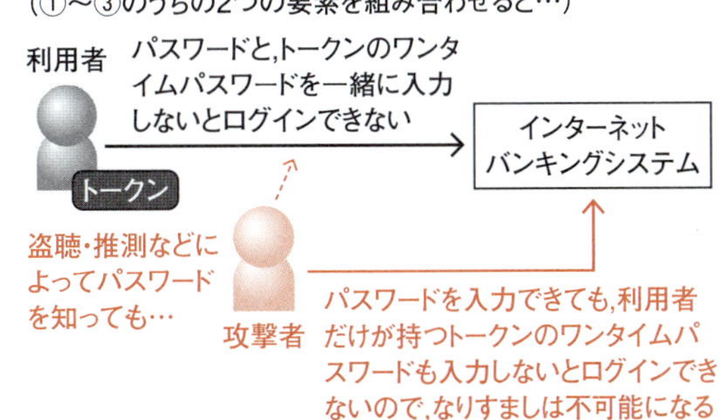

（注：ワンタイムパスワードは毎分変化し，最新のものだけが有効で過去のものは全て無効である。ある時刻に利用者が入力したワンタイムパスワードを攻撃者が盗聴しても，次回以降のアクセスでは無効）

図A

【パスワードを推測する攻撃】

Webサービスなどで利用者が使用するパスワードを推測しようとする攻撃には次のようなものがあります。

類推攻撃：パスワードを推測しようとする対象者の個人情報や嗜好などの文字列を入力する攻撃手法。

総当たり（ブルートフォース）攻撃：考えられる全ての文字の組合せをパスワードとして入力していくことで，パスワードを推測する攻撃手法。

辞書攻撃：辞書に載っている一般的な単語や人名などをパスワードとして入力していくことで，パスワードを推測する攻撃手法。

パスワードリスト攻撃：あるWebサイトから流出した利用者IDとパスワードのリストを用いて，他のWebサイトに対してログインを試行する攻撃。利用者は，複数のWebサービスに対してそれぞれ異なるパスワードでログインするのをわずらわしく感じて，同じ利用者ID及び同じパスワードを使いまわす傾向がある。あるWebサービスのサイトから利用者IDとパスワードが流出すると，同じ利用者が使っている別のWebサービスに，そのパスワードでログインできる可能性が高い。複数のWebサービスに対して同じ利用者IDやパスワードを使いまわさないのが適切な対策である。

【CAPTCHA】

図B　CAPTCHAの例

インターネット上の掲示板やブログにコメントなどを投稿するとき，ゆがめられた文字が画像化されて表示され，それを読み取って正しい文字を入力するよう求められることがあります。このようなシステムや，ゆがめられた文字の画像のことをCAPTCHA（キャプチャ）といいます（**図B**）。

CAPTCHAは，コメントなどを投稿しようとした者が人間であり，プログラムによる不正な自動入力でないことを確認するためのシステムです。人間はゆがんだ文字を読み取ることが可能ですが，プログラムでは読み取ることが困難なことを利用しています。

設問1　パスワードリスト攻撃

(1)
空欄a

表1より，**図Cの**Ⓐの下線を確認できます。

不正アクセスが行われたのは，980件もの実在するアカウントに1件ずつアクセスされています。そこまで実在するアカウントを利用するには，事前にその情報がないとできません。すなわち，この攻撃はパスワードリスト攻撃であると考えられます。その説明は，**認証情報のリストを入手して利用する**（**オ**）です。

(2)
空欄b

パスワードリスト攻撃は，異なるサイトで同じ利用者ID及び同じパスワードを使いまわす傾向がある場合に起こる可能性が高くなります。**攻撃対象のサイトの顧客が複数のオンラインサービスで認証情報を使い回している**（**ウ**）が正解です。

(3)
空欄c1，c2

Cさんの発言「… この方法は，攻撃１の被害を**未然に防ぐことができる**というメリットがあり，かつ，他の多数のECサイトでも利用されています。」より，認証情報が漏えいしても，不正アクセスされないための方法で一般的に使用されている技術を考えます。

代表的なものとしては，２要素認証があります。複数の認証情報を使用することで不正アクセスを防ぐことができます。

解答群から検討すると，「(ii)，(iii)，(v)」が本人の確認ができるものです。しかし，(iii) ですと，セキュリティは向上しますが顧客全てに証明書を発行することになってしまうので，顧客の利便性という面でも他の多数のECサイトで使用されているケースは見かけません。また，(ii) も顧客全てに指紋，光彩などを入力する機器を導入する必要があるので，現実的ではありません。そこで，c1には顧客情報の一部になっているメールアドレスを使った**(v) ログインごとにメールで通知される認証用キーによる利用者認証**が適切です。

また，(i) のディレクトリシステムを使用することで検索速度が高速化されることがありますが，認証が強固になることはありません。なお，(iv) のCAPTCHAを使うことでボットなどのマルウェア対策になります。

メールを使った認証に関する課題ですが，解答群からも (vii) と (ix) が該当するので，確認すると，メールで認証情報を送付するので**(vii) 顧客がメールアドレスを変更した際にJサイトにログインできなくなること**はありますが，(viii) 顧客の端末が変わった際に端末の設定に関する問合せがカスタマサポート部に入ることは考えられません。

よって，**(v)，(vii)**の組合せ（**キ**）が正解です。

(4)

顧客に対しての自衛策は，**【パスワードを推測する**

攻撃	調査結果
攻撃 1	J サイトの 2018 年 10 月からのログインログを確認したところ，2018 年 11 月 5 日の 3:00 ～4:00 に海外のある IP アドレスから，不正ログインの試みと思われる攻撃が 980 件の顧客用アカウントに対して 1 件ずつあり，その全てが J サイトに実在する顧客用アカウントに対するものであった。Ⓐ 980 件の不正ログインの試みのうち，90 件が成功していた。
攻撃 2	J サイトのアクセスログの中からアカウント新規登録画面へのアクセスのログを確認したところ，攻撃 1 と同一の IP アドレスから合計 100,000 件のアカウントの登録が 2018 年 10 月から試みられており，攻撃 1 の不正ログインで利用された 980 件が登録済みアカウントとしてエラーとなっていた。Ⓑ
攻撃 3	2018 年 11 月 1 日に，J サイトのログインログに，国内の複数の IP アドレスからそれぞれ一つの顧客用アカウントへのログイン試行が，IP アドレスごとに平均 1,000 件程度記録され，Ⓒ 全てログイン失敗になっていた。

図C

攻撃】の「パスワードリスト攻撃」でも説明しましたが，複数のWebサービスに対して同じ利用者IDや同じパスワードを使いまわさないこと，すなわち，**各サイトで異なるパスワードを利用する。**（ア）が正解です。

- ×イ　公衆無線LANからの不正アクセスの対策
- ×ウ　マルウェアやPCの不正利用者の対策
- ×エ　無線LANアクセスポイントからの盗聴などの対策
- ×オ　端末のマルウェア対策
- ×カ　端末からの不正読出しの対策
- ×キ　添付ファイルからの盗聴などの対策
- ×ク　教育は情報セキュリティ全般の啓蒙活動になります

設問2　総当たりや辞書攻撃への対応

空欄d

表1より，**図Cの**Ⓑの下線を確認できます。

これは本文中で，「・新規にアカウントを登録する際に，既に使われている利用者IDを指定すると，使用されている旨を画面に表示」となっているので，この時点で使用されているIDがあるかどうかが判別できてしまいます。よって，**特定の利用者IDが存在するかどうかの確認**（エ）ができます。

設問3　アカウントロック

(1)
空欄e

表1より，**図Cの**Ⓒの下線を確認できます。

国内の複数の場所から一つのアカウントへのログイン試行があったので，これはマルウェアなどを使ったパスワードに対する総当たり（ブルートフォース）攻撃や辞書攻撃の可能性があります。このような攻撃では，**ECサイトで要求しているパスワードの強度が低い**（イ）場合に成功することがあります。

(2)
空欄f

同一のアカウントに異なるパスワードによるログインがあった場合は，そのアカウントに対してのログイン試行の回数を決めておき，その試行回数を超えた場合には，アカウントをロックするなどの対策をとる必要があります。よって，**顧客が何回もパスワードを間違えてJサイトにログインできなくなる**（イ）が正解です。

(3)

一般的に新しいシステムやサービス導入後は，幅広い年齢層の顧客の場合は特に直接電話の問合せが増え，通常より受付までの待ち時間が増えてしまう傾向にあります。また，今回はアカウントロックされた場合の対応なので本人確認などの時間に手間取り問合せが増えることが考えられます。そこで，ある程度の失敗は想定した上で，その上限値を定めておくことで，複数回失敗した顧客だけが問合せするようにできます。したがって，**顧客の連続ログイン失敗回数をログインログから算出し，その値に基づいて，連続ログイン失敗回数の上限を全顧客で一つ決定する。**（イ）が正解です。

設問4　ボットからの攻撃

(1)
空欄g

表1より，**図D**の下線を確認できます。

誘導メッセージが50,000件も海外のIPアドレスから投稿されているので，同じ仕組みを使用している

攻撃4	2018年11月6日に，誘導メッセージが書かれた問合せをJサイトに50,000件投稿するという攻撃があった。カスタマサポート部は問合せの中から誘導メッセージ以外のメッセージを抽出するのに多くの工数を取られ，顧客の問合せ対応が遅延した。問合せ内容に書かれた電話番号数件に電話で確認したところ，投稿はしていないとのことであった。 誘導メッセージは，攻撃1，攻撃2とは別の海外のあるIPアドレスから投稿された。1件目と2件目は問合せフォームを閲覧してから問合せが投稿されていたが，3件目以降は閲覧せずに問合せが投稿されていた。

図D

ことがわかります。また，問合せフォームを閲覧せずに問合せを投稿できるソフトウェア（マルウェア）を使用している可能性が高いと思われます。このようなマルウェアを**ボット**といいます。ボットに感染したコンピュータは，外部の攻撃者が管理するコンピュータからの指令によって，特定サイトへの一斉攻撃などを行うようになります。

よって，**問合せを投稿する際にボットかどうかを判別する仕組みがない**（エ）ことが問題です。

(2)

空欄h1，h2

本文中のM部長の発言で，「… 誰でも投稿できるようにする必要があり，利用者認証をするのはよい方法とは言えません。」となっており，また，U部長も「それでは，利用者本人かどうかを確認する代わりに…」としているので，利用者認証（限定）はしません。それ以外の方法である，(i)，(iv)，(v)を検討します。

(i) 問合せの通信パケットをキャプチャし，解析する ⇒ 問合せの件数を減らすことはできません。

(iv) 問合せフォームへの入力後にCAPTCHAへの対応を求める ⇒ CAPTCHAの入力を求めるので，ボットなどの対策になります。

(v) 問合せフォームへの入力の許容上限時間を設定する ⇒ ユーザの問合せフォームの入力には一定以上の時間がかかり，ボットなどは短い可能性があるので効果ありません。

上記(iv)の課題は，解答群より(ix)と(x)を検討します。

(ix) ボットと認識されて問合せが投稿できない ⇒ ISP（プロバイダ）や組織によっては，IPアドレスを共有しているのでボットと認識されてしまうことがあります。

(x) ボットと認識されてメールが送信できない ⇒ メールの送信は行いません。

よって，**(iv)，(ix)**の組合せ（カ）が正解です。

設問5 攻撃の監視

空欄i

攻撃1は設問1の解説より，パスワードリスト攻撃です。これを監視するには，本来ならば異なるIPアドレスから，複数の顧客用アカウントにアクセスする必要があるにも関わらず，同一のIPアドレスからのログインがあった場合にその検知をする必要があります。よって，**複数の顧客用アカウントについて同一のIPアドレスから試行したログイン数**（カ）が正解です。

空欄j

攻撃3は設問3の解説より，登録をされたIDを知っておりその情報を基に不正にアクセスをするので，**同一の顧客用アカウントについて失敗したログイン数**（オ）を検知条件にする必要があります。

空欄k

攻撃4は，設問4より，ボットを使った問合せフォームへの不正アクセスなので，自動的に複数の問合せがあったときに検知する必要があります。よって，**同一IPアドレスからの問合せフォームへのアクセス数**（ウ）が正解です。

解答

設問		解答
設問1	(1)	a：オ
	(2)	b：ウ
	(3)	c：キ
	(4)	ア
設問2		d：エ
設問3	(1)	e：イ
	(2)	f：イ
	(3)	イ
設問4	(1)	g：エ
	(2)	h：カ
設問5		i：カ
		j：オ
		k：ウ

問2 アカウント乗っ取りによる情報セキュリティインシデントに関する次の記述を読んで，設問1～4に答えよ。

P社は，従業員数300名の食品メーカである。東京に本社があり，関東に営業所と工場が点在している。本社には，製造部，流通管理部，営業部，情報システム部などがある。営業所は，営業部の管轄であり，担当地域の取引店への営業，配送管理などを担当している。Q県を担当するR営業所には，所長と副所長のほかに，15名の営業担当者，2名の流通担当者，2名の事務担当者が配置されている。

P社では，最高情報セキュリティ責任者（CISO）を委員長とする情報セキュリティ委員会（以下，P社委員会）を設置し，情報セキュリティポリシ及び情報セキュリティ関連規程を整備している。P社委員会の事務局は，情報システム部が担当し，情報システム部のL課長が情報セキュリティインシデント（以下，インシデントという）発生時のインシデント対応責任者を務めている。さらに，本社の各部の部長，各営業所の所長，及び各工場の工場長は，P社委員会の委員，及び自部署における情報セキュリティ責任者を務めている。各情報セキュリティ責任者は，自部署の情報セキュリティを確保，維持及び改善する役割を担っており，自部署の情報セキュリティに関わる実務を担当する情報セキュリティリーダを選任している。R営業所の情報セキュリティ責任者はA所長であり，情報セキュリティリーダはB副所長である。

P社では，全従業員が基盤情報システムを利用して日々の業務を行っている。基盤情報システムは，サーバ，ネットワーク及び各従業員に貸与される端末から構成され，設定と運用管理は，情報システム部が行っている。貸与される端末にはノートPC（以下，NPCという），デスクトップPC（以下，DPCという），及びスマートフォン（以下，スマホという）がある。**図1**にサーバの概要を，**表1**に端末の概要を示す。

1 VPNサーバ及びプロキシサーバ
　1.1 セキュリティベンダが提供する，悪意のあるサイトへのアクセスを遮断するURLフィルタリングサービスが導入されている。
　1.2 アクセス成功とアクセス失敗の両方に関して，アクセス先URL，アクセス元IPアドレス，アクセス日時及びアクセス成否がアクセスログに記録され，直近3か月分が保存される。
　1.3 設定の変更及びログの確認は，情報システム部だけが行える。
2 ファイルサーバ
　2.1 営業所ごとに，業務で利用するファイルを保存するためのファイルサーバがあり，従業員は所属する営業所のファイルサーバだけを利用できる。

図1　基盤情報システムのサーバの概要（抜粋）

表1　基盤情報システムの端末の概要（抜粋）

項目	NPC	DPC	スマホ
機器を貸与される者	営業所の所長，副所長及び営業担当者	NPC を貸与されない従業員	本社の課長以上の管理職，並びに営業所の所長，副所長及び営業担当者
Web ブラウザでのインターネット閲覧	P 社の社内 LAN に直接接続している場合はプロキシサーバを経由し，それ以外の場合は VPN サーバを経由して閲覧する。	プロキシサーバを経由して閲覧する。	携帯通信網を経由して閲覧する。
ファイルサーバの利用	P 社の社内 LAN に直接接続している場合は社内 LAN だけを経由し，それ以外の場合は VPN サーバ及び社内 LAN を経由して利用する。	社内 LAN を経由して利用する。	利用できない。
セキュリティ機能	マルウェア対策ソフトの定義ファイルの更新機能，マルウェアスキャンの機能が有効になっている。	マルウェア対策ソフトの定義ファイルの更新機能，マルウェアスキャンの機能が有効になっている。	マルウェア対策ソフトの定義ファイルの更新機能，マルウェアスキャンの機能，URL フィルタリング機能 1) が有効になっている。

注 1)　URL フィルタリング機能は，悪意のあるサイトへのアクセスを遮断するブラックリスト型である。アクセスを遮断した場合だけ，アクセス先 URL 及び日時がスマホ内にログとして記録され，直近7日分のログだけが保存される。

〔チャットサービス〕

P社では，製造した食品の取引店への配送を，配送業者に委託している。交通事情などによって配送が遅延する場合，配送業者は，各営業所の流通担当者に電子メール（以下，電子メールをメールという）で連絡する。配送業者から連絡を受けた流通担当者は，メールで営業担当者に連絡し，営業担当者が各顧客に連絡している。

R営業所が担当する地域では，交通事情による遅延の頻度が高いので，流通担当者が営業担当者にメールを見たかどうかを電話で確認することも多く，連絡の煩雑さが問題となっている。R営業所の流通担当者であるKさんは，この問題を解決するために，V社が提供しているSaaS形式のチャットサービス（以下，Vサービスという）を配送の連絡に利用すること，及び業務効率化のためにVサービスをR営業所におけるその他の連絡にも利用することをA所長に提案した。A所長はこの提案をP社委員会に諮り，承認を得た。Vサービスのサービス仕様を**図2**に示す。

1 基本機能
1.1 利用者はPCのWebブラウザ，又はスマホのWebブラウザ若しくはVサービス専用アプリケーションソフトウェア（以下，Vアプリという）を利用してアクセスする。
1.2 同一利用者がPCとスマホの両方から同時にログインできる。
2 ワークスペース（以下，WSという）
2.1 利用者は，WSを作成することができる。WSを作成した利用者は，作成したWSの管理者権限をもつ。
2.2 WSの管理者権限をもつ利用者（以下，WS管理者という）は，他の利用者をWSに参加させること，WSに参加している利用者（以下，WS参加者という）に管理者権限を付与すること，及びWSを削除することができる。
3 グループチャット（以下，GCという）
3.1 WS管理者は，WS内にGCを作成し，WS参加者をGCに参加させることができる。
3.2 利用者は，Vサービスにログイン後，自身が参加しているWS及びGCにアクセスできる。
3.3 利用者は，GC内で文字列のメッセージ（以下，GCメッセージという）及びファイルを送信できる。GCメッセージ及びファイルはGC内に保存され，GCに参加している利用者（以下，GC参加者という）だけが閲覧できる。
3.4 GCメッセージ及びファイルには，送信した利用者のアカウント名及び送信日時（以下，GC送信情報という）が記録される。
3.5 送信されたGCメッセージはGCごとに直近の1,000件分が，ファイルはGCごとに直近の100件分が保存され，それより前のものは自動的に削除される。削除されたGCメッセージ及びファイルについてのGC送信情報も同時に削除される。
3.6 WS管理者は，WS内のGCメッセージ，ファイル，及びGC送信情報を削除できる。

4 セキュリティ機能
4.1 Vサービスへの接続には，HTTP over TLSを使用する。
4.2 各利用者のアカウントは，メールアドレスを利用者IDとして登録し，ログイン時の利用者認証のためのパスワードを設定する。パスワードは英大文字，英小文字，数字，記号の文字種の全てを組み合わせ，8文字以上でなければならない。
4.3 Webブラウザを閉じた場合は，一定時間後に自動的にVサービスからログアウトされる。Vアプリを閉じた場合は，その時点で自動的にVサービスからログアウトされる。
4.4 利用者が自身のパスワードを変更した場合，利用中の全てのセッションでVサービスからログアウトされ，再度ログインを求められる。
4.5 利用者は追加の利用者認証機能（以下，V認証機能という）を有効にすることができる。
・V認証機能を有効にした場合は，Vサービスへのログイン時に，利用者IDとパスワードによる利用者認証に加え，あらかじめ登録しておいた電話番号にSMSで送信される6桁の数字，又は利用者IDとして設定されたメールアドレスに送信される6桁の数字を入力することによる追加の利用者認証を実施する。
・Vサービスは，スマホの端末識別番号，又はVサービスへのログイン時に発行されるCookieの有無を基に，初めてVサービスを利用する端末かどうかを判断する。
・V認証機能を有効にした場合，同じ端末での2度目以降のVサービスへのログイン時の追加の利用者認証を30日間省略する機能（以下，V省略機能という）を有効にすることができる。

図2 Vサービスのサービス仕様（抜粋）

B副所長は，A所長の指示を受け，**図3**に示すR営業所でのVサービスの利用ルール（以下，Vサービス利用ルールという）を策定した。

1　利用者IDには，自身のP社のメールアドレスを登録すること。
2　GCで送信する全てのファイルをパスワードで保護すること。
3　Vサービスのパスワード及びファイルを保護するためのパスワードは，他人に推測されにくく，他のサービスのパスワードとして利用していない文字列とすること。
4　Vサービスのパスワードは他人に知られないように適切に管理すること。
5　ファイルを保護するためのパスワードは，Vサービスのパスワードとは別の文字列を利用し，ファイルを送信したGC内で別のGCメッセージとして送信すること。

図3　Vサービス利用ルール（抜粋）

A所長は，Vサービスの利用開始をB副所長に指示した。B副所長は，VサービスでR営業所用のWSを作成し，R営業所の全従業員をWSに参加させ，自身のほか事務担当者だけにWSの管理者権限を付与した。また，**表2**に示すGCを作成した上で，R営業所の全従業員に，Vサービス利用ルールを周知した。次に，R営業所の全てのNPC，DPC及びスマホのWebブラウザのブックマークにVサービスのURLを登録してもらった上で，6月1日に利用を開始した。

表2　R営業所で利用するGC

GC番号	GC名	GC参加者	主な用途
GC-1	管理職	R営業所の所長，副所長及び事務担当者	業務連絡
GC-2	R営業所	R営業所の全従業員	業務連絡
GC-3	営業	R営業所の所長，副所長，営業担当者及び事務担当者	勤務スケジュール連絡，業務連絡
GC-4	配送	R営業所の流通担当者，営業担当者及び事務担当者	配送スケジュール連絡

〔インシデント発生〕

7月3日の15時5分，B副所長のもとにKさんが報告に来た。報告内容は次のとおりであった。

・営業担当者であるDさんから，**表3**に示すGCメッセージが送られてきた。
・不審に思ったので，Dさん本人が送信したGCメッセージであるかどうかを同日15時に①Dさんに電話で確認したところ，本日は，社外研修を受講しており，当該GCメッセージは送信していないとの回答であった。

表3　Dさんのアカウントから送信されたGCメッセージ

番号	GC番号	日時	内容
1	GC-4	7月3日 13時35分	アカウントの確認が必要です。 https://www.v-service.example.com/にアクセスしてください。

B副所長は，Dさんになりすました何者か（以下，なりすまし者という）がDさんのアカウントに不正にログインしたおそれがあると考え，A所長に報告した。

報告を受けたA所長は，インシデントの発生を宣言し，VサービスのGCを利用しないようR営業所の全従業員に通知するとともに，このインシデントについてCISO及びL課長に報告した。B副所長はL課長と協力し，②被害拡大の防止策を実施した。

〔被害状況の把握と影響範囲の調査〕

次は，インシデントの被害状況と影響範囲に関するL課長とB副所長の会話である。

L課長　：表3のGCメッセージ中のURL（以下，URL-Pという）はVサービスのURLではありません。悪意のあるサイトのURLと考えられるので，URL-Pへのアクセスの成功が記録されている可能性のある［ a ］のログについて調査しましたが，該当する記録はありませんでした。［ a ］のログだけでは確認できないので，③R営業所の従業員のうち，必要がある者に対してURL-Pにアクセスしたかどうかをヒアリングしましたが，全員がアクセスしていないという回答でした。Dさんのアカウントへの不正ログインによる情報漏えいの有無についてはどうでしたか。

B副所長：事務担当者からの報告によると，なりすまし者がアクセスした可能性のある［ b ］のGCメッセージを調査した結果，P社の業務に関する情報はありましたが，会社が秘密と規定した情報（以下，秘密情報という）は含まれていませんでした。しかし，④現時点で確認可能なGCメッセージの調査だけでは十分な調査とはいえません。

L課長　：［ b ］を利用していた利用者にヒアリングが必要ですね。ところで，GCに送信されたファイルはどうでしたか。

B副所長：10ファイルありましたが，全てVサービス利用ルールを満たしたパスワードで保護されていました。

L課長　：今回の場合，パスワードで保護されていても，⑤なりすまし者が短時間にパスワードを入手又は特定して，ファイルの内容を閲覧できたと思われます。ファイルにはどのような情報が含まれていたのでしょうか。

B副所長：業務に関する情報は含まれていましたが，秘密情報は含まれていませんでした。

L課長　：分かりました。調査結果をA所長及びCISOに報告しましょう。

〔原因調査〕

次は，原因に関するB副所長とL課長の会話である。

B副所長：Dさんにヒアリングしたところ，Vサービスにアクセスしてアカウントの確認をするように求めるメールがVサービスから来たので，すぐにNPCでメール中のURL（以下，URL-Rという）にアクセスし，メールアドレスとパスワードを入力したとのことでした。調べてみると，メールの時刻は7月3日11時22分でした。

L課長　：URL-Rはフィッシングサイトと考えられます。URL-PとURL-Rは，DさんがURL-Rにアクセスした時点では，URLフィルタリングサービスに悪意のあるサイトのURLとして登録されていませんでした。しかし，現在は登録されていますし，フィッシング対策協議会のサイトに緊急情報として掲載されています。他の従業員が同様のメールを受信し，URL-Rにアクセスしていないかも調査します。念のため，Dさんが利用していたNPC（以下，NPC-Dという）は，証拠として保全し，詳細に調査します。詳細調査には，1週間掛かります。

B副所長：1週間掛かると，⑥Dさんの業務に影響があります。

L課長　：NPC-Dを初期化し，セキュリティ修正プログラムを適用してから，文書作成ソフトなどのアプリケーションソフトウェアを再インストールするという対応も考えられます。しかし，NPC-Dを初期化すると，⑦詳細調査に影響があります。⑧Dさんの業務への影響を軽減する策を講じれば大丈夫ですか。

B副所長：それなら大丈夫です。

〔対策の検討〕

B副所長及びL課長は，詳細調査の結果を基に，R営業所でのVサービス利用における問題点と対策を**表4**のように整理した。

表4　R営業所でのVサービス利用における問題点と対策（抜粋）

番号	今回の問題点	今後の対策
1	URL-R が悪意のあるサイトの URL として URL フィルタリングサービスに登録されるよりも前に，D さんが URL-R にアクセスしてしまった。	・[c]ことを確実に実施する。 ・フィッシング対策に関する従業員研修を実施する。
2	利用者認証に利用者 ID とパスワードだけを利用していたので，不正ログインされてしまった。	V 認証機能を有効にする。

次は，表4に関するB副所長とL課長の会話である。

B副所長：番号2の対策では，ログインが煩雑になり利便性が低下してしまうことを懸念しています。
L課長　：それでは，[d]ことにすれば，利便性も保てます。

B副所長とL課長は，詳細調査の結果と今後の対策をA所長に報告し，承認を得た。また，A所長はP社委員会に報告し，承認を得た。その後，必要な対策を実施し，Vサービスの業務利用を再開した。今回のVサービス活用による業務効率化は，高く評価された。その後，Vサービスは P社全体に導入され，業務効率向上に貢献した。

設問1　〔インシデント発生〕について，(1)，(2) に答えよ。

(1) 本文中の下線①について，Kさんが，電話ではなく，VサービスでDさんに連絡した場合に想定される被害はどれか。解答群のうち，最も適切なものを選べ。

解答群

ア　Kさんが，なりすまし者とのやり取りの結果，表3のGCメッセージがDさんからのものと信じ，URL-Pにアクセスすることによって，Kさんのパスワードが窃取される。

イ　Kさんが，なりすまし者にGCメッセージを送ることによって，Vサービスで利用しているB副所長のアカウントが，なりすまし者によって不正に利用される。

ウ　Kさんがなりすまし者への連絡のために送ったGCメッセージが，なりすまし者以外の第三者に盗聴され，内容が第三者に漏えいする。

エ　Kさんが連絡した直後に，なりすまし者によって証拠隠滅が図られ，Dさんのアカウントが利用されてGCメッセージが削除される。

(2) 本文中の下線②について，次の (i) ～ (v) のうち，実施した防止策として適切なものだけを全て挙げた組合せを，解答群の中から選べ。

(i) Dさんに，Vサービスのパスワードを変更するよう指示する。
(ii) R営業所の全従業員に，URL-Pにアクセスした場合はB副所長に報告するよう指示する。
(iii) R営業所の全従業員に，URL-Pにアクセスしないよう指示する。
(iv) Vアプリをスマホにインストールしている R営業所の従業員に，Vアプリを再インストールするよう指示する。
(v) WS管理者のパスワードを変更する。

解答群

ア　(i)，(ii)，(iii)　　イ　(i)，(iii)　　ウ　(i)，(iv)，(v)
エ　(ii)，(iii)，(iv)　　オ　(ii)，(iv)，(v)　　カ　(iii)，(iv)

設問2 〔被害状況の把握と影響範囲の調査〕について，(1)～(5)に答えよ。

(1) 本文中の[a]に入れる適切な字句はどれか。解答群のうち，最も適切なものを選べ。

aに関する解答群

- ア URLフィルタリング機能
- イ VPNサーバ
- ウ VPNサーバ及びURLフィルタリング機能
- エ VPNサーバ及びプロキシサーバ
- オ プロキシサーバ
- カ プロキシサーバ，VPNサーバ及びURLフィルタリング機能
- キ プロキシサーバ及びURLフィルタリング機能

(2) 本文中の下線③について，最低限，R営業所のどの従業員にヒアリングをする必要があるか。解答群のうち，最も適切なものを選べ。

解答群

- ア 営業担当者
- イ 所長，副所長，営業担当者及び事務担当者
- ウ 所長，副所長及び営業担当者
- エ 所長及び副所長
- オ 流通担当者及び事務担当者

(3) 本文中の[b]に入れる適切な字句を，解答群の中から選べ。

bに関する解答群

- ア GC-1，GC-2及びGC-3
- イ GC-1，GC-2及びGC-4
- ウ GC-1，GC-3及びGC-4
- エ GC-2
- オ GC-2及びGC-3
- カ GC-2，GC-3及びGC-4
- キ GC-2及びGC-4
- ク GC-3
- ケ GC-3及びGC-4
- コ GC-4

(4) 本文中の下線④について，十分な調査とはいえない理由はどれか。解答群のうち，最も適切なものを選べ。

解答群

- ア Dさんのアカウントでは確認できないGCメッセージがあるから
- イ URL-Pにアクセスした結果，マルウェアをダウンロードした従業員がいる可能性があるから
- ウ なりすまし者がDさんのアカウントに不正にログインした後，GCメッセージのうち秘密情報を含むものを選んで削除した可能性があるから
- エ なりすまし者がDさんのアカウントに不正にログインしていた間は閲覧可能であったが，その後に削除されたGCメッセージがあった可能性があるから
- オ 表3に示すGCメッセージを閲覧していない従業員がいるから

(5) 本文中の下線⑤について，パスワードを入手又は特定した方法はどれか。解答群のうち，最も適切なものを選べ。

解答群

ア　Dさんのスマホを物理的に入手しフォレンジックすることによって特定する。

イ　GCメッセージから特定する。

ウ　辞書攻撃を行うことによって特定する。

エ　他のサービスから流出したパスワードのリストから特定する。

設問3　本文中の下線⑥～⑧について，“詳細調査の間のDさんの業務への影響”，“詳細調査への影響”及び“詳細調査への影響なしにDさんの業務への影響を軽減する策”を，次の(i)～(x)の中から一つずつ挙げた組合せはどれか。解答群のうち，最も適切なものを選べ。

[詳細調査の間のDさんの業務への影響]

(i)　DさんがNPCを業務に利用できない。

(ii)　DさんがURL-Pにアクセスできない。

(iii)　Dさんが配送業者からの連絡を受け取ることができない。

[詳細調査への影響]

(iv)　Dさんが参加しているGCのメッセージが消去され，内容を追跡できない。

(v)　NPC-D内に保存されているデータが消去されてしまい，調査できない。

(vi)　NPC-DのOSの設定変更が発生してしまい，VサービスにDさんのアカウントでログインしても，内容を調査できない。

[詳細調査への影響なしにDさんの業務への影響を軽減する策]

(vii)　Dさんが業務で利用しているファイルを，詳細調査の対象から外す。

(viii)　Dさんに，新たにNPCを手配し，詳細調査の間は追加で貸与する。

(ix)　Dさんの業務終了後の時間帯に詳細調査を行う。

(x)　NPC-Dに保存されているファイルを全てバックアップし，バックアップファイルを詳細調査する。

解答群

ア　(i)，(v)，(vii)　　イ　(i)，(v)，(viii)

ウ　(i)，(v)，(ix)　　エ　(i)，(vi)，(ix)

オ　(ii)，(iv)，(ix)　　カ　(ii)，(v)，(viii)

キ　(ii)，(v)，(x)　　ク　(ii)，(vi)，(vii)

ケ　(iii)，(iv)，(viii)　　コ　(iii)，(v)，(x)

設問4　〔対策の検討〕について，(1)，(2)に答えよ。

(1) 表4中の［ c ］に入れる字句はどれか。解答群のうち，最も適切なものを選べ。

cに関する解答群

ア　VPNサーバ，プロキシサーバ及びスマホに，悪意のあるサイトのIPアドレスを基にサイトへの接続を遮断する機能をもつセキュリティ対策ソフトを追加導入する

イ　Vサービスに対して，P社が指定する監査法人による監査を毎年実施するよう要求し，実施しない場合は，Vサービスの利用を停止する

ウ　Vサービスの代わりに，これまでフィッシング対策協議会の緊急情報にフィッシングメールが報告されたことがない別のチャットサービスを利用し，緊急情報を毎日確認する

エ　従業員がWebブラウザからVサービスにアクセスするときは，必ずブックマークからアクセスする

オ　フィッシングサイトにアクセスしたときに，それが確実に記録されるように，NPC又はDPCからだけVサービスを利用する。

(2) 本文中の［ d ］に入れる字句はどれか。解答群のうち，最も適切なものを選べ。

dに関する解答群

ア　P社内でフィッシング対策についての従業者研修を行い，研修を終えた従業員は，V認証機能を無効のままにできるようVサービス利用ルールを更新する
イ　R営業所の全従業員についてV認証機能及びV省略機能を有効にする
ウ　R営業所の全従業員についてV認証機能を有効にし，Vサービスのパスワードの長さを32文字以上に設定した従業員だけ，V省略機能を有効にする
エ　Vサービスのパスワードを30日ごとに変更するようVサービス利用ルールに定め，V認証機能を有効にしない
オ　Vサービス利用ルールを満たしたパスワードを利用しているか，ツールによって確認し，満たしている従業員は，V認証機能を無効にする

問2　攻略のカギ

チャットサービスのアカウント乗っ取りによる被害の把握や影響範囲の調査，原因調査及び対策の検討についての問題です。

設問1 (1) グループチャットでなりすましが起きた場合の被害を想定する必要があります。
(2) 不正アクセスが起きた場合の組織での対応を確認しましょう。

設問2 (1) ログを取得している機器を確認すれば解答が導かれます。
(2) “最低限”必要のある従業員なのでログで確認できないメンバだけでいいことに注意してください。
(3) Dさんが参加しているGCを確認しましょう。
(4) チャットにはどのような特性があるか，あり得る可能性を検討しましょう。
(5) 不正アクセスをした人が閲覧できる情報から特定できます。

設問3 3つのことを一度に考えるのではなく，どれか1つがわかれば解答群が絞り込めます。それをきっかけに解答していきましょう。

設問4 (1) 問題点にあるDさんの行為を防ぐことが今後の対策です。
(2) 実際の運用に問題がないようにする方策を，**図2**から確認しましょう。

設問の解説に入る前に【チャット】【フィッシング】【プロキシサーバ】について解説します。

【チャット】

チャットは，ネットワークを利用したリアルタイムの会話で，双方向にやり取りされます。それを複数人のグループでやり取りできるのが，グループチャットです。代表的なものにLINEグループがあります。

【フィッシング】

サイトの偽装や偽造電子メールの使用などの手法を用いることによって，ユーザを騙して個人情報やパスワードなどを偽のWebサイトに入力させて，不正に入手する行為のことです（**図A**）。

適切な対策

- 電子メールに記載されたURLに不用意にアクセスしない
- 公式サイトの情報を参照し，電子メールが正式に送信されたものかどうかを確認する

【プロキシサーバ】

インターネット上のサーバに組織内のPCが直接アクセスすると，そのPCのIPアドレスなどが外部に知られて，不正アクセスなどの危険性が増加します。また，PCが直接インターネットにアクセスできる状況では，悪意のあるWebサイトに不用意にアクセスしてマル

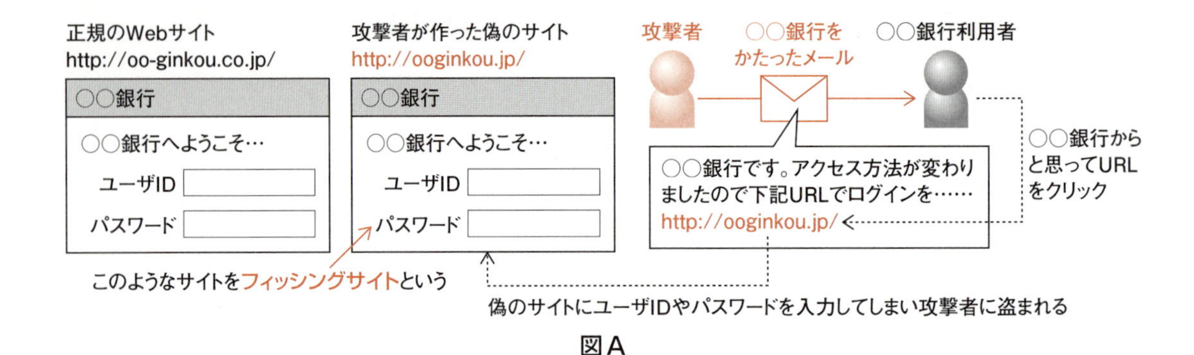

図A

ウェアに感染するなどの問題が発生します。

そこで，組織内に外部とのアクセスを中継するサーバを設置し，そこを経由して外部とアクセスする方法をとります。このサーバを**プロキシサーバ**といいます。

この方法によって，**プロキシサーバのIPアドレスだけが外部に判明するため，安全性が高まります**。また，プロキシサーバにはURLフィルタリング機能を持つものがあります。URLフィルタリング機能では，悪意のあるWebサイトのURLをブラックリストに記録してアクセスを禁止したり，アクセスを許可した安全なWebサイトのURLをホワイトリストに登録して，そのサイトへのアクセスだけを認めたりすることができます（**図B**）。

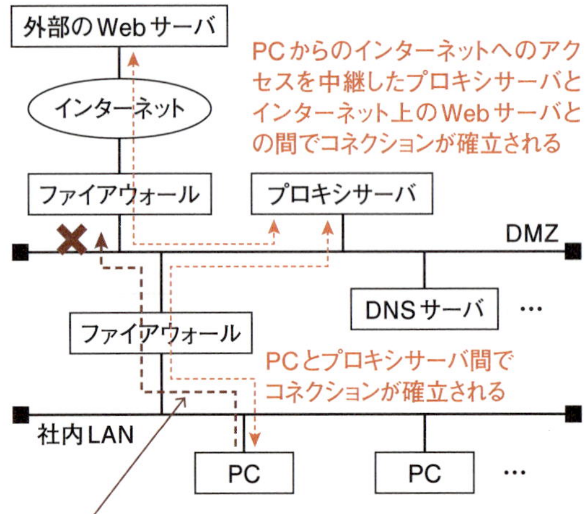

図B

プロキシサーバには，一度アクセスしたWebコンテンツをキャッシュする機能があります。組織内のPCが一度アクセスしたWebページはプロキシサーバに保存されます。同じ組織内の別のPCが同じWebページにアクセスした場合，プロキシサーバに保存されているWebページの内容が返されます。これにより，表示時間の短縮が図れます。

設問1 アカウントのなりすまし

(1)

この問題は，問題文の〔**原因調査**〕まで読み進めると，より理解が深まります。そこには，B副所長の発言で，「Dさんにヒアリングしたところ，Vサービスにアクセスしてアカウントの確認をするように求めるメールがVサービスから来たので，すぐにNPCでメール中のURL（以下，URL-Rという）にアクセスし，メールアドレスとパスワードを入力したとのことでした。」とあります。この時点で，メールアドレスは利用者IDに使用されており，それとパスワードが盗まれたので，Dさんになりすますことが可能です。また，なりすまされれば，GCの特性から他のグループメンバが本人と勘違いして何らかの行動を起こしてしまいます。この場合も，URL-Pにアクセスしてしまうことが考えられます。よって，**Kさんが，なりすまし者とのやり取りの結果，表3のGCメッセージがDさんからのものと信じ，URL-Pにアクセスすることによって，Kさんのパスワードが窃取される。**（**ア**）が正解です。

(2)

下線②は，「被害拡大の防止策」なので，その観点で解答群を確認します。

(i) Dさんに，Vサービスのパスワードを変更するよう指示する。⇒ なりすました第三者が再度使用する可能性があるので，必要な措置です。

(ii) R営業所の全従業員に，URL-Pにアクセスした場合はB副所長に報告するよう指示する。 ⇒ もし，URL-Pにアクセスした場合は，Dさんのようにパスワードなどが窃取され，Vサービスを不正利用される恐れがあるので，必要な措置です。

(iii) R営業所の全従業員に，URL-Pにアクセスしないよう指示する。⇒ 運用上では手間がかかることが考えられますが，重要な情報などが外部に漏えいするとも限らないので，必要な措置です。

(iv) Vアプリをスマホにインストールしている R営業所の従業員に，Vアプリを再インストールするよう指示する。⇒ Vアプリを再インストールしてもスマートフォンの内容が書き換えられるだけなので，外部との通信には影響ありません。

(v) WS管理者のパスワードを変更する。⇒ WS管理者のパスワードが漏えいしていないので，必要ありません。

よって，(i)，(ii)，(iii)（ア）が正解です。

設問2 被害範囲の確認

(1)

空欄a

表1を確認します（**図C**）。

URL-Pのアクセスは，NPC利用時はプロキシサーバもしくはVPNサーバ，DPC利用時はプロキシサーバ経由でアクセスしていることがわかります。少なくともVPNサーバ及びプロキシサーバ（エ）のログをチェックすることが必要です。

(2)

ヒアリングする必要のある従業員は，Dさんからの GCメッセージを見ることのできた者であるので，**表3**を確認します（**図D**）。

GC-4の参加者でも，流通担当者及び事務担当者は，VPNサーバ及びプロキシサーバのログから確認できますが，(1) の解説の表よりスマホを使用している従業員は携帯通信網を使用しており，URL-Pにアクセスしたかを確認できません。そこで，スマホを貸与されていてGC-4の参加者でもある営業担当者（ア）に話を聞く必要があります。

(3)

空欄b

Dさんになりすました者は，営業担当者であるDさんが参加しているGCが閲覧できたものと考えられます。そこで，**表2**を確認します（**図E**）。

Dさんのなりすましにより，GC-2，GC-3及びGC-4（カ）がアクセス可能です。

(4)

グループチャットのやり取りは，**図F**のようになります。

ここでは，Dさんのなりすましが，このグループにいるので，メッセージを読まれる可能性があります。

Web ブラウザでのインターネット閲覧	P 社の社内 LAN に直接接続している場合はプロキシサーバを経由し，それ以外の場合は VPN サーバを経由して閲覧する。	プロキシサーバを経由して閲覧する。	携帯通信網を経由して閲覧する。

図C

番号	GC 番号	日時	内容
1	GC-4	7月3日 13時35分	アカウントの確認が必要です。 https://www.v-service.example.com/にアクセスしてください。

図D

GC 番号	GC 名	GC 参加者	主な用途
GC-1	管理職	R 営業所の所長，副所長及び事務担当者	業務連絡
GC-2	R 営業所	R 営業所の全従業員	業務連絡
GC-3	営業	R 営業所の所長，副所長，営業担当者及び事務担当者	勤務スケジュール連絡，業務連絡
GC-4	配送	R 営業所の流通担当者，営業担当者及び事務担当者	配送スケジュール連絡

図E

また，下線④では，「現時点で確認可能なGCメッセージの調査…」となっていることから，現時点で確認できないメッセージが存在していたことがわかります。すなわち，現在は削除されてしまったメッセージは不正アクセス時には閲覧できた可能性があります。よって，**なりすまし者がDさんのアカウントに不正にログインしていた間は閲覧可能であったが，その後に削除されたGCメッセージがあった可能性があるから**（**エ**）が正解です。

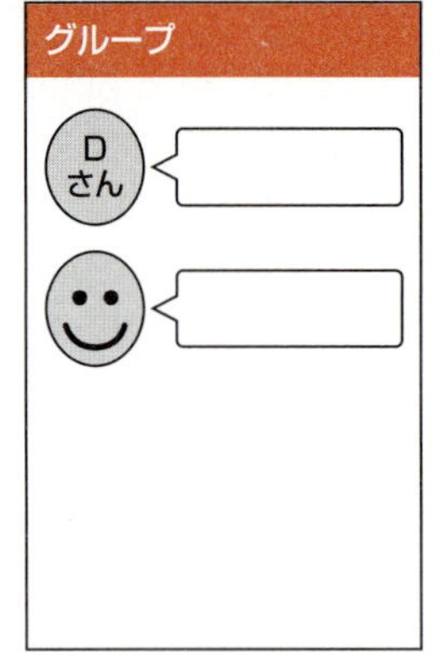

図F

(5)

Vサービスの利用ルール（**図3**）にあるファイルのパスワードについて確認します。

図Gにあるように，GC内で別のメッセージとして送信されているので，パスワードはそこからわかってしまいます。よって，**GCメッセージから特定する。**（**イ**）が正解です。

設問3　調査の影響

下線⑥

問題文中ではB副所長は，「1週間掛かると，Dさんの業務に影響があります。」と発言しており，その前に書かれているL課長の発言で「…念のため，Dさんが利用していたNPC（以下，NPC-Dという）は，証拠として保全し，詳細に調査します。詳細調査には，1週間掛かります。」とあるのでPCが使用できません。よって，**(i) DさんがNPCを業務に利用できない。**ことが問題です。なお，連絡だけならばスマホでも可能です。

下線⑦

L課長は，「NPC-Dを初期化し，セキュリティ修正プログラムを適用してから，文書作成ソフトなどのアプリケーションソフトウェアを再インストールするという対応も考えられます。」と発言しています。初期化をすると全ての情報が消されてしまい，不正アクセスの手掛かりがわからなくなってしまいます。よって，**(v) NPC-D内に保存されているデータが消去されてしまい，調査できない。**が正解です。なお，ログインするのはブラウザからなので，OSの設定とは異なります。

下線⑧

調査中は，DさんにはNPCがなくGC連絡以外の業務もあるためそれに支障を来す可能性があります。そのため，**(viii) Dさんに，新たにNPCを手配し，詳細調査の間は追加で貸与する。**ことでDさんの業務への影響を軽減することが可能です。

よって，**(i)，(v)，(viii)**（**イ**）が正解です。

設問4　対策

(1)

空欄c

〔原因調査〕でもB副所長は，「Dさんにヒアリングしたところ，Vサービスにアクセスしてアカウントの確認をするように求めるメールがVサービスから来たので，すぐにNPCでメール中のURL（以下，URL-Rという）にアクセスし，メールアドレスとパスワードを入力したとのことでした。」と発言しています。今回の問題点は，ログイン後に来たメールにある，URL-Rにアクセスしてしまったことです。不審なURLにアクセスさせないようにするために，決められたブックマークからアクセスさせる必要があります。よって，正解は，**従業員がWebブラウザからVサービスにアクセスするときは，必ずブックマークからアクセスする**（**エ**）です。

(2)

空欄d

V認証機能については，**図2**を確認します（**図H**）。

このような認証方法を2要素認証といいます。毎

1　利用者IDには，自身のP社のメールアドレスを登録すること。
2　GCで送信する全てのファイルをパスワードで保護すること。
3　Vサービスのパスワード及びファイルを保護するためのパスワードは，他人に推測されにくく，他のサービスのパスワードとして利用していない文字列とすること。
4　Vサービスのパスワードは他人に知られないように適切に管理すること。
5　ファイルを保護するためのパスワードは，Vサービスのパスワードとは別の文字列を利用し，ファイルを送信したGC内で別のGCメッセージとして送信すること。

図G

4 セキュリティ機能
4.1 Vサービスへの接続には，HTTP over TLS を使用する。
4.2 各利用者のアカウントは，メールアドレスを利用者 ID として登録し，ログイン時の利用者認証のためのパスワードを設定する。パスワードは英大文字，英小文字，数字，記号の文字種の全てを組み合わせ，8 文字以上でなければならない。
4.3 Web ブラウザを閉じた場合は，一定時間後に自動的に V サービスからログアウトされる。V アプリを閉じた場合は，その時点で自動的に V サービスからログアウトされる。
4.4 利用者が自身のパスワードを変更した場合，利用中の全てのセッションで V サービスからログアウトされ，再度ログインを求められる。
4.5 利用者は追加の利用者認証機能（以下，V 認証機能という）を有効にすることができる。
・V 認証機能を有効にした場合は，V サービスへのログイン時に，利用者 ID とパスワードによる利用者認証に加え，あらかじめ登録しておいた電話番号に SMS で送信される 6 桁の数字，又は利用者 ID として設定されたメールアドレスに送信される 6 桁の数字を入力することによる追加の利用者認証を実施する。
・V サービスは，スマホの端末識別番号，又は V サービスへのログイン時に発行される Cookie の有無を基に，初めて V サービスを利用する端末かどうかを判断する。
・V 認証機能を有効にした場合，同じ端末での 2 度目以降の V サービスへのログイン時の追加の利用者認証を 30 日間省略する機能（以下，V 省略機能という）を有効にすることができる。

図H

回，この認証を行うと手間がかかりせっかくのGC機能が使用しづらくなる懸念があります。しかし，一定のセキュリティレベルを担保しなければならないためそのバランスを保てる観点で解答群を確認します。

×ア　P社内でフィッシング対策についての従業者研修を行い，研修を終えた従業員は，V認証機能を無効のままにできるようVサービス利用ルールを更新する ⇒ 研修を行うことは重要ですが，V認証を無効にしてしまうと同様の問題が起こる可能性があります。

○イ　R営業所の全従業員についてV認証機能及びV省略機能を有効にする ⇒ V省略機能が同じ端末での利用であれば利用者も30日間は利用できます。

×ウ　R営業所の全従業員についてV認証機能を有効にし，Vサービスのパスワードの長さを32文字以上に設定した従業員だけ，V省略機能を有効にする ⇒ パスワードの長さが長く，推測しづらいものを使用することは重要ですが2要素認証ができないことになります。

×エ　Vサービスのパスワードを30日ごとに変更するようVサービス利用ルールに定め，V認証機能を有効にしない ⇒ セキュリティレベルが変わらないので対策になりません。

×オ　Vサービス利用ルールを満たしたパスワードを利用しているか，ツールによって確認し，満たしている従業員は，V認証機能を無効にする ⇒ パスワードの強化は図れますが，2要素認証ができないことになります。

解答

設問1 (1) ア
(2) ア
設問2 (1) a：エ
(2) ア
(3) b：カ
(4) エ
(5) イ
設問3 イ
設問4 (1) c：エ
(2) d：イ

問3 業務委託先への情報セキュリティ要求事項に関する次の記述を読んで，設問1～4に答えよ。

X社は，携帯通信事業者から通信回線設備を借り受け，データ通信サービス及び通話サービス（以下，両サービスを併せてXサービスという）を提供している従業員数70名の企業である。X社には，法務部，サービスマーケティング部，情報システム部，利用者サポート部（以下，利用者サポート部をUS部という）などがある。X社では，最高情報セキュリティ責任者（CISO）を委員長とした情報セキュリティ委員会（以下，X社委員会という）を設置している。X社委員会では，情報セキュリティ管理規程の整備，情報セキュリティ対策の強化などが審議される。X社委員会の事務局長はUS部のS部長である。各部の部長は，X社委員会の委員及び自部における情報セキュリティ責任者を務め，自部の情報セキュリティに関わる実務を担当する情報セキュリティリーダを選任している。US部の情報セキュリティリーダはG課長である。

US部には，25名の従業員が所属している。主な業務は，Xサービスを利用している顧客，及びXサービスへの新規の申込みを検討している潜在顧客（以下，Xサービスを利用している顧客及び潜在顧客を併せてX顧客という）からの問合せへの対応業務（以下，X業務という）である。

〔US部が利用しているコールセンタ用サービスの概要〕

US部では，X業務を遂行するためにクラウドサービスプロバイダN社のSaaSのコールセンタ用サービス（以下，Nサービスという）を利用している。NサービスはISMS認証及びISMSクラウドセキュリティ認証を取得している。Nサービスには，会社から貸与されたPCのWebブラウザから，暗号化された通信プロトコルである［ a ］を使ってアクセスする。Nサービスは，**図1**の基本機能及びセキュリティ機能を提供している。

1 基本機能
  1.1 管理画面上で手動で実行できる機能（以下，手動実行機能という）
    ・顧客情報の検索，閲覧
    ・顧客との通話
    （省略）
  1.2 自動で実行される機能（以下，自動実行機能という）
    ・顧客との通話の録音
    （省略）
2 セキュリティ機能
  2.1 手動実行機能
    2.1.1 アクセス制御の設定
      ・Nサービスにアクセスできる IP アドレスの登録，更新，削除
    2.1.2 アカウント管理
      ・Nサービスのログイン用のアカウントの登録，更新，削除
    2.1.3 顧客情報の操作権限の設定
      ・各アカウントに対する顧客情報の登録，更新，閲覧，削除の権限の設定
    （省略）
  2.2 自動実行機能
    2.2.1 監査ログ収集
      ・Nサービスへのログイン及び手動実行機能を実行した時刻，アカウント，アクセス元 IP アドレスなどのログの収集
    （省略）

図1 Nサービスの基本機能及びセキュリティ機能

Nサービスのデータベース（以下，NDBという）に，氏名，年齢，住所，利用中のサービスプラン，問合せ対応記録その他のX顧客に関する情報（以下，X情報という）は暗号化されて，また，検索用キーは平文で保存されている。①X情報は，US部の従業員に貸与しているPCにだけ格納した暗号鍵を用いて，US部の従

業員が復号できる仕組みになっている。PCへのログインには利用者IDとパスワードが必要である。

X社では，Nサービスのセキュリティ機能のうち手動実行機能は，管理者アカウントをもつUS部の特定の従業員だけが実行できる。X社利用分の監査ログは，X社の情報システム部が常時監視している。

US部では，業務効率化の一環として，2019年10月にX業務の3割を外部に委託し，残りの業務は継続してNサービスを利用しながらUS部内で遂行することにした。その委託先の第一候補がY社である。Y社を選んだ理由は，次の2点である。

・他の候補と比較してサービス内容に遜色がなく，しかも低価格であること
・秘密保持契約を締結した上で，業務委託に関わる範囲を対象とした，情報セキュリティ対策の評価に協力してくれること

〔Y社の概要〕

Y社は，次のコールセンタサービス（以下，Yサービスという）を提供する従業員数200名の企業である。

・委託元に代わって顧客からの製品やサービスに関する様々な問合せや苦情などを受け付ける。
・委託元の製品やサービスの評判を新聞，メディア，インターネット上のSNS，掲示板などを基に調査し，委託元に報告する。著作物を複製する場合は，著作権者の許諾を得て行う。

Y社はコールセンタシステム（以下，Yシステムという）を構築し，通常はそれを利用してYサービスを提供している。

Y社の組織の主な業務及び体制を**表1**に示す。

表1　Y社の組織の主な業務及び体制（概要）

組織	主な業務	体制
人事総務部	（省略）	（省略）
営業部	（省略）	（省略）
カスタマサービス部（以下，Y-CS部という）	・Yサービスの企画立案 ・Yサービスの提供	T部長 課長：1名 主任：4名 一般従業員：5名 パートタイマ：50名
システム管理部	・Yシステム，Y社内に導入している入退管理システムなどのシステムの企画，開発，運用 ・情報セキュリティに関わる企画，開発，運用 ・Yシステムのデータベースの管理，障害対応及び機能改修[1]	部長：1名 F課長 主任：2名 一般従業員：8名 パートタイマ：0名

注記　一般従業員とは，管理職及びパートタイマを除く従業員をいう。主任以上を管理職という。
注[1]　本業務を実施する際に従業員がデータベースのデータにアクセスすることがある。

Y社は，従業員を対象に，原則4月及び10月の1日に社内の定期人事異動がある。また，これらの時期以外でも組織再編，業務の見直しなどの理由で人事異動がある。Y-CS部のパートタイマは，1年間で約2割が退職する。人事総務部は，欠員補充のために，ほぼ同数を新規に採用している。

〔Y社の情報セキュリティ対策〕

Y社は，東京都内の7階建てビルの3～5階に入居しており，他の階には別の企業が入居している。ビルの出入りは誰でも可能であり，階段やエレベータを使用して，各階に移動できる。Y社の入退管理を**図2**に示す。

・各階には業務エリアが一つずつある。各業務エリアには出入口が 2 か所あり，入室時に 6 桁の暗証番号によってドアを解錠する入退管理システムが設置されている。
・暗証番号は各業務エリアで異なる。
・システム管理部は，4 月及び 10 月の 1 日に各業務エリアの暗証番号を更新する。暗証番号は，各業務エリアの入室権限を与えた従業員だけに事前に通知する。
・システム管理部の通知後は，人事異動によって配属された従業員への暗証番号の通知は各部で行う。
・共連れで入室すること及び他部の従業員に暗証番号を教えることは禁止している。
・Y 社の従業員以外が視察や情報セキュリティ調査などの目的で業務エリアに入室する場合，Y 社の管理職が同行し，入室中は指定のネックストラップを常時着用させる。
・各業務エリアの出入口付近には監視カメラが設置されており，毎日 24 時間録画している。
・業務エリアに出入りする際の持ち物検査は行っていない。

図2　Y社の入退管理

3階はY-CS部の，また，4階及び5階は他部の業務エリアである。

Y-CS部の管理職及び一般従業員は，5階の会議室で営業部の従業員と会議をすることが多いので，3階及び5階への入室権限が与えられている。

3～5階には，複合機が2台ずつ設置されており，コピー，プリント，スキャンの機能が使用できる。Y-CS部はスキャンの機能を使用して，新聞，雑誌などに紹介された委託元の製品やサービスに関する記事をPDF化し，委託元に報告している。スキャンしたPDFファイルは電子メール（以下，電子メールをメールという）にパスワードなしで添付されて，スキャンを実行した本人だけに送信される。PDFファイルの容量の大きい場合は，PDFファイルを添付する代わりにプリントサーバ内の共有フォルダに自動的に保存され，保存先のURLがメールの本文に記載されて送信される。その際，メールの送信者名，件名，本文及び添付ファイル名の命名規則などは，複合機の初期設定のまま使用している。そのため，誰がスキャンを実行しても，メールの送信者名などは同じになる。複合機のマニュアルはインターネットに掲載されている。

管理職にはデスクトップPC及びノートPCが，その他の従業員にはデスクトップPCが貸与されている。ノートPCは，社内会議での資料のプロジェクタによる投影，在宅での資料作成などに利用する。Y社が貸与しているPC（以下，Y-PCという）の仕様及び利用状況を**表2**に示す。

表2　Y-PCの仕様及び利用状況（概要）

PC の種類	仕様及び利用状況
デスクトップ PC	1　セキュリティケーブルを使用して机に固定しており，鍵はシステム管理部が保管している。 2　社内の有線 LAN だけに接続できる。 3　インターネットには，DMZ 上のプロキシサーバを経由してアクセスする。
ノート PC	1　社内外の無線 LAN に接続できる。有線 LAN には接続できない。 2　社外又は社内からインターネットにアクセスする場合，まず VPN サーバに接続し，自らの利用者アカウントを用いてログインする。その後，DMZ 上のプロキシサーバを経由してアクセスする。 3　盗難防止のために，離席時はセキュリティケーブルを使用する。
共通	1　次の二つの制御が実装されている。 ・USB メモリなどの外部記憶媒体は，データの読込みだけを許可する。 ・アプリケーションソフトウェアは，Y 社が許可しているものだけを導入できる。 2　業務上，外部記憶媒体へのデータの書出しが必要な場合及びアプリケーションソフトウェアの追加導入が必要な場合は，Y 社内のルールに従って，システム管理部に申請する。 3　業務で使用する Web ブラウザ及びメールクライアントが導入されている。 4　マルウェア対策ソフトが導入されており，1 日に 1 回，ベンダのサーバに自動的にアクセスし，マルウェア定義ファイルをダウンロードして更新する。 5　表示された画面を画像形式のデータとして保存できる。

プロキシサーバには次の機能があるが，現在は使用していない。
・指定されたURLへのアクセスを許可又は禁止する機能（以下，プロキシ制御機能という）
・利用者ID及びパスワードによる認証機能（以下，利用者認証機能という）

プロキシサーバのログ（以下，プロキシログという）はログサーバに転送され，3か月間保存される。プロキシログは，ネットワーク障害，不審な通信などの原因を調査する場合に利用する。プロキシログには，アクセス日時及びアクセス先IPアドレスが記録されるが，利用者認証機能を使用すると，Webサイトにアクセスした従業員の利用者IDも記録される。

VPNサーバにはパケットフィルタリングの機能及びあらかじめ設定したドメインへの通信を禁止する機能（以下，両機能を併せてVPN制御機能という）があるが，現在は使用していない。

〔Y社からの提案〕

Y社がX業務に利用するシステム又はサービスは**表3**に示す2案がある。X社から特段の要求がなければ，Y社は案1を採用する。

表3　Y社がX業務に利用するシステム又はサービス

案	X業務に利用するシステム又はサービス	アクセスできる従業員
案1	Yシステム	・Y-CS部の主任のうち2名，一般従業員のうち2名，パートタイマのうち4名がYシステムにアクセスできる。
案2	Nサービス	・Y-CS部の主任のうち2名，一般従業員のうち2名，パートタイマのうち4名がNサービスにアクセスできる。 ・主任2名は，Nサービスの監査ログからX業務での操作履歴を確認できる。

〔X社委員会における案1及び案2の検討〕

X社委員会は，案2では，案1のもつ[b]できるので，案2の採否について議論した。X社委員会では，業務委託後の残留リスクを受容できると判断できた場合は，Y社に委託することにした。そこで，CISOは，業務委託に関わる範囲を対象としてY社の情報セキュリティ対策を確認し，X社委員会に報告するようS部長に指示した。

S部長は，G課長にY社の情報セキュリティ対策を確認して報告するよう指示した。S部長は，情報システム部に技術面での協力を依頼し，同部のH主任がG課長に協力することになった。

〔X社の情報セキュリティ要求事項と評価〕

G課長とH主任は，自社の情報セキュリティ管理規程を基に，X業務の外部への委託における情報セキュリティ要求事項（以下，X要求事項という）を取りまとめた。

X社とY社間で秘密保持契約を締結した後，G課長は，Y社を訪問した。G課長はY社の承諾を得た上で，X要求事項を基に，Y-CS部従業員へのヒアリング及び設備状況の目視による確認などを行った。その際，T部長及びF課長に同行を依頼した。その後，**表4**のとおり評価結果と評価根拠をまとめてY社に事実確認を依頼したところ，"事実だ"との回答があった。評価結果は次のルールに従って記入した。
・要求事項を満たす場合："OK"
・要求事項を満たさない場合："NG"

表4　X社要求事項に対するY社の対策の評価結果と評価根拠（抜粋）

項番	要求事項	評価結果	評価根拠
5	X業務でNサービスへのアクセスが可能な業務エリアはY-CS部の業務エリアだけに限定すること	NG	・現状のままでは，Y社でNサービスにアクセスできるようになったら， c が，3階以外からNサービスにアクセスできてしまう。 ・（省略）
8	X業務を実施する業務エリアへの入室は，入室権限が与えられている従業員だけに制限すること	NG	入室権限に，次の2点の不備がある。 ・ d ・ e
12	（省略）	NG	・②複合機が初期設定のままになっている。
13	X業務には，Y社貸与のPCを使用すること	OK	（省略）
14	X業務で使用するPCでは，外部記憶媒体へのアクセスを禁止すること	NG	・Y-PCで実装している技術的な制限では，外部記憶媒体のデータの読込みが可能となっている。
18	インターネット上のWebサイトへのX情報の持出しをけん制する対策があること	NG	（省略）

〔評価結果に対する対応案の検討〕

後日，G課長はT部長とF課長に，Y社と業務委託契約をしたいと伝え，その前提として，評価結果が“NG”の要求事項への対応を依頼した。Y社はG課長に③対応案を伝えた。G課長はH主任と相談の上，対応案をS部長に報告した。

S部長が表4及び対応案をX社委員会に報告したところ，Y社にX業務を委託することが承認され，無事に業務が開始された。X社はY社への業務委託によって業務の効率化を進めることができた。

設問1　〔US部が利用しているコールセンタ用サービスの概要〕について，(1)，(2)に答えよ。

(1) 本文中の a に入れる字句はどれか。解答群のうち，最も適切なものを選べ。

aに関する解答群

ア DKIM　　イ DomainKeys　　ウ HTTP over TLS
エ IMAP over TLS　　オ POP3 over TLS　　カ SMTP over TLS

(2) 本文中の下線①について，情報セキュリティ上のどのような効果が期待できるか。次の(i)～(vi)のうち，期待できるものだけを全て挙げた組合せを，解答群の中から選べ。

(i) NDBのDBMSの脆弱性を修正し，インターネットからの不正なアクセスによる情報漏えいのリスクを低減する効果
(ii) NDBを格納している記憶媒体が不正に持ち出された場合にX情報が読まれるリスクを低減する効果
(iii) N社の従業員がNDBに不正にアクセスすることによってX情報が漏えいするリスクを低減する効果
(iv) X情報へのアクセスが許可されたUS部の従業員がNDBを誤って操作することによってX情報を変更するリスクを低減する効果
(v) 攻撃者によってNDBに仕込まれたマルウェアを駆除する効果
(vi) 攻撃者によってNDBに仕込まれたマルウェアを検知する効果

解答群

ア (i), (ii)	イ (i), (ii), (iii)	ウ (i), (v)
エ (ii), (iii)	オ (ii), (v)	カ (iii), (iv)
キ (iii), (vi)	ク (iv), (v)	ケ (iv), (v), (iv)

設問2 本文中の［ b ］に入れる字句はどれか。解答群のうち，最も適切なものを選べ。

bに関する解答群

ア X業務に従事しないY-CS部の従業員によるX情報の不正な持出しリスクを低減
イ X業務に従事するY-CS部の従業員によるX情報の不正な持出しリスクをN社に移転
ウ X業務に従事するY-CS部の従業員によるX情報の不正な持出しリスクを回避
エ システム管理部の従業員によるX情報の不正な持出しリスクを回避

設問3 〔X社の情報セキュリティ要求事項と評価〕について，(1)～(4)に答えよ。

(1) 表4中の［ c ］に入れる字句はどれか。解答群のうち，最も適切なものを選べ。

cに関する解答群

ア F課長
イ T部長
ウ X業務に従事するY-CS部の2名の一般従業員
エ X業務に従事するY-CS部の2名の主任
オ X業務に従事するY-CS部のパートタイマ

(2) 表4中の［ d ］，［ e ］に入れる評価根拠として適切なものを，解答群の中から選べ。

d，eに関する解答群

ア Y-CS部の従業員が3階の業務エリアに入室できる。
イ Y-CS部のパートタイマが5階の業務エリアに入室できる。
ウ 営業部の従業員が3階の業務エリアに入室できる。
エ システム管理部の従業員が5階の業務エリアに入室できる。
オ 退職者の一部が3階の業務エリアに入室できる。
カ 元Y-CS部の従業員が，他部門に異動した後も，3階の業務エリアに入室できる。

(3) 表4中の下線②は，どのような情報セキュリティリスクが残留していると考えたものか。次の(i)～(v)のうち，残留している情報セキュリティリスクだけを全て挙げた組合せを，解答群の中から選べ。

(i) X業務に従事する従業員が，攻撃者からのメールを複合機からのものと信じてメールの本文中にあるURLをクリックし，フィッシングサイトに誘導される。
(ii) X業務に従事する従業員が，攻撃者からのメールを複合機からのものと信じて添付ファイルを開き，マルウェア感染する。
(iii) X業務の中で，複合機から送信されるメールが攻撃者宛てに送信される。
(iv) 攻撃者が，複合機から送信されるメールの本文及び添付ファイルを改ざんする。
(v) 攻撃者が，複合機から送信されるメールを盗聴する。

解答群

ア (i), (ii)	イ (i), (ii), (iii)	ウ (i), (iii), (iv)
エ (ii), (iii)	オ (ii), (iii), (iv)	カ (ii), (iv), (v)
キ (iii), (iv)	ク (iii), (iv), (v)	ケ (iv), (v)

(4) **表4**中の項番14について，Y社が追加の対策をとり，要求事項を満たすことによってどのような情報セキュリティリスクが低減できるか。次の (i) ～ (iv) のうち，適切なものだけを全て挙げた組合せを，解答群の中から選べ。

(i) Y-PC内のデータを外部記憶媒体に保存して持ち出される。

(ii) Y-PC内のデータを複合機でプリントして持ち出される。

(iii) Y社で許可していないアプリケーションソフトウェアが保存されているUSBメモリをY-PCに接続されて，Y-PCに当該ソフトウェアが導入される。

(iv) マルウェア付きのファイルが保存されているUSBメモリをY-PCに接続されて，Y-PCがマルウェア感染する。

解答群

ア	(i)	イ	(i), (ii), (iv)	ウ	(i), (iii)
エ	(i), (iv)	オ	(ii)	カ	(ii), (iii)
キ	(ii), (iii), (iv)	ク	(iii)	ケ	(iii), (iv)
コ	(iv)				

設問4 〔評価結果に対する対応案の検討〕について，(1)，(2) に答えよ。

(1) 本文中の下線③について，**表4**中の項番5の要求事項への有効な対応策はどれか。解答群のうち，最も有効なものを選べ。

解答群

ア　Nサービスのアクセス制御の設定機能でX社及びY社以外からのアクセスを禁止する。

イ　Nサービスの監査ログを監視し，3階の業務エリア以外からのアクセスを検知する。

ウ　Nサービスの顧客情報の操作権限の設定機能で，X情報の閲覧だけ許可する。

エ　VPNサーバのVPN制御機能を使用して，ノートPCからNサービスへのアクセスを禁止する。

オ　Y-CS部の管理職は，Nサービスへのアクセスを禁止する。

カ　プロキシサーバのプロキシ制御機能を使用して，Nサービスへのアクセスを禁止する。

(2) 本文中の下線③について，**表4**中の項番18の要求事項への有効な対応案としてどのようなものがあるか。次の (i) ～ (v) のうち，有効なものだけを全て挙げた組合せを，解答群の中から選べ。

(i) Nサービスにログインできる従業員のデスクトップPCからWebブラウザを削除し，導入が必要な場合にだけ，システム管理部に申請する。

(ii) Nサービスにログインできる従業員は，デスクトップPCは使用せずに，ノートPCだけを使用してX業務を実施する。

(iii) Nサービスにログインできる従業員を対象に，プロキシサーバの利用者認証機能を使用し，プロキシログを監視する旨を通知する。

(iv) デスクトップPCからはNサービスだけにアクセスすることを社内ルールに明記し，Nサービスにログインできる従業員を対象に，通知する。

(v) プロキシサーバのプロキシ制御機能を利用して，Nサービス以外へのアクセスを禁止する。

解答群

ア	(i)	イ	(i), (v)	ウ	(ii)
エ	(ii), (iii)	オ	(ii), (v)	カ	(iii)
キ	(iii), (iv)	ク	(iv)	ケ	(iv), (v)
コ	(v)				

問3 攻略のカギ

業務委託元として，業務委託先の現状を分析した上での情報セキュリティ要求事項に関する問題です。

設問1（1）Webの暗号化で使用しているプロトコルの知識が必要です。
（2）NDBとPCでのデータ取扱いを順に確認しましょう。

設問2 X業務で利用するシステムやサービスの違いと，それを利用できる従業員を特定することが重要です。

設問3（1）利用できる場所とPCの種類，またそのPCのアクセス方法まで確認する必要があります。
（2）Y社の組織体制やY社の置かれているビルは，Y社以外の人も入ることができるので可能性を考えましょう。
（3）複合機の初期設定を変えていないということは，同じ機種を使っている他の人もその内容を知っていることになります。
（4）**表2**の「Y-PCの仕様及び利用状況」でUSBメモリなどの外部媒体とアプリケーションソフトウェアに関しての内容を確認すると解答が絞り込めます。

設問4（1）設問3（1）の解決方法なので該当のPCがアクセスできないようにする方策を問題文の中にある機能から考えましょう。
（2）“持出しをけん制”する考え方について解答群の（i）～（v）を順に検討しましょう。

設問の解説に入る前に【HTTP over TLS（HTTPS）】【情報システム上の「リスク」などの定義】【VPN（Virtual Private Network）】について解説します。

【HTTP over TLS（HTTPS）】

HTTP通信で送受信されるデータを暗号化したり，ブラウザやWebサーバの認証を行ったりして，安全な通信をするためのプロトコルです。

HTTPSによる通信では，TLS（Transport Layer Security）を用いて，ブラウザとWebサーバ間の情報の暗号化を行い，取引情報や個人情報などの機密性の求められる情報を安全に送受信します（**図A**）。

①公開鍵を利用しようとする者＝利用者（**図A**ではWebサーバとする）は，登録局（RA，Registration Authority）に対して公開鍵証明書の申請を行う。登録局は，申請を行った利用者の正当性を戸籍謄本や会社の登記などによって確認し，その利用者が正当な個人または団体であれば，利用者からの申請を認証局（CA，Certification Authority）に回付する。

②認証局は，その利用者用の秘密鍵と公開鍵をペアで生成する。

③認証局は，利用者の公開鍵と利用者の氏名や公開鍵証明書の有効期限などとを結びつけた情報を，認証局の秘密鍵によって暗号化して認証局の署名とする。この署名と利用者の公開鍵などとをまとめて，利用者の公開鍵証明書を作成する。

④認証局は，利用者の公開鍵証明書を利用者の秘密鍵とともに利用者に送付する。

⑤認証局は，利用者の公開鍵証明書とCRLを，リポジトリ（公開鍵証明書などを保存するデータベース）に登録して，利用者以外のユーザが参照できるようにする。

⑥ブラウザがTLSでWebサーバに接続するとき，ブラウザが使用できる暗号化方式をWebサーバに提案する。
TLS（Transport Layer Security）：インターネット技術の標準化団体であるIETF（Internet Engineering Task Force）がSSLを標準化したもの。SSLとTLSを総称してSSL／TLSと呼ぶことがある。

⑦Webサーバは，⑥の暗号化方式のうち，最も強固なものを選んでブラウザに応答するとともに，Webサーバの公開鍵証明書をユーザに送る。

⑧ブラウザは，Webサーバの公開鍵証明書中の公開鍵を使って，共通鍵を作るための情報を暗号化して，Webサーバに送信する。Webサーバは，受け取った情報を用いてブラウザと同じ共通鍵を作る。

⑨ブラウザとWebサーバは，共有した共通鍵を用いて暗号化通信を行う。

【情報システム上の「リスク」などの定義】

情報システム上の「リスク」などの定義は**表A**のとおりです。

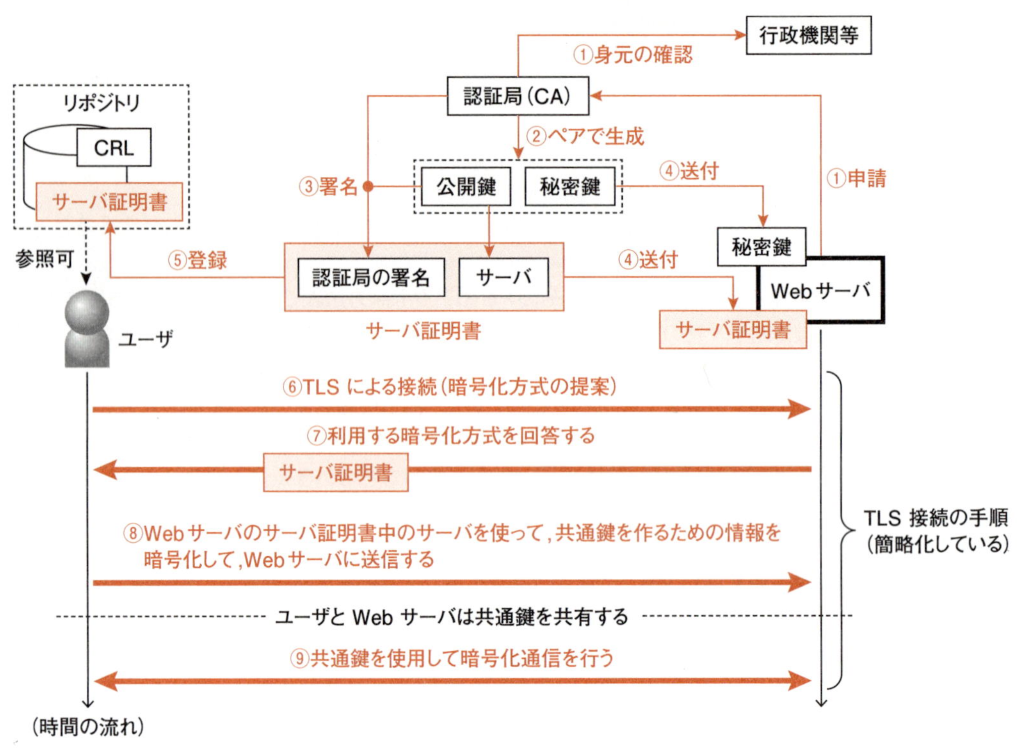

図A

表A

用語	概要
脅威	情報システムに対して悪い影響を与える要因。地震や火災などの災害，悪意のある顧客や従業員，インターネットを介して攻撃してくる攻撃者などが該当。
脆弱性	脅威を発生させる可能性がある，情報資産やシステムに内在する弱点。システムに内在するセキュリティホール，セキュリティに関する社内体制や制度の不備，教育・訓練の不足，入退室管理の不備などが該当。
リスク	脅威が情報資産の脆弱性を利用して，情報資産への損失または損害を与える可能性のこと。
リスクマネジメント	リスクの防止，リスク発生時に被害を最小限にするための施策の制定，及びリスク発生により生じる費用に対する積み立てなどの措置を実施するなどの手法によってリスクを管理すること。
リスク対策	リスクを防止するための各種手法。 **【リスクコントロール】** リスクが現実のものにならないようにするための，または現実化したリスクによってもたらされる被害を最小限にするための対策 **リスク回避**：事業から撤退するなどの方法で，リスクそのものを発生させなくすること **リスク低減（軽減）**：リスクの発生確率や損失額を減らすこと **【リスクファイナンス】** リスク発生は不可避と考え，リスクによる損失に備えてリスク対策の費用を事前に計上したり，積立金などを設けて損失を補填したり，保険に加入したりすること **リスク移転（転嫁）**：保険に加入したり，事業を外部に委託したりすることで，リスク発生時の影響，損失，責任の一部または全部を他者に肩代わりさせること **リスク保有（受容）**：軽微なリスクに対してはあえて対策を行わず，リスクが発生した場合の損失は自社で負担すること

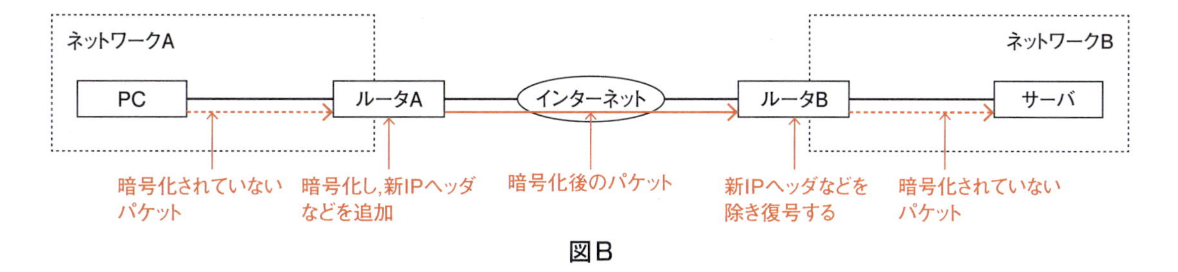

図B

【VPN(Virtual Private Network)】

インターネットなどの開かれたネットワーク上で，専用線と同等にセキュリティが確保された通信を行い，あたかもプライベートなネットワークを利用しているかのようにするための技術です（**図B**）。

設問1 Nサービスのセキュリティ対策

(1)

空欄a

【HTTP over TLS(HTTPS)】の解説にあるように，PCのWebブラウザから，暗号化された通信プロトコルをHTTP over TLS（HTTPS，**ウ**）といいます。

× **ア** **DKIM**（DomainKeys Identified Mail）とは，公開鍵暗号方式とDNSの仕組みを応用して，電子メールの送信者認証及び改ざんの検出を可能とする技術です。

× **イ** **DomainKeys**は，DKIMと同じものです。

× **エ** **IMAP**（Internet Message Access Protocol）は，受信者のメールクライアントがメールサーバのメールボックスを参照して電子メールを確認するために用いられるプロトコルです。受信メールサーバとメールクライアント間の内容を暗号化するプロトコルをIMAP over TLSといいます。

× **オ** **POP3**（Post Office Protocol version3）は，メールサーバのメールボックスから，受信者のメールクライアントが電子メールを取り出すために用いられるプロトコルです。受信メールサーバからメールクライアント間の内容を暗号化するプロトコルをPOP3 over TLSといいます。

× **カ** **SMTP**（Simple Mail Transfer Protocol）は，クライアントからメールサーバ，メールサーバ間でメールを送受信するときに使用されるプロトコルです。クライアントからメールサーバに送信する際に暗号化するプロトコルをSMTP over TLSといいます。

(2)

下線①の状況は**図C**のようになります。

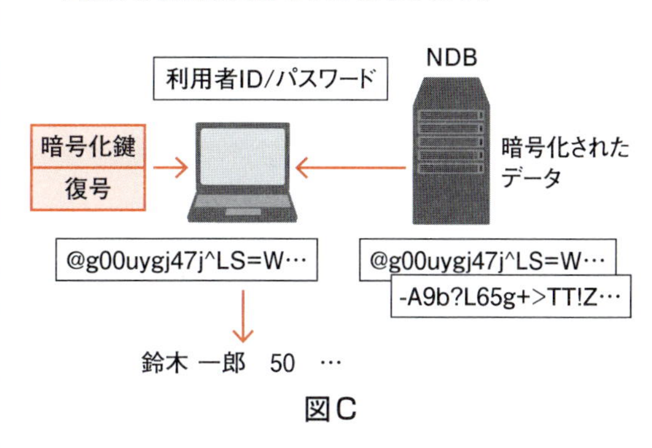

図C

X情報はNDBでは，暗号化された状態で格納されています。また，この暗号化されたデータは従業員に貸与しているPCにだけ格納した暗号鍵を用いて，US部の従業員が復号できます。

この状況から解答群の(i)～(vi)を順に確認します。

(i) NDBのDBMSの脆弱性を修正し，インターネットからの不正なアクセスによる情報漏えいのリスクを低減する効果 ⇒ DBMSのセキュリティの脆弱性は，セキュリティ修正ソフトを使用することで不正アクセスなどが防げます。

(ii) NDBを格納している記憶媒体が不正に持ち出された場合にX情報が読まれるリスクを低減する効果 ⇒ NDBの暗号化の効果が期待できます。

(iii) N社の従業員がNDBに不正にアクセスすることによってX情報が漏えいするリスクを低減する効果 ⇒ NDBの暗号化の効果が期待できます。

(iv) X情報へのアクセスが許可されたUS部の従業員がNDBを誤って操作することによってX情報を変更するリスクを低減する効果 ⇒ NDBは暗号化されているので操作はできません。

(v) 攻撃者によってNDBに仕込まれたマルウェアを駆除する効果 ⇒ 暗号化とマルウェアは関連がありません。

(vi) 攻撃者によってNDBに仕込まれたマルウェアを検知する効果 ⇒ 暗号化とマルウェアは関連がありません。

よって，正解は(ii)，(iii)（エ）になります。

設問2 業務委託先からの利用形態

空欄b

案１と案２の違いは，「主任２名は，Nサービスの監査ログからX業務での操作履歴を確認できる」となっていることです。

また，**表1**を確認すると，Yシステムの利用では，**図D**のように記述があります。

X業務を行うにあたって，従業員がデータベースにアクセスすることがあるため，不正に利用したかが確認できます。よって，システム管理部の従業員によるX情報の不正な持出しリスクを回避（エ）できます。

設問3 業務委託先のセキュリティ評価

(1)

空欄c

表4の項番５の要求事項では，「X業務でNサービスへのアクセスが可能な業務エリアはY-CS部の業務エリアだけに限定すること」ですが，Nサービスには，**表3**の案２にあるようにY-CS部の主任のうち２名，一般従業員のうち２名，パートタイマのうち４名がアクセスできる環境になっています。また，「Y-CS部の管理職及び一般従業員は，５階の会議室で営業部の従業員と会議をすることが多いので，３階及び５階への入室権限が与えられている。」となっているので，３階以外にも行くことができ，また，無線LANのみで通信しているノートパソコンでアクセス可能です。それを使用できるのは管理職の２名です。よって，X業務に従事するY-CS部の２名の主任（エ）がアクセス可能です。

組織	主な業務	体制
人事総務部	（省略）	（省略）
営業部	（省略）	（省略）
カスタマサービス部（以下，Y-CS 部という）	・Y サービスの企画立案 ・Y サービスの提供	T 部長 課長：1 名 主任：4 名 一般従業員：5 名 パートタイマ：50 名
システム管理部	・Y システム，Y 社内に導入している入退管理システムなどのシステムの企画，開発，運用 ・情報セキュリティに関わる企画，開発，運用 ・Y システムのデータベースの管理，障害対応及び機能改修 1)	部長：1 名 F 課長 主任：2 名 一般従業員：8 名 パートタイマ：0 名

注記　一般従業員とは，管理職及びパートタイマを除く従業員をいう。主任以上を管理職という。
注 1)　本業務を実施する際に従業員がデータベースのデータにアクセスすることがある。

図D

- ・各階には業務エリアが一つずつある。各業務エリアには出入口が 2 か所あり，入室時に 6 桁の暗証番号によってドアを解錠する入退管理システムが設置されている。
- ・暗証番号は各業務エリアで異なる。
- ・システム管理部は，4 月及び 10 月の 1 日に各業務エリアの暗証番号を更新する。暗証番号は，各業務エリアの入室権限を与えた従業員だけに事前に通知する。
- ・システム管理部の通知後は，人事異動によって配属された従業員への暗証番号の通知は各部で行う。
- ・共連れで入室すること及び他部の従業員に暗証番号を教えることは禁止している。
- ・Y 社の従業員以外が視察や情報セキュリティ調査などの目的で業務エリアに入室する場合，Y 社の管理職が同行し，入室中は指定のネックストラップを常時着用させる。
- ・各業務エリアの出入口付近には監視カメラが設置されており，毎日 24 時間録画している。
- ・業務エリアに出入りする際の持ち物検査は行っていない。

図E

(2)

空欄d，e

表4の項番8要求事項では，「X業務を実施する業務エリアへの入室は，入室権限が与えられている従業員だけに制限すること」ですが，各業務エリアの入退出に関しては**図2**を確認します（**図E**）。

〔Y社の概要〕では，「Y社は，従業員を対象に，原則4月及び10月の1日に社内の定期人事異動がある。また，これらの時期以外でも組織再編，業務の見直しなどの理由で人事異動がある。」となっていますが，4月と10月に暗証番号が変更になった後に異動して，X業務から外れたY-CS部の従業員は，その期間入室できてしまいます。

また，「Y-CS部のパートタイマは，1年間で約2割が退職する。人事総務部は，欠員補充のために，ほぼ同数を新規に採用している。」その退職者は暗証番号が変更されていない間は3階の業務エリアに入ることが可能です。

よって，**退職者の一部が3階の業務エリアに入室できる。**（**オ**）と**元Y-CS部の従業員が，他部門に異動した後も，3階の業務エリアに入室できる。**（**カ**）が正解です。

(3)

〔Y社のセキュリティ対策〕では初期設定に関しての記述は「… PDFファイルの容量の大きい場合は，PDFファイルを添付する代わりにプリントサーバ内の共有フォルダに自動的に保存され，保存先のURLがメールの本文に記載されて送信される。その際，メールの送信者名，件名，本文及び添付ファイル名の命名規則などは，複合機の初期設定のまま使用している。そのため，誰がスキャンを実行しても，メールの送信者名などは同じになる。複合機のマニュアルはインターネットに掲載されている。」となっています。

複合機はY社だけでなく各地で販売されているので，初期設定であれば同様の機械を持っていれば送信者などをなりすましたメールを送信することが可能です。それによって，フィッシングサイトに誘導されたりマルウェアに感染したりする可能性があります。

よって，(i) (ii)（**ア**）が正解です。

(4)

表4の項番14要求事項では，「X業務で使用するPCでは，外部記憶媒体へのアクセスを禁止すること」で，USBなどを使用したときのリスクが低減されます。

現在のY-PCの外部媒体へのアクセス状況は**表2**にある**図F**の箇所のとおりです。

解答群を(i)～(iv)まで順に確認します。

(i) Y-PC内のデータを外部記憶媒体に保存して持ち出される。⇒ データの書込みができないためこの脅威はありません。

(ii) Y-PC内のデータを複合機でプリントして持ち出される。⇒ (i)と同様にデータの書込みができないためこの脅威はありません。

PCの種類	仕様及び利用状況
デスクトップPC	1　セキュリティケーブルを使用して机に固定しており，鍵はシステム管理部が保管している。 2　社内の有線LANだけに接続できる。 3　インターネットには，DMZ上のプロキシサーバを経由してアクセスする。
ノートPC	1　社内外の無線LANに接続できる。有線LANには接続できない。 2　社外又は社内からインターネットにアクセスする場合，まずVPNサーバに接続し，自らの利用者アカウントを用いてログインする。その後，DMZ上のプロキシサーバを経由してアクセスする。 3　盗難防止のために，離席時はセキュリティケーブルを使用する。
共通	1　次の二つの制御が実装されている。 ・USBメモリなどの外部記憶媒体は，データの読込みだけを許可する。 ・アプリケーションソフトウェアは，Y社が許可しているものだけを導入できる。 2　業務上，外部記憶媒体へのデータの書出しが必要な場合及びアプリケーションソフトウェアの追加導入が必要な場合は，Y社内のルールに従って，システム管理部に申請する。 3　業務で使用するWebブラウザ及びメールクライアントが導入されている。 4　マルウェア対策ソフトが導入されており，1日に1回，ベンダのサーバに自動的にアクセスし，マルウェア定義ファイルをダウンロードして更新する。 5　表示された画面を画像形式のデータとして保存できる。

図F

(iii) Y社で許可していないアプリケーションソフトウェアが保存されているUSBメモリをY-PCに接続されて，Y-PCに当該ソフトウェアが導入される。⇒ 上記にあるように許可されていないソフトウェアが導入されることはありません。

(iv) マルウェア付きのファイルが保存されているUSBメモリをY-PCに接続されて，Y-PCがマルウェア感染する。⇒ Y社が許可しているソフトウェア経由でマルウェアに感染する可能性があります

よって，正解は，(iv)（コ）です。

設問4 業務委託先からのアクセス

(1)

設問3（1）の解答で，X業務に従事するY-CS部の2名の主任がアクセス可能であることが問題です。そこで，主任が使用できるノートPCを遮断することで，要求事項を満たせます。そこで，現在使用されていないVPN制御機能を使ってノートPCからの通信を遮断する必要があります。正解は，**VPNサーバのVPN制御機能を使用して，ノートPCからNサービスへのアクセスを禁止する。**（エ）です。

(2)

表4の項番18要求事項では，「インターネット上のWebサイトへのX情報の持出しをけん制する対策があること」です。けん制する行為は，リスクを故意に（意図的に）発現させせようとする者に対して，そのような行為を思いとどまらせるための対策のことです。具体的には，情報セキュリティポリシに違反した行為を故意に実行した者には罰則を与えるようにして，その旨を社内に通知することや，ログやメールなどを確認している旨を公にするなどです。よって，けん制に該当するのは，(iii)のみなので，正解は，カになります。

解答

設問1	(1)	a：ウ
	(2)	エ
設問2		b：エ
設問3	(1)	c：エ
	(2)	d：オ　e：カ　（d，e順不同）
	(3)	ア
	(4)	コ
設問4	(1)	エ
	(2)	カ

平成31年度 春期

情報セキュリティマネジメント

※328～329ページに答案用紙がありますので，ご利用ください。
※「問題文中で共通に使用される表記ルール」については，325ページを参照してください。

※キー：(1) 10315　(2) 16151　(3) 41364

平成31年度 春期 午前問題

□□□ **問1** JIS Q 27001：2014（情報セキュリティマネジメントシステム－要求事項）において，トップマネジメントがマネジメントレビューで考慮しなければならない事項としている組合せとして，適切なものはどれか。

	マネジメントレビューで考慮しなければならない事項		
ア	前回までのマネジメントレビューの結果とった処置の状況	トップマネジメントが設定した情報セキュリティ目的	内部監査の結果
イ	前回までのマネジメントレビューの結果とった処置の状況	トップマネジメントが設定した情報セキュリティ目的	発生した不適合及び是正処置の状況
ウ	前回までのマネジメントレビューの結果とった処置の状況	内部監査の結果	発生した不適合及び是正処置の状況
エ	トップマネジメントが設定した情報セキュリティ目的	内部監査の結果	発生した不適合及び是正処置の状況

□□□ **問2** JPCERT/CC“CSIRTガイド（2015年11月26日）”では，CSIRTを活動とサービス対象によって六つに分類しており，その一つにコーディネーションセンターがある。コーディネーションセンターの活動とサービス対象の組合せとして，適切なものはどれか。

	活動	サービス対象
ア	インシデント対応の中で，CSIRT 間の情報連携，調整を行う。	他の CSIRT
イ	インシデントの傾向分析やマルウェアの解析，攻撃の痕跡の分析を行い，必要に応じて注意を喚起する。	関係組織，国又は地域
ウ	自社製品の脆弱（ぜい）性に対応し，パッチ作成や注意喚起を行う。	自社製品の利用者
エ	組織内 CSIRT の機能の一部又は全部をサービスプロバイダとして，有償で請け負う。	顧客

解説

問1 JIS Q 27001

JIS Q 27001の「9.3マネジメントレビュー」の項では，組織のトップマネジメント（経営陣）は，組織のISMSが，引き続き，適切，妥当かつ有効であることを確実にするために，あらかじめ定めた間隔で，ISMSをレビューしなければならないとしています。この項では，マネジメントレビューは次の事項を考慮します。
「前回までのマネジメントレビューの結果とった処置の状況」，「ISMSに関連する外部及び内部の課題の変化」，「不適合及び是正処置の状況」，「監視及び測定の結果」，「内部監査の結果」，「情報セキュリティ目的の達成」，「利害関係者からのフィードバック」，「リスクアセスメントの結果及びリスク対応計画の状況」
よって，正解は，ウになります。

問2 コーディネーションセンター よく出る！

CSIRT（Computer Security Incident Response Team）は，ネットワーク上での各種の問題（不正アクセス，マルウェア，情報漏えいなど）を監視し，その報告を受け取って原因を調査したり，対策を検討したりする組織です。

JPCERT/CCが公表しているCSIRTガイドは，企業の経営層やCIO（最高情報責任者），及びCSIRTのメンバ向けに，CSIRTはどのような組織でどのような活動をするか，また何が必要なのかといったことを説明している文書です。CSIRTガイドでは，CSIRTを次のように分類しています。

種類	説明
組織内CSIRT	企業内に設置される。当該企業の人，システム，ネットワークなどをサービス対象とする。
国際連携CSIRT	国を代表するインシデント対応窓口として活動する。 国や地域をサービス対象とする。
コーディネーションセンター	他のCSIRTと協力して，インシデント対応時にCSIRT間の情報連携，調整を行う。協力関係にある他のCSIRTをサービス対象とする。
分析センター	インシデントの傾向分析，マルウェアの解析，攻撃の痕跡の分析などを行い，必要に応じて注意喚起を行う。CSIRTの中に設けられることがある。 親組織のCSIRT，または国・地域をサービス対象とする。
ベンダチーム	自社製品の脆弱性に対応してパッチを作成したり， 注意喚起をしたりする。組織及び自社製品利用者をサービス対象とする。
インシデントレスポンスプロバイダ	組織内CSIRTの機能の一部または全部を有償で請け負う。 セキュリティベンダなどが該当する。 顧客をサービス対象とする。

コーディネーションセンターの活動とサービス対象は，アが適切です。

○ア 正解です。
×イ 分析センターに該当します。
×ウ ベンダチームに該当します。
×エ インシデントレスポンスプロバイダに該当します。

攻略のカギ

JIS Q 27001 問1
情報セキュリティマネジメントシステムの確立，実施，維持及び継続的改善の要求事項を提供しているJIS規格。

JPCERT/CC 問2
JPCERTコーディネーションセンター（Japan Computer Emergency Response Team Coordination Center）。日本の一般社団法人。情報セキュリティに関する情報を収集し，インターネットを介して発生した各種のインシデントの発生状況を把握して，その報告を受け付けたり，攻撃手法を分析したり，再発防止策の検討や助言などを行ったりしている。

CSIRT 問2
Computer Security Incident Response Team。ネットワーク上での各種の問題（不正アクセス，マルウェア，情報漏えいなど）を監視し，その報告を受け取って原因を調査したり，対策を検討したりする組織。

解答

問1 ウ　問2 ア

□□□ 問3 CRYPTRECの役割として，適切なものはどれか。

ア 外国為替及び外国貿易法で規制されている暗号装置の輸出許可申請を審査，承認する。
イ 政府調達においてIT関連製品のセキュリティ機能の適切性を評価，認証する。
ウ 電子政府での利用を推奨する暗号技術の安全性を評価，監視する。
エ 民間企業のサーバに対するセキュリティ攻撃を監視，検知する。

□□□ 問4 JIS Q 27002：2014（情報セキュリティ管理策の実践のための規範）の“サポートユーティリティ”に関する例示に基づいて，サポートユーティリティと判断されるものはどれか。

ア サーバ室の空調　　イ サーバの保守契約
ウ 特権管理プログラム　　エ ネットワーク管理者

□□□ 問5 リスク対応のうち，リスクファイナンシングに該当するものはどれか。

ア システムが被害を受けるリスクを想定して，保険を掛ける。
イ システムの被害につながるリスクの顕在化を抑える対策に資金を投入する。
ウ リスクが大きいと評価されたシステムを廃止し，新たなセキュアなシステムの構築に資金を投入する。
エ リスクが顕在化した場合のシステムの被害を小さくする設備に資金を投入する。

□□□ 問6 JIS Q 27000：2014（情報セキュリティマネジメントシステム－用語）における“リスクレベル”の定義はどれか。

ア 脅威によって付け込まれる可能性のある，資産又は管理策の弱点
イ 結果とその起こりやすさの組合せとして表現される，リスクの大きさ
ウ 対応すべきリスクに付与する優先順位
エ リスクの重大性を評価するために目安とする条件

解説

問3 CRYPTREC よく出る！

CRYPTREC（Cryptography Research and Evaluation Committees）は，「電子政府推奨暗号の安全性を評価・監視し（ウ）、暗号技術の適切な実装法・運用法を調査・検討するプロジェクト」のことです。CRYPTRECは，電子政府推奨暗号リストというリストを公開しています。このリストには，公的な機関によって客観的に評価され，安全性や実装性に優れると判断された暗号方式（DSA，AESなど）やハッシュ関数（SHA-256など）が掲載されています。
×ア 外為法の役割です。

攻略のカギ

×イ ITセキュリティ評価及び認証制度 (Japan Information Technology Security Evaluation and Certification Scheme, JISEC) の役割です。

○ウ 正解です。

×エ IDSやIPSなどの装置によって行います。

問4 サポートユーティリティ よく出る!

JIS Q 27002：2014は，JIS Q 27001に基づいて，情報セキュリティ管理策を実施するための手引を提供している規格です。この規格では，「電気，通信サービス，給水，ガス，下水，換気，空調」など，装置を稼働させるために必要なインフラや設備などのことを，サポートユーティリティとしています。

サポートユーティリティと判断されるものは，サーバ室の空調（ア）です。保守契約，管理プログラム，ネットワーク管理者はサポートユーティリティには該当しません。

問5 リスクファイナンシング よく出る!

リスクの大きさを判断したうえで決める各種の対策（リスク対応）として，リスクコントロールやリスクファイナンシング（リスクファイナンス）があります。

リスクファイナンシングに該当するのは，ア（リスクによってシステムが被害を受けた場合を想定して保険を掛ける）です。

○ア 正解です。

×イ リスク低減（リスクコントロール）に該当します。

×ウ リスク回避（リスクコントロール）に該当します。

×エ リスク低減（リスクコントロール）に該当します。

問6 リスクレベル よく出る!

JIS Q 27000：2014は，情報セキュリティマネジメントシステムに関する用語を定義している規格です。この規格で定義されているリスクレベル（level of risk）とは，"結果とその起こりやすさ（発生確率）の組合せとして表現される，リスクの大きさ" のことです。イが適切です。

×ア 脆弱性の定義です。

○イ 正解です。

×ウ リスクの優先度の説明です。

×エ リスク基準の定義です。

攻略のカギ

JIS Q 27002「11.2.2 サポートユーティリティ」より 問4

管理策
装置は，サポートユーティリティの不具合による，停電，その他の故障から保護することが望ましい。

実施の手引
サポートユーティリティ（例えば，電気，通信サービス，給水，ガス，下水，換気，空調）は，次の条件を満たすことが望ましい。

リスクコントロール 問5
リスクが現実のものにならないようにするための，または現実化したリスクによってもたらされる被害を最小限にするための対策。リスク回避やリスク低減などがある。

リスク回避 問5
事業から撤退することなどによって，リスクそのものをなくすこと。

リスク低減 問5
教育や訓練を行うことなどによって，リスクの発生確率や被害額を低下させること。

リスクファイナンシング 問5
リスクが現実化したときに生じる損失金額を少なくするための対策。リスク移転やリスク保有がある。

リスク移転 問5
保険に加入するなどの手段で資金面での対策を行い，リスク発生時の損失を他者に肩代わりさせること。

リスク保有 問5
積立金などによって，損失を自社で負担すること。

解答

問3	ウ	問4	ア
問5	ア	問6	イ

□□□ **問7** JIS Q 27000：2014（情報セキュリティマネジメントシステム－用語）では，リスクを運用管理することについて，アカウンタビリティ及び権限をもつ人又は主体を何と呼んでいるか。

ア 監査員
イ トップマネジメント
ウ 利害関係者
エ リスク所有者

□□□ **問8** JIS Q 27001：2014（情報セキュリティマネジメントシステム－要求事項）において，情報セキュリティの目的をどのように達成するかについて計画するとき，"実施事項"，"達成期限"のほかに，決定しなければならない事項として定められているものはどれか。

ア "必要な資源"及び"結果の評価方法"
イ "必要な資源"及び"運用する管理策"
ウ "必要なプロセス"及び"結果の評価方法"
エ "必要なプロセス"及び"適用する管理策"

□□□ **問9** 組織での情報資産管理台帳の記入方法のうち，IPA"中小企業の情報セキュリティ対策ガイドライン（第2.1版）"に照らして，適切なものはどれか。

ア 様々な情報が混在し，重要度を一律に評価できないドキュメントファイルは，企業の存続を左右しかねない情報や個人情報を含む場合だけ台帳に記入する。
イ 時間経過に伴い重要度が変化する情報資産は，重要度が確定してから，又は組織で定めた未記入措置期間が経過してから，台帳に記入する。
ウ 情報資産を紙媒体と電子データの両方で保存している場合は，いずれか片方だけを台帳に記入する。
エ 利用しているクラウドサービスに保存している情報資産を含めて，台帳に記入する。

解説

問7 リスク所有者 よく出る!

JIS Q 27000は，情報セキュリティマネジメントシステムに関する用語や定義について規定している規格です。

この規格では，「リスクを運用管理することについて，アカウンタビリティ及び権限をもつ人又は主体」（同規格2.78より）のことを，**リスク所有者**（エ）と定義しています。

×ア JIS Q 27000には，監査員の定義はありません。JIS Q 27001では，組織の内部監査について「監査プロセスの客観性及び公平性を確保する監査員を選定し，監査を実施する」としています。

×イ **トップマネジメント**とは，JIS Q 27000で「最高位で組織を指揮し，管理する個人又は人々の集まり」と定義されているものです。

攻略のカギ

覚えよう! 問7

リスク所有者といえば

- リスクを運用管理することについて，アカウンタビリティ及び権限をもつ人又は主体

×ウ　利害関係者とは，JIS Q 27000で「ある決定事項若しくは活動に影響を与え得るか，その影響を受け得るか，又はその影響を受けると認識している，個人又は組織」と定義されているものです。

○エ　正解です。

問8　情報セキュリティの目的　初モノ

JIS Q 27001の「6.2 情報セキュリティ目的及びそれを達成するための計画策定」の項では，「情報セキュリティ目的をどのように達成するかについて計画するとき，次の事項を決定しなければならない」としています。

- 実施事項
- 必要な資源
- 責任者
- 達成期限
- 結果の評価方法

よって，正解はアです。

問9　情報資産管理台帳

中小企業の情報セキュリティ対策ガイドラインは，「『中小企業の皆様に情報を安全に管理することの重要性について認識いただき、必要な情報セキュリティ対策を実現するための考え方や方策を紹介する』こと」を目的として，中小企業や小規模事業者を対象としてIPAが公表しているものです。

業務で使用する電子データや書類を情報資産管理台帳へ記入することが求められています。社内のIT機器や利用しているクラウドサービスなど，どこに保存されているかを思い浮かべながら台帳を記入することを勧めています（エ）。

×ア　重要度が評価できないドキュメントファイルでも情報資産として台帳に記入する必要があります。

×イ　情報資産の重要度は時間とともに変化することがありますが，現時点での重要度を記入します。

×ウ　情報資産を紙媒体と電子データの両方で保存している場合は，両方を台帳に記入する必要があります。

○エ　正解です。

攻略のカギ

覚えよう！　問9

中小企業の情報セキュリティ対策ガイドラインといえば

- 業務で使用する電子データや書類を情報資産管理台帳へ記入することを求めている
- 社内のIT機器や利用しているクラウドサービスなど，どこに保存されているかを思い浮かべながら台帳を記入することを勧めている

解答

問7	エ	問8	ア
問9	エ		

問10 DNSキャッシュポイズニングに該当するものはどれか。

ア HTMLメールの本文にリンクを設定し，表示文字列は，有名企業のDNSサーバに登録されているドメイン名を含むものにして，実際のリンク先は攻撃者のWebサイトに設定した上で，攻撃対象に送り，リンク先を開かせる。

イ PCが問合せを行うDNSキャッシュサーバに偽のDNS応答を送ることによって，偽のドメイン情報を注入する。

ウ Unicodeを使って偽装したドメイン名をDNSサーバに登録しておき，さらに，そのドメインを含む情報をインターネット検索結果の上位に表示させる。

エ WHOISデータベースサービスを提供するサーバをDoS攻撃して，WHOISデータベースにあるドメインのDNS情報を参照できないようにする。

問11 SPF（Sender Policy Framework）を利用する目的はどれか。

ア HTTP通信の経路上での中間者攻撃を検知する。

イ LANへのPCの不正接続を検知する。

ウ 内部ネットワークへの侵入を検知する。

エ メール送信者のドメインのなりすましを検知する。

問12 ファイルの属性情報として，ファイルに対する読取り，書込み，実行の権限を独立に設定できるOSがある。この3種類の権限は，それぞれに1ビットを使って許可，不許可を設定する。この3ビットを8進数表現0～7の数字で設定するとき，次の試行結果から考えて，適切なものはどれか。

〔試行結果〕

① 0を設定したら，読取り，書込み，実行ができなくなってしまった。

② 3を設定したら，読取りと書込みはできたが，実行ができなかった。

③ 7を設定したら，読取り，書込み，実行ができるようになった。

ア 2を設定すると，読取りと実行ができる。

イ 4を設定すると，実行だけができる。

ウ 5を設定すると，書込みだけができる。

エ 6を設定すると，読取りと書込みができる。

解説

問10 DNSキャッシュポイズニング

DNSキャッシュポイズニングとは，DNSサーバに対して，ドメイン名などを改ざんした不正な情報を送り込み，そのDNSサーバを参照してきたPCの利用者を，要求されたサーバとは異なるサーバに誘導する攻撃手法のことです（イ）。

×ア **フィッシング**の説明です。

○イ 正解です。

攻略のカギ

×ウ　ホモグラフ攻撃の説明です。
×エ　WHOISデータベースへのDoS攻撃の説明です。

問11　SPF　よく出る！

SPF(Sender Policy Framework)とは，送信ドメイン認証の方法の一つです。この方法では，メールサーバの組織が管理しているDNSサーバに，「自組織のメールサーバに対応するIPアドレスはこの値です」という主旨の情報を追記することで，自組織のメールサーバの正しいIPアドレスを他の組織のメールサーバから確認できるようにしています。

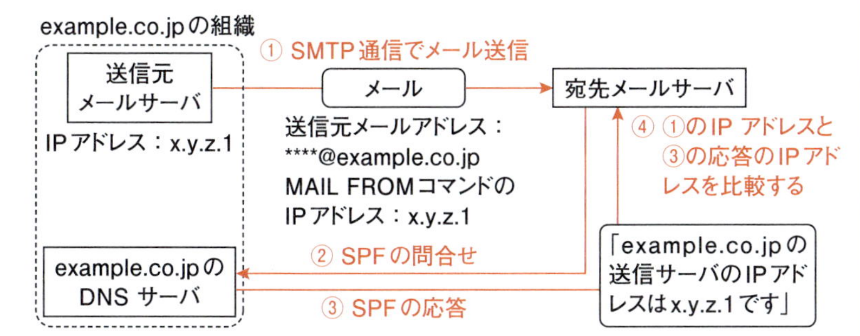

SPFを利用することで，メール送信のなりすましを検知することができます(エ)。

問12　ファイルの属性情報　基本

〔試行結果〕の①から，0(2進数の“000”)というビットを設定すると，読取り，書込み，実行が全てできなくなったとわかります。ここから，“0”のビットが「不許可」を示していると推定できます。

〔試行結果〕の②から，3(2進数の“011”)というビットを設定すると，読取りと書込みができ，実行ができなかったとわかります。3ビットのうちの左端のビットが0のときに実行ができなかったため，左端のビットが実行を，他のビットが読取りや書込みを表していると推定できます。

以上の結果から，解答群ア～エについて検証します。

×ア　2(2進数の“010”)というビットを設定すると，左端のビットが0のため，実行はできないとわかります。よって，「読取りと実行はできる」ことにはなりません。

○イ　4(2進数の“100”)というビットを設定すると，左端のビットが1のため，実行だけができるとわかります。よって，適切な記述です。

×ウ　5(2進数の“101”)というビットを設定すると，左端のビットが1のため，実行ができるとわかります。よって，「書込みだけができる」ことにはなりません。

×エ　6(2進数の“110”)というビットを設定すると，左端のビットが1のため，実行ができるとわかります。よって，「読取りと書込みができる」ことにはなりません。

攻略のカギ

覚えよう！　問10

DNSキャッシュポイズニングといえば
- DNSサーバに誤ったドメイン管理情報を送り込み，そのDNSサーバを参照したPCの利用者を，本来のWebサーバとは異なるWebサーバに誘導する攻撃手法
- 有名なWebサイトに偽装した不正なWebサイトに利用者を誘導して，個人情報を盗もうとするなどの手口が知られている

覚えよう！　問11

SPFといえば
- 送信ドメイン認証の方法の一つ
- メールを送信する組織のDNSサーバに，メールサーバのIPアドレスを記載した情報を追記
- 受信するメールサーバから参照して，送信したメールサーバの正しいIPアドレスを確認する

解答	
問10 イ	問11 エ
問12 イ	

□□□ **問13** 入室時と退室時にIDカードを用いて認証を行い，入退室を管理する。このとき，入室時の認証に用いられなかったIDカードでの退出を許可しない，又は退室時の認証に用いられなかったIDカードでの再入室を許可しないコントロールを行う仕組みはどれか。

ア TPMOR（Two Person Minimum Occupancy Rule）
イ アンチパスバック
ウ インターロックゲート
エ パニックオープン

□□□ **問14** PCI DSS v3.2.1において，取引承認を受けた後の加盟店及びサービスプロバイダにおけるカードセキュリティコードの取扱方法の組みのうち，適切なものはどれか。ここで，用語の定義は次のとおりとする。

〔用語の定義〕
加盟店とは，クレジットカードを商品又はサービスの支払方法として取り扱う事業体をいう。
サービスプロバイダとは，他の事業体の委託でカード会員データの処理，保管，伝送に直接関わる事業体をいう。イシュア（クレジットカード発行や発行サービスを行う事業体）は除く。
カードセキュリティコードには，カード裏面又は署名欄に印字されている，3桁又は4桁の数値がある。

	加盟店におけるカードセキュリティコードの取扱方法	サービスプロバイダにおけるカードセキュリティコードの取扱方法
ア	暗号化して加盟店内に保管する。	暗号化してサービスプロバイダのシステム内に保管する。
イ	平文で加盟店内に保管する。	保管しない。
ウ	保管しない。	平文でサービスプロバイダのシステム内に保管する。
エ	保管しない。	保管しない。

□□□ **問15** IPSの説明はどれか。

ア Webサーバなどの負荷を軽減するために，暗号化や復号の処理を高速に行う専用ハードウェア
イ サーバやネットワークへの侵入を防ぐために，不正な通信を検知して遮断する装置
ウ システムの脆弱（ぜい）性を見つけるために，疑似的に攻撃を行い侵入を試みるツール
エ 認可されていない者による入室を防ぐために，指紋，虹（こう）彩などの生体情報を用いて本人認証を行うシステム

解説

問13 入退室管理システム よく出る！

共連れを防止するための仕組みとして，アンチパスバック（イ）が用いられます。この仕組みでは各IDの状態を記録します。入室済のIDで再入室したり，退室済のIDで再退室したりできないようにします。

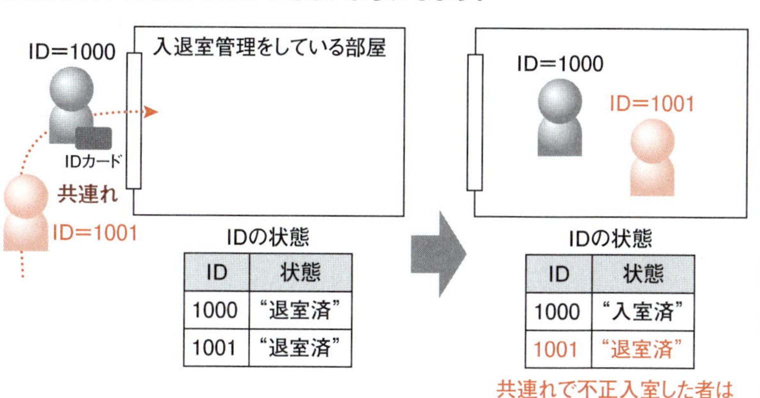

ID	状態
1000	“退室済”
1001	“退室済”

ID	状態
1000	“入室済”
1001	“退室済”

共連れで不正入室した者はIDが“退室済”のまま

× ア TPMOR（Two Person Minimum Occupancy Rule）とは，室内に最初に入室する者と最後に退室する者は，2人以上でなければならないという規則です。

○ イ 正解です。

× ウ インターロックゲートとは，二重扉によって共連れを防止するシステムです。

× エ パニックオープンとは，火災などの災害が発生したとき，自動ドアや電気錠を開放して自由に通過できるようにする仕組みのことです。

問14 カードセキュリティコード

セキュリティコードは，クレジットカード裏面に記入されているもので，カードを使用する際にセキュリティを高めるために使用します。なお，この情報を加盟店やサービスプロバイダで保管しないことになっています。正解はエです。

問15 IPS 初モノ

IPS（Intrusion Protection System：侵入防止（防御）システム）は，外部からの攻撃を検知するとファイアウォールに指示を送信して攻撃元からのアクセスを遮断したり，サーバを停止させたりすることで，攻撃の被害を出さないように防御するソフトウェアもしくはハードウェアを指します。

× ア SSLアクセラレータの説明です。

○ イ 正解です。

× ウ ペネトレーションテストの説明です。

× エ バイオメトリクス認証の説明です。

攻略のカギ

共連れ 問13

IDカードを用いた入退室管理システムで，利用者がIDカードを読み込ませて入室するとき，その人の後ろにつくことで，自分のIDカードを読み込ませずに室内に侵入すること。

覚えよう！ 問13

アンチパスバックといえば

- 全員のIDの状態を“退室済”に初期化する
- IDカードを読み込ませて入室すると，そのIDの状態だけ“入室済”にする
- 状態が“入室済”のIDカードを使用したときはドアを開け，状態が“退室済”のIDカードを利用したときは開けない

PCI DSS 問14

Payment Card Industry Data Security Standard。クレジットカード情報などを保護することを目的として，VISA，American Expressなどが共同で策定した基準で，技術面及び運用面に関する各種のセキュリティ要件が提示されている。

解答

問13 イ　問14 エ
問15 イ

□□□ 問16 特定のサービスやシステムから流出した認証情報を攻撃者が用いて，認証情報を複数のサービスやシステムで使い回している利用者のアカウントへのログインを試みる攻撃はどれか。

ア パスワードリスト攻撃
イ ブルートフォース攻撃
ウ リバースブルートフォース攻撃
エ レインボー攻撃

□□□ 問17 社内PCからインターネットに通信するとき，パケット中にある社内PCのプライベートIPアドレスとポート番号の組合せを，ファイアウォールのインターネット側のIPアドレスとポート番号の組合せに変換することによって，インターネットからは分からないように社内PCのプライベートIPアドレスを隠蔽することが可能なものはどれか。

ア BGP
イ IPマスカレード
ウ OSPF
エ フラグメンテーション

□□□ 問18 ペネトレーションテストに該当するものはどれか。

ア 検査対象の実行プログラムの設計書，ソースコードに着目し，開発プロセスの各工程にセキュリティ上の問題がないかどうかをツールや目視で確認する。
イ 公開Webサーバの各コンテンツファイルのハッシュ値を管理し，定期的に各ファイルから生成したハッシュ値と一致するかどうかを確認する。
ウ 公開Webサーバや組織のネットワークの脆弱(ぜい)性を探索し，サーバに実際に侵入できるかどうかを確認する。
エ 内部ネットワークのサーバやネットワーク機器のIPFIX情報から，各PCの通信に異常な振る舞いがないかどうかを確認する。

解説

問16 パスワードリスト攻撃 よく出る！

別のサービスなどから流出したパスワードなどのアカウント認証情報は，リストとしてまとめられて攻撃者に利用されます。このようなリストを用いて，アカウント認証情報を使い回している利用者のアカウントを乗っ取る攻撃のことを，**パスワードリスト攻撃**（ア）といいます。

○ア 正解です。

×イ **ブルートフォース攻撃**（**総当たり攻撃**）は，考えられる全ての種類のパスワードを総当たりで作成して，それをもって不正なログインや暗号解読を試みる方式のことです。

×ウ **リバースブルートフォース攻撃**は，パスワードの文字列を固定し，利用者IDとして使用され得る全ての文字列を順に試すことで，不正にログインしようとする攻撃です。

×エ **レインボー攻撃**とは，パスワードとそのハッシュ値の組を記録した特

攻略のカギ

覚えよう！ 問16

パスワードリスト攻撃といえば

- 流出したパスワードなどのリストを用いて，アカウント認証情報を使い回している利用者のアカウントを乗っ取る攻撃

殊な表（レインボーテーブル）を用いて，パスワードのハッシュ値から元のパスワードを推測しようとする攻撃のことです。

問17 IPマスカレード 初モノ

プライベートIPアドレスとグローバルIPアドレスを多対1で変換するための仕組みをIPマスカレード（NAPT，Network Address Port Translation）といいます（イ）。

PC1からのパケットを置き換えるとき，送信元のプライベートIP 192.168.10.1に，ルータのグローバルIPアドレスとポート番号4001の組を対応付ける

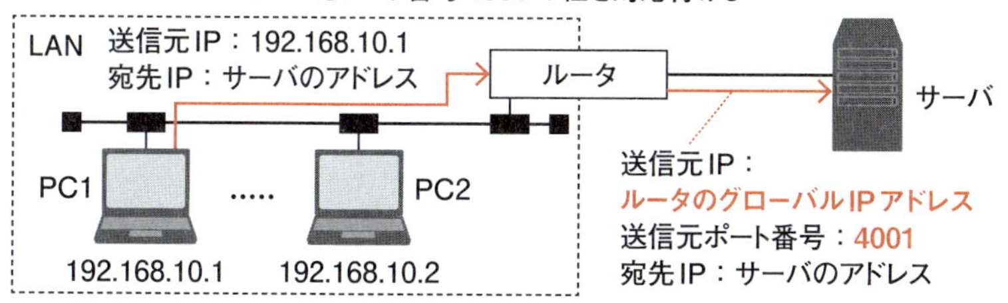

PC2からのパケットを置き換えるとき，送信元のプライベートIP 192.168.10.2に，ルータのグローバルIPアドレスとポート番号4002の組を対応付ける

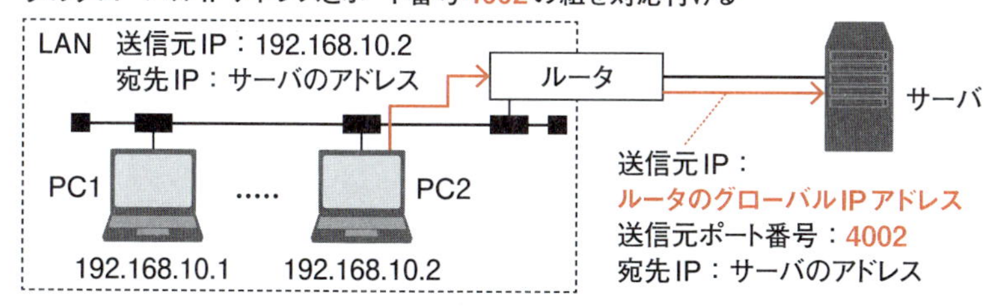

× ア　BGP（Border Gateway Protocol）とは，インターネット環境を一般ユーザに提供するプロバイダやデータセンタなどが利用するルーティングプロトコルです。

○ イ　正解です。

× ウ　OSPF（Open Shortest Path First）とは，社内などで使用するルーティングプロトコルです。

× エ　フラグメンテーションとは，OSが主記憶装置の割当て・解放を繰り返すうちに，主記憶装置中に断片化された未使用領域が発生する現象のことです。

問18 ペネトレーションテスト 基本

ペネトレーションテストは，DMZに設置されている公開Webサーバなどへの侵入を外部から実際に試みることで，その脆弱性を診断するなどのテストを行います（ウ）。

× ア　目視で行うセキュリティレビューの説明です。

× イ　IDS（Intrusion Detection System：侵入検知システム）などの説明です。

○ ウ　正解です。

× エ　IPFIX（IP Flow Information Export）は，ネットワークのトラフィックを分析するためのプロトコルで，IPアドレスやポート番号の組合せごとの統計情報を，ネットワーク機器がコレクタと呼ばれるサーバに送信するときに使用されます。

ペネトレーションテスト 問18

対象の情報システムに対して実際に攻撃を行い，侵入を試みることによって，ファイアウォールや公開サーバなどに存在するセキュリティホールや脆弱性，及び設定ミスなどを発見するテスト手法。このテストは，セキュリティのコンサルティングを行っている企業や専門家などに依頼した上で，外部から実施される。

解答

問16 ア	問17 イ
問18 ウ	

問19 PCへの侵入に成功したマルウェアがインターネット上の指令サーバと通信を行う場合に，宛先ポートとして使用されるTCPポート番号80に関する記述のうち，適切なものはどれか。

ア DNSのゾーン転送に使用されることから，通信がファイアウォールで許可されている可能性が高い。

イ WebサイトのHTTPS通信での閲覧に使用されることから，マルウェアと指令サーバとの間の通信が侵入検知システムで検知される可能性が低い。

ウ Webサイトの閲覧に使用されることから，通信がファイアウォールで許可されている可能性が高い。

エ ドメイン名の名前解決に使用されることから，マルウェアと指令サーバとの間の通信が侵入検知システムで検知される可能性が低い。

問20 無線LANを利用できる者を限定したいとき，アクセスポイントへの第三者による無断接続の防止に最も効果があるものはどれか。

ア MACアドレスフィルタリングを設定する。

イ SSIDには英数字を含む8字以上の文字列を設定する。

ウ セキュリティ方式にWEPを使用し，十分に長い事前共有鍵を設定する。

エ セキュリティ方式にWPA2-PSKを使用し，十分に長い事前共有鍵を設定する。

問21 Webサイトで利用されるCAPTCHAに該当するものはどれか。

ア 人からのアクセスであることを確認できるよう，アクセスした者に応答を求め，その応答を分析する仕組み

イ 不正なSQL文をデータベースに送信しないよう，Webサーバに入力された文字列をプレースホルダに割り当ててSQL文を組み立てる仕組み

ウ 利用者が本人であることを確認できるよう，Webサイトから一定時間ごとに異なるパスワードを要求する仕組み

エ 利用者が本人であることを確認できるよう，乱数をWebサイト側で生成して利用者に送り，利用者側でその乱数を鍵としてパスワードを暗号化し，Webサイトに送り返す仕組み

解説

問19 TCPポート番号80 基本

マルウェアがインターネット上の指令サーバと通信をするとき，宛先ポート番号などを指定したIPパケットを送る必要があります。

企業内LANなどでは，LANとインターネットとの間にファイアウォール（FW）を設置して，インターネット上の不正なサーバなどと内部のPCが接続できないようにするために，パケットフィルタリングによって特定の宛先ポート番号のパケットを遮断しています。しかし，インターネットの利用時に内部

攻略のカギ

ポート番号 問19
パケットのTCPヘッダに含まれる番号で，サーバやPC上で稼働するサービス（プログラム）を識別するためのもの。0～65,535の値をとる。

のPCが頻繁に使用する，DNSなどのプロトコルについては，その宛先ポート番号のパケットを通過させる設定にしている可能性が高くなっています。TCPポート番号80はHTTPに割り当てられた番号で，Webサイトの閲覧に使用されているので，このポート番号をFWで遮断すると，PCがWebサイトを閲覧できなくなります。したがって，TCPポート番号80はFWが通過を許可します（ウ）。マルウェアが宛先ポート番号を80としてパケットを送信すれば，インターネット上の指令サーバに届くようになります。

×ア　DNSのゾーン転送に用いるポート番号は53です。
×イ　HTTPSに用いるポート番号は443です。
○ウ　正解です。
×エ　ドメイン名の名前解決に用いるポート番号は53です。

問20 アクセスポイントの無断接続の防止 初モノ

鍵のビット数が少ないなどのWEPの脆弱性を改良するために作成された，無線LANの暗号規格やプロトコルなどの総称が，**WPA2**（Wi-Fi Protected Access 2）です。WPA2には，事前共有鍵を使う**WPA2-PSK**（WPA2 Personal）と，IEEE 802.1Xを使う**WPA2 Enterprise**があります。IEEE 802.1Xでは，複数のアクセスポイントが，1台のRADIUSサーバに対してユーザの情報を参照することで，ユーザ認証を行うことのできる仕組みを実装しています。WPA2では，通信中において動的に暗号鍵を更新することで，安全性を向上させています。

×ア　**MACアドレスフィルタリング**を用いると，固定の機器（PCなど）だけの接続を可能としますが，MACアドレスは暗号化されていないので，なりすまされる可能性があります。
×イ　**SSID**とは，無線LANのアクセスポイントを識別するために，各クライアントに設定される文字列のことです。各クライアントは，同じ値のSSIDをもつアクセスポイントのみに接続することができますが，同一のネットワーク上では同じSSIDとなります。
×ウ　**WEP**（Wired Equivalent Privacy）は，無線LANの暗号化技術で，40ビットまたは104ビットの暗号化用の情報と，通信の都度ランダムに生成した24ビットの情報（IV，Initialization Vector）とを組み合わせ，暗号化鍵を生成する方法をとっていますが，ランダム部分が固定のため，暗号を短時間で推測される危険性があります。
○エ　正解です。

問21 CAPTCHA

CAPTCHAは，コメントなどを投稿しようとした者が人間であり，プログラムによる不正な自動入力でないことを確認するためのシステムです（ア）。人間はゆがんだ文字を読み取ることが可能ですが，プログラムでは読み取ることが困難なことを利用しています。

○ア　正解です。
×イ　**SQLインジェクション攻撃**の対策です。
×ウ　**ワンタイムパスワード**の説明です。
×エ　**CHAP**（Challenge Handshake Authentication Protocol）の説明です。

攻略のカギ

覚えよう！ 問20

WPA2といえば
- 鍵のビット数が少ないなどのWEPの脆弱性を改良するために作成された
- 事前共有鍵を使うWPA2-PSK（WPA2 Personal）と，IEEE 802.1Xを使うWPA2 Enterpriseがある
- TKIPという鍵交換プロトコルや，IEEE 802.1Xという認証のためのプロトコルを利用している
- 通信中において動的に暗号鍵を更新することで，安全性を向上させている

CAPTCHAの例 問21

解答

問19 ウ　問20 エ
問21 ア

問22 利用者PCの内蔵ストレージが暗号化されていないとき，攻撃者が利用者PCから内蔵ストレージを抜き取り，攻撃者が用意したPCに接続して内蔵ストレージ内の情報を盗む攻撃の対策に該当するものはどれか。

ア 内蔵ストレージにインストールしたOSの利用者アカウントに対して，ログインパスワードを設定する。

イ 内蔵ストレージに保存したファイルの読取り権限を，ファイルの所有者だけに付与する。

ウ 利用者PC上でHDDパスワードを設定する。

エ 利用者PCにBIOSパスワードを設定する。

問23 A氏からB氏に電子メールを送る際のS/MIMEの利用に関する記述のうち，適切なものはどれか。

ア A氏はB氏の公開鍵を用いることなく，B氏だけが閲覧可能な暗号化電子メールを送ることができる。

イ B氏は受信した電子メールに記載されている内容が事実であることを，公的機関に問い合わせることによって確認できる。

ウ B氏は受信した電子メールに記載されている内容はA氏が署名したものであり，第三者による改ざんはないことを認識できる。

エ 万一，マルウェアに感染したファイルを添付して送信した場合にB氏が添付ファイルを開いても，B氏のPCがマルウェアに感染することを防ぐことができる。

問24 XML署名を利用することによってできることはどれか。

ア TLSにおいて，HTTP通信の暗号化及び署名の付与に利用することによって，通信経路上でのXMLファイルの盗聴を防止する。

イ XMLとJavaScriptがもつ非同期のHTTP通信機能を使い，Webページの内容を動的に書き換えた上で署名を付与することによって，対話型のWebページを作成する。

ウ XML文書全体に対する単一の署名だけではなく，文書の一部に対して署名を付与する部分署名や多重署名などの複雑な要件に対応する。

エ 隠したい署名データを画像データの中に埋め込むことによって，署名の存在自体を外から判別できなくする。

解説

攻略のカギ

問22 内蔵ストレージの抜き取りからの保護 よく出る！

ANSIが策定したATA規格に従ったHDDでは，HDDそのものにパスワードを設定して，パスワードを入力しない限りHDD内の情報を読み取れないようにすることが可能です。このパスワードを**HDDパスワード**といいます。攻撃者が問題文の攻撃を実行しても，利用者PCのHDDパスワードを知らなければ情報を読み取れないので，リスクを低減できます（ウ）。

×ア　ログインパスワードを設定すると，それを知らない限りファイルを盗むことはできません。しかし，攻撃者が用意した別のPCに，そのHDDを外付けで接続すれば，OSを起動しなくてもHDD内のファイルにアクセスできるので情報が盗まれます。

×イ　攻撃者が用意したPCのOSを起動し，管理者権限でログインすることで，情報が盗まれます。

○ウ　正解です。

×エ　BIOSパスワードを設定すると，利用者以外はOSを起動できなくなります。しかし，別のPCにHDDを接続すれば，OSを起動しなくてもHDD内のファイルにアクセスできるので，情報が盗まれます。

問23 S/MIME

S/MIMEを利用する者は，公開鍵の証明書（S/MIME証明書）を，認証局に発行してもらう必要があります。送信者は，受信者の証明書を得て受信者の公開鍵を入手します。共通鍵を用いてメール本文を暗号化した後，その共通鍵を，受信者の公開鍵を用いて暗号化し，メール本文と共に受信者に送信します。受信者は，受信者の秘密鍵を用いて共通鍵を復号し，その共通鍵を用いてメール本文を復号します。これによって，改ざんとなりすましの検知が可能になります（ウ）。

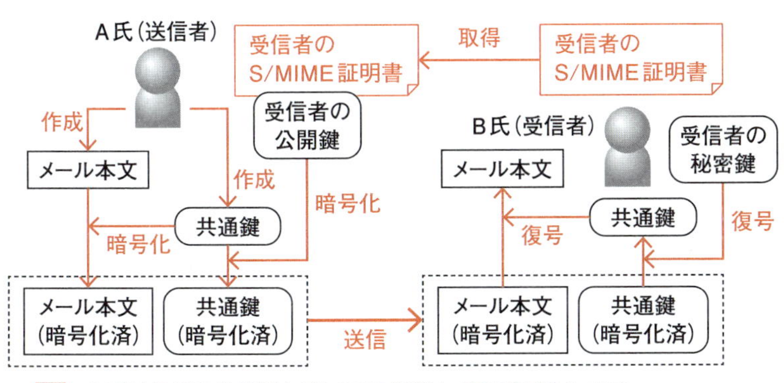

×ア　A氏はB氏の公開鍵を用いて共通鍵などを暗号化します。

×イ　内容が事実かどうかは，この仕組みでは判明できません。

○ウ　正解です。

×エ　この仕組みとマルウェアの感染とは直接関係がありません。

問24 XML署名 初モノ

XML署名は，XML文書の全体及び一部の要素に対して付加できるディジタル署名の記述方法や署名アルゴリズムなどを定めたものです。署名を行うXML文書中に署名用の要素（<signature>）を埋め込んだり，署名対象のXML文書と別のファイルに署名用要素を用意したりすることが可能です。

XML署名では，従来のディジタル署名方法と比較して，文書（データ）の一部のエレメント（要素）にだけ署名することなどが可能です（ウ）。

×ア　HTTPS通信の説明です。

×イ　Ajaxの説明です。

○ウ　正解です。

×エ　ステガノグラフィの説明です。

攻略のカギ

覚えよう！　問23

S/MIMEといえば

- 送信者は，共通鍵を用いてメール本文を暗号化した後，その共通鍵を受信者の公開鍵を用いて暗号化し，メール本文と共に受信者に送信する
- 受信者は，受信者の秘密鍵を用いて共通鍵を復号し，共通鍵を用いてメール本文を復号する
- これによって，改ざんとなりすましの検知が可能

解答

問22 ウ　問23 ウ
問24 ウ

問25 データベースのアカウントの種類とそれに付与する権限の組合せのうち，情報セキュリティ上，適切なものはどれか。

	アカウントの種類	レコードの更新権限	テーブルの作成・削除権限
ア	データ構造の定義用アカウント	有	無
イ	データ構造の定義用アカウント	無	有
ウ	データの入力・更新用アカウント	有	有
エ	データの入力・更新用アカウント	無	有

問26 メッセージ認証符号の利用目的に該当するものはどれか。

ア メッセージが改ざんされていないことを確認する。
イ メッセージの暗号化方式を確認する。
ウ メッセージの概要を確認する。
エ メッセージの秘匿性を確保する。

問27 楕(だ)円曲線暗号の特徴はどれか。

ア RSA暗号と比べて，短い鍵長で同レベルの安全性が実現できる。
イ 共通鍵暗号方式であり，暗号化や復号の処理を高速に行うことができる。
ウ 総当たりによる解読が不可能なことが，数学的に証明されている。
エ データを秘匿する目的で用いる場合，復号鍵を秘密にしておく必要がない。

問28 OpenPGPやS/MIMEにおいて用いられるハイブリッド暗号方式の特徴はどれか。

ア 暗号通信方式としてIPsecとTLSを選択可能にすることによって利用者の利便性を高める。
イ 公開鍵暗号方式と共通鍵暗号方式を組み合わせることによって鍵管理コストと処理性能の両立を図る。
ウ 複数の異なる共通鍵暗号方式を組み合わせることによって処理性能を高める。
エ 複数の異なる公開鍵暗号方式を組み合わせることによって安全性を高める。

解説

攻略のカギ

問25 データベースのアカウント よく出る!

×ア データ構造の定義において，定義したデータをもつテーブル（表）を作成したり，不要なテーブルを削除したりすることがあるので，データ構造の定義用アカウントには，テーブルの作成・削除権限だけが必要です。この組合せは不適切です。

○イ　データ構造の定義用アカウントには，テーブルの作成・削除権限が必要です。また，データの入力などは行わないのでレコードの更新権限は不要です。適切な組合せです。

×ウ　データの入力・更新用アカウントはデータ構造の定義を行わないので，テーブルの作成・削除権限は不要です。この組合せは不適切です。

×エ　ウと同様に，不要なテーブルの作成・削除権限があります。この組合せは不適切です。

問26 メッセージ認証 基本

メッセージ認証は，データの改ざんの検出と利用者の認証のための技術です(ア)。メッセージ認証では，公開鍵暗号方式を応用したディジタル署名とハッシュ関数を用いて，改ざん防止の措置を行います。ハッシュ関数を用いて送信するデータをハッシュ化したメッセージダイジェスト(メッセージ認証符号)を作成し，送信者の秘密鍵で暗号化して添付してデータと一緒に送付します。

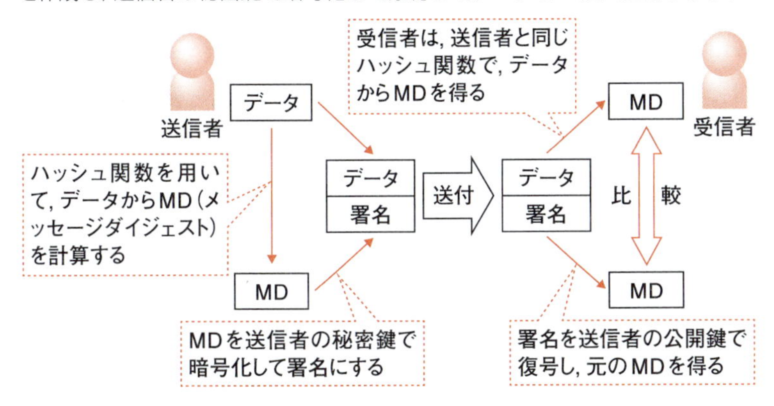

問27 楕円曲線暗号 初モノ

楕円曲線暗号は，離散対数問題の困難性を利用した暗号で，これを採用した公開鍵暗号方式には，ECDSAなどがあります。RSA暗号と比較して処理速度が速く短い鍵長で同レベルの安全性が確保されます(ア)。ただ，短い桁数だと総当たり攻撃で解読されてしまう可能性があります。

○ア　正解です。

×イ　楕円曲線暗号は公開鍵です。

×ウ　総当たりで攻撃されると解読可能になります。

×エ　公開鍵暗号方式は復号鍵は秘密にしておかなければなりません。

問28 ハイブリッド暗号

OpenPGPもS/MIMEも，電子メールの暗号化や鍵の配送，電子署名を行う規格です。その手順は，メッセージ本文を共通鍵で暗号化します。暗号化した共通鍵を，受信者の公開鍵で暗号化して送ります。受信者は自分の秘密鍵を用いて，暗号化されていた共通鍵を復号し，それを用いてメール本文を復号します。

このように，公開鍵暗号方式と共通鍵暗号方式を組み合わせた暗号方式のことをハイブリッド暗号といいます(イ)。

攻略のカギ

覚えよう！ 問27

楕円曲線暗号といえば

- 離散対数問題の困難性を利用した暗号
- RSA暗号と比較して処理速度が速く，短い鍵長で同レベルの安全性が確保される
- これを採用した公開鍵暗号方式には，ECDSAなどがある

ハイブリッド暗号 問28

公開鍵暗号方式と共通鍵暗号方式とを組み合わせた暗号方式のこと。公開鍵暗号方式には暗号化・復号に必要な時間が長いという欠点があり，共通鍵暗号方式には鍵の個数が過大になるという欠点がある。データの送信の都度，共通鍵をランダムに生成し，その共通鍵を公開鍵暗号方式によって安全に相手に送信してから，データを共通鍵で暗号化して相手に送信することがハイブリッド暗号の例。

解答

問25 イ	問26 ア
問27 ア	問28 イ

□□□ 問29 利用者PC上のSSHクライアントからサーバに公開鍵認証方式でSSH接続するとき，利用者のログイン認証時にサーバが使用する鍵とSSHクライアントが利用する鍵の組みはどれか。

ア サーバに登録されたSSHクライアントの公開鍵と，利用者PC上のSSHクライアントの公開鍵
イ サーバに登録されたSSHクライアントの公開鍵と，利用者PC上のSSHクライアントの秘密鍵
ウ サーバに登録されたSSHクライアントの秘密鍵と，利用者PC上のSSHクライアントの公開鍵
エ サーバに登録されたSSHクライアントの秘密鍵と，利用者PC上のSSHクライアントの秘密鍵

□□□ 問30 侵入者やマルウェアの挙動を調査するために，意図的に脆弱性をもたせたシステム又はネットワークはどれか。

ア DMZ　　イ SIEM
ウ ハニーポット　　エ ボットネット

□□□ 問31 JIS Q 15001：2017（個人情報保護マネジメントシステム－要求事項）に関する記述のうち，適切なものはどれか。

ア 開示対象個人情報は，保有個人データとは別に定義されており，保有期間によらず全ての個人情報が該当すると定められている。
イ 規格文書の構成は，JIS Q 27001：2014と異なり，マネジメントシステム規格に共通的に用いられる章立てが採用されていない。
ウ 特定の機微な個人情報が定義されており，労働組合への加盟といった情報が例として挙げられている。
エ 本人から書面に記載された個人情報を直接取得する場合には，利用目的などをあらかじめ書面によって本人に明示し，同意を得なければならないと定められている。

□□□ 問32 "政府機関等の情報セキュリティ対策のための統一基準（平成30年度版）"に関する説明として，適切なものはどれか。

ア 機密性，完全性及び可用性それぞれの観点による情報の格付の区分を定義している。
イ 個人情報保護法に基づいて制定されたものである。
ウ 適用範囲は，全ての政府機関及び全ての民間企業としている。
エ 不正アクセス禁止法に基づいて制定されたものである。

解説

攻略のカギ

問29 SSH接続の公開鍵認証方式 初モノ

公開鍵認証方式の場合，SSHサーバが**公開鍵**で暗号化した乱数を，SSHクライアントが**秘密鍵**で復号し，ハッシュ値を送り返します。正解は イ です。

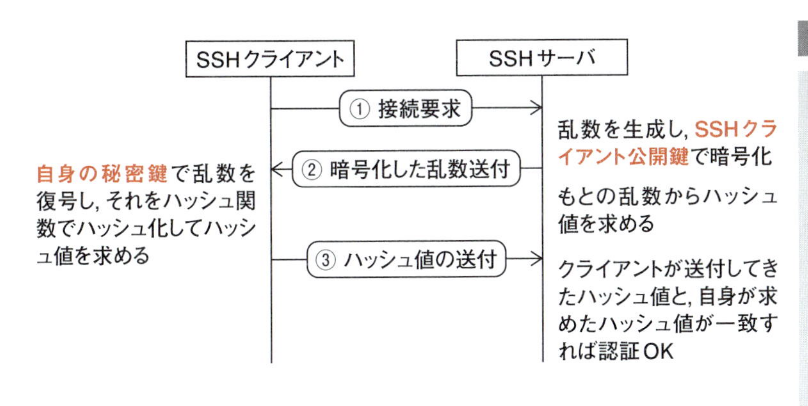

問30 ハニーポット 初モノ

×ア　DMZ（DeMilitarized Zone：非武装地帯）とは，Webサーバなどの外部に公開するサーバなど，社内LANやインターネットと分離した特別な領域のことです。

×イ　SIEM（Security Information and Event Management）とは，ファイアウォールやサーバなどの各種機器から収集したログを分析して，セキュリティインシデントの発生を監視し，発生時は管理者に通知して迅速に対応するための仕組みのことです。

○ウ　正解です。

×エ　ボットネットとは，不正プログラム（ボット）に感染させられ，攻撃者に乗っ取られてその命令に従うコンピュータ（ゾンビコンピュータ）で構成されるネットワークのことです。

問31 JIS Q 15001：2017 初モノ

×ア　旧版のJIS Q 15001：2016では，開示対象個人情報としていましたが，現在は個人情報保護法の保有個人データと同じ考え方に統一されました。

×イ　JIS Q 15001：2017は，規格文章の構成はJISQ27001：2014（情報セキュリティマネジメントー要求事項）と共通的な章立てです。

×ウ　旧版のJIS Q 15001：2006には労働組合への加盟など特定の機微な個人情報もありましたが，現在の規格にはありません。

○エ　正解です。

問32 政府機関等の情報セキュリティ対策のための統一基準 初モノ

“政府機関等の情報セキュリティ対策のための統一基準（平成30年度版）”は内閣サイバーセキュリティセンターから出されており，機関等で取り扱う情報の重要度に応じた「機密性」・「完全性」・「可用性」を確保することを目的としています。また，1.2には情報の格付の項があり，「機密性」，「完全性」及び「可用性」による情報の格付の区分を定義しています。アが正解です。

○ア　正解です。

×イ　個人情報保護法とは異なるものです。

×ウ　適用範囲は，政府機関です。

×エ　不正アクセス禁止法とは異なるものです。

攻略のカギ

SSH 問29
Secure SHell。遠隔地のコンピュータ上で稼働しているサーバのプログラムに接続して，当該コンピュータを操作できるプロトコル。利用者IDやパスワードなども含めて通信内容が暗号化される。

ハニーポット 問30
脆弱性のあるコンピュータやシステムなどを外部に公開し，クラッカーなどに当該コンピュータなどを攻撃させ，攻撃内容を観察するために設けるもの。

JIS Q 15001：2017 問31
個人情報保護マネジメントシステム-要求事項。事業者に個人情報を保護するための体制の整備や個人情報保護措置の実践を促し，個人情報保護マネジメントシステムを確立し，実施し，維持し，継続的に改善するための要求事項を提供するために作成された。

解答

問29 イ	問30 ウ
問31 エ	問32 ア

問33

企業が，“特定電子メールの送信の適正化等に関する法律”における特定電子メールに該当する広告宣伝メールを送信する場合に関する記述のうち，適切なものはどれか。

ア SMSで送信する場合はオプトアウト方式を利用する。
イ オプトイン方式，オプトアウト方式のいずれかを選択する。
ウ 原則としてオプトアウト方式を利用する。
エ 原則としてオプトイン方式を利用する。

問34

個人情報保護委員会“特定個人情報の適切な取扱いに関するガイドライン（事業者編）平成30年9月28日最終改正”及びその“Q＆A”によれば，事業者によるファイル作成が禁止されている場合はどれか。

なお，“Q＆A”とは“「特定個人情報の適正な取扱いに関するガイドライン（事業者編）」及び「（別冊）金融業務における特定個人情報の適切な取扱いに関するガイドライン」に関するQ＆A　平成30年9月28日更新”のことである。

ア システム障害に備えた特定個人情報ファイルのバックアップファイルを作成する場合
イ 従業員の個人番号を利用して業務成績を管理するファイルを作成する場合
ウ 税務署に提出する資料間の整合性を確認するために個人番号を記載した明細表などチェック用ファイルを作成する場合
エ 保険契約者の死亡保険金支払に伴う支払調書ファイルを作成する場合

問35

著作者人格権に該当するものはどれか。

ア 印刷，撮影，複写などの方法によって著作物を複製する権利
イ 公衆からの要求に応じて自動的にサーバから情報を送信する権利
ウ 著作物の複製物を公衆に貸し出す権利
エ 自らの意思に反して著作物を変更，切除されない権利

解説

問33 特定電子メール法 よく出る！

特定電子メールの送信の適正化等に関する法律（**特定電子メール法**）は，迷惑メールの送信の規制などを目的として制定された法律です。

特定電子メール法では，特定電子メールの送信を次のように制限しています。

> 第三条　送信者は、次に掲げる者以外の者に対し、特定電子メールの送信をしてはならない。
> 一　あらかじめ、特定電子メールの送信をするように求める旨又は送信をすることに同意する旨を送信者又は送信委託者（電子メールの送信を委託した者（営利を目的とする団体及び営業を営む場合における個人に限る。）をいう。以下同じ。）に対し通知した者

攻略のカギ

特定電子メール 問33

特定電子メール法では，特定電子メールを次のように定義している

「電子メールの送信（国内にある電気通信設備（電気通信事業法第二条第二号に規定する電気通信設備をいう。以下同じ。）からの送信又は国内にある電気通信設備への送信に限る。以下同じ。）をする者（営利を目的とする団体及び営業を営む場合における個人に限る。以下「送信者」という。）が自己又は他人の営業につ

〔注：このように，あらかじめ送信の同意を得られた者だけにメールを送信でき，そうでない者には送信できない方式のことをオプトイン方式という〕

以上から，原則としてオプトイン方式を利用しなければなりません（エ）。

× ア　SMSで送信する場合でも原則としてオプトイン方式を利用します。

× イ，ウ　オプトアウト方式を選べません。

○ エ　正解です。

問34 特定個人情報の適切な取扱いに関するガイドライン 初モノ

個人情報保護委員会"**特定個人情報の適切な取扱いに関するガイドライン**（事業者編）"は，個人番号を取り扱う事業者が特定個人情報の適正な取扱いを確保するための具体的な指針を定めたものです。

この中に，以下のように書かれています。

> 事業者が、特定個人情報ファイルを作成することができるのは、個人番号関係事務又は個人番号利用事務を処理するために必要な範囲に限られている。法令に基づき行う従業員等の源泉徴収票作成事務、健康保険・厚生年金保険被保険者資格取得届作成事務等に限って、特定個人情報ファイルを作成することができるものであり、これらの場合を除き特定個人情報ファイルを作成してはならない。
> ※　事業者は、従業員等の個人番号を利用して営業成績等を管理する特定個人情報ファイルを作成してはならない。
> ※　事業者から従業員等の源泉徴収票作成事務について委託を受けた税理士等の受託者についても、「個人番号関係事務実施者」に該当することから、個人番号関係事務を処理するために必要な範囲で特定個人情報ファイルを作成することができる。
> （一部抜粋）

× ア　バックアップは適正な処理です。

○ イ　従業員の業務成績を作成する作業は，上記にあたらないため禁止です。⇒正解です。

× ウ　税務署に提出する資料間の整合性を確認するためのファイルは適正な処理です。

× エ　保険契約者の死亡保険金支払に必要なファイルの作成は適正な処理です。

問35 著作者人格権

著作権法に定められている著作権は，**著作財産権**（複製権，上映権，公衆送信権，口述権，展示権，頒布権，翻訳権などの，著作物に認められる財産的権利）と，**著作者人格権**（著作者の人格にかかわる権利である，公表権，氏名表示権，同一性保持権）に細分化されます。著作者の人格に関わる，"自らの意思に反して著作物を変更，切除されない権利"のエが正解です。

× ア　**複製権**の説明です。

× イ　**公衆送信権**の説明です。

× ウ　**貸与権**の説明です。

○ エ　正解です。

攻略のカギ

き広告又は宣伝を行うための手段として送信をする電子メールをいう」

特定電子メールの送信方式 問33

- **オプトイン方式**：あらかじめ送信に同意した者だけに対して，メールを送信できる方式。
- **オプトアウト方式**： 送信者が受信者の許可を得ず，自由にメールを送信できる方式。送信に同意しない者は，あらかじめその旨を事業者に伝えなければならない。

著作権法 問35

「思想又は感情を創作的に表現したもの」である著作物を，その作成者（著作者）が独占的に扱うことができる権利（著作権）や著作権の保護期間などを規定している法律。日本の著作権法では，著作物の作成と同時に作者にその著作権が与えられるとしている（無方式主義）。著作権は，著作財産権（複製権，上映権，公衆送信権，口述権，展示権，頒布権，翻訳権などの，著作物に認められる財産的権利）と，著作者人格権（著作者の人格にかかわる権利である，公表権，氏名表示権，同一性保持権）に細分化される。著作財産権は他人に譲渡可能だが，著作者人格権は他人には譲渡できない。

解答

問33 エ　問34 イ
問35 エ

問36 図は，企業と労働者の関係を表している。企業Bと労働者Cの関係に関する記述のうち，適切なものはどれか。

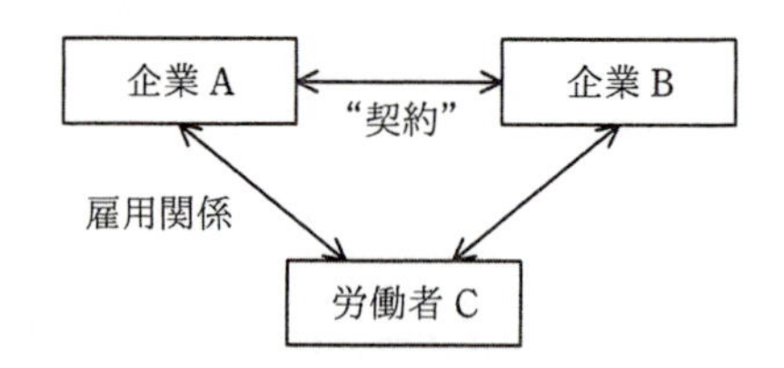

ア “契約”が請負契約で，企業Aが受託者，企業Bが委託者であるとき，企業Bと労働者Cとの間には，指揮命令関係が生じる。

イ “契約”が出向にかかわる契約で，企業Aが企業Bに労働者Cを出向させたとき，企業Bと労働者Cとの間には指揮命令関係が生じる。

ウ “契約”が労働者派遣契約で，企業Aが派遣元，企業Bが派遣先であるとき，企業Bと労働者Cとの間にも，雇用関係が生じる。

エ “契約”が労働者派遣契約で，企業Aが派遣元，企業Bが派遣先であるとき，企業Bに労働者Cが出向しているといえる。

問37 経営者が社内のシステム監査人の外観上の独立性を担保するために講じる措置として，最も適切なものはどれか。

ア システム監査人にITに関する継続的学習を義務付ける。

イ システム監査人に必要な知識や経験を定めて公表する。

ウ システム監査人の監査技法研修制度を設ける。

エ システム監査人の所属部署を内部監査部門とする。

問38 ソフトウェア開発プロセスにおけるセキュリティを確保するための取組について，JIS Q 27001：2014（情報セキュリティマネジメントシステム－要求事項）の附属書Aの管理策に照らして監査を行った。判明した状況のうち，監査人が監査報告書に指摘事項として記載すべきものはどれか。

ア ソフトウェア開発におけるセキュリティ機能の試験は，開発期間が終了した後に実施している。

イ ソフトウェア開発は，セキュリティ確保に配慮した開発環境において行っている。

ウ ソフトウェア開発を外部委託している場合，外部委託先による開発活動の監督・監視において，セキュリティ確保の観点を考慮している。

エ パッケージソフトウェアを活用した開発において，セキュリティ確保の観点から，パッケージソフトウェアの変更は必要な変更に限定している。

問36 企業と労働者の関係 基本

出向という制度は法律には存在しませんが，企業Aに所属しながら企業Bに出向き，企業Bの指揮命令関係が生じます。よって，正解は イ です。

請負契約においては，「労働者」，「受託者（事業主）」，「委託者（事業主）」の３者間の関係は右の図のようになります。

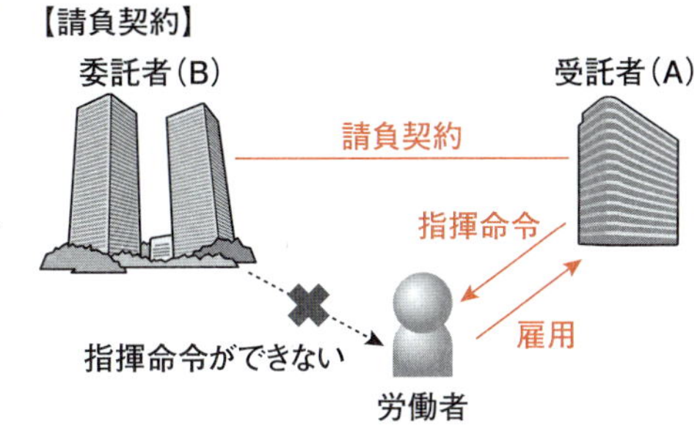

請負契約では，受託者が雇用している労働者が，受託者の指揮命令の下で開発作業を行います。

× ア　企業Aと労働者の間では指揮命令が可能です。⇒不正解です。
○ イ　正解です。
× ウ　企業Bと労働者間での雇用関係はありません。⇒不適切です。
× エ　派遣契約の場合，企業Bに労働者Cが派遣されています。⇒不適切です。

問37 システム監査人 基本

システム監査基準の，「Ⅲ．一般基準」の「2.1 外観上の独立性」の項を引用します。

> システム監査人は，システム監査を客観的に実施するために，監査対象から独立していなければならない。監査の目的によっては，被監査主体と身分上，密接な利害関係を有することがあってはならない。

監査対象の組織や部門に所属する人間をシステム監査人として選別するのは，システム監査基準の外観上の独立性の定義に照らして不適切です。経営者が社内のシステム監査人の外観上の独立性を担保するためには，システム監査人の所属部署を経営者の直轄として，監査対象の部署にはシステム監査人を所属させないようにすることが適切です（エ）。

ア～ウ の記述（ITに関する継続的学習の義務付け，知識や経験の公表，監査技法取得制度の設置）は，いずれも外観上の独立性とは関係がありません。

問38 JIS Q 27001の監査報告書

JIS Q 27001の「6.1.3情報セキュリティリスク対応」の「c)」では，「附属書Aは，管理目的及び管理策の包括的なリストである。この規格の利用者は，必要な管理策の見落としがないことを確実にするために，附属書Aを参照することが求められている。」としています。

そこで，附属書Aを確認すると，「14.2.8」では「セキュリティ機能（functionality）の試験は，開発期間中に実施しなければならない。」としています。

したがって，“監査報告書には試験が開発期間終了後に行っている”旨を記述する必要があります。正解は ア です。

× イ，ウ，エ　管理策の項目と合致しているので問題ありません。

攻略のカギ

請負契約 問36

注文者（委託元事業主）から委託された作業を請け負った請負人（委託先事業主）が作業の完成に責任をもち，納期までに必ず作業の成果物を引き渡すことを約束する契約形態です。請負契約では，委託先事業主が雇用している従業者が，委託先事業主の指揮命令の下で開発作業を行います。委託元事業主には，従業者に対する指揮命令の権限はありません。

解答

問36 イ	問37 エ
問38 ア	

問39

システム監査報告書に記載する指摘事項に関する説明のうち，適切なものはどれか。

ア　監査証拠による裏付けの有無にかかわらず，監査人が指摘事項とする必要があると判断した事項を記載する。

イ　監査人が指摘事項とする必要があると判断した事項のうち，監査対象部門の責任者が承認した事項を記載する。

ウ　調査結果に事実誤認がないことを監査対象部門に確認した上で，監査人が指摘事項とする必要があると判断した事項を記載する。

エ　不備の内容や重要性は考慮せず，全てを漏れなく指摘事項として記載する。

問40

経済産業省"情報セキュリティ監査基準　実施基準ガイドライン（Ver1.0）"における，情報セキュリティ対策の適切性に対して一定の保証を付与することを目的とする監査（保証型の監査）と情報セキュリティ対策の改善に役立つ助言を行うことを目的とする監査（助言型の監査）の実施に関する記述のうち，適切なものはどれか。

ア　同じ監査対象に対して情報セキュリティ監査を実施する場合，保証型の監査から手がけ，保証が得られた後に助言型の監査に切り替えなければならない。

イ　情報セキュリティ監査において，保証型の監査と助言型の監査は排他的であり，監査人はどちらで監査を実施するかを決定しなければならない。

ウ　情報セキュリティ監査を保証型で実施するか助言型で実施するかは，監査要請者のニーズによって決定するのではなく，監査人の責任において決定する。

エ　不特定多数の利害関係者の情報を取り扱う情報システムに対しては，保証型の監査を定期的に実施し，その結果を開示することが有用である。

問41

あるデータセンタでは，受発注管理システムの運用サービスを提供している。次の受発注管理システムの運用中の事象において，インシデントに該当するものはどれか。

〔受発注管理システムの運用中の事象〕
夜間バッチ処理において，注文トランザクションデータから注文書を出力するプログラムが異常終了した。異常終了を検知した運用担当者から連絡を受けた保守担当者は，緊急出社してサービスを回復し，後日，異常終了の原因となったプログラムの誤りを修正した。

ア　異常終了の検知　　　　イ　プログラムの誤り
ウ　プログラムの異常終了　エ　保守担当者の緊急出社

解説

攻略のカギ

問39 システム監査報告書

監査報告書を経営層などに提出する前に，その原案について被監査部門と意見交換をすることがあります。システム監査人の調査不足や誤解などによって，事実と異なることが監査報告書に記載されると，経営層から被監査部門に対して不適切な評価が下されることになります。よって，被監査部門と意見交換をして，監査報告書中の指摘事項や改善勧告に事実誤認がないかどうかを確認します（ウ）。

×ア　監査証拠による裏付けにより，指摘事項を記載する必要があります。
×イ　改善勧告を記載するとき，被監査部門の責任者の承認を受ける必要はありません。
○ウ　正解です。
×エ　指摘事項はその重要性と優先度を考慮して記載する必要があります。

問40 保証型の監査と助言型の監査

経済産業省“情報セキュリティ監査基準実施ガイドライン”で，「情報セキュリティ監査の目的設定」の「2.7」では，「不特定多数の利害関係者が関与する公共性の高い事業又はシステム等、あるいは不特定多数の利害関係者の情報を取扱う場合であって高い機密性の確保が要求される事業又はシステム等については、保証型の監査を定期的に（例えば、1年ごと）利用」とされています。したがって，エが正解です。

×ア　セキュリティ対策の内容と水準を考慮して，助言型の監査とするか，保証型の監査とするか，あるいは併用型の監査とするかの決定を行うため，どちらが先と決まっているわけではありません。
×イ　同じ監査対象に対して情報セキュリティ監査を実施する場合，保証型と助言型は排他的でないため，どちらの監査から実施しなければならないというものではありません。
×ウ　情報セキュリティ監査を保証型監査で実施するか助言型監査で実施するかは，監査要請者のニーズによって決定しますが，監査要請者又は被監査側と調整を重ねておく必要があります。
○エ　正解です。

問41 インシデント よく出る！

インシデントとは，情報システムを利用したサービスを停止させる**出来事（事象）**のことです。出来事の原因があっても，その出来事が実際に発生しない限りはインシデントになりません。

〔受発注管理システムの運用中の事象〕では「プログラムが異常終了」したことによって，注文書の出力ができなくなり，夜間バッチ処理のサービスが停止しています。したがって，ウの「プログラムの異常終了」がインシデントに該当します。「プログラムの誤り」が存在していても，それがプログラムを異常終了させない限りはインシデントにはなりません。

×ア　インシデントの検知に該当します。
×イ　インシデントを発生させた原因です。
○ウ　正解です。
×エ　インシデントに対応するための従業員の行動です。

攻略のカギ

助言型監査 問40
システムに内在する問題点を把握し，その改善策（助言）を監査の依頼者に提示することを目的とする監査。

保証型監査 問40
システムの可用性，機密性などの各種特性を維持するための対策が適切に実行されており，システム監査人が調査した限りではシステムに問題がないことを保証する（お墨付きを得る）ための監査。

解答

問39 ウ　問40 エ
問41 ウ

□□□ 問42 システム運用におけるデータの取扱いに関する記述のうち，最も適切なものはどれか。

ア エラーデータの修正は，データの発生元で行うものと，システムの運用者が所属する運用部門で行うものに分けて実施する。

イ 原始データの信ぴょう性のチェック及び原始データの受渡しの管理は，システムの運用者が所属する運用部門が担当するのが良い。

ウ データの発生元でエラーデータを修正すると時間が掛かるので，エラーデータの修正はできるだけシステムの運用者が所属する運用部門に任せる方が良い。

エ 入力データのエラー検出は，データを処理する段階で行うよりも，入力段階で行った方が検出及び修正の作業効率が良い。

□□□ 問43 組織が実施する作業を，プロジェクトと定常業務の二つに類別するとき，プロジェクトに該当するものはどれか。

ア 企業の経理部門が行っている，月次・半期・年次の決算処理

イ 金融機関の各支店が行っている，個人顧客向けの住宅ローンの貸付け

ウ 精密機器の製造販売企業が行っている，製品の取扱方法に関する問合せへの対応

エ 地方公共団体が行っている，庁舎の建替え

□□□ 問44 クライアントサーバシステムの特徴として，適切なものはどれか。

ア クライアントとサーバが協調して，目的の処理を遂行する分散処理形態であり，サービスという概念で機能を分割し，サーバがサービスを提供する。

イ クライアントとサーバが協調しながら共通のデータ資源にアクセスするために，システム構成として密結合システムを採用している。

ウ クライアントは，多くのサーバからの要求に対して，互いに協調しながら同時にサービスを提供し，サーバからのクライアント資源へのアクセスを制御する。

エ サービスを提供するクライアント内に設置するデータベースも，規模に対応して柔軟に拡大することができる。

解説

問42 データの取扱い

システム運用部門は，データ処理を行う業務のため，入力作業やその修正などの作業は作業効率を考慮して，入力元などに実施してもらう必要があります。したがって，正解は エ です。

×ア エラーデータの修正は，データの発生元で行う必要があるので，システム運用者が気づいた場合は，発生元に確認する必要があります。

×イ システム運用部門の業務はデータ運用のため，原始データの信ぴょう性のチェック及び原始データの受渡しの管理は，別の部門で実施して

攻略のカギ

もらう必要があります。

×ウ　エラーデータの修正は，データの発生元でないと正しいデータの確認ができないので，システム運用部門では実施しません。

○エ　正解です。

問43 プロジェクトと定常業務

組織が実施する作業を“プロジェクト”と“定常業務”に分けた場合，その違いは①時間が限られているものであることと，②独自性がある内容であることです。

この条件で解答群を確認します。

×ア　“企業の経理部門が行っている，月次・半期・年次の決算処理”はある周期で行っている定常業務です。

×イ　“金融機関の各支店が行っている，個人顧客向けの住宅ローンの貸付け”はどこの支店でも行っている定常業務です。

×ウ　“精密機器の製造販売企業が行っている，製品の取扱方法に関する問合せへの対応”は常時開設している定常業務です。

○エ　“地方公共団体が行っている，庁舎の建替え”は地方公共団体ごとに大きさも工期も異なるプロジェクトです。⇒正解です。

問44 クライアントサーバシステム 基本

クライアントサーバシステムでは，処理要求をサーバに送信して処理を代行してもらう立場のコンピュータである「クライアント」と，クライアントからの要求をもとに処理を実行し，その結果をクライアントに返す「サーバ」の，2種類のコンピュータによって処理を行います。このシステムでは，サーバが行う機能を「サービス」として扱っており，各サーバは自分の実行する機能を，サービスとして各クライアントに提供しています（ア）。

○ア　正解です。

×イ　クライアントサーバシステムでは，クライアントとサーバが共通のデータ領域にアクセスすることは，ほとんどありません。クライアントサーバシステムでデータを取り扱う場合，クライアントからの依頼を受けたサーバが，サーバ上で管理されているデータにアクセスすることになります。

×ウ　クライアントとサーバの役割の説明が逆になっています。サービスを提供するのはクライアントではなく，サーバです。

×エ　ウと同様に，クライアントとサーバの役割の説明が逆になっています。サービスを提供するのはクライアントではなく，サーバです。

攻略のカギ

覚えよう！ 問43

プロジェクトの定常業務との違いといえば

- 時間が限られているものであること
- 独自性がある内容であること

サーバ 問44

他のコンピュータから依頼された作業を実行し，その結果を返す側としてのコンピュータ。Webサーバ，メールサーバ，ファイルサーバなどが該当する。

クライアント 問44

サーバに対して作業を依頼し，その結果を受け取る側（顧客）としてのコンピュータ。パソコンなどが該当する。

解答

問42 エ　問43 エ
問44 ア

□□□ **問45** トランザクションT_1が更新中のデータを，トランザクションT_2が参照しようとしたとき，更新と参照の処理結果を矛盾させないようにするためのDBMSの機能はどれか。

ア 最適化　　イ 参照制約
ウ 排他制御　　エ 副問合せ

□□□ **問46** PCを使って電子メールの送受信を行う際に，電子メールの送信とメールサーバからの電子メールの受信に使用するプロトコルの組合せとして，適切なものはどれか。

	送信プロトコル	受信プロトコル
ア	IMAP4	POP3
イ	IMAP4	SMTP
ウ	POP3	IMAP4
エ	SMTP	IMAP4

□□□ **問47** BPOの説明はどれか。

ア 災害や事故で被害を受けても，重要事業を中断させない，又は可能な限り中断時間を短くする仕組みを構築すること
イ 社内業務のうちコアビジネスでない事業に関わる業務の一部又は全部を，外部の専門的な企業に委託すること
ウ 製品の基準生産計画，部品表及び在庫情報を基に，資材の所要量と必要な時期を求め，これを基準に資材の手配，納入の管理を支援する生産管理手法のこと
エ プロジェクトを，戦略との適合性や費用対効果，リスクといった観点から評価を行い，情報化投資のバランスを管理し，最適化を図ること

解説

攻略のカギ

問45 トランザクションの排他制御

複数のトランザクション（プログラム）が，同じデータ（資源）の参照や更新を同時に行うと，データの値に不整合が生じてしまうことがあります。

このような事態を防ぐため，「一つのトランザクションがデータにアクセスしている最中は，他のトランザクションからそのデータにアクセスさせず，待機させておく」という制御が必要となります。この制御を「**排他制御**」といいます。DBMS（データベース管理システム）では，表単位または行単位でデータの排他制御を行っています。正解は ウ です。

× ア　データベースにおける最適化は，複数の領域にある１つのファイルを効率よくするために連続する領域にまとめることです。

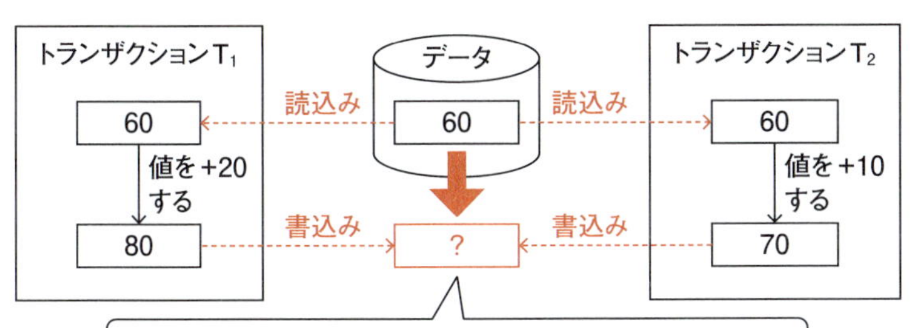

× イ　参照制約は，ある表の外部キーから，別の表の主キーを必ず参照できなければならないという制約です。

○ ウ　正解です。

× エ　副問合せは，SQL文のSELECT句で求めた結果を，別のSELECT句で利用することです。

問46 電子メールの送受信のプロトコル

SMTP（Simple Mail Transfer Protocol）は，電子メールをPCから送信したり，メールサーバ間でメールを送受信したりするときに使用されるプロトコルです。

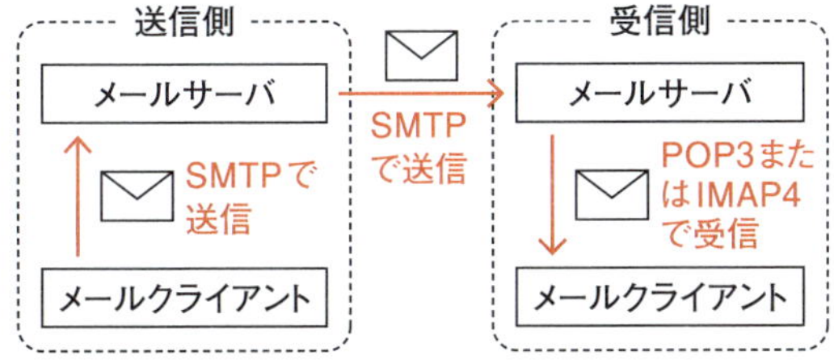

POP3（Post Office Protocol version3）とIMAP4（Internet Message Access Protocol version4）は，受信者のメールクライアントが，メールサーバのメールボックスからメールを受信するプロトコルです。POP3ではメールボックスから電子メールをダウンロードして，メールボックス上のダウンロード済みメールを削除することが前提ですが，IMAP4ではメールボックスに電子メールを保存し続けることが可能です。

正解は エ です。

問47 BPO よく出る！

BPO（Business Process Outsourcing，ビジネスプロセスアウトソーシング）とは，自社の主要な事業に関する業務（コアビジネス）以外を外部に委託して，人材・労力・資金などの経営資源をコアビジネスに集中させることで，効率的に運営する手法のことです。BPOの例としては，総務や人事などの業務をアウトソーシングしたり，コールセンタ業務を外部委託したりすることなどが挙げられます。

× ア　BCM（Business Continuity Management）の説明です。

○ イ　正解です。

× ウ　MRP（Materials Requirements Planning）の説明です。

× エ　IT投資の最適化に関する記述です。

攻略のカギ

POP3 問46

Post Office Protocol version 3。メールサーバのメールボックスから，受信者のメールクライアントが電子メールを取り出すために用いられるプロトコル。POP3では，メールボックスから電子メールをダウンロードして，メールボックス上のダウンロード済みメールを削除することが前提となっている。

IMAP4 問46

Internet Message Access Protocol version4。受信者のメールクライアントが，メールサーバのメールボックスを参照して電子メールを確認するために用いられるプロトコル。IMAP4ではメールボックスに電子メールを保存し続けることが前提となっている。

覚えよう！ 問47

BPO（Business Process Outsourcing）といえば

- コアビジネス以外を外部に委託すること
- 経営資源をコアビジネスに集中させることで，効率的に運営する

解答

問45 ウ	問46 エ
問47 イ	

問48

2種類のIT機器a，bの購入を検討している。それぞれの耐用年数を考慮して投資の回収期間を設定し，この投資で得られる利益の全額を投資額の回収に充てることにした。a，bそれぞれにおいて，設定した回収期間で投資額を回収するために最低限必要となる年間利益に関する記述のうち，適切なものはどれか。ここで，年間利益は毎年均等とし，回収期間における利率は考慮しないものとする。

	a	b
投資額（万円）	90	300
回収期間（年）	3	5

ア　aとbは同額の年間利益が必要である。
イ　aはbの2倍の年間利益が必要である。
ウ　bはaの1.5倍の年間利益が必要である。
エ　bはaの2倍の年間利益が必要である。

問49

RFIに回答した各ベンダに対してRFPを提示した。今後のベンダ選定に当たって，公正に手続を進めるためにあらかじめ実施しておくことはどれか。

ア　RFIの回答内容の評価が高いベンダに対して，選定から外れたときに備えて，再提案できる救済措置を講じておく。
イ　現行のシステムを熟知したベンダに対して，RFPの要求事項とは別に，そのベンダを選定しやすいように評価を高くしておく。
ウ　提案の評価基準や要求事項の適合度への重み付けをするルールを設けるなど，選定の基準や手順を確立しておく。
エ　ベンダ選定から契約締結までの期間を短縮するために，RFPを提示した全ベンダに内示書を発行して，契約書や作業範囲記述書の作成を依頼しておく。

問50

企業が社会的責任を果たすために実施すべき施策のうち，環境対策の観点から実施するものはどれか。

ア　株主に対し，企業の経営状況の透明化を図る。
イ　グリーン購入に向けて社内体制を整備する。
ウ　災害時における従業員のボランティア活動を支援する制度を構築する。
エ　社内に倫理ヘルプラインを設置する。

解説

攻略のカギ

問48　投資の回収

● **aの年間利益**：設定した回収期間（3年）で，投資額の90万円を回収するためには，90（万円）÷3（年）＝30万円／年の利益を最低限確保する必要があります。

- **bの年間利益**：設定した回収期間（5年）で，投資額の300万円を回収するためには，300（万円）÷5（年）＝60万円／年の利益を最低限確保する必要があります。

以上から，bはaの2倍の年間利益を上げる必要があります（エ）。

問49 RFIとRFP 基本

情報システムの発注元が，システム化の目的や業務内容などを示して，ベンダに情報の提供を依頼するための書類を，RFI（Request For Information，情報提供依頼書）といいます。発注元が情報システムの発注を行う場合，最初にRFIをベンダに送付するのが一般的です。

ベンダから情報を受け取った発注元が，発注する情報システムの概要や発注依頼事項，調達条件及びサービスレベル要件などを明示し，情報システムの提案書の提出を依頼するために，ベンダに送付する文書をRFP（Request For Proposal，提案依頼書）といいます。

発注元は，各ベンダから送付されてきた提案書の内容や能力などに基づいて，情報システムの発注をするベンダを選定します。この作業を供給者の選定といいます。供給者の選定では，提案の基準や要求事項への重み付けのルールをあらかじめ決めておき，発注先を適切に選定できるようにします。基準などを事前に決めていないと，懇意にしているベンダが選定から外れそうになったときに，そのベンダが有利になるように後から基準を変更するなどの不正が発生します。ウが適切な記述です。

発注元は，発注先として選定したベンダと契約を締結し，両者の役割や情報システム開発における責任分担などを，相互に確認します。発注元は，発注先に対して内示書を発行します。内示書は，発注先に内定したことを知らせるための非公式な文書です。その後，正式な書類である発注書を送付します。

× ア　このようなことをすると，「公正に手続を進める」ことができません。
× イ　アと同様に，特定のベンダに対して有利になるので，公正に手続を進めることができません。
○ ウ　正解です。
× エ　内示書は，発注先だけに発行するものです。

問50 企業の社会的責任 基本

CSR（Corporate Social Responsibility，企業の社会的責任）とは，企業が社会に与える影響などを適切に把握し，利害関係者などからの要求や要望に対して適切にこたえることで，社会に対して果たすべき責任のことです。

CSRを果たす際に，企業が環境対策の観点で実施することは，グリーン購入に向けて社内体制を整備することです（イ）。グリーン購入とは，国や地方公共団体及び企業などが，環境に配慮した製品やサービスを選んで購入することです。グリーン購入については，グリーン購入法（正式名称：国等による環境物品等の調達の推進等に関する法律）でその目的や責務などが定義されています。

× ア　経営状況の健全化に関する説明です。
○ イ　正解です。
× ウ　社会奉仕に関する説明です。
× エ　社内倫理の確立に関する説明です。

攻略のカギ

覚えよう！ 問49

RFIといえば

- Request For Information，情報提供依頼書
- 情報システムの発注元が，システム化の目的や業務内容などを示して，ベンダに情報の提供を依頼するための書類

RFPといえば

- Request For Proposal，提案依頼書
- ベンダから情報を受け取った発注元が，発注する情報システムの概要や発注依頼事項，調達条件及びサービスレベル要件などを明示し，情報システムの提案書の提出を依頼するために，ベンダに送付する文書

覚えよう！ 問50

CSRといえば

- Corporate Social Responsibility，企業の社会的責任
- 企業が社会に与える影響などを適切に把握し，利害関係者などからの要求や要望に対して適切にこたえることで，社会に対して果たすべき責任のこと

グリーン購入といえば

- 国や地方公共団体及び企業などが，環境に配慮した製品やサービスを選んで購入すること
- グリーン購入法でその目的や責務などが定義されている

解答

問48 エ　問49 ウ
問50 イ

平成31年度 春期 午後問題

全問が必須問題です。必ず解答してください。

問1

サイバー攻撃を想定した演習に関する次の記述を読んで，設問1～4に答えよ。

W社は，自動車電装部品，ガス計測部品及びソーラシステム部品を製造する従業員数1,000名の企業である。経営企画部，人事総務部，情報システム部，調達購買部などのコストセンタ並びに自動車電装部，ガス計測部，及び昨年新規事業として立ち上げられたソーラシステム部の三つのプロフィットセンタから構成されている。ソーラシステム部は現在30名の組織であるが，事業を拡大させるために，毎月，3～4名の従業員を採用しており，組織が拡大している。

W社では，7年前に最高情報セキュリティ責任者（CISO）を委員長とする情報セキュリティ委員会を設置し，情報セキュリティポリシ及び情報セキュリティ関連規程を整備して，ISMS認証を全社で取得した。経営企画部が，情報セキュリティ委員会の事務局を担当している。また，各部の部長が，情報セキュリティ委員会の委員，及び自部における情報セキュリティ責任者を務めている。各情報セキュリティ責任者は，自部の情報セキュリティに関わる実務を担当する情報セキュリティリーダを選任している。

W社は，年に1回，人事総務部が主管となり，大規模な震災などを想定した事業継続計画の演習を実施している。サイバー攻撃を想定した演習は実施したことがないものの，サイバー攻撃などの情報セキュリティインシデント（以下，インシデントという）の対応手順はあり，これまで，事業に深刻な影響を与えるようなサイバー攻撃は受けていない。

〔ソーラシステム部の状況〕

ソーラシステム部では，省エネルギーを推進しており，部で使用する全てのPCには，消費電力の少ないノートPC（以下，NPCという）を選定している。省エネルギー対策の一つとして，全てのNPCは，カバーを閉じると自動的にスリープモードに切り替わるように設定されている。また，情報セキュリティ対策の一つとして，全てのNPCでは，USBストレージなどの外部記憶媒体を使用できないように技術的対策を講じている。

ソーラシステム部の情報セキュリティ責任者はE部長で，情報セキュリティリーダはFさんである。Fさんは，最近，競合他社がサイバー攻撃を受け，その対応に手間取って大きな被害が発生したとのニュースを聞いた。そこで，Fさんは，ソーラシステム部内でサイバー攻撃を想定した演習を行うことを提案した。E部長は提案を承認し，Fさんに演習を計画するように指示した。

〔演習の計画〕

サイバー攻撃を想定した演習は，年1回行うことにした。演習は，一般的に**表1**に示すような机上演習と機能演習の2種類に大別される。機能演習の具体的な形式には，実際のサイバー攻撃に近い形で疑似的なサイバー攻撃を行う［ a ］が含まれる。

表1　サイバー攻撃を想定した演習の種類

種類	説明	主な目的	具体的な形式
机上演習	議論主体の演習である。参加者の緊急時における役割，及び特定の緊急時の対応策について議論する。	参加者に気付きを与える。	・ワークショップ ・ゲーム
機能演習	作業主体の演習である。参加者の緊急時における役割及び責任を，シミュレーション環境で実践する。	作業手順，社内システム，代替施設などが適切に機能することを検証する。	・サイバーレンジトレーニング ・［ a ］

注記　本表は，NIST SP 800-84 や HSEEP（Homeland Security Exercise and Evaluation Program）などを基に，W 社が独自に作成した。

Fさんは，机上演習と機能演習を比較検討した結果，今回は，参加者に気付きを与えられる机上演習として，ワークショップを実施することにした。演習終了後には，参加者からの意見を集めて次回の演習に反映することにした。

Fさんは，机上演習のシナリオを検討するに当たり，サイバーキルチェーンを参考にすることにした。サイバーキルチェーンとは，サイバー攻撃の段階を説明した代表的なモデルの一つである。サイバー攻撃を7段階に区分して，攻撃者の考え方や行動を理解することを目的としている。サイバーキルチェーンのいずれかの段階でチェーンを断ち切ることができれば，被害の発生を防ぐことができる。サイバー攻撃のシナリオをサイバーキルチェーンに基づいて整理した例を**表2**に示す。

表2　サイバー攻撃のシナリオをサイバーキルチェーンに基づいて整理した例

段階	サイバー攻撃のシナリオ
1　偵察	①インターネット上の情報を用いて組織や人物を調査し，攻撃対象の組織や人物に関する情報を取得する。
2　武器化	攻撃対象の組織や人物に特化したエクスプロイトコード[1]やマルウェアを作成する。
3　配送	マルウェア設置サイトにアクセスさせるためになりすましの電子メール（以下，電子メールをメールという）を送付し，本文中の URL をクリックするように攻撃対象者を誘導する。
4　攻撃実行	攻撃対象者をマルウェア設置サイトにアクセスさせ，エクスプロイトコードを実行させる[2]。
5　インストール	攻撃実行の結果，攻撃対象者の PC がマルウェア感染する。
6　遠隔制御	（省略）
7　目的の実行	探し出した内部情報を圧縮や暗号化などの処理を行った後，もち出す。

注記　本表は，JPCERT コーディネーションセンター“高度サイバー攻撃への対処におけるログの活用と分析方法”などを基に，W 社が独自に作成した。
注[1]　脆弱性を悪用するソフトウェアのコードのことであり，攻撃コードとも呼ばれる。
[2]　この段階では，攻撃対象者の PC はマルウェア感染していない。

Fさんは，次の二つの演習のシナリオを取り上げることにした。

シナリオ1　標的型メール攻撃のシナリオである。W 社の取引先をかたった者から，W 社の公開 Web サイトが停止しておりアクセスできない旨の報告をメールで受信した。メールの本文には，W 社の公開 Web サイトを模した偽サイトの URL が記載されている。この場合の対応を行う。

シナリオ2　標的型メール攻撃を受けた結果，マルウェア感染したというシナリオである。従業員の NPC のマルウェア対策ソフトからアラートが画面に表示された。アラートは，マルウェア感染らしき異常が認められたというものである。この場合の対応を行う。

シナリオ1は，表2の“［ b1 ］”の段階での対応であり，シナリオ2は，表2の“［ b2 ］”の段階での対応である。

〔演習の実施〕

演習にはソーラシステム部の全メンバが参加した。Fさんは，メンバを会議室に招集し，参加者を三つのグループに分けて，ワークショップを実施した。ワークショップでは，Fさんは，ファシリテータとして，参加者に対して二つのシナリオを提示した。参加者はグループごとに，W社のインシデント対応手順に従って取るべきアクションを議論し，発表した。W社のインシデント対応手順は，**図1**のとおりである。

1　検知
・インシデント又はインシデントのおそれを発見した場合は，直ちに自部の情報セキュリティリーダに報告する。
2　エスカレーション
・上記1の報告を受けた情報セキュリティリーダは，情報セキュリティ責任者，情報システム部及び関連組織に報告する。
・社外の利害関係者に連絡する場合は，次の手順に従う。
（省略）
3　原因の特定
（省略）
4　一次対応
情報セキュリティリーダは，上記3で特定した原因に対して，必要に応じて情報システム部や関連組織の協力を得ながら，次の一次対応を行う。
・マルウェア感染が疑われる場合は，感染が疑われるNPCなどをネットワークから切り離すことを最優先に実施する。
・ランサムウェア感染が疑われる場合は，上記の一次対応に加えて，電源の強制切断[1]を実施する。
（省略）
5　証拠保全
情報セキュリティリーダは，上記4を実施後，証拠として，W社証拠保全ガイドに従って，情報システム部や関連組織の協力を得ながら，インシデントに関係するコンピュータ，デバイスなどの機器を，操作せずに保管する。
なお，必要に応じて，②証拠保全した機器の調査を情報システム部が外部のセキュリティ専門業者に依頼することがある。
（省略）
6　その他
情報セキュリティリーダは，上記2〜5の対応に当たり，インシデントに至る経緯や対応を，適宜，記録する。
（省略）

注[1]　通常のOS終了処理やスリープモードへの切替えはせずに，機器側から電源ケーブルを抜くこと。NPCの場合は，電源ケーブルを抜いた上でバッテリを外すことも含む。

図1　インシデント対応手順（抜粋）

各グループのワークショップの発表結果は，**表3**のとおりである。

表3　ワークショップの発表結果

シナリオ	グループ1	グループ2	グループ3
1	標的型メール攻撃であるか否かを確認するために，メール本文中の URL をクリックする。クリック後，もし NPC に異常が認められたら，情報セキュリティリーダにインシデントとして報告する。異常が認められなければ，何もしない。	怪しいメールと判断し，メール本文中の URL はクリックしない。インシデントのおそれありと考えられるので，情報セキュリティリーダに報告する。	怪しいメールと判断し，メール本文中の URL はクリックしない。メールをごみ箱に移してから完全に削除する。インシデントのおそれありとは考えられないので，報告は不要と判断する。
2	NPC をネットワークから切り離す。もし，ファイルが勝手に暗号化されるような兆候が認められた場合は，次のようにする。 ・NPC から電源ケーブルを抜く。 ・再起動をしてから，NPC のカバーを閉じて，バッテリを外す。	NPC をネットワークから切り離す。もし，ファイルが勝手に暗号化されるような兆候が認められた場合は，次のようにする。 ・NPC から電源ケーブルを抜く。 ・通常の OS 終了処理は行わず，NPC のカバーを開いたまま，バッテリを外す。	NPC をネットワークから切り離す。もし，ファイルが勝手に暗号化されるような兆候が認められた場合は，次のようにする。 ・NPC から電源ケーブルを抜く。 ・通常の OS 終了処理は行わず，NPC のカバーを閉じて，バッテリを外す。

Fさんは，シナリオ1及びシナリオ2について，適切な対応方法を参加者に解説した。その中で，参加者から，なぜ，通常のOS終了処理ではいけないのかと質問を受けたので，③その理由について説明した。また，演習後に，参加者にアンケートを実施した。

こうして，Fさんは，無事にワークショップを終えた。

〔演習結果の振り返り〕

Fさんが演習中に参加者から受けた質問とFさんの回答は**表4**のとおりであった。

表4　参加者からの質問及びFさんの回答（抜粋）

シナリオ	質問	Fさんの回答
1，2	サイバーキルチェーンの各段階の対策例を知りたい。	“1 偵察”段階の対策としては，次が考えられる。 ・SNS 利用におけるルールを作成する。 ・[c1] ・[c2] （省略）
1	もし，W 社の偽サイトが発見された場合，会社としてどのような対応を行うのか。	取引先及び顧客が被害に遭わないようにするために，次の対応を行う。 ・[d1] ・[d2] （省略）
2	（省略）	（省略）

〔演習結果の報告〕

Fさんは，演習結果，参加者からの質問及び意見，インシデント対応手順の改善案並びに次回の演習に向けての改善案をまとめ，E部長に報告した。また，Fさんは，④ソーラシステム部の組織の状況などを考慮すると，年1回の演習だけでは十分とはいえないと考えて，演習の頻度を上げることをE部長に提案した。E部長は，Fさんからの提案を受け，演習結果とあわせて提案内容を情報セキュリティ委員会に提出した。

情報セキュリティ委員会は，E部長からの提案を受けて，全社としても，サイバー攻撃を想定した演習を実施することにした。

その後，ソーラシステム部は，大きなインシデントの被害もなく順調に事業を拡大し，W社全体としても，更なる情報セキュリティの強化を図ることができた。

設問1 〔演習の計画〕について，(1)～(3)に答えよ。

(1) 本文中及び表1中の［ a ］に入れる具体的な形式はどれか。解答群のうち，最も適切なものを選べ。

aに関する解答群

ア 広域災害対策演習　　イ 情報セキュリティ監査
ウ 脆弱性診断　　エ パンデミック対策演習
オ ビジネスインパクト分析　　カ ファジングテスト
キ ホワイトボックステスト　　ク マルウェア解析
ケ リバースエンジニアリング　　コ レッドチーム演習

(2) 表2中の下線①について，次の(i)～(v)のうち，該当する行為だけを全て挙げた組合せを，解答群の中から選べ。

(i) 攻撃者が，WHOISサイトから，W社の情報システム管理者名や連絡先などを入手する。
(ii) 攻撃者が，W社の公開Webサイトから，HTMLソースのコメント行に残ったシステムのログイン情報などを探す。
(iii) 攻撃者が，W社の役員が登録しているSNSサイトから，攻撃対象の人間関係や趣味などを推定する。
(iv) 攻撃者が，一般的なWebブラウザからはアクセスできないダークWebから，W社のうわさ，内部情報などを探す。
(v) 攻撃者が，インターネットに公開されていないW社の社内ポータルサイトから，会社の組織図や従業員情報，メールアドレスなどを入手する。

解答群

ア (i)，(ii)，(iii)　　イ (i)，(ii)，(iii)，(iv)　　ウ (i)，(ii)，(iii)，(v)
エ (i)，(ii)，(iv)　　オ (i)，(ii)，(iv)，(v)　　カ (i)，(iii)，(iv)，(v)
キ (i)，(iv)，(v)　　ク (ii)，(iii)，(iv)，(v)　　ケ (ii)，(iii)，(v)
コ (iii)，(iv)，(v)

(3) 本文中の［ b1 ］，［ b2 ］に入れる段階の組合せはどれか。bに関する解答群のうち，最も適切なものを選べ。

bに関する解答群

	b1	b2
ア	1　偵察	2　武器化
イ	2　武器化	3　配送
ウ	2　武器化	4　攻撃実行
エ	3　配送	4　攻撃実行
オ	3　配送	5　インストール
カ	4　攻撃実行	5　インストール
キ	4　攻撃実行	6　遠隔制御
ク	5　インストール	6　遠隔制御
ケ	5　インストール	7　目的の実行
コ	6　遠隔制御	7　目的の実行

設問2　〔演習の実施〕について，(1)～(4)に答えよ。

(1) 図1中の下線②を表すものはどれか。解答群のうち，最も適切なものを選べ。

解答群

ア　Webアプリケーションの脆弱性診断
イ　技術動向の監視
ウ　従業員の情報セキュリティ教育や啓発
エ　セキュリティ製品やソリューションの評価
オ　セキュリティツールの開発
カ　ディジタルフォレンジックス

(2) 表3のシナリオ1の発表結果について，W社のインシデント対応手順に沿った対応であるか否かを示す組合せはどれか。解答群のうち，最も適切なものを選べ。ここで，“正”は手順に沿った対応であることを示し，“誤”は手順に沿った対応ではないことを示す。

解答群

	グループ1	グループ2	グループ3
ア	誤	誤	誤
イ	誤	誤	正
ウ	誤	正	誤
エ	誤	正	正
オ	正	誤	誤
カ	正	誤	正
キ	正	正	誤
ク	正	正	正

(3) 表3のシナリオ2の発表結果について，W社のインシデント対応手順に沿った対応であるか否かを示す組合せはどれか。解答群のうち，最も適切なものを選べ。ここで，“正”は手順に沿った対応であることを示し，“誤”は手順に沿った対応ではないことを示す。

解答群

	グループ1	グループ2	グループ3
ア	誤	誤	誤
イ	誤	誤	正
ウ	誤	正	誤
エ	誤	正	正
オ	正	誤	誤
カ	正	誤	正
キ	正	正	誤
ク	正	正	正

(4) 本文中の下線③の理由について，次の(i) ～ (v)のうち，該当するものを二つ挙げた組合せを，解答群の中から選べ。

(i) 通常のOS終了処理を行うと，記憶媒体に異常が生じることがあるから
(ii) 通常のOS終了処理を行うと，その間にもファイルが暗号化され，被害が拡大することがあるから
(iii) 通常のOS終了処理を行うと，調査に必要な情報の一部が失われることがあるから
(iv) 通常のOS終了処理を行うと，バッテリやマザーボードが故障することがあるから
(v) 通常のOS終了処理を行うと，メーカのサポートを受けられなくなることがあるから

解答群

ア (i)，(ii)　イ (i)，(iii)　ウ (i)，(iv)
エ (i)，(v)　オ (ii)，(iii)　カ (ii)，(iv)
キ (ii)，(v)　ク (iii)，(iv)　ケ (iii)，(v)
コ (iv)，(v)

設問3 〔演習結果の振り返り〕について，(1)，(2)に答えよ。

(1) 表4中の c1 ， c2 に入れる，次の(i) ～ (vii)の組合せはどれか。cに関する解答群のうち，最も適切なものを選べ。

(i) インシデント発生後に迅速な対応ができるように，社内にCSIRTを構築する。
(ii) インターネット上の匿名掲示板などに社内情報を書き込まないように，従業員に対して情報セキュリティ教育を行う。
(iii) 攻撃者に有用な情報を渡さないように，外部のセキュリティ専門業者に，SNSや匿名掲示板などの監視を依頼する。
(iv) 攻撃者の偵察を検知するために，W社の社内Webサーバやプロキシサーバへのアクセス内容をログに記録する。
(v) 実行形式のファイルが添付されたメールを受信したら直ちに削除するように，従業員に対して情報セキュリティ教育を行う。
(vi) 情報漏えいの被害を低減させるために，W社のファイルサーバのファイルを全て暗号化する。
(vii) マルウェア感染の被害を低減させるために，W社の全てのNPCに対して，マルウェア対策ソフトのマルウェア定義ファイルを更新する。

cに関する解答群

	c1	c2
ア	(i)	(ii)
イ	(i)	(vii)
ウ	(ii)	(iii)
エ	(ii)	(iv)
オ	(iii)	(iv)
カ	(iii)	(vi)
キ	(iv)	(v)
ク	(v)	(vi)
ケ	(v)	(vii)
コ	(vi)	(vii)

(2) 表4中の[d1], [d2]に入れる，次の (i) ～ (v) の組合せはどれか。dに関する解答群のうち，最も適切なものを選べ。

(i) 偽サイトが閉鎖されるまでの間，W社の公開Webサイトを閉鎖する。
(ii) 偽サイトにアクセスしないように，その存在と危険性について外部に公表する。
(iii) 偽サイトにアクセスできないように，Webフィルタリングを設定する。
(iv) 偽サイトを攻撃するように，外部のセキュリティ専門業者に依頼する。
(v) 偽サイトを閉鎖するように，偽サイトのIPアドレスの割当てを管理しているプロバイダに依頼する。

dに関する解答群

	d1	d2
ア	(i)	(ii)
イ	(i)	(iii)
ウ	(i)	(iv)
エ	(i)	(v)
オ	(ii)	(iii)
カ	(ii)	(iv)
キ	(ii)	(v)
ク	(iii)	(iv)
ケ	(iii)	(v)
コ	(iv)	(v)

設問4 本文中の下線④について，Fさんが考えた理由はどれか。解答群のうち，最も適切なものを選べ。

解答群

ア ISMS認証を取得しているから
イ オフィスの省エネルギーを推進しているから

ウ　事業に深刻な影響を与えるようなサイバー攻撃を過去に受けたことがあるから
エ　プロフィットセンタであるから
オ　毎月，3～4名の従業員を採用しているから

問1 攻略のカギ

本問では，サイバー攻撃を想定した機能演習を題材にして演習の種類やその目的などを問われています。

設問1（1）演習の名称は他の試験も含めて初めての出題なので，異なる解答群を削っていき解答を絞り込む必要があります。

（2）攻撃者の考え方や行動を確認するもので，「偵察」はその始まりなので，後述されている情報に注意してください。

（3）**表2**とシナリオを見比べると，同じ内容が書かれているので，それが解答になります。

設問2（1）セキュリティの基本的な考え方として，訴訟や今後の分析にも使用できるものとして証拠保全をする必要があります。

（2）**図1**と**表3**を見比べると明らかにおかしい部分がわかります。

（3）**図1**欄外の注の部分を確認する必要があります。

（4）通常のOS終了をすれば，それだけマルウェアに感染している時間も長くなることが問題です。

設問3（1）偵察されないようにするには，自社の情報を外部にさらさないようにする必要があります。

（2）取引先及び顧客への対策なので，本物でないことと偽サイトにアクセスできないようにすることは重要です。

設問4　ソーラシステム部の組織の状況を確認する必要があります。

設問1 演習の計画

(1)

機能演習で実施し，実際のサイバー攻撃に近い形で疑似的にサイバー攻撃を行う演習をレッドチーム演習といいます。レッドチーム演習はシナリオがあり，それに基づいた実戦的な体制，機器，人などの側面からセキュリティを強化することが目的です。したがって，コが正解です。

×ア　広域災害対策演習とは，大規模災害（地震，津波など）が起こった際のシナリオに基づく演習です。

×イ　情報セキュリティ監査とは，システムが情報セキュリティ条件を満たしているかを確認する作業のことです。

×ウ　脆弱性診断とは，システムなどにある脆弱性を発見することをいいます。

×エ　パンデミック対策演習とは，爆発的に流行をするインフルエンザなどの対策シナリオによる演習のことです。

×オ　ビジネスインパクト分析とは，災害などで停止してしまう業務などがビジネスに与える影響度を分析することをいいます。

×カ　ファジングテストとは，ソフトウェアの脆弱性を発見するためのテストのことです。

×キ　ホワイトボックステストとは，モジュールの内部構造の流れを検査するためのテストケースを作成してテストを行う方法です。

×ク　マルウェア解析とはさまざまなソフトウェアの中でどれがマルウェアかを判定することをいいます。

×ケ　リバースエンジニアリングとは，通常のシステム開発の逆の手順を取り，既存のプログラムやシステムに対して，要求仕様を導き出す技術のことです。

(2)

サイバーキルチェーンは，**表2**により「偵察→武器化→配送→攻撃実行→インストール→遠隔制御→目的の実行」の7段階に区分しています。

このうち下線①は「偵察」なので，攻撃者が狙った準備の段階です。それに該当するものを（i）～（v）で確

認します。

(i) WHOISサイトは，ドメイン名やシステム管理者名や連絡先（メールアドレス）を入手するサイトなので，攻撃準備の偵察にあたります。

(ii) 公開Webサイトは，HTMLソースコードがわかるので，そのコメント行に残ったシステムのログイン情報などを探すことで，不正ログイン可能準備の偵察にあたります。

(iii) SNSサイトから，その攻撃対象の人間関係や趣味などを推定することができ，そこからの攻撃が可能になるため，偵察になります。

(iv) 一般的なWebブラウザからはアクセスできない専用のダークWebから，うわさ，内部情報などを探すことも偵察になります。

(v) インターネットに公開されていないW社の社内ポータルサイトから，会社の組織図や従業員情報，メールアドレスなどを入手することは，不正アクセス後に行うことなので，偵察にはあたりません。

よって，(i)，(ii) (iii)，(iv) の イ になります。

(3)

シナリオ1を確認すると，「標的型メール攻撃のシナリオである。W社の取引先をかたった者から，W社の公開Webサイトが停止しており**アクセスできない旨の報告をメールで受信した。メールの本文には，W社の公開Webサイトを模した偽サイトのURLが記載されている。**この場合の対応を行う。」より，なりすましメールを使って，URLをクリックするように攻撃対象者を誘導するので，b1は“配送”にあたります。

シナリオ2を確認すると，「標的型メール攻撃を受けた結果，マルウェア感染したというシナリオである。従業員のNPCのマルウェア対策ソフトからアラートが画面に表示された。アラートは，マルウェア感染らしき異常が認められたというものである。この場合の対応を行う。」より，マルウェアに感染しているため，b2は“インストール”になります。したがって，解答は オ です。

設問2 演習の実施

(1)

企業のネットワークに不正にアクセスするなどのコンピュータ犯罪に対して，その証拠となるサーバやネットワーク機器のログなどを保存するために必要な措置を行い，各種の手段を用いて証拠を分析して犯罪行為の調査をすることを，“ディジタルフォレンジックス”といいます。**図1**インシデントの発生対応手順の下線②で行ったのはディジタルフォレンジックスです。正解は カ です。

× ア Webアプリケーションの脆弱性診断は専用ソフトウェアを使用して行います。

× イ 技術動向の監視はセキュリティ技術者が常に実施しておかなければならないものです。

× ウ 従業員の情報セキュリティ教育や啓発は定期的に実施するものです。

× エ セキュリティ製品やソリューションの評価は一般にJIS規格などにもありますが，自社に合った製品導入が必要です。

× オ セキュリティツールは，自社の要件に合うものを開発する必要があります。

(2)

シナリオ1でグループ1は，「メール本文のURLをクリック」しています（**図AのⒶ**）。また，グループ3も「メールをゴミ箱に移してから削除」しています（**図AのⒷ**）。これらは，**図1**の「5　証拠保全　…インシデントに関係するコンピュータ，デバイスなどの機器を，操作せずに保管する。」に反しています。よって，グループ1，2，3の順に“誤，正，誤”（ ウ ）になります。

(3)

シナリオ2でグループ1は，「再起動してから，…バッテリを外す」をしています。また，グループ3も「NPCのカバーを閉じてバッテリを外し」ています（**図AのⒸ**）。これらは，**図1**の「4　一次対応　…電源の強制切断　注[1]　通常のOS終了処理やスリープモードへの切替えはせずに…」に反しています。よって，グループ1，2，3の順に“誤，正，誤”（ ウ ）になります。

(4)

“通常のOS終了処理”をしていないのは，シナリオ2についてです（**図AのⒹ**）。そこで，シナリオ2で起こっているマルウェアに感染している場合を検討します。この場合，一刻も早く電源を落とさなければいけません。特に，NPCの場合は電源コードを抜いてもバッテリが稼働しているのでそのバッテリも外す必要があります。もし，OSの通常終了を行えばその分，マルウェアも動作をし続けるのでマルウェアが内部のデータなどに次々と悪さをする可能性があります。

上記のことを考慮して，(i) ～ (v) を確認すると，

(i) 記憶媒体の格納データに異常が起こる可能性がありますが，媒体自身に起こることはありません。

(ii) マルウェアがランサムウェアの場合，ファイルに次々と暗号化していってしまうために早く電源を落とす必要があります。

表3　ワークショップの発表結果

シナリオ	グループ1	グループ2	グループ3
1	標的型メール攻撃であるか否かを確認するために，Ⓐメール本文中の URL をクリックする。クリック後，もし NPC に異常が認められたら，情報セキュリティリーダにインシデントとして報告する。異常が認められなければ，何もしない。	怪しいメールと判断し，メール本文中の URL はクリックしない。インシデントのおそれありと考えられるので，情報セキュリティリーダに報告する。	怪しいメールと判断し，メール本文中の URL はクリックしない。Ⓑメールをごみ箱に移してから完全に削除する。インシデントのおそれありとは考えられないので，報告は不要と判断する。
2	NPC をネットワークから切り離す。もし，ファイルが勝手に暗号化されるような兆候が認められた場合は，次のようにする。 ・NPC から電源ケーブルを抜く。 ・Ⓒ再起動をしてから，NPC のカバーを閉じて，バッテリを外す。	NPC をネットワークから切り離す。もし，ファイルが勝手に暗号化されるような兆候が認められた場合は，次のようにする。 ・NPC から電源ケーブルを抜く。 ・Ⓓ通常の OS 終了処理は行わず，NPC のカバーを開いたまま，バッテリを外す。	NPC をネットワークから切り離す。もし，ファイルが勝手に暗号化されるような兆候が認められた場合は，次のようにする。 ・NPC から電源ケーブルを抜く。 ・Ⓒ通常の OS 終了処理は行わず，NPC のカバーを閉じて，バッテリを外す。

図A

(iii) マルウェアが自分の形跡を消していくパターンの場合，動作している分その形跡を消されて調査できなくなってしまう可能性があります。

(iv) バッテリやマザーボードを故障させるマルウェアも存在しますが，OS通常処理とは関係がありません。

(v) 通常のOS終了処理をするかどうかでメーカのサポートが受けられなくなることはありません。

以上から，**オ**（(ii)，(iii)）が適切です。

設問3　演習結果の振り返り

(1)

空欄c1，c2は，それぞれサイバー攻撃者が考えると思われる内容の偵察段階の対策例を解答するものです。ここでは，攻撃者に情報を与えないようにする対策を取る必要があります。そこで，(ⅰ)～(ⅶ)を順に確認します。

(i) CSIRT (Computer Security Incident Response Team)は，ネットワーク上での各種の問題（不正アクセス，マルウェア，情報漏えいなど）を監視し，その報告を受け取って原因を調査したり，対策を検討したりする組織です。CSIRTは企業内・組織内または公的機関内に設置されるものですが，情報を攻撃者に与えることを防げません。

(ii) インターネットの匿名掲示板に情報を書き込むことで自社の情報が漏れてしまう可能性があるので，従業員に教育を行うことは対策になります。

(iii) 匿名掲示板やSNSに自社の情報が掲載された場合にすぐに対応を取れるように，セキュリティ専門会社に依頼することは対策になります。

(iv) Webサーバやプロキシサーバへのアクセス内容をログに記録するだけでは，誰が何をしているかはわかりますが，外部に情報が漏れることを防げません。

(v) 実行形式のファイルが添付されたメールを受信したら直ちに削除することは，マルウェア感染の対策にはなりますが，情報を与えることとは直接関係がありません。

(vi) ファイルサーバのファイルを暗号化することで，外部からの不正アクセスに対策になりますが，自社の情報を流す対策にはなりません。

(vii) マルウェア対策ファイルソフトのマルウェア定義ファイルを更新することでマルウェアに感染する可能性は低くなりますが，外部に情報を与えることとは関係がありません。

よって，正解は，(ii)，(iii)の**ウ**になります。

(2)

空欄d1，d2は，それぞれ偽サイトが発見された場合の対処法を取引先及び顧客が被害に遭わないようにする対応を解答するものです。ここでは，偽サイトが正しいサイトではないことを取引先及び顧客に知ってもらう必要があります。そこで，(i)～(v)を順に確認します。

(i) 自社のサイトを閉鎖すると偽サイトが本物であると思われますので，対応として誤りです。

(ii) 自社サイトで偽サイトにアクセスしないように注意喚起することは必要な対応です。

(iii) 偽サイトにアクセスできないように自社でWebフィルタリングをしても取引先及び顧客からはアクセスできますので対策にはなりません。

(iv) 偽サイトを攻撃しても本質的な対策にはなりませんし，その外部のセキュリティ専門業者も不正アクセスとなります。

(v) IPアドレスからプロバイダが分かる場合，偽である(本物でない)証拠を見せてそのサイトを接続できないようにしてもらうことは対策になります。

よって，正解は，(ii)，(v)の キ になります。

設問4 演習結果の報告

下線④では「ソーラシステム部の組織の状況などを考慮すると，年1回の演習だけでは十分とはいえない」と考えて，演習の頻度を上げることをE部長に提案したとあります。

問題文の冒頭に，「ソーラシステム部は現在30名の組織であるが，事業を拡大させるために，毎月，3～4名の従業員を採用しており，組織が拡大している。」となっているため，年1回の演習では最大1年間も演習を行わない従業員も出てくる可能性があり得ます。したがって，"毎月，3～4名の従業員を採用しているから"（オ）が正解です。

解答

設問1	(1) a：コ	設問3	(1) c：ウ
	(2) イ		(2) d：キ
	(3) b：オ	設問4	オ
設問2	(1) カ		
	(2) ウ		
	(3) ウ		
	(4) オ		

問2　企業における情報セキュリティ管理に関する次の記述を読んで，設問1～4に答えよ。

X社は，機械製品及び産業用資材の輸入及び国内販売業務を行う従業員数1,000名の商社であり，機械営業部，資材営業部，総務部，情報システム部などがある。

X社は，数年前に同業他社で発生した情報セキュリティ事故を機に，情報セキュリティ管理に力を入れるようになり，JIS Q 27001に基づく情報セキュリティマネジメントシステム（以下，X社ISMSという）を構築し，ISMS認証を取得している。

X社ISMSでは，副社長である最高情報セキュリティ責任者（CISO）を委員長とする情報セキュリティ委員会を設置し，各部の部長が情報セキュリティ委員会の委員を務めている。また，各部の部長は自部の情報セキュリティリーダを指名する。情報セキュリティ委員会はX社ISMSの年間活動計画を決定する。

X社ISMSの活動の実務は，各部の情報セキュリティリーダから構成されるISMSワーキンググループ（以下，ISMS-WGという）が行っている。ISMS-WGのリーダは，情報システム部のS課長である。ISMS-WGは，年間活動計画に基づき活動するほか，X社ISMS規程などの文書（以下，X社ISMS文書という）の改定案の検討を行う。

〔X社ISMSの年間活動計画〕

4月のある日，今年度初めてのISMS-WG会合が開催され，その席上で，**表1**に示すX社ISMSの年間活動計画が提示された。また，6月に実施される情報資産目録の見直しについてS課長から説明があった。X社ISMSでは各部において情報資産の名称，管理責任者，重要度，保管場所，保管期間を記した情報資産目録を作成し，毎年見直すことになっている。しかし，毎年見直し後に幾つかの記載の過不足が見つかっていることから，見直し後の記載に過不足がないことをよく確認するよう，改めてS課長がISMS-WGのメンバに対して注意を促した。

表1　X社ISMSの年間活動計画（抜粋）

時期	内容
5月	ISMS-WGメンバ向け情報セキュリティ教育の実施
6月	各部における①情報資産目録の見直し
8月	全社を対象にした情報セキュリティリスクアセスメントの実施及びリスク対応計画の策定
12月	従業員向け情報セキュリティ教育の実施
1月	X社ISMS規程の順守状況に関する内部監査の実施
3月	情報セキュリティ委員会への年間活動報告及び情報セキュリティ委員会の審議事項の取りまとめ
随時[1]	情報セキュリティリスクアセスメントの実施及びリスク対応

注[1]　業務若しくは情報資産の大きな変更，又は情報セキュリティインシデントが発生した場合。

〔販路拡大のための施策〕

最近になって，主な取引先である海外のY社が，新製品として個人向けの3Dプリンタ（以下，3DPという）を開発した。これまでX社は個人向けには製品を販売していなかったが，機械営業部では3DPの個人向け販売を販路拡大の機会と捉え，そのための施策を検討した。その結果を**表2**に示す。

表2　販路拡大のための施策

施策	内容
個人向け通信販売	インターネットを利用して，3DPの個人向け通信販売を行う。
X社Webサイトの改修	購入者が3DPの関連情報を参照したり利用者登録をしたりできるよう，X社Webサイトを改修する。
SNSによる情報提供	一般に広く使われている，短文の投稿及び写真の掲載が可能なSNSを利用し，新たに登録するX社公式アカウントを通じて3DPの使い方のコツ，ファームウェアの更新情報，利用事例などを紹介する。

機械営業部の情報セキュリティリーダであるT課長は，これらの施策に係る情報セキュリティリスクアセスメントの実施とリスク対応が必要と考え，S課長に相談したところ，**表3**のようなアドバイスを受けた。

表3　S課長のアドバイス

施策	アドバイス
個人向け通信販売	・通信販売の開始によって，②適用される法令への対応と，それに伴うX社ISMS文書の見直しが必要になる。 ・クレジットカードによる決済への対応として，次の二つの案が考えられる。 案1　X社Webサイトを改修し，X社でクレジットカード決済を行う。［　a　］への準拠が必要になるので，X社ISMSに管理策を追加する。 案2　通信販売は行うが，X社としてクレジットカード情報を非保持化する。クレジットカード決済には外部のオンラインショッピングサイトを利用する。
X社Webサイトの改修	（省略）
SNSによる情報提供	・X社ISMSにおいては，業務用PCでのSNSの利用が禁止されている。業務でSNSを利用するのであれば，SNSのリスクについて検討した上で，X社ISMS文書を見直す必要がある。

S課長のアドバイスを受け，T課長は個人向け通信販売については，案2を採用し，外部のオンラインショッピングサイトを利用するのがよいと考えた。利用するシステムの詳細が固まった後に改めて情報セキュリティリスクアセスメントを行い，ISMS-WGに確認してもらうことにした。

次に，S課長とT課長はSNSを利用した情報提供に起因するリスクについて検討することにした。S課長は，T課長に次のリスクを説明した。

リスク1　X社の従業員が，X社公式アカウントを用いてX社の信用及び評判を低下させるような投稿を行う。

リスク2　第三者がX社公式アカウントを装い，X社の信用及び評判を低下させるような投稿を行う。

リスク3　第三者がX社公式アカウントを乗っ取り，X社の信用及び評判を低下させるような投稿を行う。

S課長の説明を聞いたT課長は，機械営業部だけでこれらのリスクに対応することは困難と判断した。そこで，SNSを利用した情報提供に起因するリスクについては，全社的な対策を立案するようS課長に依頼した。

また，S課長は，業務外でのSNSの個人利用についても，次のようなリスクがあることをT課長に説明した。

リスク4　X社の従業員が，X社の信用及び評判を損なうような不用意な投稿を行う。

リスク5　X社の従業員が，その投稿から③X社及び従業員の情報を攻撃者に推測され，X社に対する標的型攻撃の手掛かりにされるような不用意な投稿を行う。

これらのリスクを踏まえ，T課長は，業務外でのSNSの個人利用についても，従業員向けに何らかの指針を示すのがよいのではないかとS課長に提言した。S課長は，SNSの利用に関するルールを立案し，ISMS-

WGで検討することにした。

〔SNSの利用に関する情報セキュリティ対策〕

数日後，S課長はX社公式アカウントの運用に関する情報セキュリティ対策の案を作成した。その内容を**表4**に示す。

表4　X社公式アカウントの運用に関する情報セキュリティ対策（案）

項目	内容
利用目的の限定	X 社公式アカウントの利用は，製品情報の発信，お客様からの問合せへの返信などの業務目的に限定する。
発信者の限定	X 社公式アカウントを利用する担当者（以下，SNS 担当者という）を限定する。
X 社からの公式な情報発信であることの明示	X 社公式アカウントについて，次の事項を実施する。 ・ b1 ・ b2 ・ b3
アカウント乗っ取りの防止	SNS 担当者に対して，次の事項を徹底させる。 ・ c1 ・ c2 ・ c3

また，S課長は，SNSの個人利用に関する指針を策定し，12月に実施する従業員向け情報セキュリティ教育の内容に含めることにした。SNSの個人利用を一律に禁止することは適切でないので，この指針では，法令及び雇用契約上の要求事項の観点から従業員が順守すべき事項と，SNSの利用に当たって従業員が実施することが推奨される事項に分けて記載することにした。その概要を**表5**に示す。

表5　SNSの個人利用に関する指針（概要）

項目	内容
順守すべき事項	SNS の個人利用においては，次の事項を順守する。 ・ d1 ・ d2 ・ d3 （省略）
推奨される事項	SNS の個人利用においては，次の事項を実施することが推奨される。 ・ e1 ・ e2 ・ e3 （省略）

X社公式アカウントの運用に関する情報セキュリティ対策及びSNSの個人利用に関する指針は，ISMS-WGでの検討を経て情報セキュリティ委員会において承認された。

〔オンラインショッピングサイトの利用〕

機械営業部は，大手通信販売業者であるZ社のオンラインショッピングサイト（以下，Zショップという）を利用して個人向けに3DP及びオプション品を販売することにした。Zショップでは，消費者向けサイト以外にも各出品者用にポータルサイトを提供している。

X社には，Z社からX社専用のポータルサイト（以下，X社ポータルという）へのアクセス権が付与され，X社ポータルを利用する業務担当者用アカウントを追加又は削除可能な管理者用アカウントが一つ設定された。この管理者用アカウントでは，X社ポータルの他の機能を利用する個々の業務担当者用アカウントの管理だけを行うことにした。X社ポータルで業務担当者用アカウントを追加すると，その業務担当者のメールアドレスに対して電子メールが送信され，初期パスワードの変更が促される。

X社ポータルで利用可能な機能とその内容を**表6**に示す。

表6　X社ポータルの機能と内容

機能	内容
商品登録	・Zショップに出品する商品の情報の登録，修正及び削除
在庫管理	・Zショップに出品した商品の在庫数及び販売価格の管理
受注管理	・Zショップで受注した商品の納期，配送先の氏名，住所などの受注情報の確認 ・受注情報のCSV形式でのダウンロード ・購入者への発送通知
売上管理	・取引ごとの売上情報の確認 ・Z社に支払う手数料及びZ社からの入金に関する情報（以下，決済情報という）の確認 ・売上情報及び決済情報のCSV形式でのダウンロード
アカウント管理	・X社ポータルにアクセスできる別の業務担当者用アカウントの追加 ・システム上の役割（以下，ロールという）の登録，削除 ・X社ポータルの機能と次のいずれかの利用権限の組合せの，ロールへの付与 編集：情報の閲覧，ダウンロード及び編集ができる。 閲覧：情報の閲覧はできるがダウンロードと編集はできない。 ・アカウントへのロールの設定

機械営業部では，X社ポータルで**表7**に示すロールを新たに登録することにした。

表7　X社ポータルに新たに登録するロールと主な作業

新たなロール	X社ポータルで行う主な作業
商品担当者ロール	・出品する商品の情報を管理する。 ・在庫状況を反映する。
発送担当者ロール	・受注情報をダウンロードし，それに基づく商品発送を行う。 ・発送が完了したら，発送通知を行う。
経理担当者ロール	・売上情報及び決済情報をダウンロードし，X社の会計システムに入力する。

アカウントにロールを設定された業務担当者は，自分の業務用PCでX社ポータルにアクセスし，利用権限を付与された機能を利用して作業を行う。

機械営業部では，表6及び表7を基に，各ロールに付与する利用権限を検討することにした。その案を**表8**に示す。

表8　各ロールに付与する利用権限（案）

機能 ロール	商品登録	在庫管理	受注管理	売上管理	アカウント管理
X社ポータル管理者ロール[1]	◎	◎	◎	◎	◎
商品担当者ロール	◎	◎	×	×	×
発送担当者ロール	○	◎	◎	×	×
経理担当者ロール	×	○	○	◎	×

注記　◎は編集の利用権限が付与されることを，○は閲覧の利用権限が付与されることを，×は利用権限が付与されないことを示す。
注[1]　あらかじめ管理者用アカウントに設定されている。

平成31年度 春 午後

X社ISMSでは，今回のように業務を大きく変更する場合は，情報セキュリティリスクアセスメントを実施し，リスク対応を行うことになっている。そこで，この案について，T課長がS課長に相談したところ，次の指摘を受けた。

指摘1　発送担当者ロールを割り当てられた業務担当者は業務で購入者情報を扱うので，その業務担当者の業務用PCに購入者情報が蓄積されるおそれがあり，対策が必要である。

指摘2　X社ポータル管理者ロールの利用権限が過大であり，不正が起こるおそれがある。X社ポータル管理者ロールの利用権限を分割すべきである。

これらの指摘を受け，T課長は，指摘1については，発送担当者ロールを割り当てられた業務担当者に対して業務用PCに蓄積された購入者情報の利用後の削除を徹底させるとともに，購入者情報が蓄積されていないことを上長に定期的に点検させることにした。また，指摘2については，表8を見直してX社ポータル管理者ロールの利用はやめるとともに，アカウント管理を含むX社ポータルの各機能の利用状況のモニタリングを行うために，新たなロールを追加することにした。追加する新たなロールとそのロールに付与する利用権限の案を，**表9**に示す。

表9　追加する新たなロールとそのロールに付与する利用権限（案）

ロール＼機能	商品登録	在庫管理	受注管理	売上管理	アカウント管理
アカウント管理ロール	（省略）			f1	f2
モニタリングロール				g1	g2

これらの案はISMS-WGで検討され，情報セキュリティ委員会の承認を得て，Zショップで3DPの販売が開始されることになった。

その後，Zショップからの新製品の販売は順調に進んでいる。

設問1　表1中の下線①について，該当する作業を三つ，解答群の中から選べ。

解答群

ア　新たに追加された情報資産の名称と管理責任者を記載する。
イ　記載された情報資産の重要度が適切であるか確認する。
ウ　記載された情報資産のリスクを低減する。
エ　情報資産目録に対するアクセス権を設定する。
オ　情報資産目録の情報セキュリティパフォーマンス及びX社ISMSの有効性を評価する。
カ　廃棄された情報資産を情報資産目録から削除する。

設問2　〔販路拡大のための施策〕について，（1）～（3）に答えよ。

（1）表3中の下線②について，適用される法令，及び見直しが必要なX社ISMS文書の組合せはどれか。解答群のうち，最も適切なものを選べ。

解答群

	法令	X社ISMS文書
ア	個人情報の保護に関する法律	情報セキュリティ方針
イ	個人情報の保護に関する法律	適用宣言書
ウ	個人情報の保護に関する法律	適用法規制一覧
エ	電気通信事業法	情報セキュリティ方針
オ	電気通信事業法	適用宣言書
カ	電気通信事業法	適用法規制一覧
キ	特定商取引に関する法律	情報セキュリティ方針
ク	特定商取引に関する法律	適用宣言書
ケ	特定商取引に関する法律	適用法規制一覧

(2) 表3中の[a]に入れる適切な字句を，解答群の中から選べ。

aに関する解答群

ア JIS Q 15001
イ JIS Q 20000
ウ JIS Q 27017
エ NIST SP 800-171
オ PCI DSS
カ 情報セキュリティサービス基準

(3) 本文中の下線③に当てはまる攻撃手法はどれか。解答群のうち，最も適切なものを選べ。

解答群

ア キーロガー
イ クリプトジャッキング
ウ サイドチャネル攻撃
エ セッション固定攻撃
オ 総当たり攻撃
カ ソーシャルエンジニアリング
キ ディレクトリトラバーサル
ク パスワードリスト攻撃
ケ バッファオーバフロー攻撃
コ レインボー攻撃

設問3 〔SNSの利用に関する情報セキュリティ対策〕について，(1)～(4)に答えよ。

(1) 表4中の[b1]～[b3]に入れる，次の(i)～(v)の組合せはどれか。bに関する解答群のうち，最も適切なものを選べ。

(i) SNSアカウントのプロフィールにおいて，X社のアカウントであることを明示する。
(ii) SNS担当者の個人アカウントとX社公式アカウントとの相互フォローを行う。
(iii) SNSの提供業者に審査を申請し，認証済みアカウントであることを表示してもらう。
(iv) X社Webサイトに，X社公式アカウントのページへのリンク及びX社公式アカウントの運用方針を明示する。
(v) X社のメールサーバで，SPF (Sender Policy Framework) を用いた送信ドメイン認証を行う。

bに関する解答群

	b1	b2	b3
ア	(i)	(ii)	(iii)
イ	(i)	(ii)	(iv)
ウ	(i)	(ii)	(v)
エ	(i)	(iii)	(iv)
オ	(i)	(iii)	(v)
カ	(i)	(iv)	(v)
キ	(ii)	(iii)	(iv)
ク	(ii)	(iii)	(v)
ケ	(ii)	(iv)	(v)
コ	(iii)	(iv)	(v)

(2) 表4中の[c1]～[c3]に入れる，次の (i) ～ (v) の組合せはどれか。cに関する解答群のうち，最も適切なものを選べ。

(i) X社公式アカウントによる投稿への，利用者からのアクセス状況をレビューする。
(ii) X社公式アカウントのパスワードを他のサービスのものと共用しない。
(iii) X社公式アカウントの利用者IDを広く宣伝し，認知度を高める。
(iv) X社公式アカウントへの投稿については，社内の定められた業務用PCからだけ行う。
(v) X社公式アカウントへのログインには，記憶を利用した認証と所持しているものを利用した認証を併用する。

cに関する解答群

	c1	c2	c3
ア	(i)	(ii)	(iii)
イ	(i)	(ii)	(iv)
ウ	(i)	(ii)	(v)
エ	(i)	(iii)	(iv)
オ	(i)	(iii)	(v)
カ	(i)	(iv)	(v)
キ	(ii)	(iii)	(iv)
ク	(ii)	(iii)	(v)
ケ	(ii)	(iv)	(v)
コ	(iii)	(iv)	(v)

(3) 表5中の[d1]～[d3]に入れる，次の (i) ～ (v) の組合せはどれか。dに関する解答群のうち，最も適切なものを選べ。

(i) 業務上の守秘義務に反する投稿を行わない。
(ii) 業務用PCではSNSの個人利用を行わない。
(iii) 自分の投稿はX社の公式見解である旨をSNSのプロフィールに明示する。
(iv) 投稿に当たっては，著作権，肖像権など他人の権利の侵害に注意する。

(v) 取引先の従業員とはSNS上での私的な交流は行わない。

dに関する解答群

	d1	d2	d3
ア	(i)	(ii)	(iii)
イ	(i)	(ii)	(iv)
ウ	(i)	(ii)	(v)
エ	(i)	(iii)	(iv)
オ	(i)	(iii)	(v)
カ	(i)	(iv)	(v)
キ	(ii)	(iii)	(iv)
ク	(ii)	(iii)	(v)
ケ	(ii)	(iv)	(v)
コ	(iii)	(iv)	(v)

(4) 表5中の[e1]～[e3]に入れる，次の(i) ～ (v)の組合せはどれか。eに関する解答群のうち，最も適切なものを選べ。

(i) SNS上で投稿を削除しても，その投稿が拡散されてしまう可能性があることに留意して投稿する。
(ii) SNSを利用する個人所有の端末について，適切な物理的及び技術的対策を実施する。
(iii) 投稿にURLを含めるときは，URL短縮サービスを利用する。
(iv) 面識のなかった人からSNSを通じて"友達"関係の形成など交流の申出を受けた場合には，積極的に受諾し，人間関係の拡大に努める。
(v) 利用するSNSごとに，発信する情報の公開範囲を適切に設定する。

eに関する解答群

	e1	e2	e3
ア	(i)	(ii)	(iii)
イ	(i)	(ii)	(iv)
ウ	(i)	(ii)	(v)
エ	(i)	(iii)	(iv)
オ	(i)	(iii)	(v)
カ	(i)	(iv)	(v)
キ	(ii)	(iii)	(iv)
ク	(ii)	(iii)	(v)
ケ	(ii)	(iv)	(v)
コ	(iii)	(iv)	(v)

設問4 〔オンラインショッピングサイトの利用〕について，(1)，(2) に答えよ。

(1) 表9中の［ f1 ］，［ f2 ］に入れる記号の適切な組合せを，fに関する解答群の中から選べ。ここで，◎，○及び × は表8の注記と同一である。

fに関する解答群

	f1	f2
ア	◎	◎
イ	◎	○
ウ	◎	×
エ	○	◎
オ	○	○
カ	○	×
キ	×	◎
ク	×	○
ケ	×	×

(2) 表9中の［ g1 ］，［ g2 ］に入れる記号の適切な組合せを，gに関する解答群の中から選べ。ここで，◎，○及び × は表8の注記と同一である。

gに関する解答群

	g1	g2
ア	◎	◎
イ	◎	○
ウ	◎	×
エ	○	◎
オ	○	○
カ	○	×
キ	×	◎
ク	×	○
ケ	×	×

問2 攻略のカギ

商社におけるISMSの活動を題材にして，SNSの利用に関する問題です。

設問1 〔X社ISMSの年間活動計画〕内に情報資産目録の記載内容があります。

設問2 (1) 法令では個人情報保護法と誤りがちなので注意が必要です。

(2) クレジットカード決済の標準化は，過去の試験でも出題されているので確認しておけば解答可能です。

(3) 解答群にはさまざまな脅威がありますが，「従業員の情報を推測され…」から解答を導き出せます。

設問3 (1)「X社からの公式な発信であることの明示」とは，X社であることの確認ができることです。
(2)「アカウント乗っ取りの防止」は管理者などX社で注意すべき内容です。
(3)「順守すべき事項」とは，必ず守るべき内容です。
(4)「推奨される事項」とは，留意すべき内容です。

設問4 (1) アカウント管理ロールだけでできることを選択する必要があります。
(2)「新たなロールを追加した」条件を確認すれば解答はわかります。

設問の解説に入る前に【ISMS（情報セキュリティマネジメントシステム）】について解説します。

【ISMS（情報セキュリティマネジメントシステム）】

「マネジメントシステム全体の中で，事業リスクに対するアプローチに基づいて情報セキュリティの確立，導入，運用，監視，見直し，維持，改善を担う部分」と定義されています（ISMS認証基準より）。情報セキュリティを確立し維持するために社内を管理する仕組み（システム）のことです。

ISMSにおけるリスク分析とは，情報システムに内在するリスクの発生頻度・被害額などを判定し，現実に発生すれば損失をもたらすリスクがシステムのどこにどのように潜在しているかを識別し，重要なリスクとそうでないリスクを見極め，各リスクについて対処するか否かを決定することです。

設問1 年間活動計画

本文中の〔X社ISMSの年間活動計画〕では，「X社ISMSでは各部において情報資産の名称，管理責任者，重要度，保管場所，保管期間を記した情報資産目録を作成し，毎年見直すことになっている。」ことから上記の項目を解答群から確認します。

ア 新たに追加された情報資産の名称と管理責任者を記載する。⇒情報資産の名称と管理責任者があるので，見直し対象になります。

イ 記載された情報資産の重要度が適切であるか確認する。⇒情報資産の重要度があるので見直し対象になります。

ウ 記載された情報資産のリスクを低減する。⇒情報資産のリスクはないので対象にはなりません。

エ 情報資産目録に対するアクセス権を設定する。⇒アクセス権はないので対象にはなりません。

オ 情報資産目録の情報セキュリティパフォーマンス及びX社ISMSの有効性を評価する。⇒セキュリティパフォーマンス及びX社の有効性はないので対象になりません。

カ 廃棄された情報資産を情報資産目録から削除する。⇒目録自体の追加／削除は見直し対象になります。

よって，ア イ カが正解です。

設問2 販路拡大のための施策

(1)

個人向け販売を実施するに当たり必要な法令とISMS文書に関しては，今まで使用していたものに加えて必要なものを検討します。

- **個人情報保護に関する法律（個人情報保護法）** は，個人の権利と利益を保護するために，個人情報を取扱っている事業者に対して様々な義務と対応を定めた法律です。個人情報を収集する際には利用目的を明確にすること，目的以外で利用する場合には本人の同意を得ること，情報漏えい対策を講じる義務，情報の第三者への提供の禁止，本人の情報開示要求に応ずること，などが定められています。
- **電気通信事業法**は，電気通信（有線，無線その他の電磁的方式により，符号，音響又は影像を送り，伝え，又は受けること）及び電気通信事業（電気通信役務を他人の需要に応ずるために提供する事業）に関する各種の規定や，電気通信事業を行う事業者（電気通信事業者）の定義や義務などを定めている法律です。
- **特定商取引に関する法律**は，訪問販売や通信販売などを公正にし，消費者の利益を保護することを目的とした事業者が守るべきことを制度化した法律です。例えば，クーリング・オフ（契約後一定の期間ならば解約可能）制度などがあります。
- 個人情報保護法はX社では以前より適用されているため，今回個人向け通販に新規の対策が必要になるのは，クーリング・オフなどを含んだ，"**特定商取引に関する法律**"です。また，現在ISMS文書には，情報セキュリティ方針や情報セキュリティ目的などがあると考えられます。なお情報セキュリティ管理基準には，「各情報システム及び組織について、全ての関連する法令、規制及び契約上の要求事項、並びにこれらの要求事項を満たすための組織の取組みを、明確に特定し、文書化し、また、最新に保つ。」とあるため，適用法が増えるためこの一覧（適用法規制一覧）を変更する必要があります。よって，正解は ケ です。

なお，情報セキュリティ方針は，組織の戦略的な方向性を記した文章です。適用宣言書とは，情報セキュリティリスク対応プロセスを行った結果の文書で，必要な管理策やそれを実施する理由などを記載しているものです。

(2)

空欄a

クレジットカード決済に関しての規格には，PCI DSS（Payment Card Industry Data Security Standard）があります。これは，クレジットカード情報などを保護することを目的として，VISAなどのクレジットカード会社が共同で策定した基準です。正解は オ です。

- ア **JIS Q 15001**（個人情報保護マネジメントシステム-要求事項）は，事業者に個人情報を保護するための体制の整備や個人情報保護措置の実践を促し，個人情報保護マネジメントシステムを確立し，実施し，維持し，継続的に改善するための要求事項を提供を要求した規格です。
- イ **JIS Q 20000**（情報技術－サービスマネジメント－要求事項）は，サービスマネジメントシステム（SMS）を計画，確立，導入，運用，監視，レビュー，維持及び改善する際の要求事項を示したJIS規格です。
- ウ **JIS Q 27017**は，〔JISQ27002に基づくクラウドサービスのための情報セキュリティ管理策の実践の規範〕です。この規格は，管理策及び実施の手引を，クラウドサービスプロバイダ及びクラウドサービスカスタマの双方に対して提供するものです。
- エ **NIST（米国標準技術局）SP800-171**は，米国が日本の企業などに求めるセキュリティガイドラインです。
- カ **情報セキュリティサービス基準**とは，情報セキュリティサービスでの品質の維持・向上に努めているサービスを認定する基準のことです。

(3)

「X社の従業員が，その投稿から③X社及び従業員の情報を攻撃者に推測され，X社に対する標的型攻撃の手掛かりにされるような不用意な投稿を行う。」ように，不正な利用者が，何らかのヒントからセキュリティに関する情報を不正に聞き出す攻撃のことをソーシャルエンジニアリング（カ）といいます。不注意や誤解・勘違いなどの人間の心理的な盲点を突くため，防止が困難な攻撃方法です。

- ア **キーロガー**とは，感染したPCのキー操作を記録し，ネットバンキングの暗証番号を盗むマルウェアのことです。
- イ **クリプトジャッキング**とは，仮想通貨のマイニング（採掘）を不正に行うことをいいます。
- ウ **サイドチャネル攻撃**とは，暗号化装置のソフトウェアやハードウェアをさまざまな方法で解析して，暗号の解読を試みる攻撃です。
- エ **セッション固定攻撃**とは，セッションIDを正規のサイトなどから入手しそれを別のユーザに使用させることでそのユーザになりすまして操作を行う攻撃です。
- オ **総当たり（ブルートフォース）攻撃**とは，考えられる全ての文字の組合せをパスワードとして入力していくことで，パスワードを推測する攻撃手法のことです。
- キ **ディレクトリトラバーサル**とは，Webページ上のファイル名を入力する欄に，不正な文字列を入力して，本来はアクセスが許されないファイルを不正に閲覧する攻撃手法です。
- ク **パスワードリスト攻撃**とは，別のWebサイトから流出した利用者IDとパスワードのリストを用いて，他のWebサイトに対してログインを試行する攻撃です。
- ケ **バッファオーバフロー攻撃**とは，メモリのスタック領域中に確保されていた配列に，その大きさを超える長さのデータを書き込むことで，配列の直後に位置する戻りアドレスの領域の内容を上書きして，不正なプログラムを実行させる攻撃手法のことです。
- コ **レインボー攻撃**とは，想定され得るパスワードとそのハッシュ値との対のリストを用いて，入手したハッシュ値からパスワードを解析する攻撃です。

設問3 SNSの利用

(1)

空欄b1～b3

問題文の**表4**には，「X社からの公式な発信であることの明示」となっているので，X社であることを何らかの方法で示す必要があります。(i) ～ (v) を順に確認します。

(i) SNSアカウントのプロフィールにおいて，X社のアカウントであることを明示する。⇒X社であることの情報をプロフィールに入れておけばユーザは公式なものであることが確認できます。

(ii) SNS担当者の個人アカウントとX社公式アカウントとの相互フォローを行う。⇒SNS担当者はあくまでも個人なので，公式な発信であることの明示にはなりません。

(iii) SNSの提供業者に審査を申請し，認証済みアカウントであることを表示してもらう。⇒SNS認証バッジと言われ，SNS（TwitterやInstagramなど）のアカウント名に付いているマークのことを指します。これにより，公式なアカウントであることを確認できます。

(iv) X社Webサイトに，X社公式アカウントのページへのリンク及びX社公式アカウントの運用方針を明示する。⇒X社の公式サイトからの相互リンクを可能にすることや同社の運用方針を明示することは公式な発信であることがわかります。

(v) X社のメールサーバで，SPF（Sender Policy Framework）を用いた送信ドメイン認証を行う。⇒SPFを用いることで，電子メールを送信した組織のメールサーバの正しいIPアドレスを他の組織のメールサーバから確認できるようにしている仕組みなので，SNSの内容ではありません。

よって，正解は，(i)，(iii)，(iv)の組合せ（エ）です。

(2)

空欄c1～c3

問題文の**表4**には，「アカウント乗っ取りの防止」となっているので，X社の管理者が注意すべきことを検討する必要があります。(i)～(v)を順に確認します。

(i) X社公式アカウントによる投稿への，利用者からのアクセス状況をレビューする。⇒利用者からのアクセス状況をレビューして利用者からの反応がわかりますが，乗っ取り防止にはなりません。

(ii) X社公式アカウントのパスワードを他のサービスのものと共用しない。⇒公式アカウントのパスワードが他のサービスと同じ場合，パスワードリスト攻撃に遭う可能性があるので注意が必要です。

(iii) X社公式アカウントの利用者IDを広く宣伝し，認知度を高める。⇒公式アカウントの利用者を宣伝することでX社の認知度は上がりますが，アカウント乗っ取りの防止にはつながりません。

(iv) X社公式アカウントへの投稿については，社内の定められた業務用PCからだけ行う。⇒公式アカウントへの投稿に使用するPCを限定することで，他のPCなどからログインをした場合の通知がされるので，乗っ取りの防止になります。

(v) X社公式アカウントへのログインには，記憶を利用した認証と所持しているものを利用した認証を併用する。⇒ログインの際は複数の認証情報を使用することで認証の強度が上がります。

よって，正解は，(ii)，(iv)，(v)の組合せ（ケ）です。

(3)

空欄d1～d3

問題文には，「法令及び雇用契約上の要求事項の観点から従業員が順守すべき事項」となっているので，従業員が業務を行う上で守らなければならない事項を検討する必要があります。(i)～(v)を順に確認します。

(i) 業務上の守秘義務に反する投稿を行わない。⇒雇用契約に含まれていると考えられます。

(ii) 業務用PCではSNSの個人利用を行わない。⇒業務中に業務に必要のない作業を行うことは，雇用契約に違反する可能性があります。

(iii) 自分の投稿はX社の公式見解である旨をSNSのプロフィールに明示する。⇒自分の投稿はあくまでも個人の見解であるので，公式見解ではありません。

(iv) 投稿に当たっては，著作権，肖像権など他人の権利の侵害に注意する。⇒個人使用とはいえ，何らかの投稿により権利の侵害が起きた場合，報道などで勤務先なども公になる可能性があります。

(v) 取引先の従業員とはSNS上での私的な交流は行わない。⇒取引先の従業員同士の個人的な付き合いは，業務上の秘匿にしなければならない内容を教えない限り問題ありません。

よって，正解は，(i)，(ii)，(iv)の組合せ（イ）です。

(4)

空欄e1～e3

問題文には，「SNSの利用に当たって従業員が実施することが推奨される事項」となっているので，従業員は留意することや順守が望ましい事項を検討する必要があります。(i)～(v)を順に確認します。

(i) SNS上で投稿を削除しても，その投稿が拡散されてしまう可能性があることに留意して投稿する。⇒一度投稿したら，その内容が第三者などによって拡散される可能性があるので，第三者の投稿まで管理できないことに留意する必要があります。

表6　X社ポータルの機能と内容

機能	内容
商品登録	・Zショップに出品する商品の情報の登録，修正及び削除
在庫管理	・Zショップに出品した商品の在庫数及び販売価格の管理
受注管理	・Zショップで受注した商品の納期，配送先の氏名，住所などの受注情報の確認 ・受注情報のCSV形式でのダウンロード ・購入者への発送通知
売上管理	・取引ごとの売上情報の確認 ・Z社に支払う手数料及びZ社からの入金に関する情報（以下，決済情報という）の確認 ・売上情報及び決済情報のCSV形式でのダウンロード
アカウント管理	・X社ポータルにアクセスできる別の業務担当者用アカウントの追加 ・システム上の役割（以下，ロールという）の登録，削除 ・X社ポータルの機能と次のいずれかの利用権限の組合せの，ロールへの付与 　編集：情報の閲覧，ダウンロード及び編集ができる。 　閲覧：情報の閲覧はできるがダウンロードと編集はできない。 ・アカウントへのロールの設定

図B

(ii) SNSを利用する個人所有の端末について，適切な物理的及び技術的対策を実施する。⇒スマートフォンなどを紛失・盗難に遭った場合は情報が漏れてしまうことやログインパスワードなどが機器に保存されていた場合に，情報が盗み見られることがあります。

(iii) 投稿にURLを含めるときは，URL短縮サービスを利用する。⇒URL短縮サービスを利用することはURLを含めることと同じなので，注意すべきことではありません。

(iv) 面識のなかった人からSNSを通じて"友達"関係の形成など交流の申出を受けた場合には，積極的に受諾し，人間関係の拡大に努める。⇒面識のなかった人から"友達"関係の申告の申出が受けた場合は，相手の身元がわからないので注意して受諾しないと事件や事故に巻き込まれてしまう可能性があります。

(v) 利用するSNSごとに，発信する情報の公開範囲を適切に設定する⇒SNSによってその種類や特徴が異なるので，SNSによって使い分ける必要があります。

よって，正解は，(i)，(ii)，(v)の組合せ（ウ）です。

設問4　オンラインショッピング

(1)

現状では，X社ポータル管理者ロールは，◎（編集利用者権限）を全ての機能に対して与えられています。

これをアカウント管理ロールは，図Bの表6に記載されているアカウント管理には，別のアカウントの追加やロールの登録などが可能なので編集する必要があるので，f2は◎です。しかし，表6の売上管理機能の欄を確認すると，アカウント管理ロールに権限を持たせる必要がないことがわかります。したがって，f1は×です。

解答は，キです。

なお，省略部の各機能のアカウント管理ロールも×であると考えられます。

(2)

本文には，「アカウント管理を含むX社ポータルの各機能の利用状況のモニタリングを行うために，新たなロールを追加することにした。」となっています。すなわちこの時点で，全ての機能を閲覧できるので，g1及びg2ともに○になります。解答は，オです。

なお，省略部の各機能のモニタリング管理ロールも○であると考えられます。

解答

設問1	ア イ カ	設問3	(1) b：エ
設問2	(1) ケ		(2) c：ケ
	(2) a：オ		(3) d：イ
	(3) カ		(4) e：ウ
		設問4	(1) f：キ
			(2) g：オ

問3　情報セキュリティの自己点検に関する次の記述を読んで，設問1～6に答えよ。

マンション管理会社Q社は，マンションの管理組合から委託を受けて管理業務を行っており，契約している管理組合数は3,000組合である。東京の本社には，経営企画部，営業統括部，人事総務部，経理部，情報システム部，監査部などの管理部門があり，東日本を中心に30の支店がある。従業員数は，マンションの管理人（以下，管理員という）3,300名を含めて3,800名である。管理業務の内容は，管理組合の収支予算書及び決算書の素案の作成，収支報告，出納，マンション修繕計画の企画及び実施の調整，理事会及び総会の支援，清掃，建物設備管理，緊急対応，管理員による各種受付・点検・立会い・報告連絡などである。

Q社は3年前に全社でISMS認証を取得しており，最高情報セキュリティ責任者（CISO）を委員長とする情報セキュリティ委員会を設置し，JIS Q 27001に沿った情報セキュリティポリシ及び情報セキュリティ関連規程を整備している。CISOは情報システム担当常務が務め，情報セキュリティ委員会の事務局は情報システム部が担当している。また，本社各部の部長及び各支店長は，情報セキュリティ委員会の委員，及び自部署における情報セキュリティ責任者を務め，自部署の情報セキュリティを確保し，維持，改善する役割を担っている。各情報セキュリティ責任者は，自部署の情報セキュリティに関わる実務を担当する情報セキュリティリーダを選任している。

U支店には，支店長，主任2名，管理組合との窓口を務めるフロント担当者10名が勤務している。U支店の情報セキュリティ責任者はB支店長，情報セキュリティリーダは第1グループのA主任である。U支店に勤務する従業員には，一人1台のノートPC（以下，NPCという）が貸与されている。NPCにはディジタル証明書をインストールし，Q社のネットワークに接続する際に端末認証を行っている。U支店では，Q社の文書管理規程に従い，顧客情報などの重要な情報が含まれる電子データは，U支店の共有ファイルサーバの所定のフォルダに保管する運用を行っている。U支店の共有ファイルサーバは，1日1回テープにバックアップを取得し，1週間分のテープを世代管理している。

U支店が契約している管理組合数は80組合であり，フロント担当者1名当たり5～10の管理組合を担当している。U支店が担当する管理組合のマンションはそれぞれ，管理事務室が1か所設置されており，管理員が1～2名勤務している。管理事務室には，管理員以外に，Q社従業員，マンション居住者が立入ることがある。多くのマンションでは，管理事務室の入室にマンションごとの暗証番号が必要である。暗証番号はおおむね2年ごとに変更される。管理事務室には，管理組合の許可を受けた上で，管理員とU支店の連絡用に，LTE通信機能付きNPCを1台設置し，インターネットVPN経由でQ社のネットワークと接続している。<u>①管理事務室に複数の管理員が勤務する場合は，管理員間でNPC，利用者ID，パスワード，メールアドレスを共用している。</u>

〔自己点検の規程及びチェック項目〕

Q社では，自己点検規程及び内部監査規程を，**表1**のとおり定めている。

表1　自己点検規程及び内部監査規程（概要）

項目	自己点検規程	内部監査規程[1]
実施者	管理員を含めた全従業員自らが実施する。	監査部が実施する。監査人は，専門職としての知識及び技能を保持し，監査対象部署からの［ a1 ］を確保しなければならない。
報告先	情報セキュリティリーダが自部署の従業員の回答を評価し，情報セキュリティ責任者が確認の上，その結果を情報セキュリティ委員会に提出する。	監査責任者は，監査手続の結果とその関連資料から作成された監査調書に基づき，監査報告書を作成し，CISO に提出する。
実施頻度	月1回実施する。	年 1 回実施する。また，自己点検の結果に応じて適時実施する。
対象	管理員を含めた全従業員を対象とする。	監査対象をサンプリングによって抽出する。
評価の観点	［ a2 ］を遵守して ISMS を運用しているかを点検する。点検する項目は，各部，各支店では，情報セキュリティ責任者が，情報セキュリティ委員会の定めた自己点検における標準チェック項目を基に自己点検チェック項目（以下，チェック項目という）として設定している。	［ a2 ］を遵守して ISMS を運用しているか，［ a2 ］が，情報セキュリティポリシに準拠しているか，また法令の改正や，環境の変化に合わせて適切に改定されているかを評価する。
評価の手法	（省略）	規程文書などを確認して準拠性を評価し，［ a3 ］への質問・閲覧・観察などによって遵守性を評価する。
結果に対する改善	自己点検の結果に基づき，改善が必要な場合には，情報セキュリティ責任者が，情報セキュリティの改善及びチェック項目の見直しを行う。	（省略）

注[1]　本規程は，経済産業省“情報セキュリティ監査基準”及び“システム監査基準”を基に Q 社が作成した。

また，U支店では，チェック項目を**図1**のとおり設定している。

1　クリアデスクを実施している。
2　クリアスクリーンを実施している。
3　NPC の OS の更新履歴によって，自動更新の正常終了を確認している。
4　NPC のアプリケーションソフトウェア（以下，アプリケーションソフトウェアをアプリという）のバージョンが最新かをヘルプメニューで確認している。
5　退出時に NPC をセキュリティケーブルでロックしている。
6　退出時に顧客情報などの重要な情報を含む書類をキャビネットに施錠保管している。
7　プリンタに印刷物を放置していない。
8　顧客情報などの重要な情報が含まれる電子データを，NPC 上ではなく U 支店の共有ファイルサーバの所定のフォルダに保管している。
9　個人所有 PC を業務で使用していない。
（省略）

図1　U支店のチェック項目

〔アプリの更新漏れ〕

A主任は情報処理推進機構（IPA）の情報セキュリティサイトを見た際に，PDF閲覧ソフトにおいて任意のコードが実行されるという深刻な脆弱性に対する注意喚起が，2週間前から掲載されていることに気付いた。そこで，A主任が第1グループメンバのNPCについて，PDF閲覧ソフトのバージョンが最新かを確認したところ，最新ではないNPCが2台あった。1週間前に実施した自己点検では，チェック項目4に全員が“はい”と回答していた。A主任が2台のNPCの利用者に確認したところ，他のアプリの更新は確認していたが，PDF閲覧ソフトの確認が漏れていたことが判明した。

A主任が，IPAの情報セキュリティサイトの参考情報から，脆弱性対策情報データベースを確認したところ，**図2**のとおり記載されていた。

JVNDB-20XX-XXXXXX
PDF閲覧ソフトにおける任意のコードを実行される脆弱性
CVSS v3による深刻度
[b]値[1]：9.8（[c]）
・攻撃元区分[2]：ネットワーク
・攻撃条件の複雑さ：[d1]
・攻撃に必要な特権レベル：[d2]
・利用者の関与：[d3]
・機密性への影響（C）：高
・完全性への影響（I）：高
・可用性への影響（A）：高

注[1] 値は，0～10.0で表現される。
[2] 区分には，ネットワーク，隣接，ローカル及び物理がある。

図2　PDF閲覧ソフトに対するCVSS v3の脆弱性評価結果（抜粋）

次は，図2についての情報システム部のR課長とA主任の会話である。

R課長：CVSS v3の[b]評価基準は，脆弱性そのものの特性を評価する基準であり，評価には，攻撃の容易性及び情報システムに求められる三つのセキュリティ特性である，機密性，完全性，可用性に対する影響といった基準を用います。[b]評価基準は，時間の経過や利用環境の差異によって変化せず，脆弱性そのものを評価する基準です。図2を見ると，このPDF閲覧ソフトの脆弱性の深刻度は[c]であり，“攻撃条件の複雑さ”，“攻撃に必要な特権レベル”，“利用者の関与”の全てにおいて，攻撃が成功するおそれが最も高い値を示しています。したがって，PDF閲覧ソフトは早急に更新が必要です。

A主任：アプリのバージョンが最新かを，簡単にチェックする方法はありませんか。

R課長：方法は二つあります。一つ目は，“MyJVNバージョンチェッカ”というIPAから無償提供されているソフトウェアを使う方法です。各利用者がNPCにインストールされているアプリのバージョンが最新かを簡単にチェックすることができます。二つ目は[e]を導入する方法です。情報システム部で，各NPCのアプリのバージョンが最新かを管理し，一括してチェックすることが可能ですが，導入には費用が掛かります。実は，“MyJVNバージョンチェッカ”を全社で利用する準備のために，試用部署を探していました。しかるべき手続を経て，情報セキュリティ委員会の承認を受けるので，U支店で試用してもらえませんか。

A主任は，B支店長の許可を得て“MyJVNバージョンチェッカ”の試用を開始し，“MyJVNバージョンチェッカ”がフロント担当者や管理員のITリテラシでも問題なく使用できることを確認し，B支店長とR課長に報告した。

報告を受けたB支店長は，“MyJVNバージョンチェッカ”を全社に先駆けてU支店で継続して試用することについて，情報セキュリティ委員会の承認を受けた。

〔個人所有スマートフォンの業務利用〕

最近，フロント担当者のKさんが仕事中に度々個人所有スマートフォン（以下，スマートフォンをスマホという）を使っているので，A主任がKさんに尋ねたところ，個人所有スマホを業務に使うことがあるとのことであった。

Kさんは，②スマホの個人利用者向けチャットアプリ（以下，Mアプリという）を利用して，Kさんが担当するPマンションの管理組合（以下，P組合という）の理事からの問合せに回答したり，業務に関する情報を送信したりしているとのことであった。P組合の理事長から，次の理由で，Mアプリの使用を求められて，やむを得ず従ったとのことであった。

・P組合では，理事同士の情報共有にMアプリを利用している。
・問合せに対するKさんの返信がいつも遅く，おおむね3営業日以上掛かっている。Mアプリを利用すれば，Kさんがいつメッセージを読んだかが把握できる。

なお，Q社は，③従業員が個人所有スマホを業務に利用することを，会社として許可していない。

A主任は，Kさんが個人所有スマホを業務利用していること，及びスマホ用アプリの業務利用によって問題が発生することについて，B支店長に報告した。

〔チェック項目の見直し〕

これまでの報告を受けて，B支店長は，図1のチェック項目の見直しが必要であると判断し，A主任に対して見直しを指示した。④A主任が示した見直し案をB支店長が承認し，見直されたチェック項目が翌月から使用されることになった。

〔Mアプリの調査〕

Kさんは，P組合にMアプリが使用できなくなったことを連絡したが，P組合は，Mアプリの利用を強く要望するとのことであった。相談を受けたA主任が，Mアプリの機能と特徴を調べたところ，**図3**のとおりであった。

・Mアプリの連絡先（以下，AP連絡先という）に登録された相手とだけ，メッセージの送受信ができる。
・送信相手がいつメッセージを読んだかを確認できる。
・Mアプリのメッセージは，スマホに保存される。
・Mアプリのアカウントは，スマホの電話番号に対応付けて登録される。
・スマホのアドレス帳（以下，アドレス帳という）に登録された相手と，自分の双方がMアプリを使用し，かつ，それぞれのMアプリに，アドレス帳へのアクセス許可を与えている場合，Mアプリのアカウントが相互のAP連絡先に自動登録される。
・宛先グループを作成し，宛先グループ全員にメッセージを同時に送信できる。また，そのメッセージを宛先グループの各メンバがいつ読んだかを確認できる。
・写真，音声，ビデオ，ファイル，URLなどを，メッセージに添付して送信できる。
・メッセージにJPEGファイルを添付した場合，撮影時に格納される各種データは自動的に削除される。
・現在地の位置情報を自動的に取得して，メッセージに添付して送信できる。

図3　Mアプリの機能及び特徴（抜粋）

A主任は，図3から，⑤Mアプリを業務連絡に利用することには，幾つかのリスクがあると考えた。更に調査したところ，Mアプリに業務用の機能を追加したアプリ（以下，BMアプリという）が存在することが分かった。BMアプリで追加された機能は，**図4**のとおりである。

・他のスマホのMアプリ又はBMアプリとの間でメッセージを送受信できる。
・BMアプリを導入した組織において，BMアプリの管理者を指定できる。
・管理者が，AP連絡先の管理を行え，AP連絡先の自動登録を禁止できる。
・管理者が，BMアプリのデータを遠隔から消去できる。
・管理者が，BMアプリを導入したスマホでのスマホ用アプリの利用を制限できる。
・誤って送ったメッセージの送信を取り消すことができる。

図4　BMアプリで追加された機能（抜粋）

A主任は，図4から，BMアプリには適切なセキュリティ機能が備わっていると考え，情報システム部に，個人所有スマホ及びBMアプリの業務利用について検討を依頼した。

情報システム部は，個人所有スマホの業務利用に対する情報セキュリティリスクアセスメント及び⑥BMアプリの利用に対する情報セキュリティリスクアセスメントを実施した。さらに，その結果を情報セキュリティ委員会に報告し，許可を受けた上でBMアプリを試験導入し，問題がないことを確認した。

P組合から強い要望を受けてから半年後，情報セキュリティ委員会は，必要な情報セキュリティ関連規程を整備し，チェック項目を再度見直した上で，全社的に個人所有スマホの業務利用をBMアプリなど会社が認めたスマホ用アプリに限定して許可した。これによって，Q社はP組合の要望に応えることができた。また，BMアプリの利用を広げたことによって，Q社と顧客との間の連携が強化された。

設問1 本文中の下線①について，次の(i)～(iv)のうち，共用することによって高くなるリスクはどれか。該当するものだけを全て挙げた組合せを，解答群の中から選べ。

(i) NPCを操作した者を特定できないという状況を狙われて，不正に操作されるリスク
(ii) 異動者や退職者など，利用資格を失った者にNPCを不正に操作されるリスク
(iii) 共用者の1人がパスワードを変更した際に，他の共用者に変更後のパスワードを伝えるメモを書き，そのメモからパスワードが漏えいし，不正に操作されるリスク
(iv) クリアスクリーンをし忘れ，その隙に不正に操作されるリスク

解答群

ア (i)　　イ (i)，(ii)
ウ (i)，(ii)，(iii)　　エ (i)，(ii)，(iv)
オ (i)，(iii)　　カ (i)，(iii)，(iv)
キ (i)，(iv)　　ク (ii)，(iii)
ケ (ii)，(iv)　　コ (iii)，(iv)

設問2 〔自己点検の規程及びチェック項目〕について，(1)，(2)に答えよ。

(1) 表1中の［ a1 ］～［ a3 ］に入れる字句の組合せはどれか。aに関する解答群のうち，最も適切なものを選べ。

aに関する解答群

	a1	a2	a3
ア	機密性	情報セキュリティ関連規程	監査対象部署
イ	機密性	情報セキュリティ関連規程	監査部
ウ	機密性	文書管理規程	監査対象部署
エ	責任追跡性	情報セキュリティ関連規程	監査対象部署
オ	責任追跡性	情報セキュリティ関連規程	監査部
カ	責任追跡性	文書管理規程	監査対象部署
キ	独立性	情報セキュリティ関連規程	監査対象部署
ク	独立性	情報セキュリティ関連規程	監査部
ケ	独立性	文書管理規程	監査対象部署

(2) 図1中のチェック項目3～8のうち，NPCにおけるランサムウェアの脅威に対する管理策だけを全て挙げた組合せを，解答群の中から選べ。

解答群

ア 3, 4, 5　　イ 3, 4, 8
ウ 3, 5, 7　　エ 3, 6, 7
オ 4, 5, 6　　カ 4, 6, 8
キ 4, 7, 8　　ク 5, 6, 7

設問3 〔アプリの更新漏れ〕について，(1)～(4)に答えよ。

(1) 図2及び本文中の[b]に入れる字句はどれか。解答群のうち，最も適切なものを選べ。

bに関する解答群

ア 環境　　イ 基本　　ウ 現状

(2) 図2及び本文中の[c]に入れる字句はどれか。解答群のうち，最も適切なものを選べ。

cに関する解答群

ア 危険　　イ 緊急　　ウ 警告　　エ 重要
オ 注意　　カ レベル4　　キ レベル5

(3) 図2中の[d1]～[d3]に入れる字句の適切な組合せを，dに関する解答群の中から選べ。

dに関する解答群

	d1	d2	d3
ア	高	低	不要
イ	高	低	要
ウ	高	不要	不要
エ	高	不要	要
オ	低	高	不要
カ	低	高	要
キ	低	低	不要
ク	低	低	要
ケ	低	不要	不要
コ	低	不要	要

(4) 本文中の[e]に入れる字句はどれか。解答群のうち，最も適切なものを選べ。

eに関する解答群

ア BIツール
イ CASB (Cloud Access Security Broker)
ウ IT資産管理ツール
エ UEBA (User and Entity Behavior Analytics)
オ ソフトウェア構成管理ツール
カ 特権ID管理ツール
キ ポートスキャナ

設問4 本文中の下線②及び下線③のような行為を表す字句の適切な組合せを，解答群の中から選べ。

解答群

	下線②	下線③
ア	グリーンIT	BYOD
イ	グリーンIT	CDN
ウ	グリーンIT	VPN
エ	サンクションIT	BYOD
オ	サンクションIT	CDN
カ	サンクションIT	VPN
キ	シャドーIT	BYOD
ク	シャドーIT	CDN
ケ	シャドーIT	VPN

設問5 本文中の下線④について，次の(i)～(iii)のうち，A主任が見直しを行った図1のチェック項目と見直しの内容だけを全て挙げた組合せを，解答群の中から選べ。

(i) 3と4を“MyJVNバージョンチェッカによって，NPCのアプリのバージョンが最新かを確認し，最新でなければ更新している。”に統合する。

(ii) 4を“NPCのアプリのバージョンが最新かをMyJVNバージョンチェッカで確認し，最新でないアプリは，MyJVNバージョンチェッカの指示に従って更新する。”に修正する。

(iii) 9を“PCやスマホなどの個人所有端末を業務で利用していない。”に修正する。

解答群

ア (i)
イ (i)，(iii)
ウ (ii)
エ (ii)，(iii)
オ (iii)
カ 当てはまるものはない

設問6 〔Mアプリの調査〕について，(1)，(2) 答えよ。

(1) 本文中の下線⑤のリスクについて，次の(i)～(iii)のうち，該当するものだけを全て挙げた組合せを，解答群の中から選べ。

(i) 業務と関係のない宛先グループや友人ともMアプリでやり取りできるので，業務と関係のない友人や宛先グループに，誤って業務情報を送付してしまうリスク

(ii) 写真（JPEGファイル）を添付した場合，写真には撮影場所を特定できるものが写っていなくても，撮影場所が特定されるリスク

(iii) 見知らぬ人がAP連絡先に登録されてしまう場合があるので，見知らぬ人にメッセージを送ってしまうリスク

解答群

ア (i)
イ (i)，(ii)
ウ (i)，(ii)，(iii)
エ (i)，(iii)
オ (ii)
カ (ii)，(iii)
キ (iii)
ク 当てはまるものはない

(2) 本文中の下線⑥で実施することについて，次の(i) ～ (v)のうち，該当するものだけを全て挙げた組合せを，解答群の中から選べ。

(i) リスク共有
(ii) リスク特定
(iii) リスク評価
(iv) リスク分析
(v) リスク保有

解答群

ア (i), (ii), (iii), (iv)
イ (i), (ii), (iii), (iv), (v)
ウ (i), (iii), (iv)
エ (i), (iii), (iv), (v)
オ (i), (iii), (v)
カ (ii), (iii), (iv)
キ (ii), (iv)
ク (iii), (iv)

問3 攻略のカギ

自己点検と個人所有のスマートフォンの業務利用を題材として，各種の知識を問う問題です。情報セキュリティ監査やCVSSなどに関する知識が必要です。

設問1 ユーザID，パスワードの共有の観点だけを考える必要があります。
設問2 (1) システム監査ではどのような人がどのようなプロセスで何をするのかを考えると解答が導けます。
(2) "ランサムウェア" がコンピュータに感染する経路として外部ネットワークからの感染を疑うことで管理策を検討するといいでしょう。
設問3 (1) (2) CVSSの基本的な知識が必要です。
(3) 問題文にある "攻撃者が成功するおそれが最も高い値" を選択します。
(4) どのような機能のソフトウェアが必要なのかを考えると，解答は絞られます。
設問4 過去の午前問題で学習したテーマから出題されていますので，それぞれの内容を確認してみましょう。
設問5 A主任は，問題点が2つあるものを見直したので，問題点も2つあるはずです。
設問6 (1) Mアプリの特徴（**図3**）を確認して，リスク(i) ～ (iii)と比較してみましょう。
(2) BMアプリのリスクを検討するのだからそのプロセスで必要なことを考えるといいでしょう。

設問1 アカウントの共用

下線①の記述から，「管理事務室に複数の管理員が勤務する場合は，管理員間でNPC，利用者ID，パスワード，メールアドレスを共用している」としています。複数の監理員がいる場合は誰が，いつ，どのような作業をしたのかの証跡が必要になる場合はあります。しかし，現状ではその情報を掴むことがかなり難しいと考えられます。その場合，なりすましなどによる不正利用が行われるリスクが高くなります。解答群の(i) ～ (iv)を順に確認します，

(i) これは，不正の操作やその内容が特定できないことを狙ったなりすましが可能です。⇒リスクと考えられます。

(ii) 管理室の入室に必要な暗証番号も2年ごとにしか変更されないため異動者や退職者などが不正に操作されてしまいます。⇒リスクと考えられます。

(iii) 管理者以外の入室しているQ社従業員，マンション居住者が立ち入ることができるので，メモからパスワードが漏えいし，不正に操作されます。⇒リスクと考えられます。

(iv) クリアスクリーンとは，席を離れる場合などに使用している画面を見られなくすることを指します。この間に不正に操作されるリスクはあります

表A　参考）システム監査において有効性を確認する特性と，確認すべき事項

確認する特性	確認すべき事項
可用性	システムのマスタファイルやサーバが障害などに見舞われても，データが失われたりマスタファイルの参照処理などが実行できなくなったりしないように，バックアップなどを定期的に行っているかどうか　など
機密性	情報資産に対する不正アクセス・不正侵入によるデータの破壊・漏えいを事前に防止するために，アクセスログの取得・確認，ファイアウォールによる不正侵入の防止，アクセス権限の設定などを行っているかどうか　など
効率性	データを複数件まとめて検索・加工する機能を盛り込んでいるなど，システムの処理が効率的に実行できるようにしているかどうか　など
経済性	ソフトウェア導入の費用対効果分析表を用いて，費用対効果について分析しているかどうか　など
保全性	システムに入力されるデータの内容のチェック機能や，データが不正に更新されることを防止する機能などを設けて，誤ったデータが入力されることを防止しているかどうか　など
完全性（インテグリティ）	データの内容が正確で矛盾がないこと。完全性が保たれているか確認するとき，網羅性，正確性，妥当性，整合性の四つの観点に注目する。 ①網羅性：データが漏れなく管理され，重複したデータがないこと ②正確性：データの内容に正当性があり，正確であること。正当性ともいう ③妥当性：管理者などがデータの内容の承認をしていること ④整合性：データとほかのデータの間に矛盾がないこと
準拠性	システムのコントロール（管理策）が，自社の目標，経営計画，社内規定などの各種基準に準拠していること

が，利用者IDやパスワードなどの共用より，入室者全てに可能性があります。

よって，正解は(i)，(ii)，(iii)の **ウ** になります。

設問2　自己点検

(1)

空欄a1

経済産業省が公表している情報セキュリティ監査基準では，監査人には以下のような基準が設けられています。

- 外観上の独立性
- 精神上の独立性
- 職業倫理と誠実性
- 専門能力

特に監査人の独立性，客観性と職業倫理について次のように規定しています。

> 2.1
> **外観上の独立性**
> **情報セキュリティ監査人は、情報セキュリティ監査を客観的に実施するために、監査対象から独立していなければならない。監査の目的によっては、被監査主体と身分上、密接な利害関係を有することがあってはならない。**

したがって，独立性となります。

空欄a2

システム管理基準には，「本基準では、「情報セキュリティ管理基準」における要求事項との対応関係の理解を容易にするために、「情報セキュリティ管理基準参照表」を付してある。これを参照して各企業のリスク特性を勘案して独自の管理基準の策定に利用されたい。本基準で使用した用語は、JIS及びISO、その他の標準規格に可能な限り留意するとともに…」とあります。ここで，ISMSを運用できるものを遵守する必要があるので，情報セキュリティ関連規程になります。

空欄a3

準拠性は，上記より「システムのコントロール（管理策）が，自社の目標，経営計画，社内規定などの各種基準に準拠していること」であるため，自己点検を実施している部門に関して行う必要があります。監査対象部署になります。

この組合せは，**キ** です。

(2)

ランサムウェアとは，コンピュータに害を加えようとする，不正プログラムの一種です。「ランサム(ransom)」は「身代金」を意味します。ランサムウェアは，攻撃対象のコンピュータに感染し，ファイルなどを勝手に暗号化して，利用者がデータを利用できないようにします。そして，データを元に戻すためのアプリケーションの購入を促すメッセージを表示するなどの方法で，利用者に代金を払わせようとします。ランサムウェアには，ウイルスと同様の経路で感染するものや，トロイの木馬のように，有益なプログラムに見せかけて利用者のインストールを促すものがあります。そのため，対策はコンピュータの各種ソフトウェア（OS，アプリケーションなど）を最新の状態にしておく必要があります。また，個人のPCに感染することを想定すると，データは個人で保有せずに共有のサーバなどに保管することも重要です。上記のことから正解は，3，4，8（イ）になります。

なお，5，6，7は物理的な盗難などの脅威の対策，9は，個人情報の詐取などの他の脅威の対策です。

設問3 アプリの更新漏れ

(1)

空欄b

CVSS（Common Vulnerability Scoring System，共通脆弱性評価システム）は，米国のインフラストラクチャ諮問委員会（NIAC，National Infrastructure Advisory Council）が2004年に原案を作成したシステムで，情報システムの脆弱性を汎用的な基準に基づいて評価するためのものです。この評価基準には，脆弱性そのものの特性を評価する基本評価基準（Base Metrics），脆弱性の現在の深刻度を評価する現状評価基準（Temporal Metrics）及びユーザの利用環境も含め，最終的な脆弱性の深刻度を評価する環境評価基準（Environmental Metrics）があります。

今回は，脆弱性そのものを評価するので，基本（イ）評価基準になります。

(2)

空欄c

CVSSでは，深刻度を**図C**のように設定しています。この場合は9.8なので，イ（緊急）になります。

深刻度	スコア
緊急	9.0～10.0
重要	7.0～8.9
警告	4.0～6.9
注意	0.1～3.9
なし	0

図C

(3)

空欄d

問題文には，「**図2**を見ると，…“攻撃条件の複雑さ”，“攻撃に必要な特権レベル”，“利用者の関与”の全てにおいて，攻撃が成功するおそれが最も高い値を示しています。したがって，PDF閲覧ソフトは早急に更新が必要です。」となっています。最も高いレベルであることから，**攻撃に必要な複雑さ**は複雑でない（d1：低），**攻撃に必要な特権レベル**はない（d2：不要），**利用者の関与**はない（d3：不要）なので，正解はケの組合せです。

(4)

空欄e

MyJVNは，JVN（Japan Vulnerability Notes）の情報（日本で使用されているソフトウェアなどの脆弱性関連情報とその対策情報を提供し，情報セキュリティ対策に資することを目的とする脆弱性対策情報）を使ってソフトウェアのバージョンが最新版かを判定するサイトです。

その他，市販されているものには，ネットワーク上のサーバやPCのOSを含むソフトウェアのバージョンやその構成情報などを収集できます。このようなソフトウェアを**IT資産活用ツール**といいます。正解はウです。

- ×ア　**BI**（Business Intelligence）ツールとは，ビジネスで必要な情報を収集し，分析してくれるソフトウェアのことです。
- ×イ　**CASB**とは，クラウドサービスにアクセスするときの許可／遮断を可能にするソフトウェアのことです。
- ×エ　**UEBA**とは，サーバなどからログを収集し分析するソフトウェアのことです。
- ×オ　**ソフトウェア構成管理ツール**とは，完成されたプロジェクトをその構成要素から管理するソフトウェアのことです。
- ×カ　**特権ID管理ツール**とは，サーバなどの特権IDの使用状況などを分析するソフトウェアです。
- ×キ　**ポートスキャナ**とは，サーバなどにアクセスしてどのポートが使用されているかを確認するソフトウェアです。

設問4 シャドーITとBYOD

下線②

下線②には，「スマホの個人利用者向けチャットアプリ（以下，Mアプリという）を利用して，Kさんが担

1	クリアデスクを実施している。
2	クリアスクリーンを実施している。
3	NPCのOSの更新履歴によって，自動更新の正常終了を確認している。
4	NPCのアプリケーションソフトウェア（以下，アプリケーションソフトウェアをアプリという）のバージョンが最新かをヘルプメニューで確認している。
5	退出時にNPCをセキュリティケーブルでロックしている。
6	退出時に顧客情報などの重要な情報を含む書類をキャビネットに施錠保管している。
7	プリンタに印刷物を放置していない。
8	顧客情報などの重要な情報が含まれる電子データを，NPC上ではなくU支店の共有ファイルサーバの所定のフォルダに保管している。
9	個人所有PCを業務で使用していない。
	（省略）

図D

当するPマンションの管理組合（以下，P組合という）の理事からの問合せに回答したり，業務に関する情報を送信したりしている」となっています。従業員が私物のPC，携帯電話，スマートフォン，及びネットワーク機器を勝手に社内に持ち込み，企業のIT部門の許可を得ないまま，Web上のオンラインストレージサービスなど，クラウドサービスを勝手に利用することをシャドーITといいます。

シャドーITを許しておくと，セキュリティ設定が適切でない機器が社内に持ち込まれ，それを介してマルウェアが社内に侵入したりする危険性があります。また，機密情報が記録されたファイルがオンラインストレージサービスに勝手にアップロードされ，情報漏えいにつながります。

- **グリーンIT**：IT製品やITを活用して地球環境への負荷を低減する取組みをいいます。
- **サンクションIT**：シャドーITとは反対に企業などが許可したIT機器のことをいいます。

下線③

下線③の「従業員が個人所有スマホを業務に利用することを，会社として許可」することをBYOD（Bring Your Own Device）といいます。正解は**キ**です。

個人所有の情報端末はセキュリティの設定などを厳重に管理できない可能性が高いので，不適切な設定をしたために社外で感染したウイルスが，社内に持ち込まれて拡散されるなどのリスクがあります。

- **CDN（Contents Delivery Network）**：動画などの容量が大きいデータを配信する際に，分散配置したサーバにデータを配置することで，利用者の負荷（ダウンロード時間など）を軽減しようとすることです。
- **VPN**とは，インターネットなどの開かれたネットワーク上で，専用線と同等にセキュリティが確保された通信を行い，あたかもプライベートなネットワークを利用しているかのようにするための技術です。

設問5 チェック項目の見直し

現状の問題点と**図1**を照らし合わせて確認すると，「PDF閲覧ソフトウェアなどのバージョンが最新でなかった。」ことは，4を確実に更新することで確認できます（**図D**）。

「フロント担当者のKさんが仕事中に度々個人所有スマートフォン（以下，スマートフォンをスマホという）を使っている」ことから，9を，スマホも使用できないようにする必要があります。よって，該当するのは(ii)と(iii)の**エ**が正解です。

設問6 Mアプリの調査

(1)

図3とMアプリの特徴と(i)～(iii)のリスクを確認します。

(i) 業務と関係のない宛先グループや友人ともMアプリでやり取りできるので，業務と関係のない友人や宛先グループに，誤って業務情報を送付してしまうリスク⇒オペレーションに慣れている管理員でも誤って送信してしまう可能性がありますので，全てのユーザに認めると上記のリスクが起こる可能性があります。

(ii) 写真（JPEGファイル）を添付した場合，写真には撮影場所を特定できるものが写っていなくても，撮影場所が特定されるリスク⇒撮影時に格納される各種データは自動的に削除されるので，リスクは低いです。

(iii) 見知らぬ人がAP連絡先に登録されてしまう場合

があるので，見知らぬ人にメッセージを送ってしまうリスク⇒見知らぬ相手が管理員の電話番号を使って，Mアプリを登録してそこから情報が漏れる可能性があります。

したがって，正解は(i)，(iii)の エ です。

(2)

JIS Q 31000：2010は，リスクマネジメントの原則及び指針を定義した規格です。この規格では，リスクマネジメントのプロセスを構成する活動を，**図E**のような順序で実施すると定義しています。

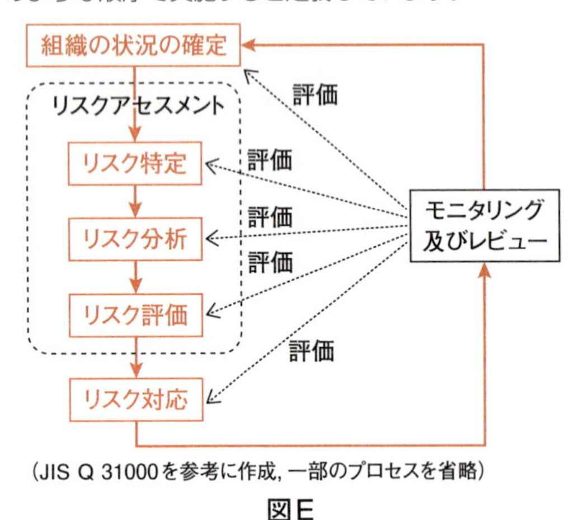

(JIS Q 31000を参考に作成，一部のプロセスを省略)

図E

組織の状況の確定：組織の内外の状況を把握し，リスク管理において考慮する外部・内部の要員を定める

- **リスク特定**：リスク源，影響を受ける領域，事象，原因，結果を特定する
- **リスク分析**：リスクの影響度や発生確率を分析する
- **リスク評価**：リスク分析の結果に基づき，対応するリスクと対応しないリスクの仕分けや，対応の優先順位を決定する
- **リスク対応**：リスクに対応するための各種の方法を選択する

したがって，(ii)(iii)(iv)の カ が正解です。

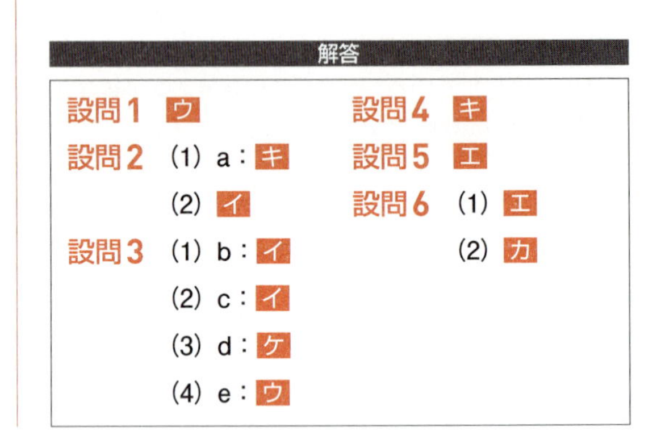

解答

設問1	ウ	設問4	キ
設問2	(1) a：キ	設問5	エ
	(2) イ	設問6	(1) エ
設問3	(1) b：イ		(2) カ
	(2) c：イ		
	(3) d：ケ		
	(4) e：ウ		

平成 30 年度 秋期

情報セキュリティマネジメント

※328～329ページに答案用紙がありますので，ご利用ください。
※「問題文中で共通に使用される表記ルール」については，325ページを参照してください。
※キー：(4) 46436　(5) 78613　(6) 39818

平成30年度 秋期 午前問題

問1 組織的なインシデント対応体制の構築や運用を支援する目的でJPCERT/CCが作成したものはどれか。

ア CSIRTマテリアル
イ ISMSユーザーズガイド
ウ 証拠保全ガイドライン
エ 組織における内部不正防止ガイドライン

問2 JIS Q 27000：2014（情報セキュリティマネジメントシステム－用語）における，トップマネジメントに関する記述として，適切なものはどれか。

ア ISMS適用範囲から独立した立場であることが求められる。
イ 企業の場合，ISMS適用範囲にかかわらず代表取締役でなければならない。
ウ 情報システム部門の長でなければならない。
エ 組織を指揮し，管理する人々の集まりとして複数名で構成されていてもよい。

問3 JIS Q 27017：2016（JIS Q 27002に基づくクラウドサービスのための情報セキュリティ管理策の実践の規範）が提供する“管理策及び実施の手引”の適用に関する記述のうち，適切なものはどれか。

ア 外部のクラウドサービスを利用し，かつ，別のクラウドサービスを他社に提供する事業者だけに適用できる。
イ 外部のクラウドサービスを利用する事業者と，クラウドサービスを他社に提供する事業者とのどちらにも適用できる。
ウ 外部のクラウドサービスを利用するだけであり，自らはクラウドサービスを他社に提供しない事業者には適用できない。
エ 外部のクラウドサービスを利用せず，自らクラウドサービスを他社に提供するだけの事業者には適用できない。

解説

問1 CSIRTマテリアル よく出る！

ネットワーク上での各種の問題（不正アクセス，マルウェア，情報漏えいなど）を監視し，その報告を受け取って原因を調査したり，対策を検討したりする組織が，**CSIRT（Computer Security Incident Response Team）**です。

JPCERT/CCが公表している指針で，組織内にCSIRTを構築・運用することを支援する目的で作成されたのが，**CSIRTマテリアル（組織内CSIRT構築支**

攻略のカギ

CSIRTマテリアル 問1
組織内CSIRT構築支援マテリアル。JPCERT/CCが公表している指針で，組織内にCSIRTを構築・運用することを支援する目的で作成された。CSIRTの意義や運用方法などを，「認知」，「理解」，「実践」の三つに分類した文書群からなる。

援マテリアル）です。CSIRTの意義や運用方法などを，「認知」，「理解」，「実践」の三つに分類した文書群からなります。

○ア　正解です。

×イ　ISMSユーザーズガイドは，一般財団法人日本情報経済社会推進協会情報マネジメント推進センターが公表しているガイドで，ISMSの構築や運用をしている組織に対して，JIS Q 27001の要求内容などを解説しています。

×ウ　証拠保全ガイドラインとは，デジタル・フォレンジック研究会が公表しているガイドラインで，インシデント発生時の証拠保全に関する知識などをまとめています。

×エ　組織における内部不正防止ガイドラインは，独立行政法人情報処理推進機構（IPA）が公表しているガイドラインで，組織における内部不正の防止を主眼としています。

問2　トップマネジメント　基本

JIS Q 27000：2014は，情報セキュリティマネジメントシステムに関する用語や定義について規定している規格です。この規格におけるトップマネジメントは，「最高位で組織を指揮し，管理する個人又は人々の集まり」を指します。

よって，エが正解です。

×ア　情報セキュリティ監査をする者の説明です。

×イ　ISMS適用範囲は，事業所の場所などにもよるので，必ずしも代表取締役でなければならないということではありません。

×ウ　情報システム部門の長は，情報セキュリティを管理運営する必要があります。

○エ　正解です。

問3　JIS Q 27017の適用範囲

JIS Q 27017：2016は，〔JIS Q 27002に基づくクラウドサービスのための情報セキュリティ管理策の実践の規範〕です。この中の「適用範囲」には，「この規格は，管理策及び実施の手引を，クラウドサービスプロバイダ及びクラウドサービスカスタマの双方に対して提供する。」とあります。すなわち，外部のクラウドサービスを利用する事業者をクラウドサービスカスタマ，クラウドサービスを他社に提供する事業者をクラウドサービスプロバイダとして，どちらにも適用できます。正解はイです。

×ア，ウ，エ　誤った記述です。

攻略のカギ

CSIRT　問1

Computer Security Incident Response Team。ネットワーク上での各種の問題（不正アクセス，マルウェア，情報漏えいなど）を監視し，その報告を受け取って原因を調査したり，対策を検討したりする組織。

覚えよう！　問2

トップマネジメントといえば
- JIS Q 27000で規定されている
- 「最高位で組織を指揮し，管理する個人又は人々の集まり」を指す

JIS Q 27000シリーズ　問3

情報セキュリティマネジメントシステムに関する用語を定義している規格。

解答

問1 ア	問2 エ
問3 イ	

□□□ **問 4** 安全・安心なIT社会を実現するために創設された制度であり，IPA"中小企業の情報セキュリティ対策ガイドライン"に沿った情報セキュリティ対策に取り組むことを中小企業が自己宣言するものはどれか。

ア ISMS適合性評価制度
イ ITセキュリティ評価及び認証制度
ウ MyJVN
エ SECURITY ACTION

□□□ **問 5** SaaS（Software as a Service）を利用するときの企業の情報セキュリティ管理に関する記述のうち，適切なものはどれか。

ア システム運用を行わずに済み，障害時の業務手順やバックアップについての検討が不要である。
イ システムのアクセス管理を行わずに済み，パスワードの初期化の手続や複雑性の要件を満たすパスワードポリシの検討が不要である。
ウ システムの構築を行わずに済み，アプリケーションソフトウェア開発に必要な情報セキュリティ要件の定義やシステムログの保存容量の設計が不要である。
エ システムの情報セキュリティ管理を行わずに済み，情報セキュリティ管理規程の策定や管理担当者の設置が不要である。

□□□ **問 6** JIS Q 27001：2014（情報セキュリティマネジメントシステム－要求事項）では，組織が情報セキュリティリスク対応のために適用する管理策などを記した適用宣言書の作成が要求されている。適用宣言書の作成に関する記述のうち，適切なものはどれか。

ア 承認された情報セキュリティリスク対応計画を基に，適用宣言書を作成する。
イ 情報セキュリティリスク対応に必要な管理策をJIS Q 27001：2014附属書Aと比較した結果を基に，適用宣言書を作成する。
ウ 適用宣言書を作成後，その内容を基に情報セキュリティリスク対応の選択肢を選定する。
エ 適用宣言書を作成後，その内容を基に情報セキュリティリスクを特定する。

解説

問4 SECURITY ACTION 初モノ

中小企業の情報セキュリティ対策ガイドラインは，「『中小企業の皆様に情報を安全に管理することの重要性について認識いただき、必要な情報セキュリティ対策を実現するための考え方や方策を紹介する』こと」を目的として，中小企業や小規模事業者を対象としてIPAが公表しているものです。その中に，自己啓発用に**SECURITY ACTION**という取り組みがあり，中小企業が情報セキュリティに取り組むことを自己宣言をする制度です。

×ア **ISMS適合性評価制度**は，**財団法人日本情報処理開発協会（JIPDEC）**

攻略のカギ

SECURITY ACTION 問4
中小企業が情報セキュリティに取り組むことを自己宣言する制度。一つ星と二つ星とがある。

が公表している評価制度です。組織のISMS（情報セキュリティマネジメントシステム）が，JIS Q 27001の基準を満たしていることを評価します。

×イ　ITセキュリティ評価及び認証制度（Japan Information Technology Security Evaluation and Certification Scheme，JISEC）は，政府調達においてIT関連製品のセキュリティ機能の適切性を評価，認証するものです。

×ウ　MyJVNは，JVN（Japan Vulnerability Notes）の情報（日本で使用されているソフトウェアなどの脆弱性関連情報とその対策情報を提供し，情報セキュリティ対策に資することを目的とする脆弱性対策情報）を使ってソフトウェアのバージョンが最新版かを判定するサイトです。

○エ　正解です。

問5 SaaS よく出る！

SaaS（Software as a Service）とは，サービス事業者のサーバ上のアプリケーションソフトウェアの機能を，インターネットを経由して必要に応じて利用者側のブラウザなどに提供するサービスのことです。

SaaSを利用するとシステム構築を行わずに済むので，「アプリケーションソフトウェア開発に必要なセキュリティ要件の定義」や「システムログの保存容量の設計」も不要になります（ウ）。

×ア　SaaSを利用しても，データが使用できなくなることに備えて，バックアップを取る必要があります。また，障害によってSaaSが利用できなくなった場合のために，障害時の業務手順の検討も必要です。

×イ　SaaSを利用しても，サーバ上のアプリケーションソフトウェアを利用する際に利用者認証が必要になるので，パスワードの初期化の手続きや複雑性の要件を満たすパスワードポリシの検討が必要です。

○ウ　正解です。

×エ　SaaSを利用することで，当該アプリケーションソフトウェアの開発に関する管理は不要になりますが，それ以外のソフトウェアなどは自社でセキュリティを管理する場合，情報セキュリティ管理規定の策定や管理担当者の設置が必要です。

問6 適用宣言書

JIS Q 27001：2014は，情報セキュリティマネジメントシステム（ISMS）を確立し，実施し，維持し，継続的に改善するための要求事項を提供する規格です。JIS Q 27001：2014附属書Aには，管理目的及び管理策の包括的なリストが記載されています。これと，経営陣の方向性など，各種事項に関する管理目的と管理策を比較し，適用宣言書を作成すること（同規格「6.1.3 d)」）が求められています（イ）。

×ア　適用宣言書の後に，情報セキュリティリスク対応計画を策定します。

○イ　正解です。

×ウ　情報セキュリティリスク対応の選択肢の実施に必要な全ての管理策を決定してから適用宣言書を作成します。

×エ　情報セキュリティリスク特定後にその内容を基に，適用宣言書を作成します。

攻略のカギ

覚えよう！ 問5

SaaSといえば

- アプリケーションソフトウェアの機能を，インターネットを経由して必要に応じて利用者側のブラウザなどに提供するサービス
- システムの構築や運用をしなくて済む
- ソフトウェアをPCにインストールしなくて良い

ISMS 問6

Information Security Management System，情報セキュリティマネジメントシステム。情報システム上に存在する情報資産のセキュリティ管理体制のこと。ISMSを確立するとき，情報セキュリティポリシを作成して遵守することが重要となる。

解答

問4 エ　問5 ウ
問6 イ

問7

JIS Q 27000：2014（情報セキュリティマネジメントシステム－用語）におけるリスク分析の定義はどれか。

ア　適切な管理策を採用し，リスクを修正するプロセス
イ　リスクが受容可能か又は許容可能かを決定するために，リスク及びその大きさをリスク基準と比較するプロセス
ウ　リスクの特質を理解し，リスクレベルを決定するプロセス
エ　リスクを発見，認識及び記述するプロセス

問8

JIS Q 27014：2015（情報セキュリティガバナンス）における，情報セキュリティガバナンスの範囲とITガバナンスの範囲に関する記述のうち，適切なものはどれか。

ア　情報セキュリティガバナンスの範囲とITガバナンスの範囲は重複する場合がある。
イ　情報セキュリティガバナンスの範囲とITガバナンスの範囲は重複せず，それぞれが独立している。
ウ　情報セキュリティガバナンスの範囲はITガバナンスの範囲に包含されている。
エ　情報セキュリティガバナンスの範囲はITガバナンスの範囲を包含している。

問9

IPA"中小企業の情報セキュリティ対策ガイドライン（第2.1版）"に記載されている，基本方針，対策基準，実施手順から成る組織の情報セキュリティポリシに関する記述のうち，適切なものはどれか。

ア　基本方針と対策基準は適用範囲を経営者とし，実施手順は適用範囲を経営者を除く従業員として策定してもよい。
イ　組織の規模が小さい場合は，対策基準と実施手順を併せて1階層とし，基本方針を含めて2階層の文書構造として策定してもよい。
ウ　組織の取り扱う情報資産としてシステムソフトウェアが複数存在する場合は，その違いに応じて，複数の基本方針，対策基準及び実施手順を策定する。
エ　初めに具体的な実施手順を策定し，次に実施手順の共通原則を対策基準としてまとめて，最後に，対策基準の運用に必要となる基本方針を策定する。

解説

問7　リスク分析　基本

JIS Q 27000は，情報セキュリティマネジメントシステムに関する用語や定義について規定している規格です。この規格におけるリスク分析とは，「リスクの特性を理解し，リスクレベルを決定するプロセス」と定義されています。正解はウです。また，JIS Q 31000：2010は，リスクマネジメントの原則及び指針を定義した規格で，リスクマネジメントのプロセスを構成する活動を，次のような順序で実施すると定義しています。

攻略のカギ

リスク　問7
脅威が情報資産の脆弱性を利用して，情報資産への損失又は損害を与える可能性。

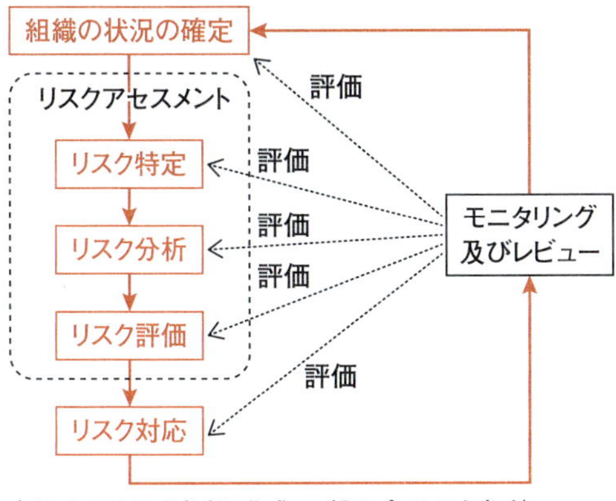

(JIS Q 31000を参考に作成，一部のプロセスを省略)

× ア　リスク対応の説明です。
× イ　リスク評価の説明です。
○ ウ　正解です。
× エ　リスク特定の説明です。

問8　情報セキュリティガバナンス　初モノ

JIS Q 27014：2015(情報セキュリティガバナンス)では，情報セキュリティガバナンスについての概念及び原則に基づくガイダンスを示しています。この中には，情報技術ガバナンスをITガバナンスと読み替えて説明しており，「経営陣にとって，ガバナンスモデル全体の総合的な観点を整備することは，通常，有益であり，情報セキュリティガバナンスはそのガバナンスモデル全体の一部であることが望ましい。ガバナンスモデルの範囲は重複する場合がある。」と記述があります。したがって，解答は ア です。

問9　情報セキュリティポリシ　基本

IPAの「中小企業の情報セキュリティ対策ガイドライン(第2.1版)」は，中小企業にとって重要セキュリティの脅威から保護することを目的とする，情報セキュリティ対策の考え方や実践方法について解説しているものです。

情報セキュリティポリシは，組織の情報セキュリティ維持体系を規定し，内外に公表するための文書です。

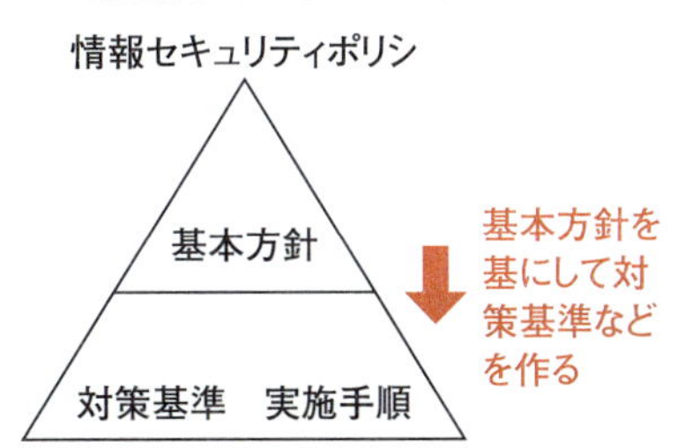

基本方針：情報セキュリティポリシの構成要素の最上位にある文書で，自社の情報セキュリティに対する基本的な考え方や姿勢を示す。
対策基準：対策のために必要な組織の規則と，その適用範囲を示す。
実施手順：対策基準で示した規則を遵守するために必要となる，具体的な業務手順を示す。

× ア　基本方針も対策基準も対象範囲は原則全従業員です。
○ イ　正解です。
× ウ　情報資産が複数存在しても，適用範囲が同じならば一つの基本方針や対策基準で及び実施手順とします。
× エ　初めに基本方針を策定し，その後対策基準などを策定します。

攻略のカギ

リスクマネジメントのプロセスを構成する活動　問7

- 組織の状況の確定：組織の内外の状況を把握し，リスク管理において考慮する外部・内部の要員を定める
- リスク特定：リスク源，影響を受ける領域，事象，原因，結果を特定する
- リスク分析：リスクの影響度や発生確率を分析する
- リスク評価：リスク分析の結果に基づき，対応するリスクと対応しないリスクの仕分けや，対応の優先順位を決定する
- リスク対応：リスクに対応するための各種の方法を選択する(リスク回避，リスク低減，リスク移転，リスク保有)

JIS Q 27014　問8

情報セキュリティガバナンスについての概念及び原則に基づくガイダンスを提示しているJIS規格です。国際規格ISO/IEC 27014に対応している。

解答

問7	ウ	問8	ア
問9	イ		

□□□ **問 10** 情報セキュリティ管理を推進する取組みa〜dのうち，IPA“中小企業の情報セキュリティ対策ガイドライン（第2.1版）”において，経営者がリーダシップを発揮し自ら行うべき取組みとして示されているものだけを全て挙げた組合せはどれか。

〔情報セキュリティ管理を推進する取組み〕
a　情報セキュリティ監査の目的を有効かつ効率的に達成するために，監査計画を立案する。
b　情報セキュリティ対策の有効性を維持するために，対策を定期又は随時に見直す。
c　情報セキュリティ対策を組織的に実施する意思を明確に示すために，方針を定める。
d　情報セキュリティの新たな脅威に備えるために，最新動向を収集する。

ア　a, b, c　　イ　a, b, d　　ウ　a, c, d　　エ　b, c, d

□□□ **問 11** 情報の取扱基準の中で，社外秘情報の持出しを禁じ，周知した上で，従業員に情報を不正に持ち出された場合に，“社外秘情報とは知らなかった”という言い訳をさせないことが目的の一つになっている対策はどれか。

ア　権限がない従業員が文書にアクセスできないようにするペーパレス化
イ　従業員との信頼関係の維持を目的にした職場環境の整備
ウ　従業員に対する電子メールの外部送信データ量の制限
エ　情報の管理レベルについてのラベル付け

□□□ **問 12** 軽微な不正や犯罪を放置することによって，より大きな不正や犯罪が誘発されるという理論はどれか。

ア　環境設計による犯罪予防理論
イ　日常活動理論
ウ　不正のトライアングル理論
エ　割れ窓理論

解説

問10 情報セキュリティ管理 よく出る！

IPAの「中小企業の情報セキュリティ対策ガイドライン（第2.1版）」は，中小企業を重要セキュリティの脅威から保護することを目的とする情報セキュリティ対策の考え方や実践方法について解説しているものです。そこでは，経営者がやらなければならない「重要７項目の取組」があります。
①情報セキュリティに関する，組織全体の対応方針を定める（cの記述です）
②情報セキュリティ対策のための資源（予算，人材など）を確保する
③担当者に必要と考えられる対策を検討させて実行を指示する
④情報セキュリティ対策に関する定期・随時の見直しを行う（bの記述です）
⑤業務委託や外部サービスを利用する場合は，情報セキュリティに関する責任

攻略のカギ

範囲を明確にする
⑥情報セキュリティに関する最新動向を収集する（dの記述です）
⑦緊急時の社内外の連絡先や被害発生時の対処について準備しておく
よって，正解は，b，c，dの エ です。aは，情報セキュリティ監査を行う監査人の取組みです。

問11 社外秘情報の持ち出し禁止

本問にある，「社外秘の持出しを禁じ，周知した上で，……」は，犯罪の抑止効果があります。しかし，不正（持出し）を意図的に行う場合は，その情報が具体的にどれであるかを“知らなかった”と言うことが考えられます。そこで，情報ごとにその管理レベルに応じた対策をする必要があります。その一つが，ラベル付け（エ）です。ラベル付けにより記載などされているため，“知らなかった”という言い訳になりません。

× ア　ペーパレス化をすることで，紙媒体での持出しの機会は減りますが，社外秘情報かどうかを区別できません。
× イ　職場環境を整備すると，不正を減らすことの期待はできますが，情報の持出しを防ぐ目的にはなりません。
× ウ　外部への電子メールデータ量を制限しても，紙媒体での持出しなどの不正が起こることがあります。
○ エ　正解です。

問12 割れ窓理論 初モノ

軽微なこと（割れた窓など）を放置していると，そこから重大な犯罪やそれを生む環境を作り出してしまうという心理学の考え方を“**割れ窓理論**”といいます。正解は エ です。

× ア　**環境設計による犯罪予防理論**とは，環境を整備・管理し，それを効果的に利用すれば，犯罪の機会を減らし，住民の犯罪不安を軽くすることで，生活の質を向上させることができるという考え方です。
× イ　**日常活動理論**とは，犯行者，標的，監視者の欠如という三要素が重なり合うときに犯罪が発生するという理論です。
× ウ　**不正のトライアングル**とは，機会，動機，正当化の三つの要素です。
○ エ　正解です。

攻略のカギ

IPA中小企業の情報セキュリティ対策ガイドライン抜粋 問10

評価値		評価基準	該当する情報の例
機密性アクセスを許可された者だけが情報にアクセスできる	2	法律で安全管理（漏えい、滅失又はき損防止）が義務付けられている	●個人情報（個人情報保護法で定義） ●特定個人情報（マイナンバーを含む個人情報）
		守秘義務の対象として指定されている漏えいすると取引先や顧客に大きな影響がある	●取引先から秘密として提供された情報 ●取引先の製品・サービスに関わる非公開情報
		自社の営業秘密として管理すべき（不正競争防止法による保護を受けるため）漏えいすると自社に深刻な影響がある	●自社の独自技術・ノウハウ ●取引先リスト ●特許出願前の発明情報
	1	漏えいすると事業に大きな影響がある	●見積書、仕入価格など顧客（取引先）との商取引に関する情報
	0	漏えいしても事業に影響はない	●自社製品カタログ ●ホームページ掲載情報

解答

問10 エ　問11 エ
問12 エ

□□□ **問 13** ゼロデイ攻撃の特徴はどれか。

ア 脆(ぜい)弱性に対してセキュリティパッチが提供される前に当該脆弱性を悪用して攻撃する。

イ 特定のWebサイトに対し，日時を決めて，複数台のPCから同時に攻撃する。

ウ 特定のターゲットに対し，フィッシングメールを送信して不正サイトに誘導する。

エ 不正中継が可能なメールサーバを見つけて，それを踏み台にチェーンメールを大量に送信する。

□□□ **問 14** ボットネットにおけるC&Cサーバの役割として，適切なものはどれか。

ア Webサイトのコンテンツをキャッシュし，本来のサーバに代わってコンテンツを利用者に配信することによって，ネットワークやサーバの負荷を軽減する。

イ 外部からインターネットを経由して社内ネットワークにアクセスする際に，CHAPなどのプロトコルを用いることによって，利用者認証時のパスワードの盗聴を防止する。

ウ 外部からインターネットを経由して社内ネットワークにアクセスする際に，チャレンジレスポンス方式を採用したワンタイムパスワードを用いることによって，利用者認証時のパスワードの盗聴を防止する。

エ 侵入して乗っ取ったコンピュータに対して，他のコンピュータへの攻撃などの不正な操作をするよう，外部から命令を出したり応答を受け取ったりする。

□□□ **問 15** マルウェア Wanna Cryptor（WannaCry）に関する記述として，適切なものはどれか。

ア SMBv1の脆(ぜい)弱性を悪用するなどして感染し，PC内のデータを暗号化してデータの復号のための金銭を要求したり，他のPCに感染を拡大したりする。

イ ファイル共有など複数の感染経路を使って大量のPCに感染を拡大し，さらにPC内の電子メールアドレスを収集しながらインターネット経由で感染を拡大する。

ウ ランダムにIPアドレスを選んでデータベースの脆弱性を悪用した攻撃を行うことによって多数のPCに感染を拡大し，ネットワークトラフィックを増大させる。

エ 利用者が電子メールに添付されたVBScriptファイルを実行すると感染し，PC内のパスワードを攻撃者のWebサイトへ送信したり，マルウェア付きの電子メールを他者へばらまいたりする。

解説

問13 ゼロデイ攻撃 基本

ゼロデイ攻撃手法とは，新種のウイルスなど，対策が公表されていない不正プログラムによって行われる攻撃のことです。よって，セキュリティパッチ（不正プログラムへの対策）が提供される前に脆弱性を攻撃している，ア が正解です。

○ア 正解です。

×イ 特定のサイトに対し，日時を決めて複数台のPCから同時に攻撃するのは，**DDoS（Distributed Denial of Service）**攻撃の特徴です。

攻略のカギ

ゼロデイ攻撃 問13

新種のウイルスなど，対策が存在しなかったり，または公表されていなかったりするマルウェアによって行われる攻撃のこと。

×ウ　特定のターゲットに対し，フィッシングメールを送信して不正サイトへ誘導するのは，**フィッシング**の特徴です。

×エ　不正中継が可能なメールサーバを踏み台にしてチェーンメールを大量に送信するのは，**踏み台攻撃**の特徴です。

問14 C&Cサーバ よく出る！

C＆C(Command ＆ Control)とは，マルウェアに感染して攻撃者に乗っ取られた組織内のPCに対して，命令を送って挙動を制御することで，不正な処理を実行させる役割をもつサーバのことです。

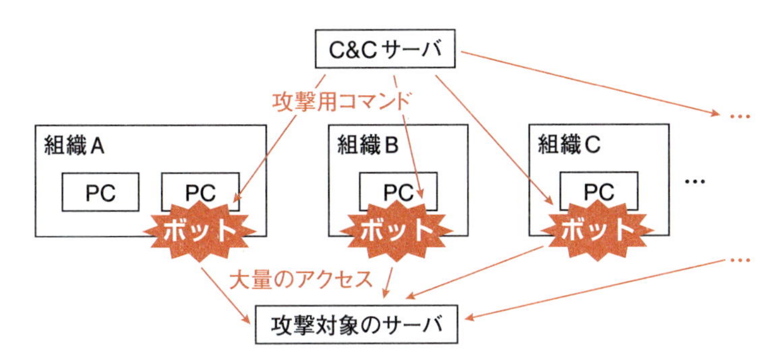

×ア　**プロキシサーバ**の説明です。

×イ，ウ　**リモートアクセスサーバ**の説明です。

○エ　正解です。

問15 Wanna Cryptor 初モノ

マルウェア**Wanna Cryptor**(**WannaCry**) は，2017年に発見された，Windows SMB1.0の脆弱性を突いた**ランサムウェア**の一種です。コンピュータに感染した上で内部のファイルを勝手に暗号化し，利用者を脅迫して元に戻すための代金を払わせようとします。正解は，アです。

○ア　正解です。

×イ　**W32/Nimda**(ニムダ)の特徴です。

×ウ　**W32/SQLSlammer**(エスキューエルスラマー)の特徴です。

×エ　**VBS/Redlof**(レッドロフ)の特徴です。

攻略のカギ

覚えよう！ 問14

C＆Cサーバといえば

- ボットネット内の多数のPCに命令を送って制御するサーバ
- 攻撃対象のサーバの情報を収集したり，不正な処理を実行させたりする

ランサムウェアの攻撃 問15

ランサムウェアは，次のような方法で感染し，PC内のデータを勝手に暗号化する。

- Webページに不正なスクリプトを仕込み，閲覧したPCの脆弱性を突いてランサムウェアをインストールする
- 有益なセキュリティソフトのように見せかけた広告を使って，利用者のインストールを促す

解答

問13 ア　問14 エ
問15 ア

□□□ **問16** 業務への利用には，会社の情報システム部門の許可が本来は必要であるのに，その許可を得ずに勝手に利用されるデバイスやクラウドサービス，ソフトウェアを指す用語はどれか。

ア シャドーIT　　イ ソーシャルエンジニアリング
ウ ダークネット　　エ バックドア

□□□ **問17** セキュアブートの説明はどれか。

ア BIOSにパスワードを設定し，PC起動時にBIOSのパスワード入力を要求することによって，OSの不正な起動を防ぐ技術

イ HDDにパスワードを設定し，PC起動時にHDDのパスワード入力を要求することによって，OSの不正な起動を防ぐ技術

ウ PCの起動時にOSやドライバのディジタル署名を検証し，許可されていないものを実行しないようにすることによって，OS起動前のマルウェアの実行を防ぐ技術

エ マルウェア対策ソフトをスタートアッププログラムに登録し，OS起動時に自動的にマルウェアスキャンを行うことによって，マルウェアの被害を防ぐ技術

□□□ **問18** インターネットと社内サーバの間にファイアウォールが設置されている環境で，時刻同期の通信プロトコルを用いて社内サーバの時刻をインターネット上の時刻サーバの正確な時刻に同期させる。このとき，ファイアウォールで許可すべき時刻サーバとの間の通信プロトコルはどれか。

ア FTP（TCP，ポート番号21）
イ NTP（UDP，ポート番号123）
ウ SMTP（TCP，ポート番号25）
エ SNMP（TCP及びUDP，ポート番号161及び162）

解説

問16 シャドーIT よく出る！

企業の従業員が私物のPC，携帯電話，スマートフォン，及びネットワーク機器を勝手に社内に持ち込み，LANに接続することを**シャドーIT**といいます。また，企業のIT部門の許可を得ないまま，Web上のオンラインストレージサービスなど，クラウドサービスを勝手に利用することなども該当します。正解は ア です。

○ア 正解です。

×イ **ソーシャルエンジニアリング**とは，本人になりすまして電話をかけるなど，人間のミスを誘発させることで，パスワードなどの情報を不正に聞き出す方法のことです。

×ウ **ダークネット**とは，インターネット上で到達可能（使用可能）なIPアドレス空間のうち，未使用のIPアドレス空間のことです。

攻略のカギ

覚えよう！ 問16

シャドーITといえば
- 従業員が私物の機器を勝手に社内に持ち込み，LANに接続すること
- 許可を得ないままクラウドサービスを勝手に利用することなども該当する

×エ　バックドアとは，サーバなどに不正侵入した攻撃者が，再度当該サーバに容易に侵入できるようにするために，OSなどに密かに組み込んでおく通信用プログラムなどのことです。

問17 セキュアブート 初モノ

セキュアブートは，OSの起動時にHDDからだけでなく他の媒体からも動作できてしまうことを防ぐために，OSのUEFI（Unified Extensible Firmware Interface）やディジタル署名などを使用して，許可されたもの以外は実行できないようにすることでセキュリティを向上させるものです。

×ア　BIOSの認証に関する説明です。
×イ　HDDの認証に関する説明です。
○ウ　正解です。
×エ　マルウェア対策をスタートアップ設定にすることで，被害を防ぐことができますが，セキュアブートの説明ではありません。

問18 NTP よく出る！

「時刻同期の通信プロトコル」を用いて，「社内サーバがもつ時計をインターネット上の時刻サーバの**正確な時刻に同期**させる」ことから，NTP（Network Time Protocol）のパケットを社内とインターネットとの間でやり取りする必要があります。よって，ファイアウォールではNTPのパケットの通過を許可させます（イ）。

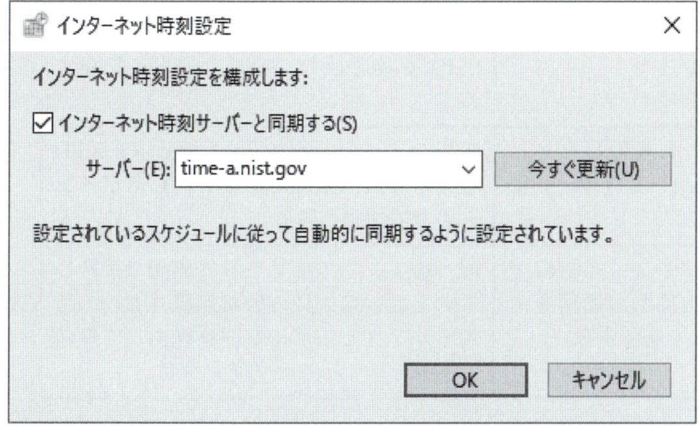

Windows 10のインターネット時刻サーバ（NTPサーバ）との同期設定画面

NTPは，複数ノード間の時刻の同期を図るためのプロトコルです。インターネット上のNTPサーバに対して現在の正しい時刻を問い合わせることで，時刻の同期を図ります。

×ア　FTP（File Transfer Protocol）は，サーバとクライアントとの間でファイル転送を行うためのプロトコルです。
○イ　正解です。
×ウ　SMTP（Simple Mail Transfer Protocol）は，メールサーバ間でメールの送受信をするためのプロトコルです。
×エ　SNMP（Simple Network Management Protocol）は，サーバなどのネットワーク機器の管理・監視を行うためのプロトコルです。

攻略のカギ

覚えよう！ 問17

セキュアブートといえば
- OSの起動時にHDDからだけでなく他の媒体からも動作できてしまうことを防ぐ
- OSのUEFIやディジタル署名などを使用して，許可されたもの以外は実行できないようにする

ポート番号 問18

パケットのTCPヘッダに含まれる番号で，サーバやPC上で稼働するサービス（プログラム）を識別するためのもの。0～65,535の値をとる。

解答

問16 ア　問17 ウ
問18 イ

□□□ **問19** 利用者PCがボットに感染しているかどうかをhostsファイルの改ざんの有無で確認するとき，hostsファイルが改ざんされていないと判断できる設定内容はどれか。
ここで，hostsファイルの設定内容は1行だけであり，利用者及びシステム管理者は，これまでにhostsファイルを変更していないものとする。

	設定内容	説明
ア	127.0.0.1　a.b.com	a.b.com は利用者 PC の OS 提供元の FQDN を示す。
イ	127.0.0.1　c.d.com	c.d.com は利用者 PC の製造元の FQDN を示す。
ウ	127.0.0.1　e.f.com	e.f.com はウイルス定義ファイルの提供元の FQDN を示す。
エ	127.0.0.1　localhost	localhost は利用者 PC 自体を示す。

□□□ **問20** 公衆無線LANのアクセスポイントを設置するときのセキュリティ対策と効果の組みのうち，適切なものはどれか。

	セキュリティ対策	効果
ア	MAC アドレスフィルタリングを設定する。	正規の端末の MAC アドレスに偽装した攻撃者の端末からの接続を遮断し，利用者のなりすましを防止する。
イ	SSID を暗号化する。	SSID を秘匿して，SSID の盗聴を防止する。
ウ	自社がレジストラに登録したドメインを，アクセスポイントの SSID に設定する。	正規のアクセスポイントと同一の SSID を設定した，悪意のあるアクセスポイントの設置を防止する。
エ	同一のアクセスポイントに無線で接続している端末同士の通信を，アクセスポイントで遮断する。	同一のアクセスポイントに無線で接続している他の端末に，公衆無線 LAN の利用者がアクセスポイントを経由して無断でアクセスすることを防止する。

解説

攻略のカギ

問19 hostsファイル

hostsファイルは，“example.com” などのFQDN（ホスト名）とIPアドレスとの対応情報を記録するファイルで，利用者のPCに格納されています。
　多くのOSのデフォルトの設定では，次のようなhostsファイルが用意されています。

hostsファイル

```
# Copyright (c) 1993-1999 Microsoft Corp.
        (略)
127.0.0.1       localhost
```

IPアドレス　　IPアドレスに対応するFQDN

localhost：利用者PC自身を表す特別なFQDN
127.0.0.1：ループバックアドレス（利用者PCから自身に接続するときに用いる特別なIPアドレス）
#で始まる行：コメント行

ボットなどの不正プログラムは，感染した利用者PCのhostsファイルを改ざんして，127.0.0.1のIPアドレスと，OS提供元，PC製造元またはウイルス定義ファイルの提供元のFQDNとを対応させます。このようにすると，OS提供元などのWebサイトに接続してOSのパッチや最新のウイルス定義ファイルをダウンロードしようとしたとき，OS提供元などのWebサーバではなく利用者PC自身に接続してしまうので，ダウンロードができなくなります。正解は エ です。

問20 公衆無線LAN設置のセキュリティ対策

公衆無線LANでは，無線LANに接続できる機器を用いれば，誰でもインターネットを利用することができます。無線LANの端末間の接続をそのままにしておくと，契約者以外の人が契約者の端末にアクセスできてしまいます。よって，エの記述のように，同一のアクセスポイントに無線で接続している端末同士を遮断し，利用者ごとに異なる利用者IDを割り当て，パスワードを設定する必要があります。

× ア　MACアドレスフィルタリングは，端末のMACアドレスで許可／拒否を指定できるので，アクセスポイントへ接続できる端末を限定できます。しかし，不特定多数が使用する公衆無線LANでは，MACアドレスを取得／限定することが難しく，適切ではありません。

× イ　SSIDを秘匿にすると一般の利用者が限定されてしまいます。

× ウ　ドメインをSSIDに登録すると，わかりやすいSSIDなので同一のアクセスポイントを設置されてしまいます。

○ エ　正解です。

攻略のカギ

覚えよう！　問19

hostsファイルといえば
- FQDNとIPアドレスとの対応情報を記録するファイル
- 利用者の PC に格納されている

SSID　問20

Service Set Identifier。ESS-IDともいう。無線 LANのアクセスポイントを識別するために，各クライアントに設定される文字列のこと。各クライアントは，同じ値のESS-IDをもつアクセスポイントのみに接続することができる。

解答

問19 エ　　問20 エ

□□□ **問21** APTの説明はどれか。

ア 攻撃者がDoS攻撃及びDDoS攻撃を繰り返し，長期間にわたり特定組織の業務を妨害すること

イ 攻撃者が興味本位で場当たり的に，公開されている攻撃ツールや脆弱性検査ツールを悪用した攻撃を繰り返すこと

ウ 攻撃者が特定の目的をもち，標的となる組織の防御策に応じて複数の攻撃方法を組み合わせ，気付かれないよう執拗に攻撃を繰り返すこと

エ 攻撃者が不特定多数への感染を目的として，複数の攻撃方法を組み合わせたマルウェアを継続的にばらまくこと

□□□ **問22** A社のWebサーバは，サーバ証明書を使ってTLS通信を行っている。PCからA社のWebサーバへのTLSを用いたアクセスにおいて，当該PCがサーバ証明書を入手した後に，認証局の公開鍵を利用して行う動作はどれか。

ア 暗号化通信に利用する共通鍵を，認証局の公開鍵を使って復号する。

イ 暗号化通信に利用する共通鍵を生成し，認証局の公開鍵を使って暗号化する。

ウ サーバ証明書の正当性を，認証局の公開鍵を使って検証する。

エ 利用者が入力して送付する秘匿データを，認証局の公開鍵を使って暗号化する。

解説

問21 APT

IPAが2010年に公表した「IPAテクニカルウォッチ：『新しいタイプの攻撃』に関するレポート」において，「脆弱性を悪用し，複数の既存攻撃を組み合わせ，ソーシャルエンジニアリングにより特定企業や個人をねらい，対応が難しく執拗な攻撃」を，「この新しいサイバー攻撃は2010年の春頃から海外ではAPT（Advanced Persistent Threats）と呼ばれている」と紹介しています。攻撃者が特定の組織を標的として，複数の手法を組み合わせて執拗に攻撃を繰り返す手法がAPTです。

× ア APTでは，一つの種類（この説明ではDoS攻撃とそれに類似したDDoS攻撃）だけでなく，複数の手法を組み合わせて攻撃を行います。

× イ 興味本位で，公開されている攻撃ツールや脆弱性検査ツールを悪用して攻撃を行う者のことを，スクリプトキディといいます。

○ ウ 正解です。

× エ マルウェアを不特定多数に感染させるための攻撃の説明です。

問22 公開鍵暗号

公開鍵暗号方式では，送信者はネットワーク上に受信者が公開している公開鍵を用いて暗号化を行い，暗号化したデータを受信者に送信します。受信者は，自分の秘密鍵（公開鍵と対になっている）を用いて，データを復号します。

攻略のカギ

APT 問21

Advanced Persistent Threats。攻撃者が特定の組織を標的として，複数の手法を組み合わせて執拗に攻撃を繰り返す手法。

この方式では，誰でも公開鍵をネットワーク上に公開できるため，あるユーザAになりすました悪意のユーザが，ユーザAの公開鍵と偽って偽の公開鍵を公開することを防ぐことはできません。よって，偽の公開鍵を知らずに用いてしまい，悪意のユーザが作った偽のWebサイトに誘導されて，情報を不正に窃取される危険性があります。そのため，公開鍵を公開しているユーザの身元証明と，ユーザ（公開鍵の所有者）と公開鍵との対応付けをするためのプロトコルなどが必要となってきています。

Webサーバがネットワーク上に公開している公開鍵が，本当にそのWebサーバが作成して公開しているものかを証明するために，**サーバ証明書**が用いられます。

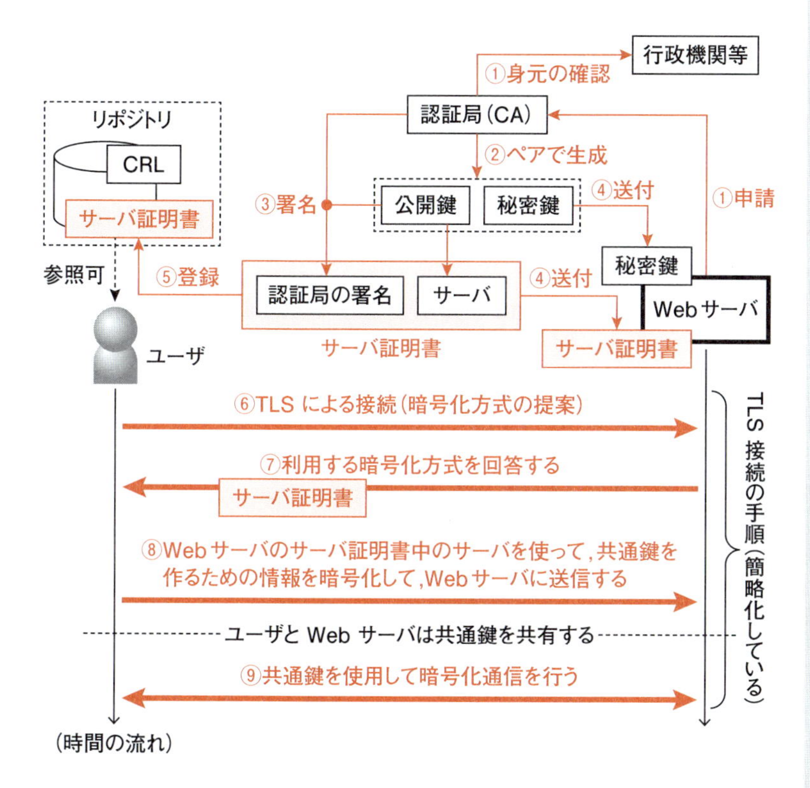

Webサーバは，信頼できる第三者機関である認証局に対してサーバ証明書の申請を行います。認証局は，Webサーバの正当性を会社の登記などによって確認し，サーバ証明書を発行します。サーバ証明書には，Webサーバの公開鍵のほかに，認証局の秘密鍵によってディジタル署名された認証局の署名が含まれています。

Webサーバのサーバ証明書を受け取った者は，サーバ証明書内の認証局の署名を，認証局の公開鍵で復号します。ここで，認証局の公開鍵は安全に入手できるものとします。この手続きが成立すれば，そのサーバ証明書の署名は認証局しか使用できない認証局の秘密鍵によって暗号化されていたことが証明されます。すなわち，認証局によって，サーバ証明書の正当性が保証されます。

以上から，“サーバ証明書の正当性を，認証局の公開鍵を使って検証する”（ウ）が正解です。

攻略のカギ

公開鍵暗号方式 問22

一人の利用者に対してペア（対）で生成される「公開鍵」と「秘密鍵」の二つの鍵を，それぞれ暗号化や復号に用いる方式。「公開鍵」はネットワーク上に公開して誰でも利用可能とし，「秘密鍵」は鍵の所有者が専有し，厳重に保管して他人には知られないようにする。利用者Aが利用者Bにデータを送るとき，AはBの公開鍵でデータを暗号化して送信し，それを受信したBは自身の秘密鍵でデータを復号する。

解答

問21 ウ　問22 ウ

□□□ 問23 従量課金制のクラウドサービスにおけるEDoS（Economic Denial of Service, 又はEconomic Denial of Sustainability）攻撃の説明はどれか。

ア カード情報の取得を目的に，金融機関が利用しているクラウドサービスに侵入する攻撃
イ 課金回避を目的に，同じハードウェア上に構築された別の仮想マシンに侵入し，課金機能を利用不可にする攻撃
ウ クラウドサービス利用者の経済的な損失を目的に，リソースを大量消費させる攻撃
エ パスワード解析を目的に，クラウドサービス環境のリソースを悪用する攻撃

□□□ 問24 伝達したいメッセージを画像データなどのコンテンツに埋め込み，埋め込んだメッセージの存在を秘匿する技術はどれか。

ア CAPTCHA
イ クリックジャッキング
ウ ステガノグラフィ
エ ストレッチング

□□□ 問25 アプリケーションソフトウェアにディジタル署名を施す目的はどれか。

ア アプリケーションソフトウェアの改ざんを利用者が検知できるようにする。
イ アプリケーションソフトウェアの使用を特定の利用者に制限する。
ウ アプリケーションソフトウェアの著作権が作成者にあることを証明する。
エ アプリケーションソフトウェアの利用者による修正や改変を不可能にする。

解説

問23 EDoS攻撃

EDoS（Economic Denial of Service）攻撃は，経済的な損失を狙ったサービス妨害攻撃です。ファイル共有などの機能を提供しているクラウドサービスの中には，利用者から事業者のネットワークに対して与えられたトラフィックの量に応じて課金する，従量制の料金体制をとっているものもあります。その種のクラウドサービスに対して，利用者のネットワークを経由して多数のアクセスを与えてリソースを大量に消費させることで，多額の料金を利用者に請求させることを目的としています。ウが正解です。

問24 電子透かし 基本

画像データなどに，利用者には分からない形式で著作者情報などを埋め込む技術を，電子透かしといいます。

例えば，画像データの画素の色情報のビットの値を少しずつ正規の値からずらし，ずらした差分の値を順番に組み合わせていくと，何らかの情報を表したビット列になるようにすることで，情報を画像に埋め込むことができます。ずらす割合は非常に少ないため，人間の目では判別できません。

攻略のカギ

EDoS攻撃 問23

Economic Denial of Service攻撃。経済的な損失を狙ったサービス妨害攻撃。ファイル共有などの機能を提供しているクラウドサービスの中には，利用者から事業者のネットワークに対して与えられたトラフィックの量に応じて課金する，従量制の料金体系をとっているものもある。そのようなサービスに対して，利用者のネットワークを経由して多数のアクセスを与えてリソースを大量に消費させることで，多額の料金を利用者に請求させる。

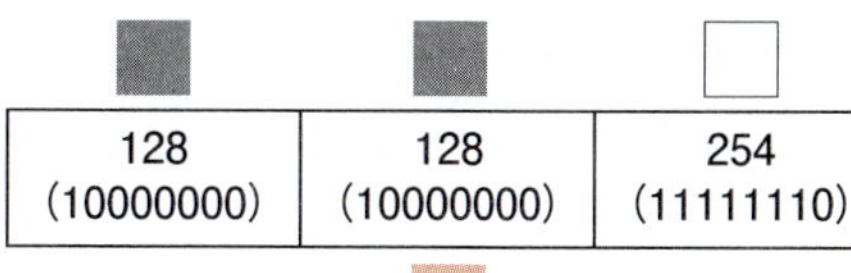

128 (10000000)	128 (10000000)	254 (11111110)

グレースケールの各ドットの色を数値で表したデータ（0=黒, 255=白）

“101”というビット列の電子透かしを埋め込む（各データに加算）

“1”を加算	“0”を加算	“1”を加算
129 (10000001)	128 (10000000)	255 (11111111)

高々１ビットしか色の数値が変化しないので，画像のドットの色はほとんど変化していない（人間の目では分からない）

ステガノグラフィとは，この電子透かし技術を応用して，秘密にしたい情報を画像などに密かに埋め込む技術のことです。正解はウです。

×ア　CAPTCHAとは，ゆがめられた文字が画像化されて表示され，それを読み取って正しい文字を入力するよう求められるシステムや，ゆがめられた文字の画像のことです。

×イ　クリックジャッキングとは，あるWebページ上でクリックすると，利用者が気付かないうちに，別のWebサイト上で不正な操作が行われることをいいます。

○ウ　正解です。

×エ　ストレッチングとは，ハッシュ計算を複数回繰り返すことをいいます。

問25 ディジタル署名 よく出る！

公開鍵暗号方式の技術を応用したメッセージ認証（ディジタル署名）は，通信相手に送付するデータの正当性を送信者が証明するために用いられます。

送信者は，送付データ全体に対してハッシュ関数を用いて，ハッシュ値を求めます。さらにそのハッシュ値を「送信者の秘密鍵（＝署名用の鍵）」で暗号化して作成した「送信者の署名」をデータと一緒に添付し，受信者に送付します。

受信者は，送信者と同じハッシュ関数を用いてデータ本体からハッシュ値を生成します。さらに，「送信者の署名」を「送信者の公開鍵」で復号して，元のハッシュ値を求めます。この二つのハッシュ値が一致すれば，確かにそのデータは送信者からのものであり，改ざんされていないことが確認できます。アが正解です。

このディジタル署名は，インターネット上で公開するソフトウェアに付与することもできます。ソフトウェアの利用者は，ソフトウェアに付加された作成者の署名を，作成者がインターネット上に公開している公開鍵で復号してハッシュ値を求め，ソフトウェアのプログラムコード自体から求めたハッシュ値と照合します。

攻略のカギ

ステガノグラフィの例 問24

九州大学の研究グループなどが公開した，BPCS-Steganographyというプログラムでは，秘匿したい情報を画像データ（Vessel画像という）に埋め込むことで隠すことができる。また，不正プログラムがステガノグラフィの技術を悪用した例として，「Tropic Trooper作戦」（トレンドマイクロ社命名）という攻撃がある。画像ファイルに攻撃用コードを埋め込んだものがダウンロードされ，被害者のPCにマルウェアを感染させていた。

ディジタル署名 問25

公開鍵暗号方式とハッシュ関数を利用して，データの改ざん，なりすましの検知，及び送信者の否認防止をするための技術。

解答

問23 ウ　問24 ウ
問25 ア

□□□ **問26** データベースで管理されるデータの暗号化に用いることができ，かつ，暗号化と復号とで同じ鍵を使用する暗号方式はどれか。

ア AES　　イ PKI　　ウ RSA　　エ SHA-256

□□□ **問27** 暗号方式に関する説明のうち，適切なものはどれか。

ア 共通鍵暗号方式で相手ごとに秘密の通信をする場合，通信相手が多くなるに従って，鍵管理の手間が増える。
イ 共通鍵暗号方式を用いて通信を暗号化するときには，送信者と受信者で異なる鍵を用いるが，通信相手にそれぞれの鍵を知らせる必要はない。
ウ 公開鍵暗号方式で通信文を暗号化して内容を秘密にした通信をするときには，復号鍵を公開することによって，鍵管理の手間を減らす。
エ 公開鍵暗号方式では，署名に用いる鍵を公開しておく必要がある。

□□□ **問28** 共通脆弱性評価システム（CVSS）の特徴として，適切なものはどれか。

ア CVSS v2とCVSS v3は，脆弱性の深刻度の算出方法が同じであり，どちらのバージョンで算出しても同じ値になる。
イ 情報システムの脆弱性の深刻度に対するオープンで汎用的な評価手法であり，特定ベンダに依存しない評価方法を提供する。
ウ 脆弱性の深刻度を0から100の数値で表す。
エ 脆弱性を評価する基準は，現状評価基準と環境評価基準の二つである。

□□□ **問29** SSHの説明はどれか。

ア MIMEを拡張した電子メールの暗号化とディジタル署名に関する標準
イ オンラインショッピングで安全にクレジットカード決済を行うための仕様
ウ 共通鍵暗号技術と公開鍵暗号技術を併用した電子メールの暗号化，復号の機能をもつ電子メールソフト
エ リモートログインやリモートファイルコピーのセキュリティを強化したプロトコル，及びそのプロトコルを実装したコマンド

解説

攻略のカギ

問26 共通鍵暗号方式 よく出る！

暗号化と復号とで同じ鍵を使用する暗号化方式（**共通鍵暗号方式**）に該当するのは，アの**AES**（Advanced Encryption Standard）です。
○ア 正解です。
×イ **PKI**（Public Key Infrastructure，**公開鍵基盤**）とは，暗号化プロトコ

ルなどを用いて実現される，ユーザの身元証明及び公開鍵の対応付けを行うシステムのことです。

×ウ　RSAは公開鍵暗号方式です。

×エ　SHA-256は暗号方式ではなく，ハッシュ関数です。

問27 暗号方式 よく出る！

共通鍵暗号方式は，暗号化と復号に同一の鍵を使用します（イは誤り）。この暗号方式で通信の秘匿性を守るためには，通信相手ごとに異なった鍵を用意しなければならないため，通信相手が多くなるに従って鍵管理の手間が増え，管理が困難になります（アが正解）。

公開鍵暗号方式は，データの暗号化に必要な鍵と復号に必要な鍵を共通にするのではなく，異なる2つの鍵（公開鍵と秘密鍵）を用いるのが特徴です。公開鍵暗号方式では暗号化鍵を公開し復号鍵を秘密にします。ウは誤りです。署名に用いる鍵は復号鍵であり，公開しないため，エは誤りです。

以上から，アが適切です。

問28 CVSS

CVSS（Common Vulnerability Scoring System，共通脆弱性評価システム）は，米国のインフラストラクチャ諮問委員会（NIAC，National Infrastructure Advisory Council）が2004年に原案を作成したシステムで，情報システムの脆弱性を汎用的な基準に基づいて評価するためのものです。

×ア　CVSSv2とCVSSv3では，脆弱性の深刻度の評価項目や算出式も変わりました。

○イ　正解です。

×ウ　CVSSでは，深刻度を0～10.0の数値で表します。

×エ　CVSSでは，基本評価基準（Base Metrics），現状評価基準（Temporal Metrics）及び環境評価基準（Environmental Metrics）の三つを用いて，脆弱性を評価します。

問29 SSH 基本

SSH（Secure SHell）は，リモートログインやリモートファイルコピーなどを，通信経路上のデータを暗号化したうえで行うことができるツール及びプロトコルのことです。リモートログインを行うツール及びプロトコルとしてTelnetが古くから使用されていますが，Telnetは通信経路上のデータが暗号化されないため，パスワードなどが平文のままで送信されてしまう危険性があります。この危険性に対応するため，SSHなどが用いられます。

×ア　MIMEを拡張した電子メールの暗号化・ディジタル署名の技術は，S/MIMEです。

×イ　オンラインショッピングで安全にクレジット決済を行うための仕様は，SETです。

×ウ　対称暗号技術と非対称暗号技術を併用する電子メールの暗号化・復号ツールには，PGP（Pretty Good Privacy）などがあります。

○エ　正解です。

攻略のカギ

AES 問26

Advanced Encryption Standard。NIST（米国商務省標準技術局）が制定した共通鍵暗号方式。1977年に制定された共通鍵暗号方式であるDESの改善版として公募され，2000年に決定した。128ビット，192ビットまたは256ビットの鍵を用いて暗号化を行う。

CVSS 問28

Common Vulnerability Scoring System，共通脆弱性評価システム。米国のインフラストラクチャ諮問委員会（NIAC，National Infrastructure Advisory Council）が2004年に原案を作成したシステムで，情報システムの脆弱性を汎用的な基準に基づいて評価するためのもの。

解答

問26	ア	問27	ア
問28	イ	問29	エ

問30

WAF (Web Application Firewall) におけるブラックリスト又はホワイトリストに関する記述のうち，適切なものはどれか。

ア　ブラックリストは，脆弱性があるWebサイトのIPアドレスを登録したものであり，該当するIPアドレスからの通信を遮断する。

イ　ブラックリストは，問題がある通信データパターンを定義したものであり，該当する通信を遮断する。

ウ　ホワイトリストは，暗号化された受信データをどのように復号するかを定義したものであり，復号鍵が登録されていないデータを遮断する。

エ　ホワイトリストは，脆弱性がないWebサイトのFQDNを登録したものであり，登録がないWebサイトへの通信を遮断する。

問31

サイバーセキュリティ基本法において定められたサイバーセキュリティ戦略本部は，どの機関に置かれているか。

ア　経済産業省　　イ　国家安全保障会議

ウ　国会　　エ　内閣

問32

不正アクセス禁止法で規定されている，"不正アクセス行為を助長する行為の禁止" 規定によって規制される行為はどれか。

ア　正当な理由なく他人の利用者IDとパスワードを第三者に提供する。

イ　他人の利用者IDとパスワードを不正に入手する目的でフィッシングサイトを開設する。

ウ　不正アクセスを目的とし，他人の利用者IDとパスワードを不正に入手する。

エ　不正アクセスを目的とし，不正に入手した他人の利用者IDとパスワードをPCに保管する。

解説

問30 WAF よく出る！

WAF (Web Application Firewall) とは，Webサーバとブラウザの間でやり取りされるデータの内容を監視し，Webアプリケーションプログラムの脆弱性を突く，XSS (クロスサイトスクリプティング) やSQLインジェクションなどの攻撃を防御するために用いられる，アプリケーションをチェックできるファイアウォールのことです。

WAFは，Webサーバとブラウザの間に位置し，ブラウザから送信されてきたパケットの内容を検査することによって，攻撃用パケットを遮断したり無害化したりします。**無害化**とは，攻撃用パケットに含まれる攻撃用のスクリプトコードなどの部分を削除して安全にすることをいいます。

WAFの**ブラックリスト**とは，攻撃用のスクリプトコードなどの問題のある通信データパターンを定義したものです。送信されてきたIPパケットがブラックリストに該当する場合，WAFはそのIPパケットを遮断するか，無害化します。

攻略のカギ

WAF　問30

Web Application Firewall。Webサーバとブラウザの間でやり取りされるデータの内容を監視し，Webアプリケーションプログラムの脆弱性を突く，クロスサイトスクリプティングやSQLインジェクションなどの攻撃を検知するために用いられる，アプリケーション層で動作するファイアウォールのこと。

×ア　WAFのブラックリストには，脆弱性のあるサイトのIPアドレスは登録されていません。
○イ　正解です。
×ウ，エ　WAFの**ホワイトリスト**とは，問題のない正常な通信データパターンを定義したものです。脆弱性のないサイトのFQDNや，問題のある送信データをどのように無害化するかについては定義されていません。

問31 サイバーセキュリティ戦略本部

サイバーセキュリティ基本法は，「インターネットその他の高度情報通信ネットワークの整備及び情報通信技術の活用の進展に伴って世界的規模で生じているサイバーセキュリティに対する脅威の深刻化その他の内外の諸情勢の変化に伴い……サイバーセキュリティに関する施策を総合的かつ効果的に推進し，もって経済社会の活力の向上及び持続的発展並びに国民が安全で安心して暮らせる社会の実現を図るとともに，国際社会の平和及び安全の確保並びに我が国の安全保障に寄与すること」を目的とした法律です。

サイバーセキュリティ基本法の第二十四条には次の規定があります。

「第二十四条　サイバーセキュリティに関する施策を総合的かつ効果的に推進するため、内閣に、**サイバーセキュリティ戦略本部**（以下「本部」という。）を置く。」

×ア　サイバーセキュリティ基本法では，経済産業省の役割の記述はありません。
×イ　サイバーセキュリティ基本法では，国家安全保障会議と緊密な連携を図るものとしています。
×ウ　「政府は、サイバーセキュリティ戦略を策定したときは、遅滞なく、これを国会に報告する……」としています。
○エ　正解です。

問32 不正アクセス行為 よく出る！

不正アクセス禁止法における「**不正アクセス行為**」とは，アクセス制御機能による利用制限を免れて，特定の電子計算機の特定利用を可能にする行為のことを指します。この不正アクセス行為の中には，“他人の識別符号を不正に取得する行為の禁止”，“他人の識別符号を不正に保管する行為の禁止”，“不正アクセス行為を助長する行為の禁止”，“識別符号の入力を不正に要求する行為の禁止”があります。

○ア　正解です。
×イ　“識別符号の入力を不正に要求する行為の禁止”規定によって規制されます。
×ウ　“他人の識別符号を不正に取得する行為の禁止”規定によって規制されます。
×エ　“他人の識別符号を不正に保管する行為の禁止”規定によって規制されます。

攻略のカギ

サイバーセキュリティ基本法 問31

「インターネットその他の高度情報通信ネットワークの整備及び情報通信技術の活用の進展に伴って世界的規模で生じているサイバーセキュリティに対する脅威の深刻化その他の内外の諸情勢の変化に伴い……サイバーセキュリティに関する施策を総合的かつ効果的に推進し，もって経済社会の活力の向上及び持続的発展並びに国民が安全で安心して暮らせる社会の実現を図るとともに，国際社会の平和及び安全の確保並びに我が国の安全保障に寄与すること」を目的とした法律。

不正アクセス禁止法で禁止されている行為 問32

- 他人のIDやパスワードを入力して不正にログインする（不正アクセス行為）。
- 不正アクセス行為をする目的で，他人のIDやパスワードを取得する。
- 利用者本人のIDやパスワードを，他人に提供する（業務その他正当な理由による場合を除く）。
- 不正に取得された他人のIDやパスワードを，不正アクセス行為をする目的で保管する。

解答

問30 イ　問31 エ
問32 ア

□□□ **問33** 電子署名法に関する記述のうち，適切なものはどれか。

ア　電子署名には，電磁的記録ではなく，かつ，コンピュータで処理できないものも含まれる。
イ　電子署名には，民事訴訟法における押印と同様の効力が認められる。
ウ　電子署名の認証業務を行うことができるのは，政府が運営する認証局に限られる。
エ　電子署名は共通鍵暗号技術によるものに限られる。

□□□ **問34** Webページの著作権に関する記述のうち，適切なものはどれか。

ア　営利目的ではなく趣味として，個人が開設し，公開しているWebページに他人の著作物を無断掲載しても，私的使用であるから著作権の侵害にならない。
イ　作成したプログラムをインターネット上でフリーウェアとして公開した場合，公開されたプログラムは，著作権法で保護されない。
ウ　試用期間中のシェアウェアを使用して作成したデータを，試用期間終了後もWebページに掲載することは，著作権の侵害になる。
エ　特定の分野ごとにWebページのURLを収集し，独自の解釈を付けたリンク集は，著作権法で保護され得る。

□□□ **問35** ボリュームライセンス契約の説明はどれか。

ア　企業などソフトウェアの大量購入者向けに，インストールできる台数をあらかじめ取り決め，マスタが提供される契約
イ　使用場所を限定した契約であり，特定の施設の中であれば台数や人数に制限なく使用が許される契約
ウ　ソフトウェアをインターネットからダウンロードしたとき画面に表示される契約内容に同意するを選択することによって，使用が許される契約
エ　標準の使用許諾条件を定め，その範囲で一定量のパッケージの包装を解いたときに，権利者と購入者との間に使用許諾契約が自動的に成立したとみなす契約

解説

問33 電子署名法 よく出る！

電子署名法（**電子署名及び認証業務に関する法律**）は，電子署名に関連した電磁的記録の真正性の証明や，電子署名の特定認証業務（電子署名を，確かに本人が行ったことを証明する業務）などについて定めることで，電子署名の流通や発展を図る法律のことです。

この法律の第三条では，「電磁的記録であって情報を表すために作成されたもの……は，当該電磁的記録に記録された情報について本人による電子署名が行われているときは，真正に成立したものと推定する。」（同法第三条より）と規定しています。これにより，電子署名は「真正に成立したもの」とみなされ，民事訴訟法による押印や手書きの署名などと同様の効力が認められます（イ）。

攻略のカギ

電子署名法 問33

電子署名及び認証業務に関する法律。電子署名に関連した電磁的記録の真正性の証明や，電子署名の特定認証業務（電子署名を，確かに本人が行ったことを証明する業務）などについて定めることで，電子署名の流通や発展を図る法律。

×ア 電子署名法では，電磁的記録（電子的方式，磁気的方式その他人の知覚によっては認識することができない方式で作られる記録であって，電子計算機による情報処理の用に供されるもの（同法第二条より））に対して行われるもののみを，電子署名と定義しています。

○イ 正解です。

×ウ 電子署名法では，電子署名の認証業務（特定認証業務）を行おうとする業者は，主務大臣の認定を受ける必要があると規定しています。すなわち，成否が運営する認証局などではない一般企業も，主務大臣の認定を受ければ特定認証業務を実行することができます。

×エ 電子署名法では，電子署名を実現するための技術を，共通鍵暗号技術に限ってはいません。

問34 著作権 よく出る！

Webページのリンクは，書籍の題名などと同様に，著作権法における著作物とはみなされません。しかし，URLに独自の解釈を付けたリンク集は，その人の思想などが解釈に反映されているので，「思想または感情を創作的に表現したもの」としての著作物に該当します。よって，エが適切です。

×ア 個人が開設していても，公開しているWebページに他人の著作物を無断掲載する行為は，著作権の侵害となります。

×イ フリーウェアのプログラムは，著作者の許可を得なくとも無料で利用可能です。しかし，フリーウェアのプログラムであっても，著作権が放棄されているわけではありません。

×ウ シェアウェアを使用して作成したデータの著作権は，シェアウェアの著作者ではなく，そのデータを作成した人自身が有します。よって，シェアウェアの試用期間が過ぎてシェアウェアの使用資格が消失しても，データの作成者は引き続き自分の作成したデータの著作権を有することになり，当該データをWebページ上に掲載しても問題はありません。

○エ 正解です。

問35 ボリュームライセンス 基本

ソフトウェア（以下「ソフト」）のライセンス契約に関しては，従来の「単独のPCにのみインストールして使用できる」という形態の契約だけでなく，近年は様々な形態の契約が表れています。

ボリュームライセンス（ア）：ソフトウェアのマスタ（CD-ROMなど）を提供し，インストールできる許諾数をあらかじめ取り決める契約形態です。1つのマスタから，許諾数を超えない台数の複数のPCにインストールできる契約です。ソフトウェアの大量購入者向けの契約です。

サイトライセンス（イ）：特定の企業・団体がソフトのベンダと契約を交わし，その企業などにある複数のコンピュータ全てにそのソフトをインストールして使用することを認める，一括導入形式の契約形態です。この形式では，同時に購入するライセンス数が多くなるほど1ライセンス当たりの単価が安くなる利点があります。

×ウ エンドユーザライセンス契約書（EULA）を用いたダウンロード販売のソフトウェアに関する契約の説明です。

×エ **シュリンクラップ契約**の説明です。

攻略のカギ

著作権法 問34

「思想又は感情を創作的に表現したもの」である著作物を，その作成者（著作者）が独占的に扱うことができる権利（著作権）や著作権の保護期間などを規定している法律。日本の著作権法では，著作物の作成と同時に作者にその著作権が与えられるとしている（無方式主義）。著作権は，著作財産権（複製権，上映権，公衆送信権，口述権，展示権，頒布権，翻訳権などの，著作物に認められる財産的権利）と，著作者人格権（著作者の人格にかかわる権利である，公表権，氏名表示権，同一性保持権）に細分化される。著作財産権は他人に譲渡可能だが，著作者人格権は他人には譲渡できない。

解答

問33 イ　問34 エ
問35 ア

□□□ 問36 金融庁“財務報告に係る内部統制の評価及び監査に関する実施基準(平成23年)”におけるITの統制目標の一つである“信頼性”はどれか。

ア 情報が,関連する法令や会計基準,社内規則などに合致して処理されること
イ 情報が,正当な権限を有する者以外に利用されないように保護されていること
ウ 情報が,組織の意思・意図に沿って承認され,漏れなく正確に記録・処理されること
エ 情報が,必要とされるときに利用可能であること

□□□ 問37 JIS Q 27001:2014(情報セキュリティマネジメントシステム－要求事項)に基づいてISMS内部監査を行った結果として判明した状況のうち,監査人が指摘事項として監査報告書に記載すべきものはどれか。

ア USBメモリの使用を,定められた手順に従って許可していた。
イ 個人情報の誤廃棄事故を主務官庁などに,規定されたとおりに報告していた。
ウ マルウェアスキャンでスパイウェアが検知され,駆除されていた。
エ リスクアセスメントを実施した後に,リスク受容基準を決めた。

□□□ 問38 外部委託管理の監査に関する記述のうち,最も適切なものはどれか。

ア 請負契約においては,委託側の事務所で作業を行っている受託側要員のシステムへのアクセスについて,アクセス管理が妥当かどうかを,委託側が監査できるように定める。
イ 請負契約においては,受託側要員に対する委託側責任者の指揮命令が行われていることを,委託側で監査する。
ウ 外部委託で開発した業務システムの品質管理状況は,委託側で監査せず,受託側で監査する。
エ 機密性が高い業務システムの開発を外部に委託している場合は,自社開発に切り替えるよう,監査結果の報告において改善勧告する。

解説

攻略のカギ

問36 IT統制

金融庁が公表した「財務報告に係る内部統制の評価及び監査の基準並びに財務報告に係る内部統制の評価及び監査に関する実施基準」には,IT統制があります。IT統制とは,「情報システムを利用する業務における内部統制」のことです。統制目標一つの信頼性には,「情報が,組織の意思・意図に沿って承認され,漏れなく正確に記録・処理されること」(ウ)をいいます。

×ア 準拠性の説明です。
×イ 機密性の説明です。
○ウ 正解です。
×エ 可用性の説明です。

問37 内部監査

JIS Q 27001：2014（ISMS）では，情報リスクアセスメントの項に以下のように記されています。また，ISMSを基に，内部監査を実施します。

> ●情報セキュリティリスクアセスメント
> 組織は，次の事項を行う情報セキュリティリスクアセスメントのプロセスを定め，適用しなければならない。
> (a) 次を含む情報セキュリティのリスク基準を確立し，維持する。
> (1) リスク受容基準
> (2) 情報セキュリティリスクアセスメントを実施するための基準
> （略）

×ア 定められた手順でUSBメモリを使用することは問題ありません。
×イ 個人情報誤廃棄事故を規定されたとおりに報告しているので問題ありません。
×ウ スパイウェアは駆除されているので，問題ありません。
○エ リスクアセスメントの前に，リスク受容基準を定めなければいけません。

問38 外部委託管理の監査

請負契約では，受託側は委託側に対してシステムの完成に責任をもつこと，及び納期までに必ず成果物（受注したシステムを構築するソースコードやプログラムなど）を引き渡すことを約束します。

請負契約では，システム開発において実施される作業についての権限は受託側にあります。どのような人員を作業者とするかは受託側に任されており，委託側には人員を変更する権限などはありません。また，委託側の事務所などに受託側要員が勤務している場合にも，委託側の責任者などが指揮命令を行う権限はありません。受託側要員は，受託側責任者の指揮命令によって業務を行います。

委託側の事務所などに受託側要員が勤務している場合には，受託側要員が委託側のコンピュータなどを用いて作業を行うことが多くなります。その際に，受託側要員が委託側の既存の業務システムなどに誤ってアクセスして，委託側の情報を見てしまうなどの不正が行われる危険性があります。よって，委託側では，受託側の従業員へのセキュリティ教育が行われ，アクセス管理を適切に実施しているかどうかについて，監査を行う必要があります。

以上から，アの記述が適切です。

○ア 正解です。
×イ 請負契約の場合は，受託側要員に対して，委託側の責任者などが指揮命令を行う権限はありません。
×ウ 請負契約では，受託側は委託側に対してシステムの完成に責任を負っているため，委託側が依頼したシステムが仕様どおりに作成されており，その品質が適切に管理されているかどうかを監査する権限が，委託側にあります。
×エ 機密度の高い業務システムであっても，外部業者と秘密保持契約を結んだり，アクセス管理などを十分に実施したりすることで，請負契約などの外部委託によって開発することが可能となります。必ずしも，自社開発に切り替える必要はありません。

攻略のカギ

請負契約 問38

注文者（委託元事業主）から委託された作業を請け負った請負人（委託先事業主）が作業の完成に責任をもち，納期までに必ず作業の成果物を引き渡すことを約束する契約形態です。請負契約では，委託先事業主が雇用している従業者が，委託先事業主の指揮命令の下で開発作業を行います。委託元事業主には，従業者に対する指揮命令の権限はありません。

解答

問36 ウ　問37 エ
問38 ア

□□□ **問39** システム監査において，電子文書の真正性の検証に電子証明書が利用できる公開鍵証明書取得日，電子署名生成日及び検証日の組合せはどれか。
なお，公開鍵証明書の有効期間は４年間とし，当該期間中の公開鍵証明書の更新や失効は考慮しない前提とする。

	公開鍵証明書取得日	電子署名生成日	検証日
ア	2012年3月1日	2014年8月1日	2018年12月1日
イ	2014年1月1日	2016年12月1日	2018年2月1日
ウ	2015年4月1日	2015年5月1日	2018年12月1日
エ	2016年8月1日	2014年7月1日	2018年3月1日

□□□ **問40** 合意されたサービス提供時間が7:00～19:00であるシステムにおいて，ある日の16:00にシステム障害が発生し，サービスが停止した。修理は21:00まで掛かり，当日中にサービスは再開できなかった。当日のサービスは予定どおり7:00から開始され，サービス提供の時間帯にサービスの計画停止は行っていない。この日の可用性は何%か。ここで，可用性は小数点以下を切り捨てるものとする。

ア 25　　イ 60　　ウ 64　　エ 75

□□□ **問41** ITサービスマネジメントにおいて，SMS（サービスマネジメントシステム）の効果的な計画立案，運用及び管理を確実にするために，SLAやサービスカタログを文書化し，維持しなければならないのは誰か。

ア 経営者　　イ 顧客
ウ サービス提供者　　エ 利用者

解説

攻略のカギ

問39 電子文書の真正性 初モノ

公開鍵証明書取得日から有効期間は４年間なので，それぞれの失効日を記します。失効日以降は無効なので検証日と比較します。

	公開鍵証明書取得日	失効日	検証日
ア	2012年3月1日	2016年2月29日	× 2018年12月1日
イ	2014年1月1日	2017年12月31日	× 2018年2月1日
ウ	2015年4月1日	2019年3月31日	○ 2018年12月1日
エ	2016年8月1日	2020年7月31日	○ 2018年3月1日

次に，電子署名は公開鍵を使用するので，公開鍵取得日以降に電子署名を生成する必要があります。そこで，ウとエで確認します。

	公開鍵証明書取得日	電子署名生成日
ウ	2015年4月1日	○ 2015年5月1日
エ	2016年8月1日	× 2014年7月1日

よって，ウが正解です。

問40 可用性 初モノ

システムの可用性は，「動作していた時間 ÷ 動作すべき時間」で求めることができます。

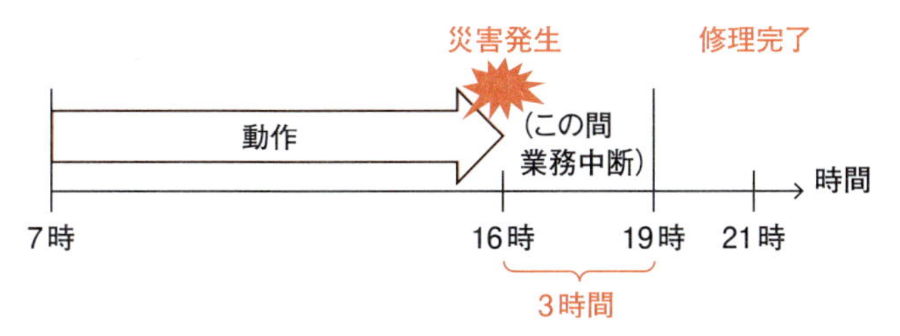

この場合，実際に動作していたのは9時間，サービス合意していたのは12時間

よって，9／12＝0.75　つまり75%(エ)になります。

問41 SMS

JIS Q 20000-1(情報技術－サービスマネジメント－第1部：サービスマネジメントシステム要求事項)は，サービスマネジメントシステム(SMS)を計画，確立，導入，運用，監視，レビュー，維持及び改善する際の要求事項を示したJIS規格です。

JIS Q 20000-1の「4.3.1　文章の作成及び維持」の項では，文書化したSLAや文書化したサービスカタログなど全8項目について，次のように定めています。

「**サービス提供者**は，SMSの効果的な計画立案，運用及び管理を確実にするために，記録を含む文書を作成し，維持しなければならない。」

正解はウです。

攻略のカギ

覚えよう！ 問40

可用性といえば

- 動作していた時間 ÷ 動作すべき時間

ITサービスマネジメント 問41

顧客の要件(要求事項)を満たす高品質のITサービスの開発や提供を行うために，必要な業務プロセスを構築して運営管理すること。

解答

問39 ウ　問40 エ
問41 ウ

□□□ **問 42** ITサービスマネジメントにおいて，一次サポートグループが二次サポートグループにインシデントの解決を依頼することを何というか。ここで，一次サポートグループは，インシデントの初期症状のデータを収集し，利用者との継続的なコミュニケーションのための，コミュニケーションの役割を果たすグループであり，二次サポートグループは，専門的技能及び経験をもつグループである。

ア 回避策
イ 継続的改善
ウ 段階的取扱い
エ 予防処置

□□□ **問 43** ソフトウェア開発プロジェクトにおいてWBS（Work Breakdown Structure）を使用する目的として，適切なものはどれか。

ア 開発の期間と費用がトレードオフの関係にある場合に，総費用の最適化を図る。
イ 作業の順序関係を明確にして，重点管理すべきクリティカルパスを把握する。
ウ 作業の日程を横棒（バー）で表して，作業の開始時点や終了時点，現時点の進捗を明確にする。
エ 作業を階層的に詳細化して，管理可能な大きさに細分化する。

□□□ **問 44** 信頼性設計に関する記述のうち，フェールセーフの説明はどれか。

ア 故障が発生した場合，一部のサービスレベルを低下させても，システムを縮退して運転を継続する設計のこと
イ システムに冗長な構成を組み入れ，故障が発生した場合，自動的に待機系に切り替えて運転を継続する設計のこと
ウ システムの一部が故障しても，危険が生じないような構造や仕組みを導入する設計のこと
エ 人間が誤った操作や取扱いができないような構造や仕組みを，システムに対して考慮する設計のこと

解説

攻略のカギ

問42 インシデント解決の依頼 初モノ

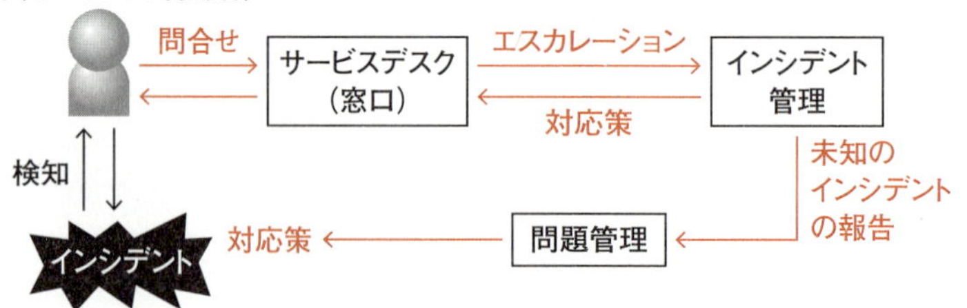

この問題での一次サポートグループは，「インシデントの初期症状のデータを収集し，利用者と継続的なコミュニケーションのための，コミュニケーションの役割を果たすグループ」なので，上図の**サービスデスク**に該当します。その後，二次サポートグループは，「専門的技能及び経験をもつグループ」のため，イ

ンシデント管理にエスカレーションしています。これを段階的取扱い（ウ）といいます。

×ア　回避策とは，インシデントが発生したときに，サービスの停止時間をできる限り少なくしたり，サービスを停止させずに業務を継続したりするための対策のことをいいます。

×イ　継続的改善とは，戦略から設計，移行，運用まで一連の流れで改善を実施することです。

○ウ　正解です。

×エ　予防処置は，インシデントが起こらないようにする対策のことです。

問43　WBS　基本

WBS（Work Breakdown Structure）とは，システム開発のプロジェクト全体を細かい作業に分割し整理するために作成される図のことです。WBSでは，まずプロジェクトを「基本計画」，「外部設計」，……といった大きな範囲の作業に分割し，それらの各作業をさらに細かい作業に分割することを繰り返し，管理可能な大きさにまで作業を細分化します。すなわち，作業をトップダウン方式で階層に分解します。エが正解です。

×ア　EVMなどの費用の管理手法の説明です。

×イ　アローダイアグラムの説明です。

×ウ　ガントチャートの説明です。

○エ　正解です。

問44　フェールセーフ　基本

フェールセーフとは，異常発生時にはシステムを停止させるか，人間系（オペレータなど）に処理の続行判断を委任し，必ずより安全な状態にシステムを導く方式のことをいいます。ウが正解です。

<例>

道路や鉄道の信号システムに異常が発生したとき，障害から回復するまで全ての信号を赤にすることがよく行われる。このようにすれば，全ての車両や列車が停止するので，少なくとも事故は発生しなくなる。

×ア　フェールソフトの説明です。

×イ　フォールトトレラントの説明です。

○ウ　正解です。

×エ　フールプルーフの説明です。

攻略のカギ

覚えよう！　問42

サービスデスクといえば

- システムの利用者からの問合せを受け付け，問合せの内容の記録や管理，問合せへの回答などを行うために設けられた窓口

フェールセーフ　問44

異常発生時にはシステムを停止させるか，人間系（オペレータなど）に処理の続行判断を委任するなどして，より安全な状態にシステムを導く方式。

フールプルーフ　問44

人間の過失などが原因でシステムが予期されない使い方をされても，信頼性や安全性を損なわないようにすること。例えば，利用者が誤った操作をしても適切なエラーメッセージを表示して再入力を促し，システムに異常が起こらないようにすることなど。

解答

問42 ウ　問43 エ
問44 ウ

問45 データベースの監査ログを取得する目的として，適切なものはどれか。

ア 権限のない利用者のアクセスを拒否する。
イ チェックポイントからのデータ復旧に使用する。
ウ データの不正な書換えや削除を事前に検知する。
エ 問題のあるデータベース操作を事後に調査する。

問46 TCP/IPネットワークのトランスポート層におけるポート番号の説明として，適切なものはどれか。

ア LANにおいてNIC（ネットワークインタフェースカード）を識別する情報
イ TCP/IPネットワークにおいてホストを識別する情報
ウ TCPやUDPにおいてアプリケーションを識別する情報
エ レイヤ2スイッチのポートを識別する情報

問47 データサイエンティストの主要な役割はどれか。

ア 監査対象から独立的かつ客観的立場のシステム監査の専門家として情報システムを総合的に点検及び評価し，組織体の長に助言及び勧告するとともにフォローアップする。
イ 情報科学についての知識を有し，ビジネス課題を解決するためにビッグデータを意味ある形で使えるように分析システムを実装・運用し，課題の解決を支援する。
ウ 多数のコンピュータをスイッチやルータなどのネットワーク機器に接続し，コンピュータ間でデータを高速に送受信するネットワークシステムを構築する。
エ プロジェクトを企画・実行する上で，予算管理，進捗管理，人員配置やモチベーション管理，品質コントロールなどについて重要な決定権をもち，プロジェクトにおける総合的な責任を負う。

問48 ディジタルディバイドの解消のために取り組むべきことはどれか。

ア IT投資額の見積りを行い，投資目的に基づいて効果目標を設定して，効果目標ごとに目標達成の可能性を事前に評価すること
イ ITの活用による家電や設備などの省エネルギー化及びテレワークなどによる業務の効率向上によって，エネルギー消費を削減すること
ウ 情報リテラシの習得機会を増やしたり，情報通信機器や情報サービスが一層利用しやすい環境を整備したりすること
エ 製品や食料品などの製造段階から最終消費段階又は廃棄段階までの全工程について，ICタグを活用して流通情報を追跡可能にすること

解説

問45 データベースの監査ログ 初モノ

データベースの監査ログとは，利用者がデータベースサーバに対して実行した操作やその操作によって実行されたプログラムの動作の履歴が出力されるファイルです。監査人が監査ログを追跡調査することで，「いつ」「誰が」「何をしたか」を知ることができ，その操作が正当であったか否かが証明できます。エが正解です。

×ア　データベースのアクセス権限を使用します。
×イ　更新ログを使用します。
×ウ　オペレーション（操作）ログを使用します。
○エ　正解です。

問46 ポート番号 基本

ポート番号とは，コンピュータ上で動作するアプリケーション（サービス）を識別するための番号で，TCPやUDPにおいて用いられます。ウが正解です。

×ア　MACアドレスの説明です。
×イ　ホスト名の説明です。
○ウ　正解です。
×エ　物理ポートの説明です。

問47 データサイエンティスト 初モノ

データサイエンティストは，データウェアハウスやビッグデータなどからある法則やルールを見つけ出してデータ解析を行い，ユーザが必要な形にして，そのデータを基にシステムの提案，設計，運用などを行える人材のことを指します。イが正解です。

×ア　システム監査人の説明です。
○イ　正解です。
×ウ　ネットワークエンジニアの説明です。
×エ　プロジェクトマネージャの説明です。

問48 ディジタルディバイド 基本

ディジタルディバイドとは，情報リテラシの有無やITの利用環境の相違などによって生じる，社会的または経済的格差のことです。

ディジタルディバイドを解消するには，利用者の情報リテラシ能力を向上させるための教育や，情報機器や情報サービスを利用しやすくして，誰でも自由にITを利用できる環境を整えることが重要です。ウが正解です。

×ア　IT投資効果の評価の説明です。
×イ　グリーンITの説明です。
○ウ　正解です。
×エ　トレーサビリティの説明です。

攻略のカギ

覚えよう！ 問46

ポート番号といえば
- サービス（プロトコル）を区別するために，各サービスに対して付与される番号
- IPパケットのTCPヘッダ内にある

ウェルノウンポート番号といえば
- 主要なサービスに固定的に割り当てられたポート番号
- 0から1023まで

ディジタルディバイドの例 問48

現在，インターネットによって公表されている情報は多岐にわたり，官報などの公的書類などもインターネット上で確認可能になっている。自宅にインターネット接続環境がある人は，それらの情報を即座に確認できるが，インターネット接続環境のない人はそれらの情報を入手することが困難になったり，最悪の場合は情報が入手できなかったりすることがある。すなわち，インターネット接続環境の有無により「情報の格差」が生じる。この情報の格差が，社会的または経済的な格差につながるといわれている。

解答

問45 エ	問46 ウ
問47 イ	問48 ウ

問49

企画，要件定義，システム開発，ソフトウェア実装，ハードウェア実装，保守から成る一連のプロセスにおいて，要件定義プロセスで実施すべきものはどれか。

ア　システムに関わり合いをもつ利害関係者の種類を識別し，利害関係者のニーズ及び要望並びに課せられる制約条件を識別する。

イ　事業の目的，目標を達成するために必要なシステム化の方針，及びシステムを実現するための実施計画を立案する。

ウ　目的とするシステムを得るために，システムの機能及び能力を定義し，システム方式設計によってハードウェア，ソフトウェアなどによる実現方式を確立する。

エ　利害関係者の要件を満足するソフトウェア製品又はソフトウェアサービスを得るための，方式設計と適格性の確認を実施する。

問50

リーダシップのスタイルは，その組織の状況に合わせる必要がある。組織の状況とリーダシップのスタイルの関係に次のことが想定できるとすると，スポーツチームの監督のリーダシップのスタイルのうち，図中のdと考えられるものはどれか。

〔組織の状況とリーダシップのスタイルの関係〕

組織は発足当時，構成員や仕組みの成熟度が低いので，リーダが仕事本位のリーダシップで引っ張っていく。成熟度が上がるにつれ，リーダと構成員の人間関係が培われ，仕事本位から人間関係本位のリーダシップに移行していく。更に成熟度が進むと，構成員は自主的に行動できるようになり，仕事本位，人間関係本位のリーダシップがいずれも弱まっていく。

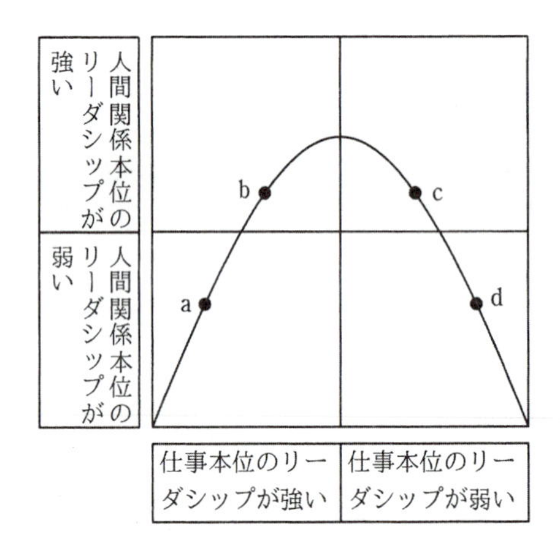

ア　うるさく言うのも半分くらいで勝てるようになってきた。

イ　勝つためには選手と十分に話し合って戦略を作ることだ。

ウ　勝つためには選手に戦術の立案と実行を任せることだ。

エ　選手をきちんと管理することが勝つための条件だ。

解説

問49 要件定義プロセス 基本

要件定義プロセスとは，ソフトウェアライフサイクルプロセスに含まれるプロセスです。ソフトウェアライフサイクルプロセスとは，企画，要件定義，システム開発，ソフトウェア実装，ハードウェア実装及び保守といった，ソフトウェア（システム）を企画し，開発し，それを運用していく過程での一連のプロセス（業務）をまとめたものです。

要件定義プロセスでは，新しい業務プロセスや業務ルール，システムの制約条件，利害関係者のニーズなど，情報システムの業務要件を明らかにして，当事者間で合意することが行われます。よって，アが正解です。

○ア　正解です。
×イ　企画プロセスで実施することです。
×ウ　システム開発プロセスで実施することです。
×エ　ソフトウェア実装プロセスで実施することです。

問50 リーダシップのスタイル

リーダシップのスタイルは，組織の状況によって変化させていく必要があります。本問の図及び説明に沿って，その変化の様子を説明します。

● **発足当時**

組織の発足当初は，組織の構成員の能力（成熟度）などが低いため，リーダは仕事本位（命令的・上意下達的）なリーダシップにより，構成員を引っ張っていく必要があります。この時点ではリーダと構成員の人間関係があまり培われていないため，「仕事本位のリーダシップ」が強く，「人間関係本位のリーダシップ」が弱い状態（**図のa**）になります。

解答群では，エに相当します。

● **成熟度の向上**

リーダと構成員が一緒に仕事をしていく時間が長くなっていくと，徐々にリーダと構成員との間に人間関係が培われていきます。その結果，「仕事本位のリーダシップ」が強く，「人間関係本位のリーダシップ」も強い状態（**図のb**）に遷移していきます。

解答群では，イに相当します。

● **更なる成熟度の向上**

構成員の成熟度が更に向上すると，各構成員は徐々に自主的に行動できるようになるため，リーダが強固に構成員を指導しなくても十分に仕事ができるようになります。その結果，「仕事本位のリーダシップ」が弱くなり，「人間関係本位のリーダシップ」が強い状態（**図のc**）に遷移していきます。

解答群では，アに相当します。

● **成熟度の向上と人間関係の弱まり**

構成員の成熟度が更に向上すると，各構成員はさらに自主的に自己管理しながら行動できるようになるため，リーダの指示や助言なしでも十分に仕事を進められるようになり，リーダとの人間関係も弱まります。その結果，「仕事本位のリーダシップ」が弱くなり，「人間関係本位のリーダシップ」も弱い状態（**図のd**）に遷移していきます。

解答群では，ウに相当します。これが正解です。

攻略のカギ

ソフトウェアライフサイクル 問49

企画，要件定義，開発，運用及び保守といった，ソフトウェア（システム）を企画し，開発し，それを運用していく過程での一連のプロセス（業務）の流れのこと。

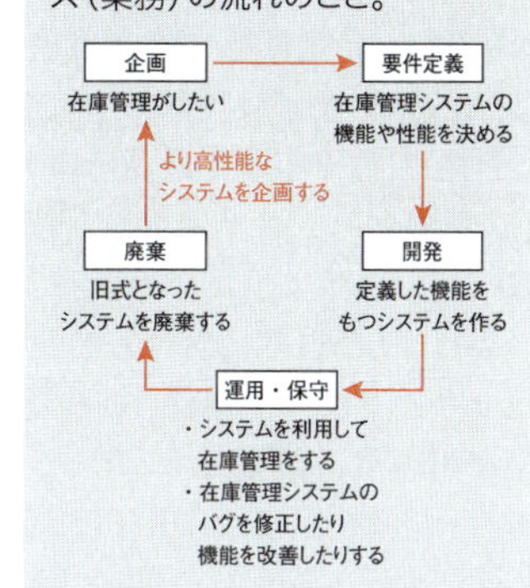

解答

問49 ア	問50 ウ

平成30年度 秋期 午後問題

全問が必須問題です。必ず解答してください。

問1

インターネットを利用した振込業務の情報セキュリティリスクに関する次の記述を読んで，設問1～5に答えよ。

F社は，従業員数70名の商社であり，主にインテリアやギフト用品の仕入れ，販売を行っている。F社には，総務部，企画管理部，商品部，営業部がある。

F社では，3年前に最高情報セキュリティ責任者（CISO）を委員長とする情報セキュリティ委員会を設置し，情報セキュリティポリシ及び情報セキュリティ関連規程を整備した。CISOは社長が兼務しており，情報セキュリティ委員会の事務局は，総務部が担当している。また，各部の部長は，情報セキュリティ委員会の委員，及び自部における情報セキュリティ責任者を務めている。各情報セキュリティ責任者は，自部の情報セキュリティを確保，維持及び改善する役割を担っており，さらに自部の情報セキュリティに関わる実務を担当する情報セキュリティリーダを選任している。F社の企画管理部には，経営企画課及び経理課がある。経営企画課のS主任は，企画管理部全体の情報セキュリティリーダである。

〔インターネットバンキングサービスの利用〕

F社は，C銀行に口座をもち，C銀行が提供する法人向けインターネットバンキングサービス（以下，IBサービスという）を次の目的で利用している。

・自社の口座の残高及び入出金明細の照会
・取引先への商品代金の振込，運送業者への輸送費の振込，従業員への給与振込など

F社でIBサービスを利用しているのは，経理課のL課長，M主任及びNさんの3名（以下，経理担当者という）である。振込に関する取引先との電子メール（以下，電子メールをメールという）連絡などは各自の会社貸与のPCで行い，IBサービスの利用はIBサービス専用のPC（以下，IB専用PCという）1台で行っている。

IBサービスにおける情報セキュリティに関する仕様を**図1**に示す。

(a)　IBサービスの利用者登録申請及びログイン
IBサービスを利用する法人は，法人内でIBサービスを利用した事務処理を行う者（以下，利用者という）を書面でC銀行に登録申請する。利用者は，ログインするとき，利用者ごとに発行された利用者ID及びパスワードを入力する。利用者は，IBサービスのパスワード管理メニューでパスワードを変更することができる。

(b)　ディジタル証明書
利用者は，ログインするとき，利用者ID及びパスワードに加えて，ディジタル証明書を利用する。ディジタル証明書は，C銀行によってIBサービス利用法人の口座ごとに発行される。
IBサービス利用法人には，C銀行から，①ディジタル証明書と秘密鍵を格納した耐タンパ性をもつICカード1枚，USB接続式ICカードリーダ1台及びPC用ICカードドライバが，提供される。
なお，PCに接続したICカードリーダにICカードを挿入したとき，ICカード利用のための暗証番号を入力する必要がある。暗証番号はIBサービス利用申込時に書面で登録申請する。

(c)　承認ワークフロー
振込の操作は，承認依頼と承認の2回の操作に分かれている。承認は承認依頼とは別の利用者でなければ実行できない。ただし，承認依頼の操作で入力された情報は，承認の操作の時に修正できる。

(d)　ワンタイムパスワード
利用者は，振込の承認依頼を実行するとき，C銀行が利用者ごとに提供するワンタイムパスワード生成器（以下，トークンという）が生成するワンタイムパスワードをIBサービスの操作画面に入力する必要がある。
トークンは，トークンごとの秘密情報と時刻情報を基にして，あるアルゴリズムによってワンタイムパスワードを生成しており，IBサービスのサーバも同じ情報とアルゴリズムを使うことによってトークンと同期したワンタイムパスワードを生成する。IBサービスのサーバは，利用者が入力したワンタイムパスワードと，サーバで生成されたワンタイムパスワードを比較して認証する。ワンタイムパスワードは1分ごとに更新され，生成された後2分間有効である。

(e)　トランザクション認証
利用者は，振込の承認を実行するとき，振込先の口座番号をトークンに入力する。トークンは，トークンごとの秘密情報，振込先の口座番号及び時刻情報を基にしてあるアルゴリズムによってワンタイムパスワードを生成する。利用者はそのワンタイムパスワードをIBサービスの操作画面に入力して振込を承認する。

(f)　振込の操作を知らせるメール
(e)の振込の承認が実行されると，振込の承認が実行されたことを知らせるメールが，あらかじめIBサービスに登録されたメールアドレスに送信される。メールには，振込の承認を実行した利用者ID，日時などが記載されている。

(g)　履歴の照会
利用者は，IBサービスの履歴照会メニューで，振込内容，承認依頼及び承認を実行した利用者ID，日時などの履歴を照会することができる。

(h)　EV-SSL
IBサービスではEV-SSLサーバ証明書を採用している。

図１　IBサービスにおける情報セキュリティに関する仕様（抜粋）

F社では，経理担当者それぞれに，IBサービスの利用者ID及びパスワードが発行され，トークンが提供されている。ICカードは1枚を3名で共用している。

〔F社における標準的な振込手続〕

F社では，自社のサーバで稼働している会計システム（以下，F社会計システムという）の取引先口座マスタの登録，変更，削除の操作はM主任が担当している。取引先口座マスタには，取引先の口座情報（金融機関名，支店名，口座種別，口座番号，口座名義人など）が登録されている。F社における標準的な振込手続を**図２**に示す。

1. 振込依頼情報作成及び依頼書・データ出力

M 主任は，取引先への支払のために振込を行う場合，F 社会計システムを操作して，振込先名，振込先口座情報，振込金額及び振込指定日の情報（以下，この四つの情報を振込依頼情報という）を作成し，振込依頼書として紙に出力する。このとき，取引先口座マスタに登録されている口座情報を利用する。

また，M 主任は，振込依頼情報を C 銀行指定の“振込依頼データ”の形式で出力し，企画管理部の共有フォルダに保存する。

2. 振込依頼書の承認（書類に押印）

L 課長は，請求書など，振込の根拠となる証憑（ひょう）と振込依頼書を突き合わせて振込依頼情報を確認の上，承認印を押して N さんに回付する。

3. IB サービスでの振込（承認依頼）

N さんは，振込依頼書の記載に従い，IB サービスの操作画面で振込承認依頼を入力する。件数が多い場合は，共有フォルダ上の“振込依頼データ”を IB サービスにアップロードし，振込依頼書の内容と突き合わせて確認する。N さんが承認依頼を実行する。

4. IB サービスでの振込（承認）

M 主任は，IB サービスの操作画面で，振込承認依頼の内容と振込依頼書を突き合わせて確認し，誤りがなければ承認を実行する。これで IB サービスでの振込手続が完了する。振込承認依頼の内容に誤りなどがあれば N さんに差し戻す。又は，M 主任が，②内容を修正して承認を実行することもできる。

5. 振込の記録及び振込依頼書の保管

M 主任は，振込の承認を実行した日付を F 社会計システムの振込依頼情報に追記する。また，振込依頼書を共用キャビネットに保管する。

（“6. 振込完了の確認及び記録”は省略）

図2　F社における標準的な振込手続

〔F社におけるIBサービス利用時の情報セキュリティリスク及びその対策〕

F社では，IBサービス利用時の情報セキュリティリスクを想定し，**表1**に示す対策を実施している。

表1　IBサービス利用時の情報セキュリティリスク及びその対策

情報セキュリティリスク	対策
IB 専用 PC への不正アクセス	（省略）
IB 専用 PC のマルウェア感染	・マルウェア対策ソフトのマルウェア定義ファイルを最新化する。 ・[a1] ・[a2] ・[a3]
IC カードの盗難，紛失	・利用時以外は，IC カードを経理担当者用の共用キャビネットに施錠保管する。
[b1]	・IC カードの暗証番号を推測されにくいものにする。 ・IB サービスのパスワードを推測されにくいものにする。
[b2]	・トークンを各自のロッカーに施錠保管する。 ・振込の操作を知らせるメールの宛先として，経理担当者 3 名のメールアドレスを登録する。
[b3]	・振込の操作を知らせるメールの宛先として，経理担当者 3 名のメールアドレスを登録する。

〔B社からの問合せ〕

10月2日の朝，取引先であるB社の営業担当者から，先月末までに入金予定の商品代金800万円がまだ入金されていないとの電話が入った。応対したL課長は，折返しの返答を約束して電話を切り，NさんにF社会計システムの記録を確認させたところ，当該代金は振込済であることが分かった。あいにくM主任は外出しており不在だったので，L課長は，Nさんに振込の詳細を確認した。次は，NさんとL課長との会話である。

Nさん：IBサービスの履歴も確認しましたが，先月28日に振り込んでいます。
L課長：振込先誤りの可能性はありませんか。
Nさん：振込先は振込依頼書どおりでしたが，8月まで利用していたB社の口座とは違っていました。振込時はL課長が出張中だったので，振込依頼書の承認は受けずに振込の承認依頼を実行するようM主任から直接指示を受けました。IBサービスで私が振込の承認依頼を実行した後，M主任がそのまま承認しています。
L課長：M主任に経緯を確認しましょう。IB専用PCのマルウェア感染も心配です。③振込の操作画面上は正しく操作しているように見えても，銀行との間で送受信される振込先口座情報をマルウェアが書き換えていたという報道記事を以前読んだことがあります。

夕方，M主任が外出先から戻ると，L課長は，B社から受けた問合せと，振込の詳細について確認した内容を伝えた。

M主任にも，B社に入金されていない理由は分からなかった。M主任によれば，先月末，B社の経理部長との間で請求書の発行時期や振込期限などについてメールでやり取りをしており，口座変更の連絡と改訂された請求書を受信し，了解の旨を返信した後，お礼を受信してメールのやり取りを終えていた。

M主任が口座変更の根拠として保管していたB社の経理部長からのメールを**図3**に示す。

日時　：2018年9月27日　16:36
差出人：YYYY <YYYY@interiar-bsha.com>
宛先　：M@f-sha.com
CC　　：ZZZZ@interiar-bsha.com
件名　：Re: Re: 【ご相談】支払条件の件
添付ファイル：　請求書.pdf

M様
諸々お気遣いいただきありがとうございます。
追加のお願いで申し訳ないのですが，この度，弊社の銀行口座を下記のとおり変更いたしました。月末の急な連絡で誠に恐縮ですが，今月末の入金から，新口座宛てにお振込いただけますでしょうか。
不都合，不明点などありましたらご連絡いただきたくよろしくお願いします。
　新口座
　●●●銀行●●●支店
　普通預金　XXXXXXX
　名義　　　ビーシャ
改訂した請求書の写しを添付します。添付ファイルを開封するためのパスワードは前回と同じです。
B社経理部 YYYY

図3　B社の経理部長からのメール

B社の経理部長からのメールに表示されていたメールアドレスを**表2**に示す。

表2　B社の経理部長からのメールに表示されていたメールアドレス

役職	最後の2通のメールに表示されていたメールアドレス	普段使われているメールアドレス
B社の経理部長	YYYY@interiar-bsha.com	YYYY@interior-bsha.com
B社の社長	ZZZZ@interiar-bsha.com	ZZZZ@interior-bsha.com

早速，M主任からB社の経理部長に確認したところ，B社は口座を変更しておらず，変更を伝えるメールは送っていないということだった。F社から第三者の口座に商品代金を振り込んだことが分かったので，F社は，振込先の銀行に連絡し，事実関係を整理して警察に被害届を提出した。

〔手口と対策〕

後日，警察から，9月末にB社を退職した元従業員を被疑者として逮捕し，犯行手口に関する供述を得たとの連絡があった。被疑者の指定した口座に振り込ませるよう，偽メールを送信したとのことであった。被疑者は8月にB社の経理部長の手帳からメール受信のためのパスワードを盗み見て以来，職場の自分のPCで経理部長のメールを不正に閲覧していた。<u>④B社の情報システム部が自社のログ収集システムに保管していたログ</u>からこのことが分かり，被疑者特定の手掛かりになった。

なお，被疑者は，[c]，メールを送っていた。

L課長は，今回の出来事を教訓としてF社で改善すべき点がないか，情報セキュリティリーダであるS主任と話し合った。そのときの会話を次に示す。

L課長：今後，我が社が偽メールにだまされないための対策はありますか。

S主任：第三者によるメールの不正な閲覧への対策にもなるので，できれば取引先に[d]を使ってもらいたいと思いますが，同意を得て準備する手間も掛かります。偽メールにだまされないための対策のうち確実であり，かつ，すぐできるものとして，振込に関わるメールのやり取りの際は，[e1]のがよいと考えます。そのためには，[e2]ことも必要です。

L課長：我が社の取引先口座マスタの変更手続と，標準的な振込手続には問題はありませんか。

S主任：振込依頼情報の作成前に，M主任が自分一人の判断で取引先口座マスタ中のB社の口座情報を変更できたという問題があります。対策として，[f1]ことを進めます。振込依頼書の承認が省略できたという問題については，[f2]ことを進めます。これによって，振込依頼書の書類を廃止でき，操作結果が社内システムに自動的に記録できるようにもなります。

S主任は，これらの対策を情報セキュリティ委員会に提案し，対策を実施した。

設問1　図1中の下線①について，C銀行が，利用者にディジタル証明書と秘密鍵をIBサービスを利用するPC内のハードディスクに格納させるのではなく，ICカードに格納して提供する目的はどれか。解答群のうち，最も適切なものを選べ。

解答群

- ア　IBサービスを利用するPCのマルウェア感染による秘密鍵の漏えいリスクを低減するため
- イ　ディジタル証明書の更新を不要にするため
- ウ　複数枚のディジタル証明書を格納できるようにするため
- エ　利用者が，IBサービスの利用者IDとパスワードを知らなくても，ICカードでIBサービスにログインできるようにするため
- オ　利用者が，IBサービスを利用するPCを，複数人で共用できるようにするため

設問2 図2中の下線②について，この段階でM主任が内部不正を働くおそれに対して，内部不正を思いとどまらせるために有効な牽制手段はどれか。解答群のうち，最も適切なものを選べ。

解答群

ア　IB専用PCを共用キャビネットに施錠保管し，必要なときだけ取り出して使うルールとする。
イ　L課長が，IBサービスの履歴と振込依頼書を突き合わせて点検し，差があればM主任に理由を聞くルールとする。
ウ　承認の操作の際，急がない修正は，修正して承認を実行する機能を利用せず，差し戻すルールとする。
エ　トークンを共用キャビネットに施錠保管し，使うときだけ貸し出すルールとする。Nさんが共用キャビネットの鍵を管理して貸出記録をつける。
オ　振込先の口座情報はIBサービス画面で手入力せず，"振込依頼データ" をIBサービスにアップロードするルールとする。

設問3 〔F社におけるIBサービス利用時の情報セキュリティリスク及びその対策〕について(1)，(2)に答えよ。

(1) 表1中の［ a1 ］～［ a3 ］に入れる，次の(i) ～ (vi)の組合せはどれか。
aに関する解答群のうち，最も適切なものを選べ。
(i) IB専用PCでは，メール利用を禁止する。
(ii) IB専用PCのOSにログインするには，経理担当者専用の共有アカウントを使う。
(iii) IB専用PCは，社内ネットワークには接続せず，インターネットに直接接続する。
(iv) IB専用PCから社内のファイルサーバへのアクセスは，企画管理部の共有フォルダへのアクセスだけを許可する。
(v) IB専用PCでは，使用していないUSBポートを物理的に閉鎖する。
(vi) プロキシで，社外サイトへのアクセスはOSアップデートとマルウェア定義ファイルのアップデートだけを許可するように設定する。

aに関する解答群

	a1	a2	a3
ア	(i)	(ii)	(iii)
イ	(i)	(ii)	(iv)
ウ	(i)	(ii)	(v)
エ	(i)	(iii)	(iv)
オ	(i)	(iv)	(v)
カ	(i)	(iv)	(vi)
キ	(ii)	(iii)	(v)
ク	(ii)	(iv)	(v)
ケ	(ii)	(v)	(vi)
コ	(iv)	(v)	(vi)

(2) 表1中の b1 ～ b3 に入れる，次の(i)～(vi)の組合せはどれか。
bに関する解答群のうち，最も適切なものを選べ。

(i) 経理担当者以外の者による，IBサービスへの不正なログイン操作
(ii) 経理担当者が操作を誤ることによる，振込金額や振込先の誤り
(iii) 経理担当者がフィッシングサイトに誘導されることによる，パスワード及びICカード中の秘密鍵の盗難
(iv) 経理担当者による，自身の利用者IDを使った不正な振込の承認
(v) 経理担当者の他の経理担当者へのなりすましによる，IBサービスへの不正なログイン操作
(vi) 経理担当者の他の経理担当者へのなりすましによる，又は経理担当者以外の者による，不正な振込の操作

bに関する解答群

	b1	b2	b3
ア	(i)	(iv)	(ii)
イ	(i)	(iv)	(v)
ウ	(i)	(vi)	(iv)
エ	(i)	(vi)	(v)
オ	(iii)	(i)	(iv)
カ	(iii)	(iv)	(v)
キ	(iii)	(vi)	(iv)
ク	(v)	(i)	(iv)
ケ	(v)	(iv)	(ii)
コ	(v)	(vi)	(ii)

設問4 〔B社からの問合せ〕について，(1)，(2)に答えよ。

(1) 本文中の下線③について，このようなサイバー攻撃手法の名称を，解答群の中から選べ。

解答群

ア CSRF
イ DDoS
ウ MITB
エ クリックジャッキング
オ クロスサイトスクリプティング
カ フィッシング

(2) 本文中の下線③について，このようなサイバー攻撃手法への対策として，図1に示す情報セキュリティに関する仕様のうち，最も有効なものを解答群の中から選べ。

解答群

ア (a)　イ (b)　ウ (c)　エ (d)
オ (e)　カ (f)　キ (g)　ク (h)

設問5 〔手口と対策〕について，(1)～(5)に答えよ。

(1) 本文中の下線④について，被疑者を特定するために最も有効だったと考えられるものを，解答群の中から選べ。

解答群

ア　B社の経理部長が使っているPCで記録されたメール送受信ログ
イ　B社のメールサーバで記録されたメールクライアントソフトからの大量のログイン失敗ログ
ウ　B社のメールサーバで記録されたメールクライアントソフトからのメール受信要求ログ
エ　B社のメールサーバで記録されたメールクライアントソフトからのメール送信ログ
オ　被疑者が自宅で使っていた個人所有のPCで記録された操作ログ

(2) 本文中の[c]に入れる字句はどれか。解答群のうち，最も適切なものを選べ。

cに関する解答群

ア　B社から貸与されたPCを使い，B社の経理部長のアカウントを盗用して
イ　B社から貸与されたPCを使い，メールクライアントソフトの設定で差出人メールアドレスをB社のドメイン名とよく似た実在しないドメイン名に詐称して
ウ　B社の経理部長が席を外した隙に，B社の経理部長が使っているPCのメールクライアントソフトを使って
エ　B社のドメイン名とよく似たドメイン名を取得し，個人所有のPCでメールサーバを立ち上げて

(3) 本文中の[d]に入れる字句はどれか。解答群のうち，最も適切なものを選べ。

dに関する解答群

ア　HTTP over TLS利用のWebメール
イ　POP before SMTP
ウ　S/MIMEによるディジタル署名付き暗号メール
エ　SMTP-AUTH
オ　SPF (Sender Policy Framework)
カ　パスワード付きZIPファイル

(4) 本文中の[e1]，[e2]に入れる字句の組合せはどれか。eに関する解答群のうち，最も適切なものを選べ。

eに関する解答群

	e1	e2
ア	受信メールの差出人メールアドレスと文面を慎重にチェックする	受信メールを印刷して情報セキュリティリーダを含め複数人でチェックする
イ	受信メールの差出人メールアドレスと文面を慎重にチェックする	情報セキュリティリーダに受信メールの写しを転送する
ウ	メールの内容について電話をかけて確認する	振込に関する詐欺事例と振込時の注意事項を経理担当者に教育する
エ	メールの内容について電話をかけて確認する	メールには必ず差出人の電話番号を記載してもらう
オ	メールをサーバに保存しておく	保存用のメールアドレスにもメールを同報する
カ	メールをサーバに保存しておく	保存用のメールアドレスにもメールを同報するとともに，情報セキュリティリーダが必要に応じてメールの内容を確認できる仕組みを作る

(5) 本文中の［f1］，［f2］に入れる，次の(i) ～ (vi)の組合せはどれか。

fに関する解答群のうち，最も適切なものを選べ。

(i) F社会計システムから共有フォルダに出力した後の振込依頼データはL課長がディジタル署名を付与してから保管する

(ii) F社会計システムの取引先口座マスタの登録及び変更のワークフローシステムを導入し，その申請権限と承認権限を分離する

(iii) IBサービスでの振込（承認）の承認者を，振込依頼書の承認者と同一人物にする

(iv) IBサービスでの振込の承認を実行する時に，もう一度，取引先の口座情報の変更の証憑と突き合わせて確認する

(v) 取引先口座マスタを登録，変更するときに取引先から入手すべき証憑の種類をマニュアルに明記する

(vi) 振込依頼情報を申請するワークフローシステムをF社会計システムに導入し，かつ，振込依頼情報の申請権限と承認権限を分離する

fに関する解答群

	f1	f2
ア	(ii)	(i)
イ	(ii)	(iii)
ウ	(ii)	(vi)
エ	(iv)	(i)
オ	(iv)	(iii)
カ	(iv)	(vi)
キ	(v)	(i)
ク	(v)	(iii)
ケ	(v)	(vi)

問1　攻略のカギ

標的型攻撃を検知しそれに対応する方法や，内部統制に関する知識が必要です。

設問1　ハードディスクとICカードの違いや，その耐タンパ性に関して，またそれぞれの媒体を使用するときのメリットやデメリットの理解が必要です。

設問2　問題文の**図2**の2～4より一連の流れを確認することと，「牽制」の意味を正しく理解することが重要です。

設問3（1）通常のマルウェア感染対策の知識が必要です。また，プロキシサーバの経路に気をつけましょう。

（2）対策からセキュリティリスクを考えますが，それぞれ対策が異なるので，表を読み間違えないようにしましょう。

設問4（1）標的型攻撃の一つであるこのサイバー攻撃は，本試験での出題が初めてなので，解答が絞りにくいかもしれませんが，他の解答群の出題があるのでそこをヒントに解答を選択すると良いでしょう。

（2）攻撃手法の知識がついたならば必ずその対策を知っておく必要があります。

設問5（1）取得したログには，機器ごとでどのような情報が記載されているのか想定してから解答する必要があります。

（2）**表2**のメールアドレスの違いを注意深く確認する必要があります。

（3）電子メールの認証についての知識が必要です。

（4）電子メールに対しての信頼性やそのリスクをどのように考えるかが重要です。

（5）空欄f以降の「これによって，……」の記述をヒントに解答すると理解がしやすいでしょう。

本問は，BEC（Business E-mail Compromise：ビジネスメール詐欺）に関する知識とその対策を問われています。

設問の解説に入る前に【標的型攻撃】【MITB（Man-in-the-Browser）攻撃】【S/MIME】【内部統制】について解説します。

【標的型攻撃】

標的型攻撃では図Aのようなメールを作成して，P社のXさんに送り付けます。**自社に関連した内容が含まれていたり，上司など関係者が送信元になっていたりすると，自分の業務に関連したメールだと誤解し，添付ファイルを不用意に開いてしまう可能性が高く**なります。

なお，この攻撃によってXさんが添付ファイルを開かせることに成功しても，マルウェアが新種のものでないと，XさんのPCにインストールされているウイルス対策ソフトによって検知・削除され，攻撃が失敗します。標的型攻撃では，新種のマルウェアを利用し，**ウイルス対策ソフトによって検出されない**ようにします。

対策

- メールの添付ファイルを不用意に開かない。

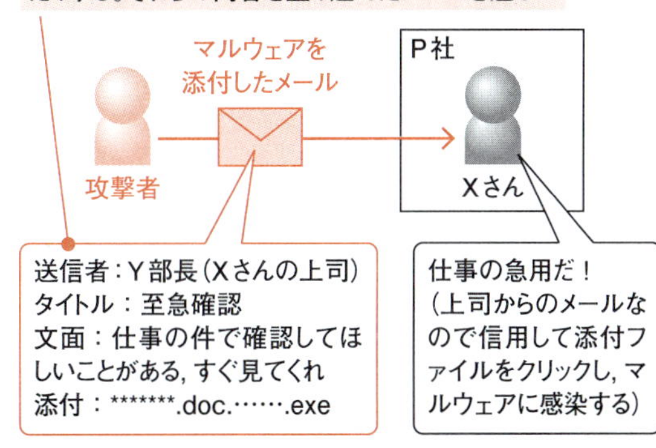

図A

※送信元が関係者だったり，タイトルや文面から騙されることが多いので，添付ファイルが安全かどうか判定できない場合には，メール以外の手段（電話など）で送信者に連絡し，添付ファイル付きのメールを送信したかどうかを確認することが有効です。

【MITB（Man-in-the-Browser）攻撃】

インターネットバンキングサイト上で利用者が振込操作を行うとき，マルウェアが操作内容を改ざんすることで，振込金額を詐取しようとする攻撃です。

①攻撃者は，対象者のPCにマルウェアを感染させる。

②対象者がブラウザを使用してインターネットバンキングサイトにログインすると，マルウェアはその通信を検知し，ブラウザを乗っ取る。

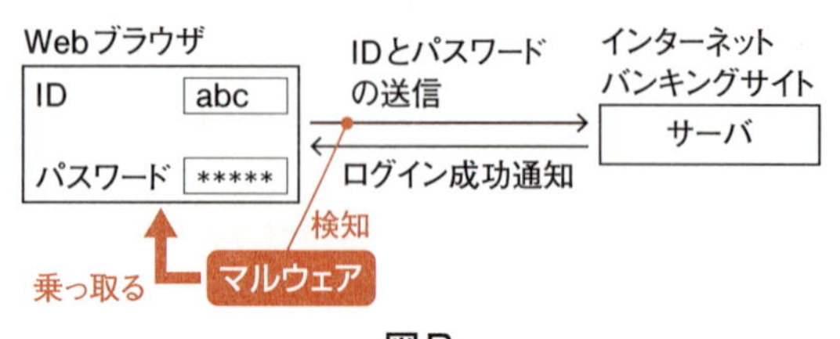

図B

③対象者が，Webブラウザでインターネットバンキングサイトの振込画面を開き，振込先口座番号や振込金額を入力すると，マルウェアはその通信の振込先口座番号や振込金額を書き換えて，インターネットバンキングサイトのサーバに送信する。その結果，攻撃者の口座番号に送金されてしまう。

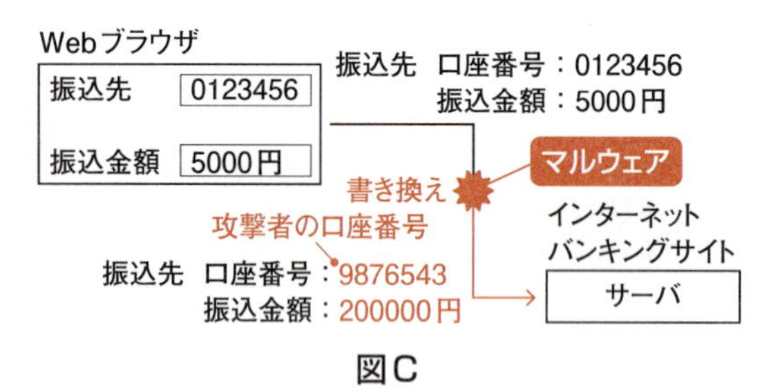

図C

④③の振込処理が完了し，インターネットバンキングサイトのサーバが振込完了画面のデータをWebブラウザに返信すると，マルウェアはその通信を改ざんして，**対象者が入力していた振込先口座番号や振込金額に書き換える**。また，対象者の口座の残額も改ざんする。その結果，Webブラウザの振込完了画面には対象者が入力した正しい口座番号などが表示されるので，攻撃に気付けない。この書き換えを行わないと，利用者が容易に攻撃に気付いてしまう。

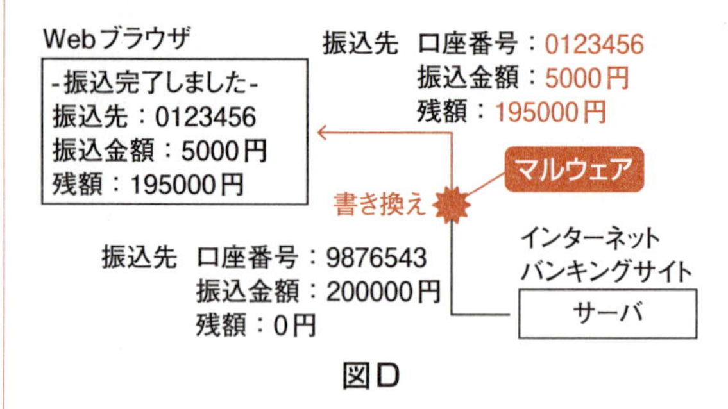

図D

対策

- 一度マルウェアに感染すると，この攻撃の検知や防御が難しいです。ウイルス対策ソフトの定義ファイルを常に最新の状態に保つなど，マルウェアに感染しないようにする必要があります。
- インターネットバンキングの処理ごとにパスワードが変更されるワンタイムパスワードを使用します。

【S/MIME】

電子メールの暗号化方式規格。RSA securityにより提案され，IETFにより標準化されています（図E）。

- S/MIMEでは，メッセージ本文を暗号化するために，共通鍵暗号方式の共通鍵を用いる。この共通鍵を送信者と受信者との間で安全に受け渡すことと，電子メールの改ざんを検出することを目的として，公開鍵暗号方式によるディジタル署名の仕組みを用いている。
- S/MIMEを利用する者は，共通鍵を暗号化するために用いる公開鍵の証明書（S/MIME証明書）を，認証局に依頼して発行してもらう必要がある。
- S/MIMEを利用してメールを送信する者（送信者）は，S/MIMEを利用している受信者のS/MIME証明

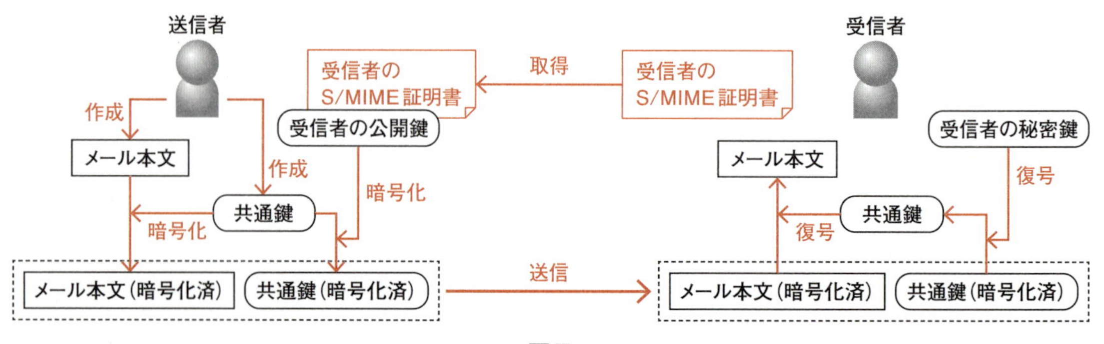

図E

書を得て，その中に記録されている受信者の公開鍵を入手する。送信者は，共通鍵を用いてメール本文を暗号化した後，受信者の公開鍵を用いて，メール本文の暗号化に用いた共通鍵を暗号化し，メール本文と共に受信者に送信する。
- 受信者は，受信者の秘密鍵を用いて，暗号化されていた共通鍵を復号し，復号した共通鍵を用いてメール本文を復号する。

【内部統制】

内部統制とは，組織が目的を達成するために，従業員などを適切に管理して自社の業務を適正に遂行しているかどうかを，合理的な方法で確認するための体制を構築・運用する仕組み，及びその仕組みにおいて行われる各種の作業のことです。

内部統制において内部不正を検知または防止するためには，ある従業員または部門が行った作業の内容を，別の従業員または部門に検証させ，正当性を確認させる措置が必要です。この措置のことを承認といいます。内部不正を検知・防止するために，作業者と承認者を分離することが有効です。作業者と承認者が同じでは，作業者の行った不正を検知する者がいないので，不正が隠ぺいされる可能性が高くなります。

設問1 耐タンパ性

ICカード内の重要な情報（ここでは，秘密鍵や公開鍵証明書）の不正読取に対抗するための保護機能のことを，**耐タンパ性**（tamper resistant）といいます。具体的には，ICカード内部のチップを保護膜で厳重に包み，保護膜をはがしてチップを読み取ろうとするとチップ自体が破壊されるような仕組みにしておくという技術などが考案されています。また，ICカードをセキュリティ上使用するメリットとして，“ICカードがないとログインできない”ことや，“**マルウェア感染などのリスクが小さい**”などがあります。したがって，**ア**が正解です。

× **イ** ICカードでも，証明書には有効期限があるので，更新は必要です。

× **ウ** ハードディスクでもICカードでもディジタル証明書は複数格納できます。

× **エ** 図1の（a）にもありますが，IBサービスを利用する際は「利用者は，ログインするとき，利用者ごとに発行された利用者ID及びパスワードを入力する。」とあります。ICカードやハードディスクに格納してはいません。

× **オ** PCを複数人で使用する目的を優先するならば，ICカードよりハードディスクに格納した方が効率が良くなります。

設問2 牽制手段

図2の2～4より一連の流れを確認します。

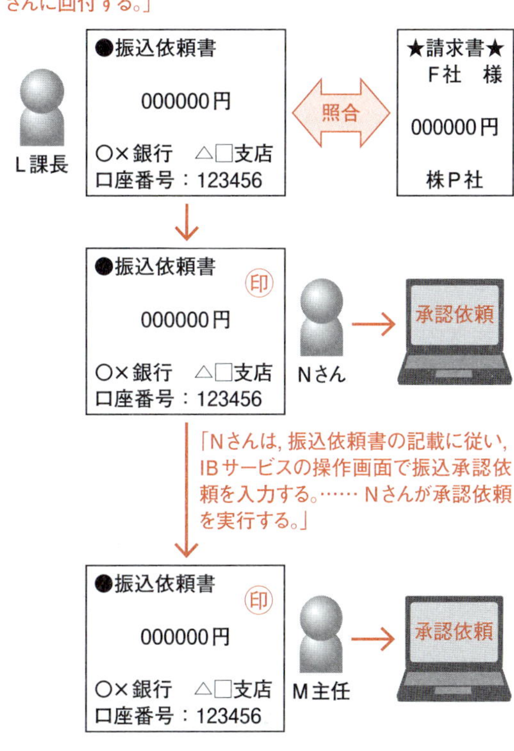

図F

また，「M主任は，IBサービス操作画面で，振込承認依頼の内容と振込依頼書を突き合わせて確認し，誤りがなければ承認を実行する」となっています。この場合M主任が恣（し）意的に振込を実行することが可能になってしまいます。設問文には，「有効な牽（けん）制手段」とあるので，M主任には承認権限だけを与えて，その確認ができる手段を用意しておけば，不正行為の検証を可能にすることで相互牽制が働きます。そのためには，この作業がわかっている管理者のL課長に確認をしてもらうことが適切です。このような措置をしているのは**イ**だけです。

設問3 情報セキュリティリスク対策

(1)

空欄a1～a3

ここでは，**表1**の情報セキュリティリスクに対する対策を解答する必要があります。

リスクは，“IB専用のマルウェア感染”がリスクなので，(i)～(vi)まで順に検討します。

(i) 電子メール経由の添付ファイルなどでマルウェア感染の可能性が高まるので禁止することは対策になります。

(ii) IB専用PCは1台なので，それを経理担当者の共有アカウントを使用してしまうと，アクセス者がわからなくなるリスクが生じます。マルウェア感染とは直接関係はありません。

(iii) IB専用PCをインターネットに直接接続してもWeb閲覧などからマルウェアに対する脅威が生じます。

(iv) **図2**の3で「件数が多い場合は，共有フォルダ上の“振込依頼データ”をIBサービスにアップロードし，振込依頼書の内容と突き合わせて確認する。」とあります。IB専用端末は，他のフォルダにアクセスすることで，マルウェア感染の可能性があるので禁止することは対策になります。

(v) IB専用PCで使用していないUSBポートを物理的に閉鎖することで，許可されていないUSBメモリなどを接続してしまいそこからマルウェア感染する可能性が防げます。

(vi) プロキシで，社外サイトへのアクセスを限定すること（OSのアップデートとマルウェア定義ファイルのアップデートだけを許可する）はマルウェア対策にはなりますが肝心のIBサービスへのアクセスができなくなってしまいます。

以上から，オ((i)，(iv)，(v))が適切です。

(2)

セキュリティ対策からそのリスクを考える問題です。

空欄b1

「・ICカードの暗証番号を推測されにくいものにする。」

「・IBサービスのパスワードを推測されにくいものにする。」

この2つの条件に共通することは，“入力情報を推測されにくい設定にする”ことです。

ICカードは，1枚を3人で使用しているので，暗証番号はF社経理担当者以外の人が使用することはありません。

また，IBサービスは，C銀行のサービスで，「利用者は，ログインするとき，利用者ごとに発行された利用者ID及びパスワードを入力する。」とあるので，こちらも決められた人しか使用できないようにする必要があります。したがって，(i)の“**経理担当者以外の者による，IBサービスへの不正なログイン操作**”が該当します。

空欄b2

「・トークンを各自のロッカーに施錠保管する。」

「・振込の操作を知らせるメールの宛先として，経理担当者3名のメールアドレスを登録する。」

トークンを使用するタイミングは，ワンタイムパスワードを入力するタイミングである“振込の承認依頼”をする際になります。トークンは，経理担当者それぞれに提供されているので，この機器を持ち出されてしまうと，経理担当者以外の人でも不正が行われる可能性があります。また，自身の承認依頼かどうかは，全員にメールを送ることでわかります。したがって，(vi)の“**経理担当者の他の経理担当者へのなりすましによる，又は経理担当者以外の者による不正な振込の操作**”が該当します。

空欄b3

「・振込の操作を知らせるメールの宛先として，経理担当者3名のメールアドレスを登録する。」

これは，不正の抑止の役割を果たします。したがって，(iv)の“**経理担当者による，自身のIDを使った不正な振込の承認**”が該当します。

以上から，ウ((i)，(vi)，(iv))が適切です。

設問4 MITB攻撃

(1)

「振込の操作画面上は正しく操作しているように見えても，銀行との間で送受信される振込口座情報をマルウェアが書き換えていた」という脅威は，【MITB攻撃】でも説明したように，MITB(ウ)といいます。

× ア **CSRF**（クロスサイトリクエストフォージェリ）とは，悪意あるスクリプトを含んだ攻撃用のページを密かにダウンロードして，利用者がログインしている状態の標的サイトに対して意図しない操作を行わせる攻撃のことです。

× イ **DDoS**（Distributed Denial of Service）攻撃とは，特定のサイトに対し，日時を決めて複数台のPCから同時に攻撃する攻撃です。

× エ **クリックジャック**とは，一見問題がないように見えるWebページの上層に，別のWebサイトのページを透明化して密かに埋め込みアクセスさせることです。

×オ **クロスサイトスクリプティング**とは，悪意のあるスクリプトを埋め込んだ入力データを送り，訪問者のブラウザ上で当該スクリプトの処理を実行させ，クッキーなどの情報を盗もうとする攻撃のことです。

×カ **フィッシング**とは，サイトの偽装や偽造電子メールの使用などの手法を用いることによって，ユーザを騙して個人情報やパスワードなどを偽のWebサイトに入力させて，不正に入手する行為のことです。

(2)

【MITB攻撃】の「対策」にもありますが，この攻撃は，ワンタイムパスワードを使用して認証をする(d)もしくは(e)“トランザクション認証”が対策になります。設問文にある，“最も有効であるもの”を検討する必要があります。

(a) “IBサービスの利用者登録及びログイン”は，外部の不正な利用者の使用をできなくする対策に効果があります。

(b) “ディジタル証明書”は，ICカードに書き込まれるので，ICカードを持たない，内部もしくは外部の不正な利用者の使用をできなくする対策に効果があります。

(c) “承認ワークフロー”は，承認依頼と承認に分かれているので，担当者の不正操作に効果があります。

(d) “ワンタイムパスワード”は承認依頼を実行するときに使用します。この時点では，時間で変更するワンタイムパスワードなので，その時間だけは同じパスワードを使用しています。

(e) ワンタイムパスワードを作成するトークンに口座番号を入力するので，悪意のある対象者が作成した異なる口座番号に入金することはできなくなるので，(d)よりも効果的な対策になります。

(f) “振込の操作を知らせるメール”は，振込が実行されてしまった後なので，その対策にはなりません。

(g) “履歴の照会”は，過去の情報の突き合わせなので，実際に行われた作業との確認はできますが，実行後なので対策にはなりません。

(h) “EV-SSL”はIBサービスと利用者間の情報を暗号化する処理をされているので，盗聴などの対策になります。

よって，正解はオ(e)になります。

設問5 手口と対策

(1)

この脅威では，まずB社の経理部長しか知り得ないメールの内容を模しています。問題文の**〔手口と対策〕**には「被疑者は8月にB社の経理部長の手帳からメール受信のためのパスワードを盗み見て以来，職場の自分のPCで経理部長のメールを不正に取得していた。」とあります。ここでは，経理部長のメールを閲覧するためにメールサーバにアクセスをしていたことが伺えます。すなわち，経理部長以外のメールクライアントからのメール受信要求があれば，被疑者の可能性が高くなります。したがって，解答はウになります。

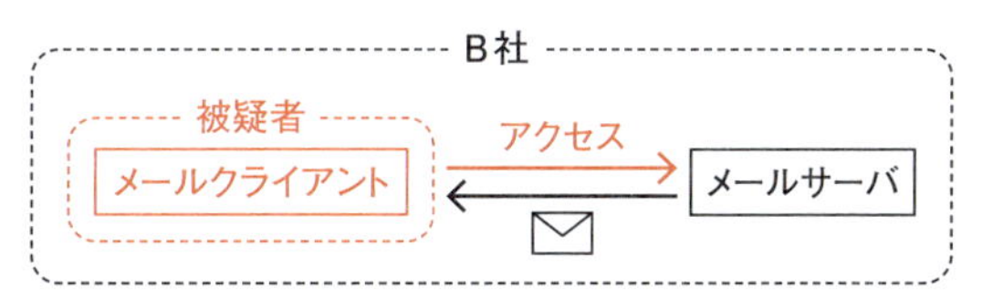

図G

(2)

次に被疑者は，F社に対して添付ファイル付きのメールを送信し，マルウェアに感染させ，その後MITB攻撃をすることを意図しています（図H，図I）。

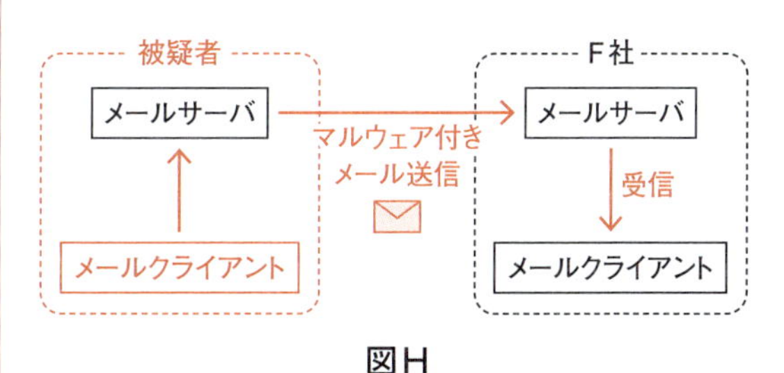

図H

ここで，使用しているのは実際のB社のドメイン

表2 B社の経理部長からのメールに表示されていたメールアドレス

役職	最後の2通のメールに表示されていたメールアドレス	普段使われているメールアドレス
B社の経理部長	YYYY@interiar-bsha.com	YYYY@interior-bsha.com
B社の社長	ZZZZ@interiar-bsha.com	ZZZZ@interior-bsha.com

図I

(interior-bsha.com)ではなく，似たようなドメイン(interiar-bsha.com)を使用してメールを送信しています。したがって，エ の“**B社のドメインによく似たドメインを取得し，個人所有のPCでメールサーバを立ち上げて**”メールを送っていたと考えられます。

(3)

今回のMITBの脅威に関してメールがB社の経理部長のなりすましであることが問題でした。なりすましを検知するには，ディジタル署名を使用することで本人かどうかの確認が取れます。これが可能なものが，ウ の**S/MIME**です。

ア HTTP over TLSのWebメールは，暗号化は可能ですが認証機能がありません。

イ **POP before SMTP**はSMTPプロトコルに認証機能がないので，POP認証後にSMTP通信を行う方法です。

エ **SMTP-AUTH**は，SMTPプロトコルで認証を行う方法です。

オ **SPF**は送信ドメイン認証の一つで，DNSサーバを利用して送信元メールサーバを認証するものです。

カ **ZIP**ファイルは圧縮されているファイルのことです。

(4)

空欄　e1，e2

【標的型攻撃】の「対策」でも説明しましたが，重要な情報のやり取りに関しては，別の手段（電話など）を使って確認することが必要です。したがって，空欄e1は“**メールの内容について電話をかけて確認する**”ことがよいと考えられます。それの実効性を持たせるためには，運用上の作業が増加する理由を説明する必要があります。よって，e2は，“**振込に関する詐欺事例と振込時の注意事項を経理部門に教育する**”必要があります。

よって，ウ が正解です。

(5)

空欄f1，f2

問題文中のS主任会話で，「M主任が自分一人の判断で取引先口座マスタ中のB社の口座情報が変更できた」とあります。**図2**の1で「振込依頼情報を作成し，振込依頼書として紙に出力する。このとき，取引先の口座マスタに登録されている口座情報を利用する。また，M主任は，振込依頼情報をC銀行指定の“振込依頼データ”の形式で出力し，企画管理部の共有フォルダに保存する。」とあるので，口座登録もそれを使用するのもM主任に限られてしまいます。そこで，【内部統制】の項で説明した作業者と承認者の分離をする必要があります。したがって，**(ii)“F社会計システムの取引先口座マスタの登録及び変更のワークフローシステムを導入し，その申請権限と承認権限を分離する**”となります。

また，振込依頼書の承認ができた問題も空欄e1と同様に**図2**の1でM主任が申請権限を持ち，**図2**の4でM主任が同様の承認権限を持っていることに問題があると考えられます。これも，申請者と承認者を分離する，**(vi)“振込依頼情報を申請するワークフローシステムをF社会計システムに導入し，かつ，振込依頼情報と承認権限を分離する**”が正解です。

よって，ウ の組合せが正解です。

解答

設問1	ア	**設問5**	(1) ウ
設問2	イ		(2) c：エ
設問3	(1) a：オ		(3) d：ウ
	(2) b：ウ		(4) e：ウ
設問4	(1) ウ		(5) f：ウ
	(2) オ		

問2 リスク対応策の検討に関する次の記述を読んで，設問1に答えよ。

A社は，ECサイトで旅行商品を販売している，資本金1億円，従業員数80名の会社である。もともとA社は旅行商品を店舗で販売していたが，2014年にECサイト（以下，A社ECサイトという）での販売を開始し，3年後の現在はA社ECサイトでの販売だけを行っている。A社ECサイトでの販売になってから旅行商品の販売のほとんどはクレジットカード決済である。A社には，総務部，人事部，旅行企画部，旅行営業部の四つの部がある。A社ECサイトは旅行営業部が管理，開発及び保守を行っており，A社ECサイトのシステム管理者も旅行営業部に所属している。A社ECサイトを除くA社の情報システムのシステム管理者は総務部に所属している。

A社全体の情報セキュリティ責任者は旅行営業部長である。旅行営業部に所属するEさんは，A社全体の情報セキュリティ推進を担う情報セキュリティリーダに任命されている。A社には，社長，総務部長，人事部長，旅行企画部長，旅行営業部長及びEさんが参加する情報セキュリティ委員会があり，Eさんは事務局を務めている。

〔A社における情報セキュリティ対策〕

A社で最も情報セキュリティが必要とされる情報は，顧客のクレジットカード情報である。このクレジットカード情報には，クレジットカード番号，クレジットカード会員名などが含まれている。A社が保有するクレジットカード情報及び販売履歴は，A社ECサイトのデータベースサーバ1台とファイルサーバ1台に保存されている。データベースサーバとファイルサーバは，A社の社内LANに接続されている。ファイルサーバには，テープバックアップ装置が接続され，クレジットカード情報などを含む特定のフォルダにある全てのファイルを毎週バックアップするように設定されている。バックアップは2世代分保存されている。バックアップテープは，テープバックアップ装置の隣にあるキャビネットに保管されている。また，A社で使われている全てのPCにはマルウェア対策ソフト（以下，対策ソフトという）が導入されており，マルウェア定義ファイルを自動的に最新版に更新するように設定されている。対策ソフトの設定は，対策ソフトの管理サーバによって一元的に管理されている。A社が使用している対策ソフトには，PCでのソフトウェアの起動可否をホワイトリスト又はブラックリストで制御する機能がある。これらのリストを管理サーバで変更すると，A社の全てのPCに自動的にそのリストが反映される。ブラックリストには，次の機能がある。

・制御する対象のソフトウェアを，個別のソフトウェア単位及びソフトウェアのカテゴリ単位で指定できる。
・指定したソフトウェアに対して，許可モード，禁止モード又は監視モードのいずれかを選択できる。監視モードを選択した場合は，指定したソフトウェアの起動を許可するが，実行されたソフトウェアの実行履歴を管理サーバのログに記録する。

A社は，業務マニュアルなどの有用な情報を大量に蓄積した掲示板システムを保有している。当該システムは社内LANだけからアクセスが可能であり，多くの従業員がほぼ毎日アクセスしている。当該システムが使用しているソフトウェアパッケージ（以下，現行パッケージという）は，最新バージョンのOSをサポートしていない。また，当該システムには，個人情報は保存されていない。

A社では，毎年10名ほどの従業員が退職し，ほぼ同数の従業員が採用されている。入社時には雇用契約書及び秘密保持契約書を含む複数の契約書に署名させている。署名が済むと，システム管理者が，各情報システムに共通の利用者ID（以下，従業員IDという）を所属部に応じて，必要な情報システムに登録する。従業員IDを登録する際には，従業員の氏名及び所属部も一緒に各情報システムへ登録する（以下，従業員ID，従業員の氏名及び所属部を併せてID情報という）。従業員の退職時には，雇用期間中に知り得た秘密を守るという誓約書（以下，退職時誓約書という）への署名を依頼することになっている。

〔情報セキュリティ委員会の開催〕

A社では，情報セキュリティ委員会を毎月開催している。2017年12月に開催された情報セキュリティ委員会において，同業他社のECサイトでの大規模なクレジットカード情報の漏えい事件が報告された。そこで情報セキュリティ委員会では，情報セキュリティ点検と，その結果に基づく改善を行うことを決め，その評価基準と情報セキュリティ点検の外部委託先の選定をEさんに指示した。A社は10年前に情報セキュリティポリシ及び関連規程類（以下，A社規程類という）を策定しているが，これまでほとんど見直しを行っていない。Eさんは，A社規程類は情報セキュリティ点検の評価基準として適切ではないと考え，JIS Q 27002:2014の管理策を基に新たに評価基準を作成した。さらに，外部委託先として幾つかの候補を比較検討した。その結果は翌月の情報セキュリティ委員会で審議され，情報セキュリティ点検の実施，及びそこでの指摘事項についてA社が作成する対応方針のレビューを，情報セキュリティ専門会社U社に依頼することになった。U社では情報処理安全確保支援士（登録セキスペ）のP氏が担当することになった。

〔対応方針の検討〕

情報セキュリティ点検が完了し，P氏は，**図1**に示す指摘事項を報告した。

指摘事項1：	掲示板システムが使用しているバージョンの OS は，標準サポート契約期限が切れている。延長サポートサービスが提供されているが，A 社は契約していないので，OS ベンダからパッチが提供されない。そのため既知の脆弱性があり，対応が必要である。
指摘事項2：	（省略）
指摘事項3：	幾つかの情報システムで退職者の従業員 ID 及び業務上アクセスが不要になった従業員 ID が有効なままである。
指摘事項4：	脆弱性を悪用した攻撃を行う機能があり，不正アクセスにも悪用される危険性の高いソフトウェア（以下，高リスクソフトという）が，A 社 EC サイトの脆弱性を検査するために使用されている。
指摘事項5：	ファイルサーバ用のバックアップテープが劣化してエラーが起き，バックアップが3週間取得されていなかった。
指摘事項6：	A 社 EC サイトではクレジットカード決済を行っているので，クレジットカード情報を保持している。そのため PCI DSS への準拠が必要だが，準拠に必要な要件を満たしているかどうかを確認していない。

図1　指摘事項（抜粋）

まずEさんは指摘事項1について，対応方針を検討することにした。最新バージョンのOSを導入すればOSの既知の脆弱性はなくなるが，現行パッケージの動作が保証されないこと，また，同等の機能をもつ他製品のソフトウェアパッケージであれば最新バージョンのOSでの動作が保証されるが，掲示板システムのデータは，手動で個別に再入力しなければならないことが分かった。Eさんは，掲示板システムの利用状況を踏まえて対応方針を検討し，P氏にその対応方針が適切かを聞いた。P氏からは，Eさんの対応方針は適切であるとの回答が得られた。Eさんは，①この対応方針について情報セキュリティ委員会の承認を得てから，総務部に提示し，対応を指示した。

次にEさんは②指摘事項2について，対応方針を検討することにした。その際のP氏からの助言は，従業員の入社時に締結する秘密保持契約書に，退職後も一定期間は秘密を守るという条項を追加するのがよいというものであった。人事部もその助言に同意し，従業員の入社時に締結する秘密保持契約書に追加することにした。

次にEさんは指摘事項3について，対応方針を検討することにした。A社規程類では，従業員が退職した際，又は各情報システムに業務上アクセスする必要がなくなった際には，当該従業員の従業員IDの無効化を上司が各情報システムの管理者に申請するように定められているが，申請を忘れてしまうことがあった。Eさんは，A社の管理職全員に，従業員ID無効化の申請を忘れずに行うよう注意喚起した。更にリスクを低減するためには，過去，一度だけ実施したことのある従業員IDの棚卸を定期的に実施することが効果的だと考えた。Eさんは P氏及び社内の関係者と相談の上，従業員IDの棚卸手順を**図2**のとおり整備した。

手順1：人事部から前回棚卸以後に退職した従業員一覧（以下，退職者一覧という）を入手する。

手順2：[a]

手順3：[b]

手順4：不要な従業員IDの無効化を各システム管理者に申請する。

図2　従業員IDの棚卸手順

次にEさんは指摘事項4について，対応方針を検討することにした。Eさんは，指摘されたソフトウェアを使っていた従業員をよく知っていたので聞いてみたところ，そのソフトウェアである必要はなく，広く一般的に使用されている安全性の高い他のソフトウェアでも十分に検査はできるという報告を受けた。そこでEさんは，高リスクソフトの使用を禁止することにした。

Eさんは，インターネットで高リスクソフトを調査して一覧を作成し，対策ソフトのブラックリストに登録することによって高リスクソフトの起動を制限する案を考え，P氏にレビューを依頼した。P氏は，③この案の問題点を指摘した。

問題点を指摘されたEさんは，代替案として，従業員から利用申請があったソフトウェアが高リスクソフトではないと判断できた場合に，ホワイトリストに登録する案を考え，P氏にレビューを依頼した。P氏は，④この案の問題点を指摘した。代替案として，P氏は，高リスクソフトが含まれているカテゴリをブラックリストに指定することによって，高リスクソフトの起動を禁止する案を提案した。

そこでEさんは，ブラックリストでの制御を有効にする際に旅行営業部の業務に影響が出ないようにする方針を検討し，P氏の案と併せて情報セキュリティ委員会に提案して承認を受け，総務部に指示した。

次にEさんは指摘事項5について，対応方針を検討することにした。ファイルサーバ及びバックアップテープにはクレジットカード情報などの重要な情報が格納されていることから，Eさんは，P氏の助言を得ながら，ファイルサーバとそのデータのバックアップに関するリスクと対策を検討して**表1**にまとめた。

表1　ファイルサーバとそのデータのバックアップに関するリスクと対策（抜粋）

No.	ファイルサーバとそのデータのバックアップに関するリスク	対策
1	ファイルサーバ上のデータを誤操作で消したり，ランサムウェアによって暗号化されたりした結果，データを利用できなくなるリスク	[c]
2	ファイルサーバ周辺で火災が発生した結果，データを利用できなくなるリスク	[d]
3	バックアップの取得が失敗していることに気付かないリスク	[e]
4	バックアップ対象の設定を誤り，必要なデータのバックアップが取得されないリスク	[f]

次にEさんは指摘事項6について，対応方針を検討することにした。EさんがP氏に相談したところ，PCI DSSへの準拠には多額の費用が掛かるが，[g]という方法だと費用が少額で済み，2018年6月の改正割賦販売法の施行にも間に合うのでその方法で対応するとよいと助言された。

Eさんは，指摘事項5及び指摘事項6の対応方針について情報セキュリティ委員会で承認を得た。その後，旅行営業部でその方法を実施することとした。

Eさんは，他の指摘事項についてもP氏の助言を得ながら対応方針を検討して対策を実施し，A社規程類も見直されて，A社の情報セキュリティは大きく改善した。

設問1 〔対応方針の検討〕について，（1）～（7）に答えよ。

(1) 本文中の下線①について，対応方針として最も適切なものを解答群の中から選べ。

解答群

ア　OSの延長サポートサービスを契約してパッチを入手し，検証用のシステムにパッチを適用し，稼働を検証してから本番システムにパッチを適用する。

イ　速やかに情報システムを停止し，OSベンダからパッチが提供されるのを待って，提供されたら適用し，稼働を検証する。

ウ　速やかに情報システムを停止し，最新バージョンのOS，及び現行パッケージと同等の他製品のソフトウェアパッケージを導入し，データを移行する。

エ　速やかにデータをバックアップし，最新バージョンのOSを導入した上で現行パッケージを再インストールし，バックアップしたデータをリストアする。

(2) 本文中の下線②について，P氏の指摘事項はどれか。解答群のうち，最も適切なものを選べ。

解答群

ア　退職時誓約書に，秘密を開示した際にA社が損害賠償を請求するという条項が含まれていない。

イ　退職時誓約書に，不正競争防止法に関する説明が含まれていない。

ウ　退職時誓約書に，有効とは思えないような競業避止条項が含まれている。

エ　退職者から退職時誓約書への署名を拒否されることがあった。

オ　退職者に署名後の退職時誓約書を渡していない。

(3) 図2中の［　a　］，［　b　］に入れる字句はどれか。解答群のうち，最も適切なものをそれぞれ選べ。

a，bに関する解答群

ア　ID情報の一覧の出力を，各システム管理者に依頼する。

イ　ID情報の一覧の出力を，人事部に依頼する。

ウ　ID情報の一覧を，在籍する全従業員を登録した名簿から作成する。

エ　ID情報の一覧を，前回の従業員IDの棚卸結果から作成する。

オ　退職者一覧及びID情報の一覧をP氏に渡し，無効化すべき従業員IDが存在していないかの確認を依頼する。

カ　退職者一覧及びID情報の一覧を各システム管理者に渡し，無効化すべき従業員IDが存在していないかの確認を依頼する。

キ　退職者一覧及びID情報の一覧を各情報システムを用いる業務の責任者に渡し，無効化すべき従業員IDが存在していないかの確認を依頼する。

ク　退職者一覧及びID情報の一覧を人事部に渡し，無効化すべき従業員IDが存在していないかの確認を依頼する。

(4) 本文中の下線③について，P氏が指摘した問題点を二つ，解答群の中から選べ。

解答群

ア　調査から漏れた高リスクソフトが使われてしまう可能性がある。

イ　高リスクソフトの使用はライセンス違反になる可能性がある。

ウ　高リスクソフトを継続的に調査して登録し続けることは工数が掛かりすぎる。

エ　ブラックリストを利用して高リスクソフトの使用を禁止するとマルウェアを検知できなくなる。

オ　ブラックリストを利用するとPCがA社ECサイトにアクセスできなくなる可能性がある。

(5) 本文中の下線④について，P氏が指摘した問題点を三つ，解答群の中から選べ。

解答群

ア 申請されたソフトウェアが高リスクソフトではないことの判断が難しい場合がある。
イ 申請されたソフトウェアが高リスクソフトではないことを確認し，検証する工数が掛かりすぎる場合がある。
ウ ソフトウェアの利用申請から，実際に利用できるようになるまで時間が掛かるので，業務に影響が出る場合がある。
エ ソフトウェアをホワイトリストに登録すると，そのソフトウェアのライセンス違反になる場合がある。
オ 対策ソフトには，従業員がソフトウェアの利用を申請する機能がない場合がある。

(6) 表1中の［ c ］～［ f ］に入れる字句はどれか。解答群のうち，最も適切なものをそれぞれ選べ。

c～fに関する解答群

ア 一時的に構築した情報システムに，バックアップテープの全ファイルをリストアし，ファイル比較ツールを使用してファイルサーバのバックアップ対象ファイルと比較し，ファイルが減っていないことを確認する。
イ 現在のバックアップに加え，日次で増分バックアップを行い，増分バックアップを6世代分取得し，世代ごとに別のバックアップテープに保存する。
ウ テープバックアップ装置を，より高速な製品に交換する。
エ バックアップ先の媒体をバックアップテープからハードディスクに変更する。
オ バックアップ中にエラーが発生したら電子メールでシステム管理者に通知するツールを導入する。
カ バックアップテープをエラーの起きにくい信頼性の高い製品に変更する。
キ バックアップを2組み取得し，うち1組みを遠隔地に保管する。
ク ファイルサーバに対策ソフトを導入する。
ケ ファイルサーバのファイル一覧を出力した後，ファイルを全て消去し，バックアップテープのデータをファイルサーバにリストアして出力したファイル一覧と照合し，ファイルが減っていないことを確認する。

(7) 本文中の［ g ］に入れる字句はどれか。解答群のうち，最も適切なものを選べ。

gに関する解答群

ア A社ECサイトに対してASV（認定スキャニングベンダ）による脆弱性スキャンを実施し，発見された全ての脆弱性に対応する
イ A社ECサイトの決済機能を変更することによって，クレジットカード情報の非保持化を実現する
ウ A社ECサイトのシステム運用業務を外部業者に委託する
エ A社ECサイトのペネトレーションテストを外部業者に委託し，指摘された内容を全て修正する
オ ISO/IEC27001:2013又はJIS Q 27001:2014認証，及びISO/IEC 27017:2015に基づく認証を取得している組織のクラウドサービスを利用してA社ECサイトを再構築する
カ クレジットカードの取扱いをやめることによって，クレジットカード情報漏えいのリスクを回避する

問2 攻略のカギ

設問1 (1) **図1**の指摘事項1に書かれている内容と問題文にある条件を確認する必要があります。
(2) 退職者への対応を問題文から読み取ることが重要です。
(3) 従業員IDにより，全ての情報システムが使えるわけではありません。
(4) ブラックリスト方式の問題点を確認することが重要です。
(5) ホワイトリスト方式の問題点を確認することが重要です。
(6) 問題文にある，ファイルサーバとそのデータのバックアップに関するリスクを確認すると解答が見つけやすくなります。
(7) リスクの低減をポイントに置いて解答群を確認するといいでしょう。

本問では，情報セキュリティ点検を受けた結果を基にその改善策と導入手順について問われています。

設問の解説に入る前に【JIS Q 27002】【ブラックリスト方式】【ホワイトリスト方式】【バックアップ方式】【PCIデータセキュリティ基準（PCIDSS）】【リスク対策】について解説します。

【JIS Q 27002】

JIS Q 27002：2014（情報技術－セキュリティ技術－情報セキュリティマネジメントの実践のための規範。以下，JIS Q 27002とする）とは，情報セキュリティマネジメントシステムの導入，実施，維持及び改善のための指針や，一般的原則について規定しているJIS規格のことです。この規格では，情報セキュリティマネジメントシステムに関する各種事項や，情報セキュリティを維持するための各種管理策を示しています。

【ブラックリスト方式】

攻撃用のパターンやルールをサーバなどのリストに登録しておき，外部からのアクセスのうち，そのリスト（ブラックリスト）に登録されているパターンのものを遮断し，登録されていないアクセスを許可する方式です。

【ホワイトリスト方式】

安全と確認されているアクセスのパターンやルールなどをリストに登録し，そのリスト（ホワイトリスト）に登録されている外部からのアクセスだけを許可して，それ以外のアクセスを遮断する方式です。

【バックアップ方式】

バックアップ方式には，通常バックアップ（フルバックアップ），差分バックアップ，増分バックアップなどがあります。

通常（フル）バックアップ

磁気ディスク装置に存在する全てのファイルを，磁気テープなどの外部記憶媒体に保存する方式です。システムが取り扱うファイルの容量が大きくなると，バックアップ取得時間が長くなる欠点があります。

<例>

（A～F…ファイル名，以下同じ）

図A

差分バックアップ

磁気ディスク装置上のファイルのうち，直前の通常バックアップ以降に更新または追加された全てのファイルを，外部記憶媒体に保存する方式です。バック

<例>

・直前の通常バックアップ後，1回目の差分バックアップ

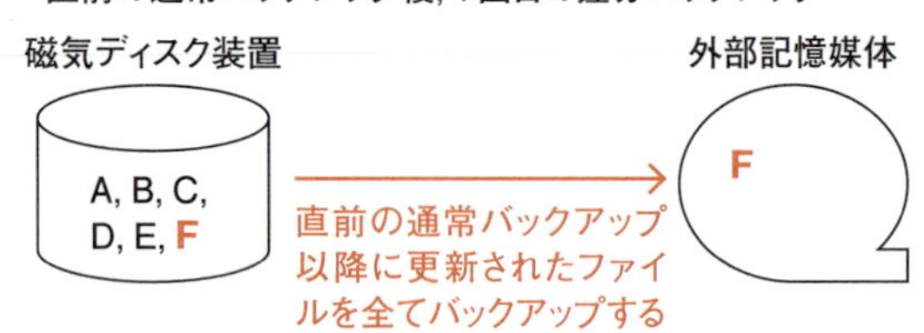

（色文字のファイル＝更新されたファイル）

・直前の通常バックアップ後，2回目の差分バックアップ

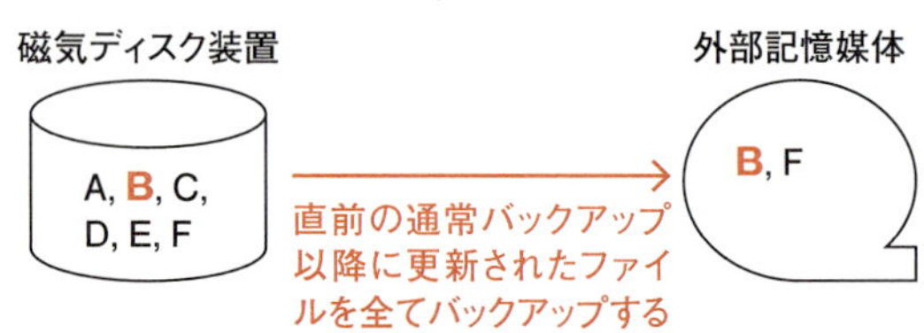

（色文字のファイル＝更新されたファイル）

図B

アップを取得するのに要する時間が通常バックアップと比較して短くなる利点がありますが，バックアップを復元するために要する時間が，通常バックアップよりも多少長くなる欠点があります。

増分バックアップ

磁気ディスク装置上のファイルのうち，直前の通常バックアップまたは増分バックアップ以降に更新または追加されたファイルのみを，外部記憶媒体に保存する方式です。バックアップを取得するのに要する時間が，通常バックアップや差分バックアップと比較してさらに短くなる利点がありますが，バックアップを復元するために要する時間が差分バックアップよりも長くなる欠点があります。

<例>

・直前の通常バックアップ後，1回目の増分バックアップ

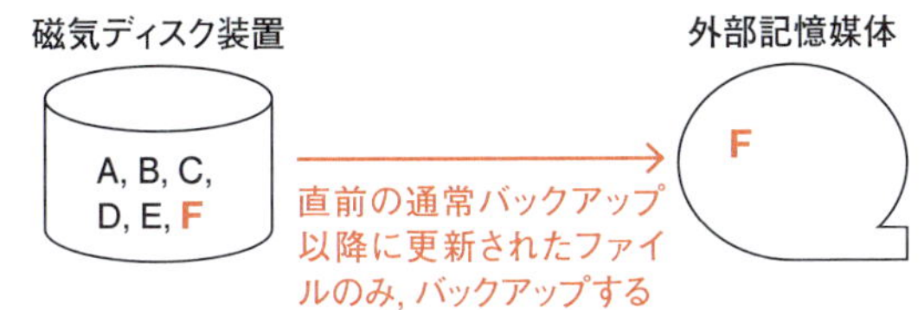

（色文字のファイル＝更新されたファイル）

・直前の通常バックアップ後，2回目の増分バックアップ

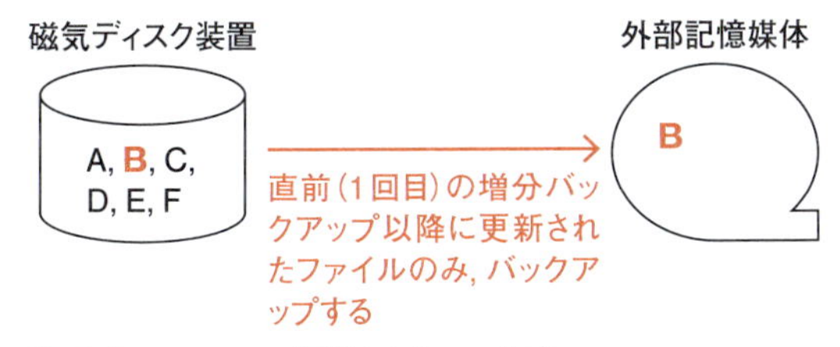

（色文字のファイル＝更新されたファイル）

図C

【PCIデータセキュリティ基準（PCI DSS）】

PCI DSS（Payment Card Industry Data Security Standard）は，クレジットカード情報などを保護することを目的として，VISAなどのクレジットカード会社が共同で策定した基準です。

【リスク対策】

リスクを防止するための各種手法をまとめます。

- **リスクコントロール**：リスクが現実のものにならないようにするための，または現実化したリスクによってもたらされる被害を最小限にするための対策。
  - **リスク回避**：事業から撤退するなどの方法で，リスクそのものを発生させなくすること
  - **リスク低減（軽減）**：リスクの発生確率や損失額を減らすこと
- **リスクファイナンス**：リスクが発生することは不可避であると仮定し，リスクによる損失に備えて保険に加入したりすることで，リスクが現実化したときに生じる損失金額を少なくするための対策。
  - **リスク移転（転嫁）**：保険に加入したり，事業を外部に委託したりすることで，リスク発生時の影響，損失，責任の一部または全部を他者に肩代わりさせること
  - **リスク保有（受容）**：軽微なリスクに対してはあえて対策を行わず，リスクが発生した場合の損失は自社で負担すること

設問1 情報セキュリティ点検

(1)

図1の指摘事項1では，「掲示板システムが使用しているバージョンのOSは，標準サポート契約期限が切れている。延長サポートサービスが提供されているが，A社は契約していないので，OSベンダからパッチが提供されていない。そのため，既知の脆弱性があり対応が必須である。」と記載があり，**〔対応方針の検討〕**では，「最新バージョンのOSを導入すればOSの既知の脆弱性はなくなるが，現行のパッケージの動作が保証されないこと，また，同等の機能をもつ他製品のソフトウェアパッケージであれば最新バージョンのOSでの操作が保証されるが，掲示板システムのデータは，手動で個別に再入力しなければならないことが分かった。」とあります。

ここで優先的にしておかなければならない問題は，多くの従業員がほぼ毎日アクセスしている現行パッケージの動作保証をしなければいけないことです。そのためには，最新バージョンのOSを導入するよりも，現在使用しているOSをそのまま使用し，A社が契約していない延長サービスを契約することで，動作が保証されます。したがって，ア が正解です。

(2)

JIS Q 27002の「7.1.2 雇用条件」では，

> **a) 秘密情報へのアクセスが与えられる全ての従業員及び契約相手による，情報処理施設へのアクセスが与えられる前の，秘密保持契約書又は守秘義務契約書への署名**

とあります。

本文の**〔A社における情報セキュリティ対策〕**では，

「従業員の退職時には，雇用期間中に知り得た秘密を守るという誓約書への署名を**依頼することになっている。**」とあり，**〔対応方針の検討〕**下線②の後には，「P氏のから助言は，従業員の入社時に締結する秘密保持契約書に，退職後も一定期間は秘密を守るという条項を追加するのがよいというものだった。」となっています。しかし，退職時に誓約書を記載するにも関わらず，入社時に秘密保持契約を結ぶのは実際にその誓約が退職時に結ばれていない可能性があります。正解は，エ **"退職者から退職時誓約書の署名を拒否されることがあった"** と考えられます。

(3)

空欄a，b

従業員IDの退職時の扱いについて，現状の流れは，「当該従業員のIDの無効化を上司が各情報システムの管理者に申請する。」だけになっています。

図2より，まず手順1は「人事部から前回棚卸以降に退職した従業員の一覧を入手する」となっています。

次に手順2で考えられることは，この退職者一覧だけでどの情報システムを使用していたのかがわからないということです。そこで，その情報を入手する必要があります。よって，空欄aは，**"ID情報の一覧の出力を，各システム管理者に依頼する"**（ア）となります。

手順3では，手順1と手順2で入手した資料を比較する必要があります。これを行えるのは，どのシステムにだれがアクセスできたかを管理できる者です。また，手順4で，不要な従業員IDの無効化を各システム管理者に申請しているので，その前に別な人間が確認する必要があります。以上のことから，空欄bは，それができる各情報システムを用いる**業務の責任者に渡し，無効化すべき従業員IDが存在していないかの確認をする**（キ）になります。

(4)

ブラックリスト方式は，通過させたくない情報を確実に遮断できるメリットはありますが，似たようなものでもわずかに異なれば通過させてしまうことや，その情報が正しいものであるかの確認に時間がかかることが問題点としてあります。ブラックリスト方式を順に確認していきます。

- ア　Eさんの調査が本調査で把握した高リスクソフトウェア以外が存在する可能性があります。⇒問題点になります。
- イ　ライセンス違反とブラックリストに登録には直接的に関連はありません。
- ウ　この問題の機能ではソフトウェア単位で制御できるので，日々増えていく高リスクソフトを継続的に調査していくことは工数がかかることが考えられます。⇒問題点になります。
- エ　ブラックリスト方式を利用して高リスクソフトの使用を禁止してもマルウェアの検知は可能です。
- オ　ブラックリスト方式を使用してもPCにアクセス制御がかかることはありません。

よって，正解はアとウになります。

(5)

ホワイトリスト方式は許可する情報のみ通過させるので，ブラックリスト方式よりも広範囲に遮断できるメリットはありますが，通過させる情報の判別を誤ると問題が生じるため，そのルール作りや確認に時間がかかることが問題点としてあります。

ホワイトリスト方式を順に確認していきます。

- ア　ホワイトリスト方式は，通過させたいリストを使用するので，間違いなく正しいという判断をしなければなりません。そのため，その判断が難しいことがあります。⇒問題点になります。
- イ　正しいと証明するために，工数（時間やお金など）がかかることがあります。⇒問題点になります。
- ウ　従業員から利用申請があったソフトウェアを登録するので，従業員からリストの反映まで，申請の確認→審査もしくは検証→ホワイトリストに掲載，と時間がかかることにより，業務に影響が出る可能性があります。⇒問題点になります。
- エ　ホワイトリストに登録することとライセンス違反は直接的に関連しません。
- オ　従業員が利用申請できるように運用上の手続きを考えればよいので，問題点ではありません。

よって，正解はア，イ，ウです。

(6)

ファイルサーバとそのデータのバックアップに関するリスクを確認してその対策を解答していきます。

空欄c：「ファイルサーバ上のデータを**誤操作で消したり**，ランサムウェアによって暗号化されたりした結果，**データを利用できなくなる**リスク」は，データを使用できなくなることを避けたいので，異なる媒体に短時間ごとにバックアップを取る必要があります。

そこで，現在は週次でバックアップしているので，このままでは最大一週間分のデータが利用できなくなってしまいます。この時間をできるだけ，短くすることで対応できるようにします。解答群から，時間に関する記述があるイ **"現在のバックアップに加え，日次で増分バックアップを行い，増分バックアップを6**

世代分取得し，世代ごとに別のバックアップテープに保存する。”が解答になります。

空欄d：「**ファイルサーバ周辺で火災が発生**した結果，データを利用できなくなるリスク」では，火災が発生することによって，ファイルサーバ自体の設置場所が使用できなくなる可能性があります。そこで，遠隔地にバックアップを取得する必要があります。よって，キの“バックアップを2組取得し，うち1組を遠隔地に保管する。”が正解になります。

空欄e：「バックアップの取得が**失敗している**ことに気付かないリスク」は，正しくバックアップが取得できていることを確認できるか，失敗した場合に早期に発見できなければいけません。その仕組みとして，オの“バックアップ中にエラーが発生したら電子メールでシステム管理者に通知するツールを導入する”が正解になります。

空欄f：「**バックアップ対象の設定を誤り**，必要なデータの**バックアップが取得されない**リスク」は，何らかの方法で，設定が誤りなく全てデータ（ファイル）のバックアップが取得できているかを確認する必要があります。そのためには，現在あるバックアップデータファイルと手動などで取得したバックアップデータを比較する必要があります。したがって，アの“一時的に構築した情報システムに，バックアップテープの全ファイルをリストアし，ファイル比較ツールを使用してファイルサーバのバックアップ対象ファイルと比較し，ファイルが減っていないことを確認する。”が正解になります。

(7)

PCI DSSの「付録B」では，技術的制約または業務上の制約によって，組織（事業体）がPCI DSSの要件を満たすことができない場合には，代替管理策（代替コントロール）を実行することで要件の目的を実現できるとしています。

「事業体が正当な技術上の制約または文書化されたビジネス上の制約のために記載されているとおりに明示的に要件を満たすことができないが，その他の（つまり代替の）コントロールを通じて要件に関連するリスクを十分に軽減している場合，ほとんどのPCI DSS要件に対して代替コントロールを検討することができます」とあります。

ここでは，リスク軽減（低減）の観点より，解答群を順に検討します。

- ア　ASVによる脆弱性スキャンを実施して，その脆弱性に対応できればリスク回避になります。
- イ　クレジットカード情報の非保持化をすればリスク低減になります。⇒正解です。
- ウ　外部業者に委託すると，リスク移転になります。
- エ　ペネトレーションテストを外部業者に委託し，指摘された内容を全て修正することは，リスク回避になります。
- オ　外部の認証されているクラウドサービスを使っているので，リスク移転になります。
- カ　クレジットカードの取扱いをやめることは，リスク低減になりますが，ほとんどがクレジットカード決済なのでA社の営業方針も変更する必要が出てくるので不正解です。

解答

設問1
(1) ア
(2) エ
(3) a：ア　b：キ
(4) ア，ウ
(5) ア，イ，ウ
(6) c：イ　d：キ　e：オ　f：ア
(7) g：イ

問3　標的型メール攻撃への対応訓練に関する次の記述を読んで，設問1～4に答えよ。

X社は，人材派遣及び転職を支援する会員制のサービス（以下，Xサービスという）を提供する従業員数150名の人材サービス会社であり，東京と大阪に営業拠点がある。X社には，営業部，人事総務部，情報システム部などがある。営業部には，100名の営業部員が所属しており，東京拠点及び大阪拠点にそれぞれ60名，40名に分かれて勤務している。情報システム部には，従業員からの情報セキュリティに関わる問合せに対応する者（以下，問合せ対応者という）が所属している。

X社では，最高情報セキュリティ責任者（CISO）を委員長とする情報セキュリティ委員会（以下，X社委員会という）を設置している。各部の部長は，X社委員会の委員及び自部における情報セキュリティ責任者を務め，自部の情報セキュリティに関わる実務を担当する情報セキュリティリーダを選任している。

Xサービスの会員情報は，会員情報管理システムに保存される。営業部員は，会社から貸与されたPC（以下，X-PCという）を使って会員情報管理システムにログインし，会員情報を閲覧する。また，会員から電子メール（以下，電子メールをメールという）に添付されて送られてきた連絡先の電話番号及びメールアドレスを含む履歴書や職務経歴書などを，会員情報管理システムに登録する。X社は，ドメイン名 x-sha.co.jp（以下，X社ドメインという）をメールの送受信のために使用している。メールはX社の従業員にとって日常の業務に欠かせないコミュニケーションツールになっている。

X-PCには，パターンマッチング方式のマルウェア対策ソフトが導入され，マルウェア定義ファイルが常に最新版に更新されている。X-PCのハードディスクは暗号化されている。X-PCで使用するメールソフトは，外部から受信したメールがHTMLメールであった場合，自動的にテキストメールに変換するように設定されている。

3年前に情報システム部は，添付ファイルの開封やURLのクリックを促す不審なメール（以下，不審メールという）に備えて，**図1**の不審メール対応手順を定めた。

> メールを受信した従業員（以下，メール受信者という）及び問合せ対応者は，次の手順に従って対応すること。
>
> 【メール受信者の手順】
> 1. メールを受信した時は，差出人や宛先のメールアドレス，件名，本文などを確認する。
> 2. メールに少しでも不審な点がある場合は，問合せ対応者に次の項目を連絡する。
>   （省略）
>   その際は，添付ファイルを開封したり，本文中の URL をクリックしたりしないこと。
>   また，問合せ対応者の指示なしに不審メールを転送したりしないこと。
> 3. 不審メールの添付ファイルを開封したり，不審メールの本文中の URL をクリックしたりした場合は，速やかに X-PC から LAN ケーブルを抜き，さらに無線 LAN をオフにする。
>
> 【問合せ対応者の手順】
> 1. 不審メールを受信した従業員（以下，不審メール受信者という）から連絡を受けたときは，不審メール受信者に，添付ファイルを開封したり本文中の URL をクリックしたりしたかを確認する。
> 2. 不審メール受信者が添付ファイルを開封しておらず，本文中の URL もクリックしていない場合は，不審メールを指定のメールアドレス宛てに転送するように指示する。
> 3. 不審メール受信者が添付ファイルを開封したり本文中の URL をクリックしたりしていた場合は，まず，X-PC に不自然な挙動があったかどうかを確認する。次に，不審メール受信者に，X-PC に導入しているマルウェア対策ソフトでフルスキャンを実行し，その結果を報告するように指示する。
>
> （省略）

図1　不審メール対応手順

〔X社のネットワーク構成〕

X社のネットワークは内部ネットワークとDMZで構成されている。インターネットとDMZとの間，及び

DMZと内部ネットワークとの間には，それぞれファイアウォールが設置されている。

内部ネットワークには会員情報管理システム，ログサーバ，内部メールサーバなどが設置されている。DMZには外部メールサーバ及びプロキシサーバが設置されている。外部メールサーバでは次の機能を使用している。

・内部メールサーバとインターネットとの間でメールを転送する。
・インターネットから転送されたメールの差出人メールアドレスがX社ドメインである場合，当該メールを破棄する。
・受信したメールの添付ファイルをスキャンし，マルウェアとして検知された場合は，メールを破棄する。

プロキシサーバはインターネットへのアクセスをブラックリスト型のURLフィルタリング機能で制限している。プロキシサーバのログはログサーバに転送され，直近3か月分が保存される。ログはネットワーク障害の場合などに利用する。

〔標的型メール攻撃対策の検討〕

ある日，同業他社のW社で，標的型メール攻撃によるマルウェア感染が原因で約3万件の個人情報が漏えいする事故が発生し，大きく報道された。報道によると，メールにマルウェアが添付されていたほか，メールの本文の言い回しが不自然であったり，日本では使用されていない漢字が使用されていたりした。

X社委員会ではW社の事例を受けて，標的型メール攻撃に対する情報セキュリティ対策について話し合った。営業部のK部長は，最近多くの企業で実施されているという①標的型メール攻撃への対応訓練（以下，標的型攻撃訓練という）を，自部を対象に実施することをCISOに提案した。CISOは，標的型攻撃訓練の計画をまとめて次回のX社委員会で報告するよう，K部長に指示した。K部長は，営業部の情報セキュリティリーダであるQ課長に標的型攻撃訓練の計画を策定するよう指示した。また，K部長が，情報システム部にシステム面での協力を依頼したところ，情報システム部のR主任が協力することになった。

〔標的型攻撃訓練の計画〕

Q課長は，標的型攻撃訓練の対象者（以下，訓練対象者という），標的型攻撃訓練で用いるメール（以下，訓練メールという）の本文，差出人メールアドレス，添付ファイルなどについて2通りの計画案を**表1**のとおり作成した。

表1　標的型攻撃訓練の計画案（抜粋）

項目	計画案1	計画案2
訓練対象者	全ての営業部員	
訓練メールの本文	実在する社外の組織を詐称し，メールに添付されている契約書を，至急，確認するように依頼する内容	業務に関連する内容になっており，X社の実在する従業員を詐称し，メールに添付されている履歴書を，至急，確認するように依頼する内容
差出人メールアドレス	実在する社外の組織を詐称したメールアドレス	X社ドメインのメールアドレス
添付ファイルの形式と内容	・PDF形式 ・全文，文字化けしたテキスト	・オフィスソフトの文書ファイル形式 ・架空の履歴書
送信日時	次の日時に分けて，各営業拠点の訓練対象者宛てに送信 ・東京：2018年10月1日10時 ・大阪：2018年10月2日10時	次の日時に，全ての訓練対象者宛てに送信 ・2018年10月1日10時
添付ファイルの開封に関する情報の集計	次の期間に，訓練メールの添付ファイルの開封に関する情報を開封ログとして取得し，集計 ・集計予定期間：2018年10月1日～10月8日	
訓練対象者の対応調査	訓練メールを受信した訓練対象者がどのように対応したかを，問合せ対応者に聞き取り調査 ・調査予定期間：2018年10月9日～10月10日	
結果の報告	X社委員会への報告予定日：2018年10月31日	
備考	標的型攻撃訓練の計画が確定した後，問合せ対応者だけに計画内容を周知	

K部長，Q課長及びR主任は，標的型攻撃訓練の計画案について打合せを行った。次は，そのときの会話である。

K部長：計画案1と計画案2の訓練メールはどちらも実在する組織や個人を詐称した内容になっていますね。
Q課長：はい。情報セキュリティ機関の注意喚起によると，標的型メール攻撃に用いられるメールの多くは，②実在する組織がメール本文と添付ファイルを作成したかのように装ったり，差出人メールアドレスを詐称して実在する担当業務の関係者になりすましたりしています。その情報を参考にしました。
K部長：計画案1のように，訓練メールの差出人に実在する社外の組織を用いた場合は，実在しない組織を用いた場合と違い，[a]，[b]することがあるので，この点については再検討が必要です。
Q課長：分かりました。再検討します。
R主任：当社には開封ログを取得し，集計するシステムがありません。また，標的型攻撃訓練のノウハウが不足しているので，他社への提供実績が多数あるY社の標的型攻撃訓練サービス（以下，訓練サービスという）を利用するのはどうでしょうか。
K部長：分かりました。Y社の訓練サービスを候補にして計画案をまとめてください。

〔訓練サービス〕

後日，Y社のコンサルタントであるT氏がX社を訪れ，Q課長，R主任に訓練サービスの内容を次のように説明した。

・訓練メールをY社から訓練対象者宛てに送信し，開封ログを取得し，集計する。
・開封ログの集計結果とY社が蓄積してきた人材サービス業界の訓練結果との比較も含めた報告書をX社に提供する。

T氏からは，計画案2は，③訓練メールをY社から送信すると訓練対象者に届かないなどの問題があるので，再検討する必要があるとの助言があった。

Q課長は，Y社の人材サービス業界での訓練結果を基に，X社の訓練では添付ファイルの開封率を15%程度と予想した。Q課長はR主任とともに，計画案1及び計画案2を再検討し，K部長に報告した。X社委員会で二つの計画案を報告したところ計画案1が承認され，後日，計画案1を基に標的型攻撃訓練が実施された。

〔情報セキュリティ対策の改善〕

標的型攻撃訓練を実施した後，Q課長とR主任は，訓練対象者からの問合せ内容について問合せ対応者を対象に調査した。この調査結果及びY社からの報告から，幾つかの課題が明らかになった。そこで，Q課長とR主任は，課題を表2のとおりまとめた。また，課題に対する解決案と，そのうちQ課長が有効であると判断したものを実施案として表3のとおりまとめて，K部長に報告した。

表2　課題（抜粋）

課題 No.	課題
課題 1	添付ファイルの開封率が15%を大幅に超えており，業界平均を上回っている。
課題 2	④不審メールだと気付いた訓練対象者が，注意喚起するために営業部のメーリングリスト宛てに添付ファイルを付けたまま訓練メールを転送しているなど，不審メール対応手順どおりには対応できていない。
課題 3	⑤一部の訓練対象者が，マルウェア検査サイト [1] の無料サービスを使って添付ファイルを検査している。
課題 4	問合せ対応者が不審メールを転送してもらった後，全社に注意喚起するまでの手順が不明確である。

注 [1]　アップロードされたファイルがマルウェアか否かを検査する無料のサービスを提供する外部のWebサイトである。また，無料のサービスを使って検査されたファイルを入手できるという有料のサービスも提供している。
なお，有料のサービスを利用するためには，入手した他人のファイルを悪用しないという規約に同意しなければならない。

表3　解決案及び実施案（抜粋）

課題 No.	課題に対する解決案	実施案
課題 1	[案 1]　業務でメールを使用してよい従業員の人数を段階的に減らす。 [案 2]　様々なタイプのメール文面や差出人メールアドレスを利用して標的型攻撃訓練を定期的に実施する。 [案 3]　組織再編を定期的に実施する。 [案 4]　他社が受信した実際の不審メールの事例や被害などを基にしたe-ラーニングを定期的に実施する。 [案 5]　添付ファイルを開封した従業員が0名になるまで，今回と全く同じ標的型攻撃訓練を定期的に実施する。 [案 6]　問合せ対応者の人数を段階的に増やし，対応を強化する。	[案 1]～[案 6]のうち，[c]が有効である。
課題 2	（省略）	（省略）
課題 3	[案 7]　不審メール対応手順に，マルウェア検査サイトに添付ファイルをアップロードした後，問合せ対応者に報告するという記述を追加する。 [案 8]　不審メール対応手順に，マルウェア検査サイトに添付ファイルをアップロードすることを禁止するという記述を追加する。 [案 9]　不審メール対応手順に，ファイル名に少しでも不審な点があるファイルは，マルウェア検査サイトにアップロードしてよいという記述を追加する。 [案 10]　プロキシサーバのURLフィルタリング機能において，マルウェア検査サイトのURLをブラックリストに追加する。 [案 11]　ログサーバに保存されているログを定期的に確認する。	再発防止には，[案 7]～[案 11]のうち，[d]が有効である。
課題 4	（省略）	（省略）

後日，標的型攻撃訓練の結果並びに表2の課題及び表3の実施案をX社委員会で報告したところ，表3の実施案が全て承認された。また，訓練対象者を他部にも拡大し，定期的に標的型攻撃訓練を実施することが決まった。これらが実施された後，さらに，標的型メール攻撃に関する技術的セキュリティ対策が導入され，更なるセキュリティ強化へとつながった。

設問1 本文中の下線①について，W社での事故を受けて，X社で標的型攻撃訓練を実施する目的は何か。次の(i)～(viii)のうち，該当するものだけを全て挙げた組合せを，解答群の中から選べ。

(i) X社を不審メールの宛先にされないようにすること
(ii) 会員が不審メールを受信した場合に備えて，問合せ窓口を設置すること
(iii) 会員に不審メールが送信されないようにすること
(iv) 会員に不審メールを見分けるポイントを周知すること
(v) 問合せ対応者が不審メール対応手順に従って対応できるようにすること
(vi) 不審メール受信者が不審メールの差出人を特定できるようにすること
(vii) 不審メール受信者が不審メールを見分けられるようにすること
(viii) 不審メール受信者が不審メール対応手順に従って対応できるようにすること

解答群

ア (i)，(ii)，(iv)　イ (i)，(iv)　ウ (ii)，(iii)，(v)
エ (ii)，(vii)　オ (iii)，(iv)，(vi)　カ (iii)，(vi)
キ (iv)，(v)　ク (v)，(vi)，(viii)　ケ (v)，(vii)，(viii)
コ (vi)，(vii)

設問2 〔標的型攻撃訓練の計画〕について，(1)，(2)に答えよ。

(1) 本文中の下線②の目的は何か。解答群のうち，最も適切なものを選べ。

解答群

ア PCやサーバの脆弱性をメール受信者に気付かれないようにするため
イ SPFやDKIMなどの技術的セキュリティ対策を回避するため
ウ 攻撃者がBccに設定した他の標的をメール受信者に気付かれないようにするため
エ 不審メールであるとメール受信者に思われないようにするため
オ マルウェアの機能が個人情報の窃取なのか，金銭詐欺なのかを解析されないようにするため
カ メールの添付ファイルがパターンマッチング方式のマルウェア対策ソフトによって，マルウェアとして検知されることを回避するため

(2) 本文中の［ a ］，［ b ］に入れる適切な字句を，解答群の中から選べ。

a，bに関する解答群

ア 会員から当該組織名を使用したことによって，名誉毀損で訴えられたり
イ 会員が当該組織に問い合わせることによって，当該組織からクレームを受けたり
ウ 訓練対象者が注意喚起のためにインターネット上のSNSに訓練メールの内容を投稿することによって，当該組織の風評被害につながったり
エ 訓練対象者が添付ファイルの内容についての確認に追われることによって，日常の業務が遅延したり
オ 訓練対象者が問合せ対応者に連絡することによって，メールを送ったかどうかを問合せ対応者が当該組織に確認するのに追われたり

カ　訓練対象者が問合せ対応者の指示によってX-PCをマルウェア対策ソフトでフルスキャンすることになったり

キ　訓練対象者が当該組織に問い合わせることによって，当該組織からクレームを受けたり

設問3　本文中の下線③の理由について，解答群のうち，最も適切なものを選べ。

解答群

ア　HTMLメールはテキストメールに変換されるから

イ　X-PCのハードディスクが暗号化されているから

ウ　大阪拠点の訓練対象者が東京拠点の訓練対象者に標的型攻撃訓練メールを転送できないから

エ　外部メールサーバがインターネットから受信するメールについて送信元ドメインを制限するから

オ　外部メールサーバが添付ファイルをマルウェアとして検知してメールを破棄するから

設問4　〔情報セキュリティ対策の改善〕について，(1)～(3)に答えよ。

(1) 表2中の下線④について，本物の標的型メール攻撃であった場合，どのような情報セキュリティリスクが想定されるか。次の(i)～(iv)のうち，適切なものだけを全て挙げた組合せを，解答群の中から選べ。

(i) 転送された標的型攻撃メールを受信した営業部員が添付ファイルを開封しなくても，その営業部員のメールアカウントの情報が攻撃者に送信される。

(ii) 転送された標的型攻撃メールを受信した営業部員が，添付ファイルを開封することによって，X-PCと攻撃者が用意したサーバとの間で通信が発生する。

(iii) 転送された標的型攻撃メールを受信した営業部員が，当該メールの本文を閲覧するだけで，攻撃者とのコネクトバック通信が発生する。

(iv) 標的型攻撃メールをメーリングリスト宛てに転送した営業部員のメールアカウントの情報が攻撃者に送信される。

解答群

ア (i)	イ (i), (ii)	ウ (i), (iii)
エ (ii)	オ (ii), (iii)	カ (ii), (iii), (iv)
キ (ii), (iv)	ク (iii)	ケ (iii), (iv)
コ (iv)		

(2) 表2中の下線⑤について，会員からのメールに添付されていたファイルであった場合，どのような被害が予想されるか。次の(i)～(iv)のうち，適切なものだけを全て挙げた組合せを，解答群の中から選べ。

(i) 会員の個人情報が有料サービスの利用者に漏えいする。

(ii) 会員のメールアドレス宛てにフィッシングメールが送られる。

(iii) 外部メールサーバによって，X社ドメイン宛てのメールが拒否される。

(iv) 無料のサービスを利用した訓練対象者の個人情報が漏えいする。

解答群

ア (i), (ii)	イ (i), (ii), (iii)	ウ (i), (iii)
エ (i), (iv)	オ (ii), (iii)	カ (ii), (iii), (iv)
キ (ii), (iv)	ク (iii), (iv)	

(3) 表3中の[c]，[d]に入れる適切な字句を，それぞれの解答群の中から選べ。

cに関する解答群

ア [案1]，[案2]
イ [案1]，[案2]，[案5]
ウ [案1]，[案3]
エ [案2]，[案3]，[案4]
オ [案2]，[案3]，[案4]，[案6]
カ [案2]，[案4]
キ [案3]，[案6]
ク [案4]，[案5]

dに関する解答群

ア [案7]
イ [案7]，[案9]，[案11]
ウ [案7]，[案11]
エ [案8]，[案9]，[案10]
オ [案8]，[案10]
カ [案9]
キ [案9]，[案11]
ク [案11]

問3 攻略のカギ

設問1 標的型訓練は，まず知ってもらうことを重点に解答群を確認する必要があります。
設問2 (1) 標的型メールを出す側はわからないように実行させることです。
(2) "訓練"は，事前に訓練と教えてしまうと効果が薄れるのですが，業務に差障らないようにする必要があります。
設問3 ネットワークの構成を考えてから解答すると良いでしょう。
設問4 (1) 標的型攻撃メールの脅威について知識があると解答しやすいでしょう。
(2) 外部からのメールに入っている情報を確認すると解答が絞りやすくなります。
(3) **表2**の課題を参考にして，今後の対策を行うことを想定すると理解しやすいでしょう。

本問では，標的型メール攻撃とその対応訓練の知識を問われています。組織の一人でもマルウェアに感染すると，組織全体にそのマルウェアが感染する可能性があります。そのため，社員に注意喚起するだけでなく訓練を通して様々な標的型攻撃を理解してもらい，被害に遭わないようにすることが重要です。

設問1 標的型攻撃訓練の目的

標的型攻撃訓練とは，企業などに偽の攻撃型メールを配信し，利用者が内容の不審な点に気付かず添付ファイルを開封したり，本文中に添えられているURLをクリックしたりなどをしないか確認することです。特に，X社では**図1**にあるような不審メール対応手順が存在するので，この手順に沿って従業員や問合せ担当者が手順どおり対応できるかを確認します。

(i)～(viii)を順に確認します。

(i) X社を不審メールの宛先にされないようにすることは，フィルタリングなどで実施することなので，標的型攻撃訓練を実施する目的ではありません。
(ii) 問い合わせ窓口を設置することは，運用上必要なことですが，標的型攻撃訓練を実施する目的ではありません。
(iii) 会員に不審なメールを送信されないようにすることは，X社のWebサイトなどで注意喚起する目的などで，標的型攻撃訓練を実施する目的ではありません。
(iv) 会員に不審なメールを目分けるポイントを周知することは，X社のWebサイトなどで注意喚起する目的で，標的型攻撃訓練を実施する目的ではありません。
(v) 問合せ対応者が不審メールの対応手順に従って対応できるようにすることは，標的型攻撃訓練を実施する目的です。
(vi) 不審メール受信者（従業員）が不審メールの差出人の特定をする必要はないので，標的型攻撃訓練を実施する目的ではありません。
(vii) 不審メール受信者（従業員）が不審メールを見分

けられるようにすることは，標的型攻撃訓練を実施する目的です。

(viii) 不審メール受信者（従業員）が不審メール対応手順に従って対応できるようにすることは，標的型攻撃訓練を実施する目的です。

したがって，解答は (v)，(vii)，(viii) の ケ です。

設問2　標的型攻撃訓練の計画

(1)

問１の【標的型攻撃】の説明でも記述したように，この攻撃は知り合いなどを装ってメールを送信してくるので，“**不審メールであるとメール受信者に思われないようにするため**”（エ）が正解です。

× ア　PCやサーバの脆弱性はOSや各種ソフトウェアのセキュリティパッチ更新をしていない場合に起こることです。

× イ　SPFやDKIMは，電子メールのドメイン認証で使用され受信時に受信側メールサーバでチェックされるものです。

× ウ　攻撃者がBccに設定した他の標的は，メール受信者にはわかりませんが，標的型攻撃はメールの内容が標的に合わせるので，Bccかどうかは問題ではありません。

× オ　マルウェアに感染するかは，標的型攻撃メールの添付ファイルやURLをクリックした先でないと判断できません。

× カ　マルウェアとして検知できるかは，添付ファイルなどを開いてみないと判別できません。

(2)

空欄a，b

計画案１では，訓練対象者は，訓練と知らされずにX社以外の実在する社外の組織からのなりすましメールを受信するので，実在する社外の組織が送信したと思ってしまいます。受信者は，その組織からのメールに気を付けるように情報を広めたりすることで，その組織に迷惑がかかることがあります。また，この場合は添付ファイルに文字化けしたテキストを使用しているので，誤って開いてしまった訓練対象者が，直接問い合わせや返信を社外の組織にしてしまう可能性があります。よって，“**訓練対象者が注意喚起のためにインターネット上のSNSに訓練メールの内容を投稿することによって，当該組織の風評被害につながったり**”，“**訓練対象者が当該組織に問い合わせることによって，当該組織からクレームを受けたり**” することがあります。ウ，キ（順不同）が正解です。

× ア，イ　訓練対象者は会員ではありません。

× エ　添付ファイルの内容は文字化けしたテキストなので確認に追われることはありません。

× オ　問い合わせ担当者に連絡が入ることが対応手順で定められているので，問題ありません。

× カ　訓練担当者がフルスキャンすることはありません。

設問3　訓練メールの送信方法

X社のネットワーク構成は図Aのようになっていると考えられます（一部省略）。

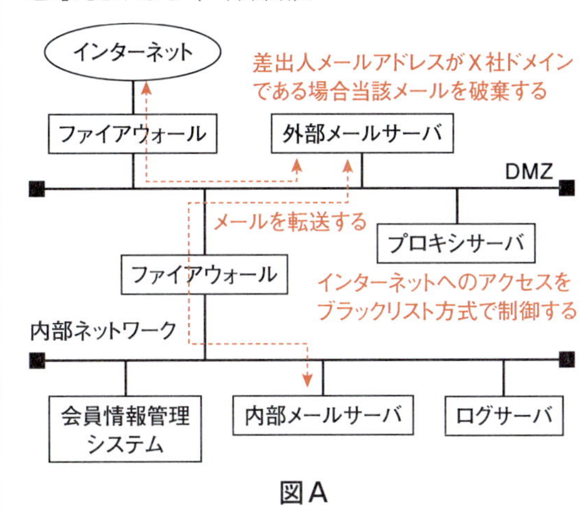

図A

計画案２では，訓練メールをY社（インターネット側）から送信します。このとき，差出人メールアドレスはX社ドメインのアドレスなので，外部メールサーバで差出人ドメインがX社である場合は破棄されてしまいます。したがって，正解は エ になります。

設問4　情報セキュリティ対策の改善

(1)

下線④は，「不審メールだと気付いた訓練対象者が，注意喚起するために**営業部のメーリングリスト宛に添付ファイルを付けたまま**訓練メールを**転送している**」行為を行っています。もしこれが本物の標的型メールであった場合は，【標的型攻撃】にもあるとおりマルウェアに感染した添付ファイルを営業部全体に送信し，送信者が社内であるのでメールに添付されているファイルを開く可能性が高くなります。

以下 (i) ～ (iv) を確認します。

(i)　添付ファイルを開かないと感染しません

(ii)　添付ファイルを開封すると感染してしまいます
⇒該当します

(iii) 本文を閲覧しただけでは通信は発生しません
(iv) 転送された営業部員のメールアカウント情報が攻撃者に送信されます

よって，正解は(ii)の エ です。

(2)

会員からのメールは，問題文の冒頭に「会員からの電子メールに添付されて送られてきた連絡先の電話番号及び電子メールアドレスを含む履歴書や職務経歴書などを……」とあります。そして，下線⑤は，「一部の訓練対象者が，マルウェア検索サイトの無料サービスを使って添付ファイルを検査している」となっているので，添付ファイルを外部の検索サイトにアップロードしてしまうことで，その情報が漏えいして何らかの不正に使用される可能性が高くなります。

以下，(i)～(iv)を確認します。

(i) 検査サイトの無料サービスが「検査されたファイルを入手できる有料サービスも提供している」ことから，有料サービスの利用者に漏えいする可能性があります。
(ii) 添付された会員の情報がそのまま漏えいするので，それを使ったフィッシングなどの悪意のあるメールが送信される可能性があります。
(iii) 会員はX社の社員ではないので，メールが拒否されることはありません。
(iv) 会員の情報は漏えいしますが，無料のサービスを使った訓練対象者の情報はプロキシサーバ経由でアクセスするので漏えいしません。

したがって，(i)，(ii)の ア になります。

(3)

課題ごとの実施案を検討する問題です。

空欄c：課題ｉでは添付ファイルの開封率が高いことが問題になっています。これは，社員の意識が低いことや標的型攻撃メール自身もしくはその脅威の知識がないために起こることです。

[案1]：業務でメールを使用してよい従業員を減らしても，標的型攻撃メールのついての知識がないと根本的な解決にはなりません。

[案2]：様々なタイプのメール文面や差出人メールアドレスを利用して標的型攻撃メールの訓練を実施することは，社員に"気付き"のチャンスが増えるので，その効果はあると考えられます。

[案3]：組織再編を定期的に実施しても，社員の意識向上は図れません。

[案4]：e－ラーニングなどの教育を行うことで，社員の意識向上が図れます。

[案5]：今回と全く同じ標的型攻撃訓練を実施しても，異なる攻撃に対応できないので大きな効果は期待できません。

[案6]：問合わせ対応者の人数を増やしても標的型攻撃メールの脅威が減るわけではありません。

したがって，正解は[案2]，[案4]の カ です。

空欄d：課題３では，外部のWebサイトに接続して添付ファイルを検査しています。メールの内容を疑い，その添付ファイルの検査をしようという意図でしょうが，内容が機密情報の場合は，X社が社会的な立場を失う可能性があります。根本的な解決策をしなければいけません。

[案7]：アップロードした段階で問題が起こる可能性があります。

[案8]：アップロード禁止を不審メール対応手順に入れることで社員への注意喚起が行いやすくなります。

[案9]：全てのアップロードは禁止しないといけません。

[案10]：プロキシサーバにあるURLフィルタリング機能において，マルウェア検査サイトに接続できなくすることは効果が期待できます。

[案11]：ログサーバに保存されているログを定期的に確認することは，検査サイトにアクセスしていないことの確認はできますが，根本的に接続できなくなるわけではありません。

したがって，正解は[案8]，[案10]の オ です。

解答

設問1 ケ
設問2 (1) エ
(2) a：ウ　b：キ　(a，b順不同)
設問3 エ
設問4 (1) エ
(2) ア
(3) c：カ　d：オ

平成30年度 春期

情報セキュリティマネジメント

※328～329ページに答案用紙がありますので，ご利用ください。
※「問題文中で共通に使用される表記ルール」については，325ページを参照してください。
※キー：(7) 04699　(8) 54818　(9) 24867　(10) 64815

平成30年度 春期 午前問題

□□□ **問1** サイバーレスキュー隊（J-CRAT）に関する記述として，適切なものはどれか。

ア サイバーセキュリティ基本法に基づき内閣官房に設置されている。
イ 自社や顧客に関係した情報セキュリティインシデントに対応する企業内活動を担う。
ウ 情報セキュリティマネジメントシステム適合性評価制度を運営する。
エ 標的型サイバー攻撃の被害低減と攻撃連鎖の遮断を支援する活動を担う。

□□□ **問2** リスク対応のうち，リスクの回避に該当するものはどれか。

ア リスクが顕在化する可能性を低減するために，情報システムのハードウェア構成を冗長化する。
イ リスクの顕在化に伴う被害からの復旧に掛かる費用を算定し，保険を掛ける。
ウ リスクレベルが大きいと評価した情報システムを用いるサービスの提供をやめる。
エ リスクレベルが小さいので特別な対応をとらないという意思決定をする。

□□□ **問3** JIS Q 27000:2014（情報セキュリティマネジメントシステム－用語）におけるリスク評価についての説明として，適切なものはどれか。

ア 対策を講じることによって，リスクを修正するプロセス
イ リスクとその大きさが受容可能か否かを決定するために，リスク分析の結果をリスク基準と比較するプロセス
ウ リスクの特質を理解し，リスクレベルを決定するプロセス
エ リスクの発見，認識及び記述を行うプロセス

□□□ **問4** 退職する従業員による不正を防ぐための対策のうち，IPA“組織における内部不正防止ガイドライン（第4版）”に照らして，適切なものはどれか。

ア 在職中に知り得た重要情報を退職後に公開しないように，退職予定者に提出させる秘密保持誓約書には，秘密保持の対象を明示せず，重要情報を客観的に特定できないようにしておく。
イ 退職後，同業他社に転職して重要情報を漏らすということがないように，職業選択の自由を行使しないことを明記した上で，具体的な範囲を設定しない包括的な競業避止義務契約を入社時に締結する。
ウ 退職者による重要情報の持出しなどの不正行為を調査できるように，従業員に付与した利用者IDや権限は退職後も有効にしておく。
エ 退職間際に重要情報の不正な持出しが行われやすいので，退職予定者に対する重要情報へのアクセスや媒体の持出しの監視を強化する。

解説

問1 サイバーレスキュー隊(J-CRAT) 初モノ

サイバーレスキュー隊(J-CRAT)とは，2017年IPA(情報処理推進機構)が発足させた，標的型サイバー攻撃の被害低減などを目的とした組織です(エ)。"標的型サイバー攻撃特別相談窓口"があり，一般から情報提供などを受け付けています。

×ア 内閣サイバーセキュリティセンターの説明です。
×イ CSIRT(Computer Security Incident Response Team)の説明です。
×ウ 情報マネジメントシステム認定センターの説明です。
○エ 正解です。

問2 リスク回避

×ア リスク低減の対策です。
×イ リスク移転の対策です。
○ウ 正解です。
×エ リスク受容の対策です。

問3 JIS Q 27000のリスク評価

JIS Q 27000は，情報セキュリティマネジメントシステムに関する用語や定義について規定している規格です。この規格におけるリスク評価とは，「リスク及びその大きさが，受容可能か又は許容可能かを決定するために，リスク分析の結果をリスク基準と比較するプロセス」と定義されています。

×ア JIS Q 27000におけるリスク対応の説明です。
○イ 正解です。
×ウ JIS Q 27000におけるリスク分析の説明です。
×エ JIS Q 27000におけるリスク特定の説明です。

問4 組織における内部不正防止ガイドライン よく出る!

IPA"組織における内部不正防止ガイドライン"とは，組織における内部不正を防止するために実施する事項などをまとめたものです。

本ガイドラインの中に，雇用終了間際に情報の持ち出し等の内部不正が発生しやすいことの記述があります。解答はエです。

×ア 退職予定者に，秘密保持契約(誓約書を含む)を締結する必要はありますが，重要情報に関して認識がないまま退職してしまわないことが大切です。
×イ 職業選択の自由を考慮してから，必要に応じて競業避止義務契約を締結することもありえます。
×ウ 退職者の利用者IDや権限は退職後に直ちに削除しなければいけません。
○エ 正解です。

攻略のカギ

リスク 問2
脅威が情報資産の脆弱性を利用して，情報資産への損失又は損害を与える可能性。

リスクマネジメント 問2
リスクの防止や，リスク発生時に被害を最小限にするための施策の制定，及びリスク発生により生じる費用に対する積み立てなどの措置を実施するといった手法によってリスクを管理すること。

「組織における不正防止ガイドライン」の五つの基本原則 問4

- **犯行を難しくする(やりにくくする)**：対策を強化することで犯罪行為を難しくする
- **捕まるリスクを高める(やると見つかる)**：管理や監視を強化することで捕まるリスクを高める
- **犯行の見返りを減らす(割に合わない)**：標的を隠したり，排除したり，利益を得にくくすることで犯行を防ぐ
- **犯行の誘因を減らす(その気にさせない)**：犯罪を行う気持ちにさせないことで犯行を抑止する
- **犯罪の弁明をさせない(言い訳させない)**：犯行者による自らの行為の正当化理由を排除する

解答

問1	エ	問2	ウ
問3	イ	問4	エ

問5 JIS Q 27000:2014（情報セキュリティマネジメントシステム―用語）及びJIS Q 27001:2014（情報セキュリティマネジメントシステム―要求事項）における情報セキュリティ事象と情報セキュリティインシデントの関係のうち，適切なものはどれか。

ア 情報セキュリティ事象と情報セキュリティインシデントは同じものである。
イ 情報セキュリティ事象は情報セキュリティインシデントと無関係である。
ウ 単独又は一連の情報セキュリティ事象は，情報セキュリティインシデントに分類され得る。
エ 単独又は一連の情報セキュリティ事象は，全て情報セキュリティインシデントである。

問6 IPA"中小企業の情報セキュリティ対策ガイドライン（第2.1版）"を参考に，次の表に基づいて，情報資産の機密性を評価した。機密性が評価値2とされた情報資産とその判断理由として，最も適切な組みはどれか。

評価値	評価基準
2	法律で安全管理が義務付けられている，又は，漏えいすると取引先や顧客への大きな影響，自社への深刻若しくは大きな影響がある。
1	漏えいすると自社の事業に影響がある。
0	漏えいしても自社の事業に影響はない。

	情報資産	判断理由
ア	自社ECサイト（電子データ）	DDoS攻撃を受けて顧客からアクセスされなくなると，機会損失が生じて売上が減少する。
イ	自社ECサイト（電子データ）	ディレクトリリスティングされると，廃版となった商品情報がECサイト訪問者に勝手に閲覧される。
ウ	主力製品の設計図（電子データ）	責任者の承諾なく設計者によって無断で変更されると，製品の機能，品質，納期，製造工程に関する問題が生じ，損失が発生する。
エ	主力製品の設計図（電子データ）	不正アクセスによって外部に流出すると，技術やデザインによる製品の競争優位性が失われて，製品の売上が減少する。

解説

攻略のカギ

問5 セキュリティ事象とセキュリティインシデント

セキュリティ事象とは，将来的に脅威が起こりうる可能性のあるもののことで，ポリシ違反やウイルス感染，不正アクセスなどを指します。

セキュリティインシデントとは，セキュリティ事象の中でも特に大きなリスクを生む可能性が高いもののことを指します。

JISQ27000：2014の2.36では，「情報セキュリティインシデント（information security incident）　望まない単独若しくは一連の情報セキュリティ事象，又は予期しない単独若しくは一連の情報セキュリティ事象であって，事業運営を危うくする確率及び情報セキュリティを脅かす確率が高いもの。」となっています。単独又は一連の情報セキュリティ事象はセキュリティインシデントです。正解は**ウ**です。

× **ア**　情報セキュリティ事象と情報セキュリティインシデントは同じとは言えません。

× **イ**　情報セキュリティ事象と情報セキュリティインシデントは関係があります。

○ **ウ**　正解です。

× **エ**　単独又は一連の情報セキュリティ事象は，全て情報セキュリティインシデントではありません。

問6　中小企業の情報セキュリティ対策ガイドライン

IPAの“中小企業の情報セキュリティ対策ガイドライン（第2.1版）”は，中小企業にとって重要セキュリティの脅威から保護することを目的とする，情報セキュリティ対策の考え方や実践方法について解説しているものです。

特に，評価値が“2”になる場合は，「法律（個人情報保護法／マイナンバー法）で安全管理が義務づけられている，又は，漏えいすると取引先や顧客への大きな影響（取引先から秘密として提供された情報／取引先の製品サービスに関する非公開情報），自社への深刻若しくは大きな影響がある（自社の独自技術・ノウハウ／取引先リストなど）」です。

解答群の順に評価値を検討します。

ア　情報資産は「自社のECサイト」で「DDoS攻撃を受けて顧客からアクセスされなくなると，機会損失が生じて売上が減少する。」とあるので，自社の事業に影響が出ますが深刻な影響があるとは言えないので“1”になります。

イ　情報資産は「自社のECサイト」で「ディレクトリリスティングされると，廃版となった商品情報がECサイト訪問者に勝手に閲覧される。」とあるので，すでに廃版なので自社の事業に影響が出ませんので“0”になります。

ウ　情報資産は「主力の設計図」ですが，「・・・無断で変更されると，製品の機能，品質，納期，製造工程に関する問題が生じ，損失が発生する。」とあるので，自社の事業に影響が出ますが深刻な影響があるとは言えないので“1”になります。

エ　情報資産は「主力の設計図」で，「不正アクセスによって外部に流出すると，技術やデザインによる製品の競争優位性が失われて，製品の売上げが減少する」とあるので，自社の事業に大きな影響が出ますので“2”になります。正解です。

攻略のカギ

覚えよう！　問5

セキュリティ事象といえば

- 将来的に脅威が起こりうる可能性のあるもの
- ポリシ違反やウイルス感染，不正アクセスなど

セキュリティインシデントといえば

- セキュリティ事象の中でも特に大きなリスクを生む可能性が高いもの

IPA中小企業の情報セキュリティ対策ガイドライン抜粋　問6

評価値		評価基準	該当する情報の例
機密性 アクセスを許可された者だけが情報にアクセスできる	2	法律で安全管理（漏えい、滅失又はき損防止）が義務付けられている	●個人情報（個人情報保護法で定義） ●特定個人情報（マイナンバーを含む個人情報）
		守秘義務の対象として指定されている漏えいすると取引先や顧客に大きな影響がある	●取引先から秘密として提供された情報 ●取引先の製品・サービスに関わる非公開情報
		自社の営業秘密として管理すべき（不正競争防止法による保護を受けるため）漏えいすると自社に深刻な影響がある	●自社の独自技術・ノウハウ ●取引先リスト ●特許出願前の発明情報
	1	漏えいすると事業に大きな影響がある	●見積書、仕入価格など顧客（取引先）との商取引に関する情報
	0	漏えいしても事業に影響はない	●自社製品カタログ ●ホームページ掲載情報

解答

問5 **ウ**　　問6 **エ**

□□□ **問7** JIS Q 27002:2014（情報セキュリティ管理策の実践のための規範）でいう特権的アクセス権の管理について，情報システムの管理特権を利用した行為はどれか。

ア 許可を受けた営業担当者が，社外から社内の営業システムにアクセスし，業務を行う。
イ 経営者が，機密性の高い経営情報にアクセスし，経営の意思決定に生かす。
ウ システム管理者が，業務システムのプログラムにアクセスし，バージョンアップを行う。
エ 来訪者が，デモンストレーション用のシステムにアクセスし，システム機能の確認を行う。

□□□ **問8** JIS Q 27000:2014（情報セキュリティマネジメントシステム―用語）において，“エンティティは，それが主張するとおりのものであるという特性”と定義されているものはどれか。

ア 真正性　　イ 信頼性　　ウ 責任追跡性　　エ 否認防止

□□□ **問9** ネットワーク障害の発生時に，その原因を調べるために，ミラーポート及びLANアナライザを用意して，LANアナライザを使用できるようにしておくときに，留意することはどれか。

ア LANアナライザがパケットを破棄してしまうので，測定中は測定対象外のコンピュータの利用を制限しておく必要がある。
イ LANアナライザはネットワークを通過するパケットを表示できるので，盗聴などに悪用されないように注意する必要がある。
ウ 障害発生に備えて，ネットワーク利用者に対してLANアナライザの保管場所と使用方法を周知しておく必要がある。
エ 測定に当たって，LANケーブルを一時的に抜く必要があるので，ネットワーク利用者に対して測定日を事前に知らせておく必要がある。

解説

問7 特権的アクセス権

特権的アクセス権とは，コンピュータの設定を変更したり，アプリケーションプログラムをインストールしたりするなど，OSの全ての機能を利用できるアクセス権のことです。UNIXのroot権限などが特権的アクセス権に該当します。システム管理者が，業務システムのプログラムのバージョンアップを行うことは，特権的アクセス権を利用した行為に該当します。

ア，イ，エはいずれもプログラムのインストール，更新，又はコンピュータの設定変更を行っていません。これらはシステムの機能や情報にアクセスしているだけなので，特権的アクセス権ではなく一般ユーザのアクセス権を使用した行為です。ウが正解です。

攻略のカギ

問8 真正性

JISQ27000：2014の2.8には，「真正性（authenticity） エンティティは，それが主張するとおりのものであるという特性。」とあります。真正性（ア）とは情報セキュリティでは本物もしくは本人であるかどうかの確認が取れるかどうかの性質です。

○ア 正解です。

×イ 信頼性とは，動作や結果が想定しているものと一致する性質です。

×ウ 責任追跡性とは，ある動作から最後の動作まで一意に追跡できることを確実にする性質です。

×エ 否認防止とは，ある事象が起きたことを，後に否認されないようにする性質です。

問9 LANアナライザとミラーポート

LANアナライザとは，LANの利用状況などを監視するための機器又はソフトウェアです。このLANアナライザは，LAN上を流れるパケットを自分の中にいったん取り込んで，そのコピーをデータとして保存します。また，保存したパケットの内容を画面に表示したり，パケットのIPアドレスなどを解析したりする働きをもちます。

ミラーポートとは，スイッチングハブ（以下，スイッチという）の特定のポートから送出されるパケットのコピーを，LANアナライザなどの監視用の機器に送信するために用意されるポートのことです。

スイッチに入ったネットワークAあてのパケットは，通常のポートXから送出されてネットワークAに通常どおり送信されます。その際に，当該パケットのコピーがミラーポートからも送出され，監視用の機器（LANアナライザ）に保存されます。

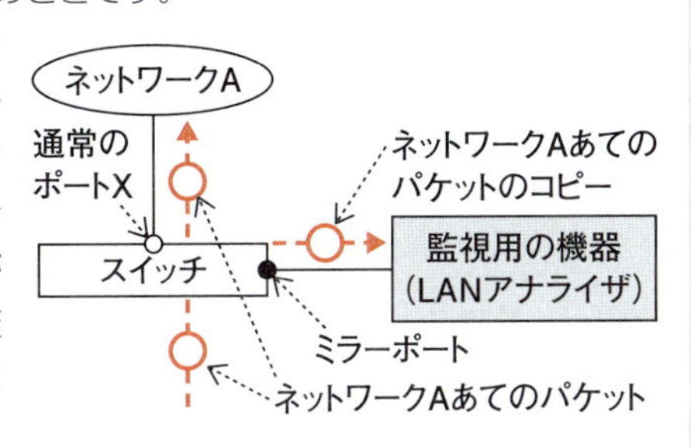

LANアナライザは，ネットワーク中を流れるパケットを取り込み，その内容を表示する機能をもっています。よって，この機能を悪用されることで，機密情報などが格納されたパケットを盗み読まれてしまう（盗聴されてしまう）危険性があるため，LANアナライザの取扱いには注意が必要です。

×ア ミラーポートを用いる場合は，監視するパケットのコピーがLANアナライザに送られます。監視するパケットそのものは破棄されずに宛先に届くため，LANアナライザがパケットを破棄するということはありません。よって，測定中に測定対象外のコンピュータの利用を制限する必要もありません。

○イ 正解です。

×ウ LANアナライザはネットワーク管理者が使用すべきもので，一般のネットワーク利用者が使用する必要はないものです。LANアナライザは，前述のように悪用される可能性があるため，ネットワーク利用者にその存在や保管場所を知らせることは望ましくありません。

×エ 図のようにして，ミラーポートを用いてLANアナライザを設置する際には，LANケーブルを切断するなどの措置を行う必要はありません。

攻略のカギ

覚えよう！ 問8

真正性といえば
- エンティティは，それが主張するとおりのものであるという特性

信頼性といえば
- 動作や結果が想定しているものと一致する性質

責任追跡性といえば
- ある動作から最後の動作まで一意に追跡できることを確実にする性質

否認防止といえば
- ある事象が起きたことを，後に否認されないようにする性質

解答

問7	ウ	問8	ア
問9	イ		

□□□ 問10 SPF(Sender Policy Framework)の仕組みはどれか。

ア 電子メールを受信するサーバが,電子メールに付与されているディジタル署名を使って,送信元ドメインの詐称がないことを確認する。

イ 電子メールを受信するサーバが,電子メールの送信元のドメイン情報と,電子メールを送信したサーバのIPアドレスから,ドメインの詐称がないことを確認する。

ウ 電子メールを送信するサーバが,送信する電子メールの送信者の上司からの承認が得られるまで,一時的に電子メールの送信を保留する。

エ 電子メールを送信するサーバが,電子メールの宛先のドメインや送信者のメールアドレスを問わず,全ての電子メールをアーカイブする。

□□□ 問11 UPSの導入によって期待できる情報セキュリティ対策としての効果はどれか。

ア PCが電力線通信(PLC)からマルウェアに感染することを防ぐ。

イ サーバと端末間の通信における情報漏えいを防ぐ。

ウ 電源の瞬断に起因するデータの破損を防ぐ。

エ 電子メールの内容が改ざんされることを防ぐ。

□□□ 問12 WAFの説明はどれか。

ア Webサイトに対するアクセス内容を監視し,攻撃とみなされるパターンを検知したときに当該アクセスを遮断する。

イ Wi-Fiアライアンスが認定した無線LANの暗号化方式の規格であり,AES暗号に対応している。

ウ 様々なシステムの動作ログを一元的に蓄積,管理し,セキュリティ上の脅威となる事象をいち早く検知,分析する。

エ ファイアウォール機能を有し,マルウェア対策機能,侵入検知機能などの複数のセキュリティ機能を連携させ,統合的に管理する。

解説

問10 SPF

SPF(Sender Policy Framework)とは,送信ドメイン認証の方法の一つです。この方法では,送信元メールサーバが所属するDNSサーバに,送信元メールサーバのIPアドレスを登録しておくことで,その組織の送信元メールサーバの正しいIPアドレスを受信メールサーバから確認できるようにしています。

× ア メールサーバが,電子メールに付与されているディジタル署名の確認をすることはありません。

○ イ 正解です。

× ウ 承認の機能を搭載したメールサーバを使用すれば可能ですが,SPFではありません。

× エ 送信メールを一時保存(アーカイブ)するサービスに加入すれば可能で

攻略のカギ

覚えよう! 問10

SPFといえば

- 送信ドメイン認証の方法の一つ
- メールを送信する組織のDNSサーバに,メールサーバのIPアドレスを記載した情報を追記
- 受信するメールサーバから参照して,送信したメールサーバの正しいIPアドレスを確認する

すがSPFではありません。

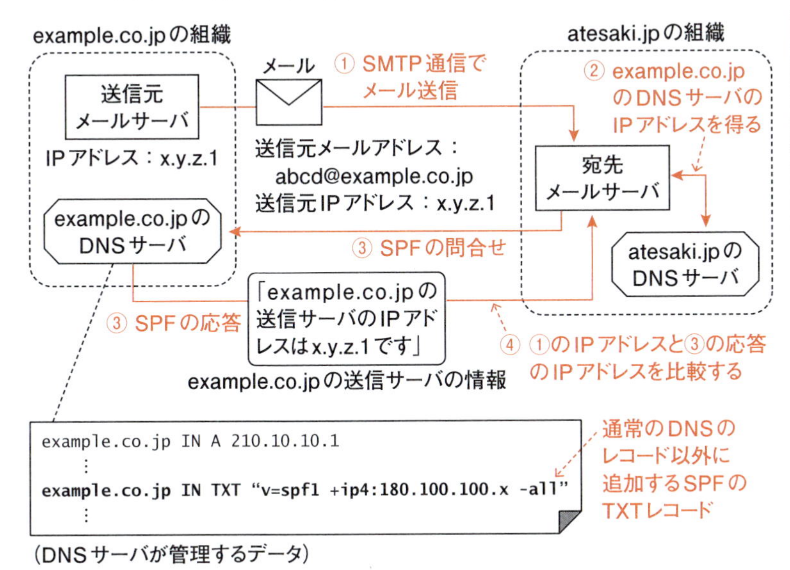

問11 UPS

UPS(Uninterruptible Power Supply, 無停電電源装置)は，商用電源の一時的な停電や瞬断によって電流の供給が絶たれた場合に，コンピュータなどに一定時間安全に電流を供給するための装置です。コンセントから供給される電流が途絶えた場合にはバッテリ内の電気を利用して即座に電流を供給するので，瞬断にも対応できます。正解は ウ です。

× ア　ウイルス対策ソフトの導入が有効な対策です。
× イ　暗号化が有効な対策です。
○ ウ　正解です。
× エ　改ざんを防ぐことは難しいですが，ディジタル署名やメッセージ認証を使用することで改ざんの検知ができます。

問12 WAF よく出る！

WAF(Web Application Firewall)とは，Webサーバとブラウザ(クライアント)の間でやり取りされるデータの内容を監視し，Webアプリケーションプログラムの脆弱性を突く，XSS(クロスサイトスクリプティング)やSQLインジェクションなどの攻撃を防御するために用いられるソフトウェアです。

WAFは，Webサーバとブラウザの間に位置し，ブラウザから送信されてきたパケットの内容を検査して，攻撃用のパケットに共通する特徴的なパターンを検出することによって，攻撃用パケットを遮断したり無害化したりします。攻撃用パケットに含まれる攻撃用のスクリプトコードなどの部分を削除して安全にすることを，無害化といいます。

○ ア　正解です。
× イ　WPA2(Wi-Fi Protected Access 2)の説明です。
× ウ　SIEM(Security Information and Event Management)の説明です。
× エ　UTM(Unified Threat Management)の説明です。

攻略のカギ

覚えよう！ 問11

UPSといえば
- 一時的な停電や瞬断によって電流の供給が絶たれた場合に一定時間安全に電流を供給するための装置
- バッテリ内の電気を利用して即座に電流を供給する
- 瞬断にも対応できる

覚えよう！ 問12

WAFといえば
- Webサーバに送られるデータの内容を監視するファイアウォール
- Webアプリケーションプログラムの脆弱性を突く攻撃から防御する

解答

問10 イ	問11 ウ
問12 ア	

問13 サーバへの侵入を防止するのに有効な対策はどれか。

ア サーバ上にあるファイルのフィンガプリントを保存する。
イ サーバ上の不要なサービスを停止する。
ウ サーバのバックアップを定期的に取得する。
エ サーバを冗長化して耐故障性を高める。

問14 セキュリティバイデザインの説明はどれか。

ア 開発済みのシステムに対して，第三者の情報セキュリティ専門家が，脆(ぜい)弱性診断を行い，システムの品質及びセキュリティを高めることである。
イ 開発済みのシステムに対して，リスクアセスメントを行い，リスクアセスメント結果に基づいてシステムを改修することである。
ウ システムの運用において，第三者による監査結果を基にシステムを改修することである。
エ システムの企画・設計段階からセキュリティを確保する方策のことである。

問15 A社では，インターネットを介して提供される複数のクラウドサービスを，共用PCから利用している。共用PCの利用者IDは従業員の間で共用しているが，クラウドサービスの利用者IDは従業員ごとに異なるものを使用している。クラウドサービスのパスワードの管理方法のうち，本人以外の者による不正なログインの防止の観点から，適切なものはどれか。

ア 各従業員が指紋認証で保護されたスマートフォンをもち，スマートフォン上の信頼できるパスワード管理アプリケーションに各自のパスワードを記録する。
イ 各従業員が複雑で推測が難しいパスワードを一つ定め，どのクラウドサービスでも，そのパスワードを設定する。
ウ パスワードを共用PCのWebブラウザに記憶させ，次回以降に自動入力されるように設定する。
エ パスワードを平文のテキストファイル形式で記録し，共用PCのOSのデスクトップに保存する。

解説

攻略のカギ

問13 不正侵入防止

サーバへの不正侵入防止には，サーバ自体に入る余地をなくす必要があります。右ページの図のような同一の送信元IPアドレスから送信先ポート番号（サービス）に順にアクセスをするような攻撃からサーバを守るには，不要なサービスを停止する必要があります。正解はイです。

×ア フィンガプリントを保存することで認証情報の確認ができます。
○イ 正解です。
×ウ バックアップを取ることで，改ざんやコンピュータウイルスによる被害の際に早期に復旧できます。
×エ サーバを冗長化（二重化など）することで，耐故障性が高まります。

送信元IPアドレス	送信先IPアドレス	プロトコル	送信先ポート番号	受信件数
220.2zz.1zz.40	220.1xx.2xx.1	TCP	1	210
220.2zz.1zz.40	220.1xx.2xx.1	TCP	2	212
220.2zz.1zz.40	220.1xx.2xx.1	TCP	3	211
⋮	⋮	⋮	⋮	⋮
220.2zz.1zz.40	220.1xx.2xx.1	TCP	65534	211
220.2zz.1zz.40	220.1xx.2xx.1	TCP	65535	210

同じIPアドレス　　順にアクセス

問14 セキュリティバイデザイン 初モノ

セキュリティバイデザインとは，情報セキュリティを企画・設計段階から確保するための方策のことです（エ）。設計段階からセキュリティを意識した製品やソフトウェアなどが作成されることによって，外部などからの攻撃を想定したものができるので，脆弱性が軽減される可能性が高くなります。

×ア　脆弱性診断ツールによるセキュリティ向上の説明です。
×イ　リスク分析結果によるセキュリティの向上の説明です。
×ウ　情報セキュリティ監査の説明です。
○エ　正解です。

問15 パスワードの管理 基本

本問の状況は右図のようになります。

このとき，共用している部分は機密性が保てないため，クラウド側のID及びパスワードの管理が重要になります。問題文には“本人以外の者による不正ログイン防止の観点”とあるので，パスワードは個人が厳重に管理する必要があります。

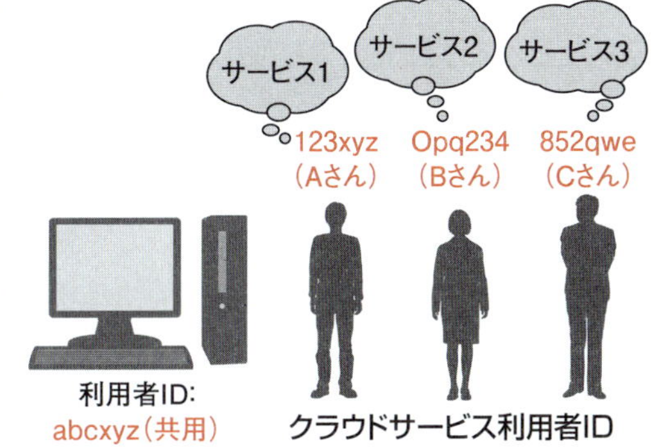

したがって，各従業員が指紋認証で保護されたスマートフォンをもち，スマートフォン上の信頼できるパスワード管理アプリケーションに各自のパスワードを記録する（ア）が正解です。

○ア　正解です。
×イ　どのクラウドサービスでも同じパスワードを使用すると，どれかのパスワードが知れてしまうと全てのクラウドサービスが使用されてしまう可能性があります。
×ウ　共用PCのWebブラウザに記憶させると誰でもログインできてしまいます。
×エ　OSのデスクトップに平文で保存しておくとログインした誰でも見ることができるようになってしまいます。

攻略のカギ

覚えよう！ 問13

ポートスキャンといえば

- 左の図のような攻撃をポートスキャンという。

覚えよう！ 問14

セキュリティバイデザインといえば

- 情報セキュリティを企画・設計段階から確保するための方策
- 外部などからの攻撃を想定したものができる

解答

問13 イ　問14 エ
問15 ア

□□□ **問 16** ワームの検知方式の一つとして，検査対象のファイルからSHA-256を使ってハッシュ値を求め，既知のワーム検体ファイルのハッシュ値のデータベースと照合する方式がある。この方式によって，検知できるものはどれか。

ア ワーム検体と同一のワーム
イ ワーム検体と特徴あるコード列が同じワーム
ウ ワーム検体とファイルサイズが同じワーム
エ ワーム検体の亜種に該当するワーム

□□□ **問 17** A社では，利用しているソフトウェア製品の脆(ぜい)弱性に対して，ベンダから提供された最新のセキュリティパッチを適用することを決定した。ソフトウェア製品がインストールされている組織内のPCやサーバについて，セキュリティパッチの適用漏れを防ぎたい。そのために有効なものはどれか。

ア ソフトウェア製品の脆弱性の概要や対策の情報が蓄積された脆弱性対策情報データベース（JVN iPedia）
イ ソフトウェア製品の脆弱性の特性や深刻度を評価するための基準を提供する共通脆弱性評価システム（CVSS）
ウ ソフトウェア製品のソースコードを保存し，ソースコードへのアクセス権と変更履歴を管理するソースコード管理システム
エ ソフトウェア製品の名称やバージョン，それらが導入されている機器の所在，IPアドレスを管理するIT資産管理システム

解説

問16 ハッシュ値の照合

ハッシュ関数である**SHA-256**は，元のデータから求めたハッシュ値を出力します。あるデータAと長さ及び内容が全く同じであるデータBを考えます。ハッシュ関数の特徴から，データAからSHA-256を使って求めたハッシュ値と，データBからSHA-256を使って求めたハッシュ値は一致します。また，データAから求めたハッシュ値と，データAとわずかな部分だけが異なるデータCから求めたハッシュ値は，全く異なる内容になります。この性質から，既知のワーム検体から求めたハッシュ値は，同一のワームから求めたハッシュ値とだけ一致します。既知のワーム検体ファイルのハッシュ値のデータベースを照合することで，ワーム検体と同一のワームだけを検知できます（ア）。

【ハッシュ関数の特徴】
- 出力されたハッシュ値から入力データの内容を推定（復元）することは困難
- 入力データがわずかでも異なれば，ハッシュ値は著しく異なるものになる
- 入力データの長さが異なっていても，ハッシュ値は同じ長さになる

攻略のカギ

ハッシュ関数 問16

任意の長さのデータを入力すると，固定長のハッシュ値（メッセージダイジェストともいう）を出力する関数。出力されたハッシュ値から入力データの内容を推定（復元）することは困難。入力データがわずかでも異なれば，ハッシュ値は著しく異なるものになる。入力データの長さが異なっていても，ハッシュ値は同じ長さになる。

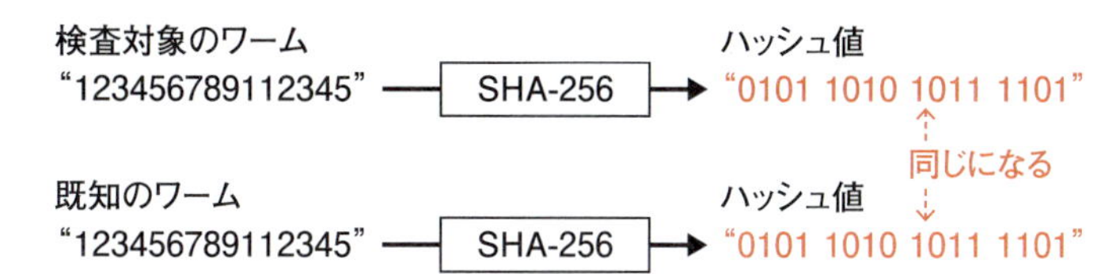

○ア　正解です。

×イ　既知のワーム検体と特徴あるコード列が同じでも，他のわずかな部分だけでも異なっているワームの場合は，ハッシュ値が異なるので検知できません。

×ウ　既知のワーム検体とファイルサイズが同じでも，内容が異なっているワームの場合は，ハッシュ値が異なるので検知できません。

×エ　既知のワーム検体の亜種に当たるワームは，その内容が異なっているので，ハッシュ値が異なるため検知できません。

問17　セキュリティパッチ　基本

ソフトウェア製品の脆弱性に対して，その脆弱性を修正するプログラムのことを**セキュリティパッチ**といいます。どのサーバやPCに何のソフトウェアが入っているのかによって適応するセキュリティパッチも変わってきます。そのため，機器の場所，ソフトウェアの製品の名称やバージョンなどを管理するIT資産管理システムが必要になります。正解は，エです。

×ア　**脆弱性対策情報データベース**は各種ソフトウェアの脆弱性を公開しているもので，組織下にあるソフトウェアを知らないと検索はできません。

×イ　**CVSS**（Common Vulnerability Scoring System，**共通脆弱性評価システム**）は，情報システムの脆弱性を汎用的な基準に基づいて評価したもので，ソフトウェアの種類がわからないと評価できません。

×ウ　**ソースコード管理システム**は，ソフトウェアのバージョンを管理するシステムなのでどのソフトウェアがインストールされているかがわからないと検索できません。

○エ　正解です。

攻略のカギ

衝突発見困難性　問16

あるメッセージAのハッシュ値と，同じハッシュ値になる別のメッセージBを見つけることの困難さのこと。

覚えよう！　問17

セキュリティパッチといえば

- ソフトウェア製品の脆弱性に対して，その脆弱性を修正するプログラム
- 何のソフトウェアが入っているのかによって適応するセキュリティパッチも変わる

解答

問16 ア　問17 エ

□□□ **問 18** 社内ネットワークとインターネットの接続点に，ステートフルインスペクション機能をもたない，静的なパケットフィルタリング型のファイアウォールを設置している。このネットワーク構成において，社内のPCからインターネット上のSMTPサーバに電子メールを送信できるようにするとき，ファイアウォールで通過を許可するTCPパケットのポート番号の組合せはどれか。ここで，SMTP通信には，デフォルトのポート番号を使うものとする。

	送信元	宛先	送信元ポート番号	宛先ポート番号
ア	PC	SMTP サーバ	25	1024 以上
	SMTP サーバ	PC	1024 以上	25
イ	PC	SMTP サーバ	110	1024 以上
	SMTP サーバ	PC	1024 以上	110
ウ	PC	SMTP サーバ	1024 以上	25
	SMTP サーバ	PC	25	1024 以上
エ	PC	SMTP サーバ	1024 以上	110
	SMTP サーバ	PC	110	1024 以上

解説

問18 ポート番号

IPパケットのTCPヘッダ内にある**ポート番号**は，コンピュータ上で動作するサービス（プロトコル）を区別するために，各サービスに対して付与される番号です。メールサービス（SMTP）など，サーバ上で稼働する主要なサービスについては，ポート番号が固定的に割り振られています。例えば，メールの送受信に関するSMTPに対しては25番という固定的な番号が割り当てられています。0から1023までのポート番号は，主要なサービスに固定的に割り当てられたポート番号（**ウェルノウンポート番号**）です。1024以上のポート番号は，PCなどが任意の値を選んで動的に利用できるポート番号です。

TCPヘッダ部分には，データの送信元や宛先のアプリケーションソフトやサービスを区別するために，送信元ポート番号や宛先ポート番号が記録されます。送信元ポート番号には送信元コンピュータ上でIPパケットを送信したプログラム（サービス）のポート番号が，宛先ポート番号には宛先コンピュータ上でIPパケットを受信するプログラム（サービス）のポート番号が，それぞれ記録されます。

PCからサーバに送信するIPパケットの送信元ポート番号は通信のたびに異なる1024以上の任意の値となり，宛先ポート番号はサーバが提供するサービスのウェルノウンポート番号の値となります。

攻略のカギ

覚えよう！ 問18

ポート番号といえば
- サービス（プロトコル）を区別するために，各サービスに対して付与される番号
- IPパケットのTCPヘッダ内にある

ウェルノウンポート番号といえば
- 主要なサービスに固定的に割り当てられたポート番号
- 0から1023まで

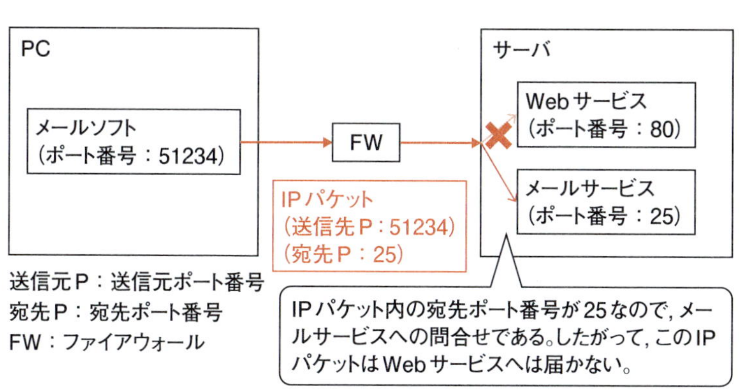

図1

図1は，PC上で起動しているメーラから，インターネット上のサーバへ向けてSMTP要求のIPパケットを送っている状況を示しています。IPパケット上の宛先ポート番号が25（SMTP）のため，このパケットは確実にメールサービスの方に渡されます。

図1のメールサービスが応答パケットをメーラに返却する場合，そのIPパケットの送信元及び宛先ポート番号は，図2のようになります。

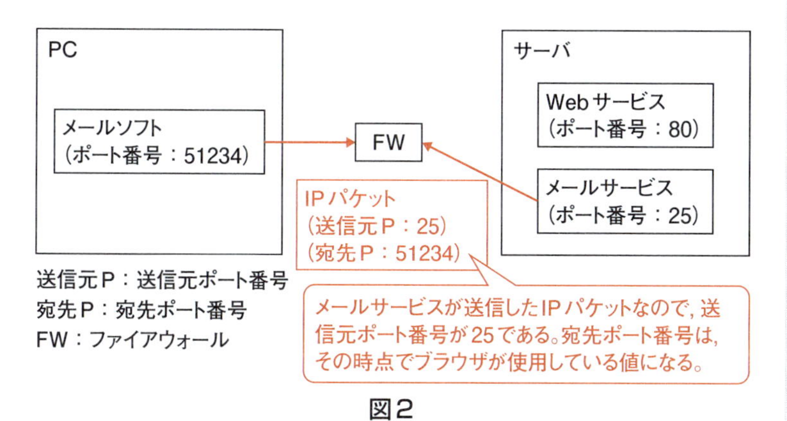

図2

図1，図2のようなIPパケットをファイアウォールで通過許可とするためには，以下の設定をする必要があります。

PCからSMTPサーバに送信するIPパケット：送信元をPC，宛先をSMTPサーバとし，送信元ポート番号を1024以上，宛先ポート番号を25（SMTP）とする。

SMTPサーバからPCに送信するIPパケット：送信元をSMTPサーバ，宛先をPCとし，送信元ポート番号を25，宛先ポート番号を1024以上とする。

以上から，ウの組合せが正解です。

×ア　この組合せは，PCからSMTPサーバに送信するIPパケットの送信元ポート番号が25になっているため誤りです。

×イ，エ　この組合せは，SMTPのポート番号ではなく，POP3のポート番号（110）が指定されているため誤りです。

攻略のカギ

ファイアウォール　問18

インターネットと社内LANとの間など，主要なネットワーク間に位置するネットワーク間接続装置。ネットワーク間で送受信されるパケットの送信元，宛先，通信プロトコルまたは内容などを検査し，ルールに該当しない不審なパケットを破棄する役割をもつ。

解答

問18 ウ

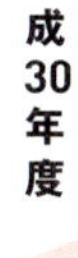

問19

内閣は，2015年9月にサイバーセキュリティ戦略を定め，その目的達成のための施策の立案及び実施に当たって，五つの基本原則に従うべきとした。その基本原則に含まれるものはどれか。

ア　サイバー空間が一部の主体に占有されることがあってはならず，常に参加を求める者に開かれたものでなければならない。

イ　サイバー空間上の脅威は，国を挙げて対処すべき課題であり，サイバー空間における秩序維持は国家が全て代替することが適切である。

ウ　サイバー空間においては，安全確保のために，発信された情報を全て検閲すべきである。

エ　サイバー空間においては，情報の自由な流通を尊重し，法令を含むルールや規範を適用してはならない。

問20

ドメイン名ハイジャックを可能にする手口はどれか。

ア　PCとWebサーバとの通信を途中で乗っ取り，不正にデータを窃取する。

イ　Webサーバに，送信元を偽装したリクエストを大量に送信して，Webサービスを停止させる。

ウ　Webページにアクセスする際のURLに余分なドットやスラッシュなどを含め，アクセスが禁止されているディレクトリにアクセスする。

エ　権威DNSサーバに登録された情報を不正に書き換える。

問21

ドライブバイダウンロード攻撃に該当するものはどれか。

ア　PC内のマルウェアを遠隔操作して，PCのハードディスクドライブを丸ごと暗号化する。

イ　外部ネットワークからファイアウォールの設定の誤りを突いて侵入し，内部ネットワークにあるサーバのシステムドライブにルートキットを仕掛ける。

ウ　公開Webサイトにおいて，スクリプトをWebページ中の入力フィールドに入力し，Webサーバがアクセスするデータベース内のデータを不正にダウンロードする。

エ　利用者が公開Webサイトを閲覧したときに，その利用者の意図にかかわらず，PCにマルウェアをダウンロードさせて感染させる。

解説

問19　サイバーセキュリティ戦略

サイバーセキュリティ戦略とは，サイバーセキュリティ基本法の第12条第1項の規定に基づいて，平成27年9月4日に閣議決定された戦略です。

基本原則に含まれるのは，「サイバー空間が一部の主体に占有されることがあってはならず，常に参加を求める者に開かれたものでなければならない」（ア）です。

○ア　正解です。

×イ　サイバー空間における秩序維持は「国家が全て代替することは不可能、かつ、不適切である」としているので誤りです。

攻略のカギ

サイバーセキュリティ戦略の五つの基本原則　問19

- **情報の自由な流通の確保**：「サイバー空間においては、発信した情報が、その途中で不当に検閲されず、また、不正に改変されずに、意図した受信者へ届く世界が創られ、維持されるべきであると考える」
- **法の支配**：「サイバー空間においても法の支配が貫徹される

×ウ 「我が国は、サイバー空間においては、発信した情報が、その途中で不当に検閲されず……」としているので誤りです。

×エ 「サイバー空間においても法の支配が貫徹されるべきである」としているので誤りです。

問20 ドメイン名ハイジャック 初モノ

権威DNSサーバは，管理する情報の範囲を**ゾーン情報**として管理します。例えば，a-sya.co.jpというドメイン名をもつA社のDNSサーバは，当該ドメインに関する情報をゾーン情報として管理しています。権威DNSサーバは，A社のドメイン名のほかに，A社が保有するWebサーバやメールサーバなどのホスト名及びIPアドレスなどを管理しています。このDNSに書かれている情報を書き換えてしまえば簡単に攻撃者が用意したサーバに誘導することができます。このような攻撃を，**ドメイン名ハイジャック**といいます。

×ア **セッションハイジャック**の手口です。

×イ **DoS攻撃**の手口です。

×ウ **ディレクトリトラバーサル**の手口です。

○エ 正解です。

問21 ドライブバイダウンロード攻撃

ドライブバイダウンロード攻撃では，攻撃用のWebページに不正なスクリプトを仕掛けて，利用者を誘ってWebブラウザで閲覧させます。Webブラウザ上で稼働した不正なスクリプトは，利用者の意図を確認しないまま，利用者のPCに密かに不正プログラムを転送して，インストール及び実行させます（エ）。この不正プログラムは，PC内の機密情報を外部に流出させるなどの不正を働きます。

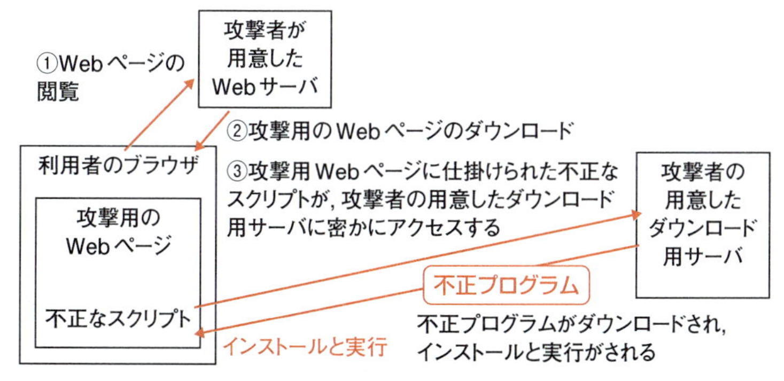

×ア ランサムウェアなどの説明です。

×イ バックドアの説明です。

×ウ クロスサイトスクリプティングの説明です。

○エ 正解です。

攻略のカギ

べきである。…… 同様に、国際法を始めとする国際的なルールや規範についても、サイバー空間に適用され、国際的な法の支配が確立されるべきである」

- **開放性**：「サイバー空間が一部の主体に占有されることがあってはならず、常に参加を求める者に開かれたものでなければならない」
- **自律性**：「サイバー空間における秩序維持を国家が全て代替することは不可能、かつ、不適切である」
- **多様な主体の連携**：「政府に限らず、重要インフラ事業者、企業、個人といったサイバー空間に関係する全てのステークホルダーが、サイバーセキュリティに係るビジョンを共有し、それぞれの役割や責務を果たし、また努力する必要がある」

解答

問19 ア	問20 エ
問21 エ	

□□□ **問22** バイオメトリクス認証システムの判定しきい値を変化させるとき，FRR（本人拒否率）とFAR（他人受入率）との関係はどれか。

ア FRRとFARは独立している。
イ FRRを減少させると，FARは減少する。
ウ FRRを減少させると，FARは増大する。
エ FRRを増大させると，FARは増大する。

□□□ **問23** マルウェアの動的解析に該当するものはどれか。

ア 解析対象となる検体のハッシュ値を計算し，オンラインデータベースに登録された既知のマルウェアのハッシュ値のリストと照合してマルウェアを特定する。
イ サンドボックス上で検体を実行し，その動作や外部との通信を観測する。
ウ ネットワーク上の通信データから検体を抽出し，さらに，逆コンパイルして取得したコードから検体の機能を調べる。
エ ハードディスク内のファイルの拡張子とファイルヘッダの内容を基に，拡張子が偽装された不正なプログラムファイルを検出する。

□□□ **問24** メッセージが改ざんされていないかどうかを確認するために，そのメッセージから，ブロック暗号を用いて生成することができるものはどれか。

ア PKI
イ パリティビット
ウ メッセージ認証符号
エ ルート証明書

解説

問22 バイオメトリクス認証 基本

バイオメトリクス認証（**生体認証**）とは，指紋や網膜，顔の形状などの，人間の身体的特徴から個人を識別する認証システムのことです。このシステムでは，認証を受けるユーザの指紋の形状などと，登録した本人の指紋の形状などとを比較し，両者の類似の度合いが一定以上であれば，本人と識別します。この度合いを「**判定しきい値**」と呼びます。

バイオメトリクス認証では，**FRR**（**本人拒否率**）と**FAR**（**他人受入率**）という2つのパラメタが重要となります。FRRは，正規のユーザ本人を他人と誤認識して拒否してしまう確率のことで，判定しきい値を厳しくするほど上昇します。FARは，他人を正規のユーザと誤認識して受け入れてしまう確率のことで，判定しきい値を厳しくするほど低下します。

よって，FRRとFARは，反比例の関係にあると考えられるため，ウの「FRRを減少させると，FARは増大する」が適切です。

攻略のカギ

バイオメトリクス認証 問22

指紋，網膜，顔の形状などの，人間の身体的特徴から個人の識別を行う認証システムのこと。認証を受けるユーザの指紋の形状などと，登録した本人の指紋の形状などとを比較し，両者の類似の度合いが一定以上であれば，本人と識別する。

覚えよう！ 問22

FRR（本人拒否率） といえば
- 正規のユーザ本人を他人と誤認識して拒否してしまう確率
- 判定しきい値を厳しくするほど上昇する

問23 マルウェアの動的解析 初モノ

プログラムが実行できる機能やアクセスできるリソース（ファイルなど）を制限してプログラムを動作させる環境を，**サンドボックス**（イ）といいます。マルウェアなど不正な命令を組み込んだプログラムの実行（これを**動的解析**といいます）などによって，システムファイルが破壊されるなどの被害を防ぐために有効です。

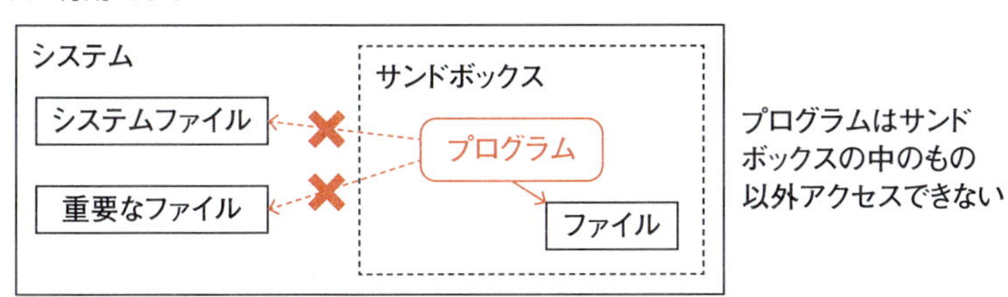

× ア　マルウェアのコード特定の方法です。
○ イ　正解です。
× ウ　逆コンパイルをしてコード解析してマルウェアを特定する方法です。
× エ　拡張子偽装のマルウェアの説明です。

問24 メッセージ認証符号

データの完全性（改ざんされていないこと）を送信者が証明するための技術に，**メッセージ認証符号**（ウ）があります。

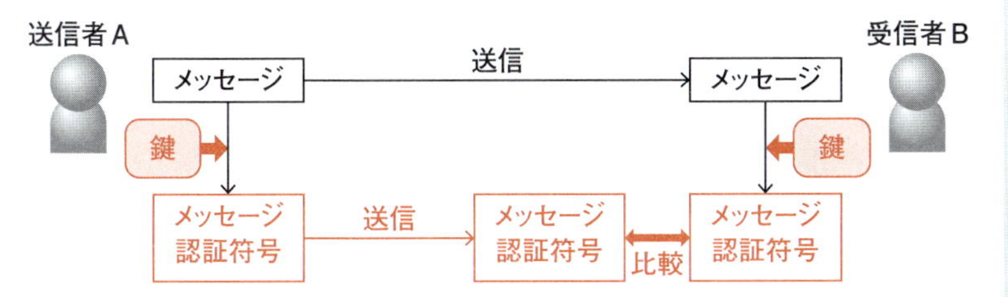

送信者Aと受信者Bは同じ鍵を共有します。送信者Aはメッセージを鍵で暗号化してメッセージ認証符号を生成し，メッセージと一緒に受信者Bに送ります。

メッセージなどを受け取った受信者Bは，送信者Aと同じ鍵でメッセージを暗号化し，メッセージ認証符号を生成します。送信者Aから受信したメッセージ認証符号と，受信者Bが生成したメッセージ認証符号が一致すれば，そのデータは送信の途中で改ざんされていないことがわかります。

暗号化に用いる鍵が同じでも，異なる内容のデータを暗号化すると，生成された暗号文の内容は異なります。データが送信の途中で改ざんされた場合，送信者Aがメッセージ認証符号を生成したときのデータの内容と，受信者Bがメッセージ認証符号を生成したときのデータの内容が異なるので，それぞれが作ったメッセージ認証符号は異なります（改ざんを検知できる）。

× ア　**PKI**とは，公開鍵暗号方式及びディジタル署名（電子署名）の仕組みを応用した，公開鍵とその利用者を結び付けるための仕組みのことをいいます。
× イ　**パリティビット**は文字などに付ける数ビットのチェック用データのことをいいます。
○ ウ　正解です。
× エ　**ルート認証局**が発行する証明書のことをいいます。

攻略のカギ

覚えよう！ 問22

FAR（他人受入率）といえば
- 他人を正規のユーザと誤認識して受け入れてしまう確率
- 判定しきい値を厳しくするほど低下する

サンドボックス 問23

情報セキュリティ対策技術の一つで，プログラムが実行できる機能やアクセスできるリソース（ファイルやハードウェアなど）を制限して，プログラムを動作させること。プログラムのバグや不正な命令を組み込んだプログラムの実行などによって，システムファイルが破壊されるなどの被害を防ぐために有効。

解答

問22 ウ	問23 イ
問24 ウ	

□□□ **問25** リスクベース認証に該当するものはどれか。

ア インターネットからの全てのアクセスに対し，トークンで生成されたワンタイムパスワードを入力させて認証する。

イ インターネットバンキングでの連続する取引において，取引の都度，乱数表の指定したマス目にある英数字を入力させて認証する。

ウ 利用者のIPアドレスなどの環境を分析し，いつもと異なるネットワークからのアクセスに対して追加の認証を行う。

エ 利用者の記憶，持ち物，身体の特徴のうち，必ず二つ以上の方式を組み合わせて認証する。

□□□ **問26** 暗号アルゴリズムの危殆（たい）化を説明したものはどれか。

ア 外国の輸出規制によって，十分な強度をもつ暗号アルゴリズムを実装した製品が利用できなくなること

イ 鍵の不適切な管理によって，鍵が漏えいする危険性が増すこと

ウ 計算能力の向上などによって，鍵の推定が可能になり，暗号の安全性が低下すること

エ 最高性能のコンピュータを用い，膨大な時間とコストを掛けて暗号強度をより確実なものにすること

□□□ **問27** 暗号解読の手法のうち，ブルートフォース攻撃はどれか。

ア 与えられた1組の平文と暗号文に対し，総当たりで鍵を割り出す。

イ 暗号化関数の統計的な偏りを線形関数によって近似して解読する。

ウ 暗号化装置の動作を電磁波から解析することによって解読する。

エ 異なる二つの平文とそれぞれの暗号文の差分を観測して鍵を割り出す。

解説

問25 リスクベース認証

なりすましの可能性があるアクセスの発生時に，追加の認証を求めることを，**リスクベース認証**といいます。例えばインターネットバンキングなどにおいて，普段は国内からアクセスする利用者が海外からアクセスしてきた場合，利用者の情報が海外の攻撃者に知られて，なりすまされている可能性があります。しかし，本人が海外からアクセスしている可能性もあるので，このようなアクセスを遮断すると利用者にとって不便です。このような場合にリスクベース認証を用います（ウ）。口座の開設時にパスワードとは別の秘密の質問を設定しておき，普段と異なる環境からのアクセスに対しては，パスワードだけでなく秘密の質問の入力も求めることで，利便性を保ちながら不正アクセスに対抗できるようにしています。

×ア **ワンタイムパスワード**による認証の説明です。

×イ 乱数表を用いた認証の説明です。

攻略のカギ

覚えよう！ 問25

リスクベース認証といえば

- なりすましの可能性があるアクセスの発生時に，追加の認証を求めること
- 普段と異なる環境からのアクセスに対しては，パスワードだけでなく秘密の質問の入力も求めるなど

○ウ　正解です。
×エ　**2要素認証**の説明です。

問26 暗号アルゴリズムの危殆化

危殆化とは，安全でない状態になること，又は安全が脅かされる状態になることです。暗号アルゴリズムの危殆化とは，パソコンなどの計算能力や処理速度の向上によって暗号鍵の推定が容易にできるようになり，暗号の安全性が低下することを指します（ウ）。例えば，DES方式の鍵長は56ビットのため，2^{56}＝72,057,594,037,927,936通りの鍵を全て試せば鍵を推定できます。以前はこれだけの鍵を試すのに多大な時間がかかっていましたが，現在はパソコンなどの性能が飛躍的に向上しており，短い時間で鍵の推定ができてしまいます。暗号アルゴリズムの危殆化によって，DES方式は使用を推奨されなくなっています。

問27 ブルートフォース攻撃 基本

ブルートフォース攻撃（**総当り攻撃**）は，考えられる全ての種類のパスワード（又は暗号化鍵など）を総当りで作成して，それを使って不正なログインや暗号解読を試みる方式のことです（ア）。例えば，0～9までの数字とA～Zの英大文字のみが使用でき，長さが3文字以内に限られる形式では，36種類の文字を最大でも3つしか使用できないので，
36^3＝46,656
となり，最大で46,656種類のパスワードしか存在しないことになります。よって，手作業又はツールなどでこの約46,000強の種類のパスワードを全て入力していけば，正当なユーザでなくともいずれ不正にログインが可能になります。
○ア　正解です。
×イ　線形解読法の説明です。
×ウ　サイドチャネル攻撃の説明です。
×エ　差分解読法の説明です。

攻略のカギ

危殆化　問26
安全でない状態になること，または安全が脅かされる状態になること。暗号アルゴリズムの危殆化とは，パソコンなどの処理速度の向上によって暗号鍵の推定が容易にできるようになり，暗号の安全性が低下することを指す。

覚えよう！　問27
ブルートフォース攻撃といえば
- 考えられる全ての種類のパスワード（又は暗号化鍵など）を総当りで作成して，それをもって不正なログインや暗号解読を試みる方式

解答

問25 ウ　問26 ウ
問27 ア

問28 電子メールの本文を暗号化するために使用される方式はどれか。

ア BASE64　イ GZIP　ウ PNG　エ S/MIME

問29 ディジタル証明書をもつＡ氏が，Ｂ商店に対して電子メールを使って商品を注文するときに，Ａ氏は自分の秘密鍵を用いてディジタル署名を行い，Ｂ商店はＡ氏の公開鍵を用いて署名を確認する。この手法によって実現できることはどれか。ここで，Ａ氏の秘密鍵はＡ氏だけが使用できるものとする。

ア Ａ氏からＢ商店に送られた注文の内容が，第三者に漏れないようにできる。
イ Ａ氏から発信された注文が，Ｂ商店に届くようにできる。
ウ Ｂ商店からＡ氏への商品販売が許可されていることを確認できる。
エ Ｂ商店に届いた注文が，Ａ氏からの注文であることを確認できる。

問30 PKI（公開鍵基盤）において，認証局が果たす役割の一つはどれか。

ア 共通鍵を生成する。
イ 公開鍵を利用してデータを暗号化する。
ウ 失効したディジタル証明書の一覧を発行する。
エ データが改ざんされていないことを検証する。

解説

問28 電子メールの暗号化 基本

電子メールの暗号化方式規格として，RSA securityにより提案され，IETFにより標準化された方式が**S/MIME**（エ）です。

S/MIMEでは，メッセージ本文を暗号化するために，共通鍵暗号方式の共通鍵を用います。共通鍵を安全に受け渡すため，及び電子メールの改ざんを検出するために，公開鍵暗号方式によるディジタル署名の仕組みを用いています。ディジタル署名により，送信者の認証や電子メールの改ざんの有無の検証が可能となります。

×ア **BASE64**とは，そのままでは電子メールとして送信できないバイナリデータを，テキストデータに変換して電子メールに添付するために用いられるプロトコルのことです。

×イ **GZIP**（GNU zip）とは，主にUNIX環境で用いられている圧縮アルゴリズムのことです。

×ウ **PNG**（Portable Network Graphics）とは，画像ファイルフォーマットの一種のことです。

○エ 正解です。

攻略のカギ

覚えよう！ 問28

S/MIMEといえば

- 電子メールの暗号化方式規格
- RSA securityにより提案され，IETFにより標準化された
- メッセージ本文を暗号化するために，共通鍵暗号方式の共通鍵を用いる
- 公開鍵暗号方式によるディジタル署名の仕組みを用いる

問29 ディジタル署名 基本

通信相手に送付するデータの正当性を送信者が証明するために，**メッセージ認証**（**ディジタル署名**）がしばしば用いられます。これは公開鍵暗号方式の技術を応用したものです。送信者は，送付データ全体に対してハッシュ関数を用いて，ハッシュ値を求めます。さらにそのハッシュ値を「送信者の秘密鍵」で暗号化し，これを「送信者の署名」としてデータと一緒に添付し，受信者に送付します。

受信者は，送信者と同じハッシュ関数を用いてデータ本体からハッシュ値を生成します。さらに，「送信者の署名」を「送信者の公開鍵」で復号して，元のハッシュ値を得ます。二つのハッシュ値が一致すれば，確かにそのデータは送信者からのものであると確認できます。送信者以外は使用することができない「送信者の秘密鍵」で「送信者の署名」の暗号化が行われているということは，そのデータが確かに送信者によって作成され，送信者の管理下で送付されたと証明できるためです。

したがって，この問題の方法によって証明できるのは，「B商店に届いたものは，A氏からの注文である」（エ）ということです。

問30 PKIと認証局 基本

PKI（Public Key Infrastructure，**公開鍵基盤**）とは，各種のセキュリティプロトコルや組織などを用いて，利用者の身元証明及び公開鍵の対応付けを行うシステムのことです。

公開鍵暗号方式では，送信者はネットワーク上に受信者が公開している公開鍵を用いて暗号化を行い，暗号化したデータを受信者に送信します。受信者は，自分の秘密鍵（公開鍵と対になっている）を用いて，データを復号します。

この方式では，誰でも公開鍵をネットワーク上に公開できるため，あるユーザAになりすました悪意のユーザが，ユーザAの公開鍵と偽って「偽の公開鍵」を公開することを防ぐことはできません。よって，なりすましによって公開された偽の公開鍵を知らずに用いてしまい，悪意のユーザが作った偽のWebサイトに誘導されて，情報を不正に窃取されるという被害が起こりうるため，公開鍵を公開しているユーザの身元証明と，ユーザ（公開鍵の所有者）と公開鍵との対応付けをするためのプロトコルなどが必要となってきています。そのために，PKIが利用されています。

PKIは，広義では“公開鍵暗号を用いた技術・製品全般”を示し，以下に示すプロトコルなどから構築されます。

- RSAなどの公開鍵暗号方式そのもの
- 公開鍵所有者の身元証明のためのディジタル署名，ディジタル証明書，及びディジタル証明書を発行する認証局（CA）
- クライアント・サーバ間の相互認証技術のプロトコル（SSL/TLS），及びSSL/TLSに対応するWebサーバ／ブラウザ

認証局は，ディジタル証明書の作成のほかに，失効したディジタル証明書の一覧（**CRL**）を発行して，外部に公開します（ウ）。ディジタル証明書を受け取った利用者は，CRLを参照することで，そのディジタル証明書が失効していないかどうかを確認できます。

攻略のカギ

覚えよう！ 問29

ディジタル署名といえば

- 通信相手に送付するデータの正当性を送信者が証明するための技術
- ハッシュ値を署名をした人の秘密鍵で暗号化したもの

PKI（公開鍵基盤） 問30

公開鍵暗号方式及びディジタル署名の仕組みを応用した，公開鍵の正当性を証明して公開鍵とその利用者を結び付けるための仕組みのこと。ある利用者がネットワーク上に公開している公開鍵が，本当にその利用者が作成して公開しているものか（本人性があるか）を証明するために，ディジタル証明書（公開鍵証明書や電子証明書ともいう）が用いられる。

解答

問28 エ	問29 エ
問30 ウ	

□□□ 問31 サイバーセキュリティ基本法の説明はどれか。

ア 国民は，サイバーセキュリティの重要性に関する関心と理解を深め，その確保に必要な注意を払うよう努めるものとすると規定している。

イ サイバーセキュリティに関する国及び情報通信事業者の責務を定めたものであり，地方公共団体や教育研究機関についての言及はない。

ウ サイバーセキュリティに関する国及び地方公共団体の責務を定めたものであり，民間事業者が努力すべき事項についての規定はない。

エ 地方公共団体を"重要社会基盤事業者"と位置づけ，サイバーセキュリティ関連施策の立案・実施に責任を負う者であると規定している。

□□□ 問32 記憶媒体を介して，企業で使用されているコンピュータにマルウェアを侵入させ，そのコンピュータの記憶内容を消去した者を処罰の対象とする法律はどれか。

ア 刑法　　イ 製造物責任法

ウ 不正アクセス禁止法　　エ プロバイダ責任制限法

□□□ 問33 個人情報保護委員会"個人情報の保護に関する法律についてのガイドライン（通則編）平成29年3月一部改正"に，要配慮個人情報として例示されているものはどれか。

ア 医療従事者が診療の過程で知り得た診療記録などの情報

イ 国籍や外国人であるという法的地位の情報

ウ 宗教に関する書籍の購買や貸出しに係る情報

エ 他人を被疑者とする犯罪捜査のために取調べを受けた事実

解説

問31 サイバーセキュリティ基本法 基本

サイバーセキュリティ基本法の第九条には次の規定があります（ア）。

> **第九条　国民は、基本理念にのっとり、サイバーセキュリティの重要性に関する関心と理解を深め、サイバーセキュリティの確保に必要な注意を払うよう努めるものとする。**

○ア 正解です。

×イ サイバーセキュリティ基本法では，地方公共団体や教育研究機関の責務について第五条や第八条で言及しています。

×ウ サイバーセキュリティ基本法では，重要社会基盤事業者やサイバー関連事業者といった民間事業者の努力すべき事項について，第六条や第七条で言及しています。

×エ 重要社会基盤事業者とは，「国民生活及び経済活動の基盤であって、そ

攻略のカギ

サイバーセキュリティ基本法 問31

「インターネットその他の高度情報通信ネットワークの整備及び情報通信技術の活用の進展に伴って世界的規模で生じているサイバーセキュリティに対する脅威の深刻化その他の内外の諸情勢の変化に伴い……サイバーセキュリティに関する施策を総合的かつ効果的に推進し，もって経済社会の活力の向上及び持続的発展並びに国民が安全で安心して暮らせる社会の実現を図るとともに，国際社会の平和及び安全の確保並びに我が国の安全保障に寄与す

の機能が停止し、又は低下した場合に国民生活又は経済活動に多大な影響を及ぼすおそれが生ずるものに関する事業を行う者」のことで，地方公共団体ではありません。

問32 コンピュータ・ウイルスに関する罪 基本

平成23年に刑法の一部が改正され，新たに「不正指令電磁的記録に関する罪（いわゆる「コンピュータ・ウイルスに関する罪」）」が設けられました。

「企業で使用されているコンピュータの記憶内容を消去する行為」は，同法の「人が電子計算機を使用するに際してその意図に沿うべき動作をさせず，又はその意図に反する動作」に該当します。ア（刑法）が適切です。

○ア　正解です

×イ　製造物責任法（PL法）は，「製造物の欠陥により人の生命，身体又は財産に係る被害が生じた場合における製造業者等の損害賠償の責任について定めることにより，被害者の保護を図り，もって国民生活の安定向上と国民経済の健全な発展に寄与すること」（同法第一条より）を目的とした法律です。

×ウ　不正アクセス禁止法（正式名称：不正アクセス行為の禁止等に関する法律）における，「不正アクセス行為」とは，特定電子計算機（コンピュータなど）の利用権限をもたない第三者が，他人のIDやパスワードを悪用して，アクセス制御機能による利用制限を免れて特定電子計算機の利用をできる状態にする行為のことを指します。不正アクセス禁止法では，このような行為及びその助長行為を処罰の対象にしています。

×エ　プロバイダ責任制限法（正式名称：特定電気通信役務提供者の損害賠償責任の制限及び発信者情報の開示に関する法律）は，インターネット上で著作権などの権利侵害があった場合に，権利侵害を行った者がインターネットに接続するために契約していたプロバイダが負う責任（損害賠償の義務や，当該人物の住所氏名の公表の義務など）を規定している法律です。

問33 個人情報保護法ガイドライン 初モノ

「個人情報の保護に関する法律についてのガイドライン（通則編）」から抜粋します。

> (4) 病歴
> 病気に罹患した経歴を意味するもので、特定の病歴を示した部分（例：特定の個人ががんに罹患している、統合失調症を患っている等）が該当する

よって，アが正解です。

○ア　正解です。

×イ　国籍や外国人であることは例示されていません。

×ウ　宗教に関する書籍を購買や貸出しに関わる事例はありません。

×エ　犯罪捜査のために取り調べを受けた事実は例示されていません。

攻略のカギ

ること」を目的とした法律。

刑法第百六十八条の二　問32

> 正当な理由がないのに，人の電子計算機における実行の用に供する目的で，次に掲げる電磁的記録その他の記録を作成し，又は提供した者は，三年以下の懲役又は五十万円以下の罰金に処する。
> 一　人が電子計算機を使用するに際してその意図に沿うべき動作をさせず，又はその意図に反する動作をさせるべき不正な指令を与える電磁的記録
> 二　前号に掲げるもののほか，同号の不正な指令を記述した電磁的記録その他の記録
> 2　正当な理由がないのに，前項第一号に掲げる電磁的記録を人の電子計算機における実行の用に供した者も，同項と同様とする

刑法第百六十八条の三　問32

> 正当な理由がないのに，前条第一項の目的で，同項各号に掲げる電磁的記録その他の記録を取得し，又は保管した者は，二年以下の懲役又は三十万円以下の罰金に処する

解答

問31 ア　問32 ア
問33 ア

問34 A社が著作権を保有しているプログラムで実現している機能と，B社のプログラムが同じ機能をもつとき，A社に対するB社の著作権侵害に関する記述のうち，適切なものはどれか。

ア　A社のソースコードを無断で使用して，同じソースコードの記述で機能を実現しても，A社公表後1年未満にB社がプログラムを公表すれば，著作権侵害とならない。

イ　A社のソースコードを無断で使用して，同じソースコードの記述で機能を実現しても，プログラム名称を別名称にすれば，著作権侵害とならない。

ウ　A社のソースコードを無断で使用していると，著作権の存続期間内は，著作権侵害となる。

エ　同じ機能を実現しているのであれば，ソースコードの記述によらず，著作権侵害となる。

問35 不正競争防止法で禁止されている行為はどれか。

ア　競争相手に対抗するために，特定商品の小売価格を安価に設定する。

イ　自社製品を扱っている小売業者に，指定した小売価格で販売するよう指示する。

ウ　他社のヒット商品と商品名や形状は異なるが同等の機能をもつ商品を販売する。

エ　広く知られた他人の商品の表示に，自社の商品の表示を類似させ，他人の商品と誤認させて商品を販売する。

問36 労働者派遣法に照らして，派遣先の対応として，適切なものはどれか。ここで，派遣労働者は期間制限の例外に当たらないものとする。

ア　業務に密接に関連した教育訓練を，同じ業務を行う派遣先の正社員と派遣労働者がいる職場で，正社員だけに実施した。

イ　工場で3年間働いていた派遣労働者を，今年から派遣を受け入れ始めた本社で正社員として受け入れた。

ウ　事業環境に特に変化がなかったので，特段の対応をせず，同一工場内において派遣労働者を4年間継続して受け入れた。

エ　ソフトウェア開発業務なので，派遣契約では特に期間制限を設けないルールとした。

解説

問34 著作権 よく出る！

著作物を第三者が利用する場合は，一般に著作者の許可が必要です。コンピュータプログラム（以下，プログラム）やデータベースも著作物の一つであり，利用する際には使用許諾契約に基づき著作権を侵害しないようにするなどの注意が必要です。テキスト形式のソースコードや，ソースコードをコンパイルして作成した実行形式のプログラムなどが保護の対象になります。ただし，プログラムを作成するために用いたアルゴリズムやアイディア，プログラミング言語や規約（プロトコル）は，保護の対象にはなりません。

よって，無断で使用しているとB社は著作権侵害となります。正解は ウ です。

攻略のカギ

著作権法 問34

「思想又は感情を創作的に表現したもの」である著作物を，その作成者（著作者）が独占的に扱うことができる権利（著作権）や著作権の保護期間などを規定している法律。日本の著作権法では，著作物の作成と同時に作者にその著作権が与えられるとしている（無方式主義）。著作権は，著作財産権（複製権，上映権，公衆送信権，口述権，展示権，頒布権，翻訳権な

×ア　著作権は公表後70年間効力があります。
×イ　プログラム名を別にしてもソースコードが同じならば著作権侵害となります。
○ウ　正解です。
×エ　機能は同じでもソースコードが異なれば別な著作物となります。

問35 不正競争防止法 よく出る！

不正競争防止法とは，「営業上の秘密」を取得したり，他社の製品などの評判を落とすようなデマを流したりすることを禁止する法律です。大手サイトと見間違えるような名称や内容でサイトを立ち上げたりすることも違反となります。なお，本法律の罰則は「10年以下の懲役若しくは1000万円以下の罰金」と定められています。

不正競争行為には，次のようなものがあります。

①周知の他社の商品表示（商号，商標，容器，包装など）と極めて類似しているものを使用して，本物の商品と混同させる行為
②著名なブランドのもつ信用を利用する行為（業種，業務内容は関係ない）
③他社の営業秘密を不正な手段で入手して使用する行為
④商品の原産地や品質，内容，製造方法，用途，数量などを虚偽に表示する行為
⑤競争関係にある他人の信用を害する虚偽の事実やうわさを流す行為

したがって，エが正解です。

×ア　競争相手に対抗するために価格競争をすることは法律で禁じられていません。
×イ　下請法によって禁じられている行為です。
×ウ　商品名や形状が異なっている商品を販売することは法律で禁じられていません。

問36 労働者派遣法

労働者派遣法とは，比較的弱い立場にある派遣労働者に関する権利を守るための法律です。企業が労働者を直接雇用している場合には，雇用関係と指揮命令関係は同一になりますが，派遣労働者の場合，指揮命令関係は派遣先との間にあり，雇用関係は派遣元との間にあります。なお，同一の派遣先の事業所に対し，派遣できる期間は，原則的に3年が限度となります。したがって，イが正解です。

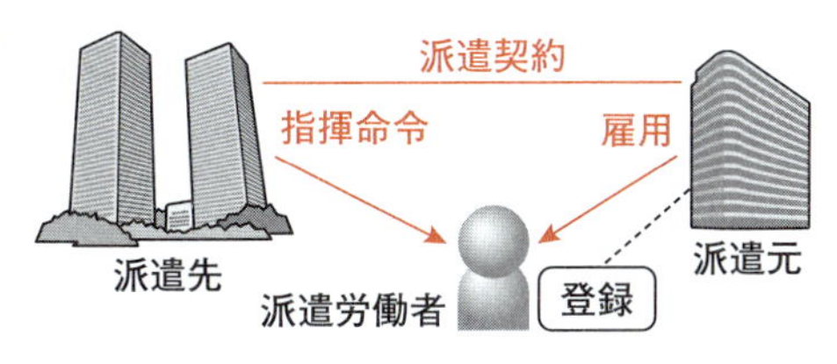

×ア　派遣労働者に対する教育訓練は，労働者派遣法の第三十条の二『派遣元事業主は、その雇用する派遣労働者が段階的かつ体系的に派遣就業に必要な技能及び知識を習得することができるように教育訓練を実施しなければならない。』より，正社員と同様に教育訓練をする必要があります。
○イ　正解です。
×ウ　同一派遣労働者は，同一の職場で3年が上限となりますので誤りです。
×エ　2015年に改正された労働者派遣法では，業務（26業務）によっての期間制限のルールがなくなりました。

攻略のカギ

どの，著作物に認められる財産的権利）と，著作者人格権（著作者の人格にかかわる権利である，公表権，氏名表示権，同一性保持権）に細分化される。著作財産権は他人に譲渡可能だが，著作者人格権は他人には譲渡できない。

不正競争防止法 問35

「事業者間の公正な競争及びこれに関する国際約束の的確な実施を確保するため，不正競争の防止及び不正競争に係る損害賠償に関する措置等を講じ，もって国民経済の健全な発展に寄与すること」を目的とした法律。この法律では幾つかの行為を「不正競争」として定義し，不正競争によって営業上の利益を侵害された者などは，その侵害の停止などを請求する権利があると定めている。

労働者派遣法 問36

派遣契約などについて定義している法律。

第1条「労働力の需給の適正な調整を図るため労働者派遣事業の適正な運営の確保に関する措置を講ずるとともに，派遣労働者の保護等を図り，もつて派遣労働者の雇用の安定その他福祉の増進に資することを目的とする」

解答

問34 ウ　問35 エ
問36 

問37 複数のシステム間でのデータ連携において，送信側システムで集計した送信データの件数の合計と，受信側システムで集計した受信データの件数の合計を照合して確認するためのコントロールはどれか。

ア　アクセスコントロール
イ　エディットバリデーションチェック
ウ　コントロールトータルチェック
エ　チェックデジット

問38 JIS Q 27001:2014（情報セキュリティマネジメントシステム ― 要求事項）に準拠してISMSを運用している場合，内部監査について順守すべき要求事項はどれか。

ア　監査員にはISMS認証機関が認定する研修の修了者を含まなければならない。
イ　監査責任者は代表取締役が任命しなければならない。
ウ　監査範囲はJIS Q 27001に規定された管理策に限定しなければならない。
エ　監査プログラムは前回までの監査結果を考慮しなければならない。

問39 システム監査において，監査証拠となるものはどれか。

ア　システム監査チームが監査意見を取りまとめるためのミーティングの議事録
イ　システム監査チームが監査報告書に記載した指摘事項
ウ　システム監査チームが作成した個別監査計画書
エ　システム監査チームが被監査部門から入手したシステム運用記録

解説

問37 コントロールトータルチェック

例えば売掛金が現金で支払われたときの処理において，システムに入力された売掛金の支払額と現金の入金額が一致しているかを確認することなど，関連する複数のデータの値が一致しているか確認するためのコントロールのことを，**コントロールトータルチェック**（ウ）といいます。

×ア　**アクセスコントロール**とは，情報システムやデータにアクセスする権限のある者だけにアクセスを許可し，権限のない者からのアクセスを拒否するためのコントロールのことです。

×イ　郵便番号が7ケタであるなど入力データの正確性を維持するために行うコントロールのことを，**エディットバリデーションチェック**といいます。

×エ　**チェックデジット**とは入力したデータが誤っていないかをチェックする数字などのことです。

攻略のカギ

覚えよう！ 問37

コントロールトータルチェックといえば
- 関連する複数のデータの値が一致しているか確認するためのコントロール
- 日々の処理において，複数の入金額の合計やその出金額の合計を確認することなど

問38 内部監査

JIS Q 27001では，この規格に準拠してISMS（情報セキュリティマネジメントシステム）を運用している場合の内部監査について次のように定めています。

> **c)頻度，方法，責任及び計画に関する要求事項及び報告を含む，監査プログラムの計画，確立，実施及び維持。監査プログラムは，関連するプロセスの重要性及び前回までの監査の結果を考慮に入れなければならない**

×ア　JIS Q 27001では，「監査プロセスの客観性及び公平性を確保する監査員を選定」しなければならないとしていますが，監査員にISMS認証機関が認定する研修の修了者を含まなければならないという規定はありません。

×イ　JIS Q 27001では，監査責任者の任命については特に規定がありません。

×ウ　JIS Q 27001では，「各監査について，監査基準及び監査範囲を明確にする」としていますが，監査範囲を限定しなければならないという規定はありません。

○エ　正解です。

問39 監査証拠 基本

監査証拠とは，システム監査において発見された問題点などの客観的な証明となる資料のことで，被監査部門の協力を得た上でシステム監査人が被監査部門から入手した業務書類などが該当します。システム監査人（監査チーム）自身が作成した監査計画書や監査報告書などは，監査証拠にはなりません。

以上から，エの記述が適切です。それ以外は全てシステム監査チーム自身が作成した議事録，監査報告書，又は個別監査計画書であり，監査証拠にはなりません。

攻略のカギ

ISMS 問38

Information Security Management System，情報セキュリティマネジメントシステム。情報システム上に存在する情報資産のセキュリティ管理体制のこと。ISMSを確立するとき，情報セキュリティポリシを作成して遵守することが重要となる。

覚えよう！ 問39

監査証拠といえば
- システム監査において発見された問題点などの客観的な証明となる資料
- 被監査部門の協力を得た上でシステム監査人が被監査部門から入手した業務書類などが該当する

解答

問37 ウ　問38 エ
問39 エ

問40 システム監査実施における被監査部門の行為として，適切なものはどれか。

ア 監査部門から提出を要求された証憑(ひょう)の中で存在しないものがあれば，過去に遡って作成する。

イ 監査部門から要求されたアンケート調査に回答し，監査の実施に先立って監査部門に送付する。

ウ システム監査で調査すべき監査項目を自ら整理してチェックリストを作成し，それに基づく監査の実施を依頼する。

エ 被監査部門の情報システムが抱えている問題を基にして，自ら監査テーマを設定する。

問41 事業継続計画（BCP）について監査を実施した結果，適切な状況と判断されるものはどれか。

ア 従業員の緊急連絡先リストを作成し，最新版に更新している。

イ 重要書類は複製せずに1か所で集中保管している。

ウ 全ての業務について，優先順位なしに同一水準のBCPを策定している。

エ 平時にはBCPを従業員に非公開としている。

問42 サービスデスク組織の構造とその特徴のうち，ローカルサービスデスクのものはどれか。

ア サービスデスクを1拠点又は少数の場所に集中することによって，サービス要員を効率的に配置したり，大量のコールに対応したりすることができる。

イ サービスデスクを利用者の近くに配置することによって，言語や文化が異なる利用者への対応，専門要員によるVIP対応などができる。

ウ サービス要員が複数の地域や部門に分散していても，通信技術の利用によって単一のサービスデスクであるかのようにサービスが提供できる。

エ 分散拠点のサービス要員を含めた全員を中央で統括して管理することによって，統制のとれたサービスが提供できる。

解説

問40 システム監査

システム監査とは，情報システムが適切に構築・運用され，企業の経営活動を支援できているかどうかを，被監査部門から独立した立場の者が調査し，改善勧告や保証意見を報告することです。

システム監査の対象となる**被監査部門**は，システム監査人に協力するために，事前に監査に必要な資料（システムの設計書など）の提出やアンケートなどに協力します（イ）。被監査部門の協力が得られないと，システム監査人は作業を進めることができず，自社の問題点がわからないままになるので，システム監査を実施する意味がなくなります。

×ア 存在しない証憑を作成する必要はありません。

攻略のカギ

覚えよう！ 問40

システム監査といえば
- 情報システムが適切に構築・運用されているかどうかを監査する業務
- 被監査部門から独立した立場の者が調査する

○イ　正解です。
×ウ　チェックリストなどは監査人が作成します。
×エ　監査テーマはシステム監査人が設定します。

問41 BCP よく出る!

情報システムが地震や火災などの災害や停電などの障害に見舞われても，可能な限り早期にシステムを復旧させ，業務を再開するために日ごろから立てておくべき計画のことを，**事業継続計画**（Business Continuity Plan，**BCP**）といいます。

システムの運用に影響を及ぼす障害が発生したときに，従業員を緊急に招集して適切な対策をとれるようにするために，従業員の緊急連絡先リストを作成しておくことで，BCPの実効性が高くなります。また，従業員の連絡先が変わることがあるので，緊急連絡先リストの内容を定期的に見直し，最新版に更新するのが適切です。アが正解です。

○ア　正解です。
×イ　重要書類を1か所で集中保管すると，例えばその場所が火災に見舞われたときに，全ての重要書類が焼失する危険性が高くなります。重要書類を複数の箇所に分散して保管するなどの方法をとる必要があります。
×ウ　BCPを策定する際には，重要性の高い業務を優先して回復できるようにするために，各業務を回復する優先順位を決定して，優先順位ごとに異なる水準のBCPを策定しておくのが適切です。
×エ　平時にBCPを従業員に公開しないと，障害が発生してから初めてBCPの内容を知った従業員が，復旧のための適切な行動をとれないことがあります。平時からBCPを従業員に公開し，BCPに沿った訓練を定期的に行うことで，障害発生時に適切な行動をとれるようにするのが適切です。

問42 ローカルサービスデスク 基本

サービスデスクとは，システムの利用者からの，製品の使用方法の質問やクレームなどの様々な問合せを受け付け，それらの問合せの内容の記録や管理，問合せへの回答などを行うために設けられた窓口のことです。

サービスデスク組織の構造の一つである**ローカルサービスデスク**では，サービスデスクを利用者の近くに配置し，利用者と同じ文化圏の人を窓口に配置することで，利用者の問合せにできるだけ迅速に回答したり，言語や文化の異なる利用者に対応したりすることができます（イ）。

×ア　サービスデスクを1拠点又は少数の場所に集中するのは，**中央サービスデスク**です。
○イ　正解です
×ウ　サービス要員は複数の地域や部門に分散しているが，通信技術の利用によって単一のサービスデスクであるかのようなサービスを提供できるのは，**バーチャルサービスデスク**です。
×エ　二つ以上の分散拠点のサービス要員を含めた全員を，中央で統括して管理するのは，**フォロー・ザ・サン**です。

攻略のカギ

BCP　問41
Business Continuity Plan。システムが地震や火災などの災害に見舞われても，可能な限り早期にシステムを復旧させ，業務を再開するために日ごろから立てておくべき計画のこと。ISO/IEC 27001では，ISMSを運用する際に，災害発生後に重要な業務をできる限り早く復旧するために，事業継続計画を策定して実施しなければならないとしている。

覚えよう！　問42
サービスデスクといえば
- システムの利用者からの問合せを受け付け，問合せの内容の記録や管理，問合せへの回答などを行うために設けられた窓口

解答

問40 イ	問41 ア
問42 イ	

□□□ **問43** 図のアローダイアグラムにおいて，プロジェクト全体の期間を短縮するために，作業A～Eの幾つかを１日ずつ短縮する。プロジェクト全体の期間を２日短縮できる作業の組みはどれか。

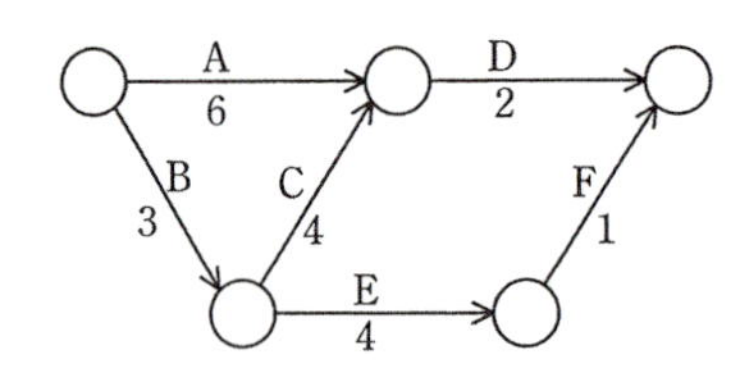

凡例
作業名
所要日数

ア　A, C, E　　イ　A, D　　ウ　B, C, E　　エ　B, D

□□□ **問44** 磁気ディスクの耐障害性に関する説明のうち，RAID5に該当するものはどれか。

ア　最低でも3台の磁気ディスクが必要となるが，いずれか1台の磁気ディスクが故障しても全データを復旧することができる。

イ　最低でも4台の磁気ディスクが必要となるが，いずれか2台の磁気ディスクが故障しても全データを復旧することができる。

ウ　複数台の磁気ディスクに同じデータを書き込むので，いずれか1台の磁気ディスクが故障しても影響しない。

エ　複数台の磁気ディスクにデータを分散して書き込むので，磁気ディスクのいずれか1台が故障すると全データを復旧できない。

解説

問43 アローダイアグラム 基本

図のアローダイアグラムに，説明用の数字と最早結合点時刻及び最遅結合点時刻を付与したものを示します。

0／0　① A 6 → ③ 7／7　D 2 → ⑤ 9／9
① B 3 → ② 3／3　② C 4 → ③　② E 4 → ④ 7／8　④ F 1 → ⑤

凡例　最早結合点時刻／最遅結合点時刻

●最早結合点時刻

①：どの作業も実施されていないので0日目。

②：0日目（①）から作業Bが実施された時点なので0＋3＝3日かかる。

③：3日目（②）から作業Cが実施されるのに3＋4＝7日かかる。0日目（①）から作業Aが実施されるのに0＋6＝6日かかる。両方の作業が終わるのは7日目。

④：3日目（②）から作業Eが実施されるのに3＋4＝7日かかる。

⑤：7日目（③）から作業Dが実施されるのに7＋2＝9日かかる。7日目（④）から作業Fが実施されるのに7＋1＝8日かかる。両方の作業が終わるのは9日目。

攻略のカギ

アローダイアグラム 問43
作業の前後関係を整理して矢印で結んだ図。作業の前後関係や段取りを確認したり，進行上の障害となるポイントを見付けたりできる。

最早結合点時刻 問43
アローダイアグラムの各結合点において，次の作業を最も早く開始できる時刻。各結合点の最早結合点時刻と最遅結合点時刻を求めて，両者が等しい結合点を結んだ経路を，クリティカルパスという。

●最遅結合点時刻

⑤：全ての作業が終わった時点なので，最遅結合点時刻は最早結合点時刻に一致する。9日。

④：⑤の最遅結合点時刻＝9日目から作業Fの所要日数＝1日を引くと8日目になる。8日目から作業Fを開始してもプロジェクト全体は遅れないので，最遅結合点時刻は8日目。

③：⑤の最遅結合点時刻＝9日目から作業Dの所要日数＝2日を引くと7日目になる。7日目から作業Dを開始しないと作業Dの完了が9日目より遅くなり，プロジェクト全体が遅れる。よって，最遅結合点時刻は7日目。

②：④の最遅結合点時刻＝8日目から作業Eの所要日数＝4日を引くと4日目になる。また，③の最遅結合点時刻＝7日目から作業Cの所要日数＝4日を引くと3日目になる。3日目から作業Cを開始しないと後続の作業Dの開始も遅れ，プロジェクト全体が遅れる。よって，最遅結合点時刻は3日目。

①：③の最遅結合点時刻＝7日目から作業Aの所要日数＝6日を引くと1日目になる。また，②の最遅結合点時刻＝3日目から作業Bの所要日数＝3日を引くと0日目になる。0日目から作業Bを開始しないと後続の作業Cなどの開始も遅れ，プロジェクト全体が遅れる。よって，最遅結合点時刻は0日目。

（作業B,Dを1日ずつ短縮したときのアローダイアグラム）

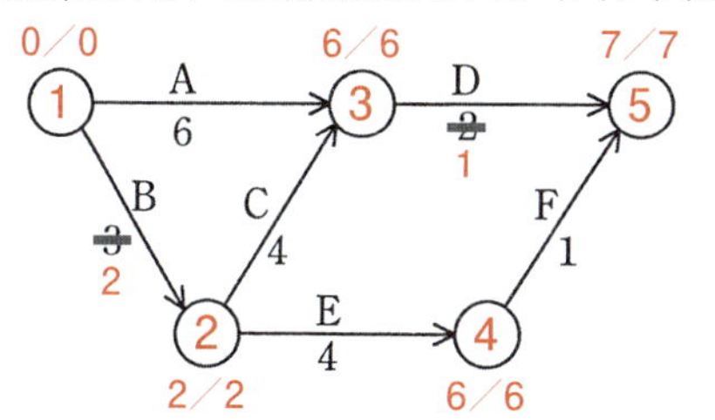

下線部分から，作業B，C，Dの三つのいずれかが遅れると，プロジェクト全体が遅れることがわかります。この三つの作業の流れ（①→②→③→⑤）がクリティカルパスです。クリティカルパス上の作業の所要日数を短縮することで，作業全体の終了時刻が早くなるので，プロジェクト全体を短縮できます。よって，作業B，C，Dのうち，二つの作業の所要日数を1日ずつ短縮することで，プロジェクト全体を2日短縮できます。**エ**の組合せ（B，D）が適切です。**ア**～**ウ**の組合せは，クリティカルパス上にない作業を1日短縮しているので，プロジェクト全体の期間を2日短縮させることはできません。

問44 RAID5

RAID（Redundant Arrays Inexpensive Disks）5は，高速化と信頼性を両方を兼ね備えたディスクシステムです。訂正情報をブロック単位で取得し，全てのディスクに分散して保存するので，一つのディスクに負荷が集中しないようになっています。

<RAID5>

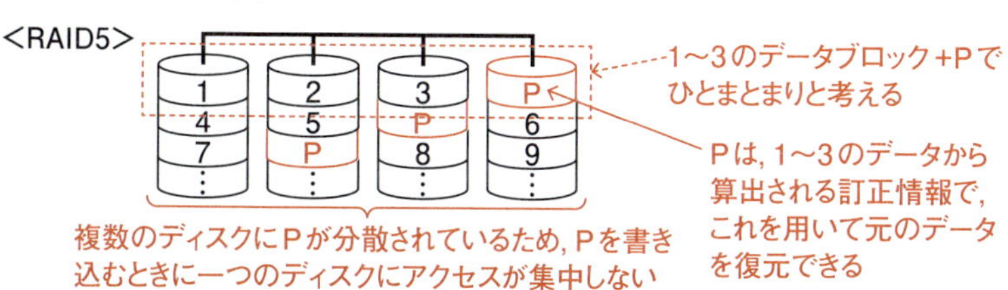

○**ア**　正解です。

×**イ**　RAID6の説明です。

×**ウ**　RAID1などの説明です。

×**エ**　RAID0の説明です。

攻略のカギ

最遅結合点時刻 問43

アローダイアグラムの各結合点において，次の作業を最も遅く開始できる時刻。最早結合点時刻から逆算して求める。

RAID 問44

Redundant Arrays of Inexpensive Disks。ディスクストライピングやミラーリングなどの技術を用いて，磁気ディスク装置の信頼性やアクセス速度を高める方法のこと。

解答

問43 **エ**　問44 **ア**

□□□ 問45 PaaS型サービスモデルの特徴はどれか。

ア 利用者は，サービスとして提供されるOSやストレージに対する設定や変更をして利用することができるが，クラウドサービス基盤を変更したり拡張したりすることはできない。

イ 利用者は，サービスとして提供されるOSやデータベースシステム，プログラム言語処理系などを組み合わせて利用することができる。

ウ 利用者は，サービスとして提供されるアプリケーションを利用することができるが，自らアプリケーションを開発することはできない。

エ 利用者は，ネットワークを介してサービスとして提供される端末のデスクトップ環境を利用することができる。

□□□ 問46 DBMSにおいて，複数のトランザクション処理プログラムが同一データベースを同時に更新する場合，論理的な矛盾を生じさせないために用いる技法はどれか。

ア 再編成　　イ 正規化
ウ 整合性制約　　エ 排他制御

□□□ 問47 電子メールのヘッダフィールドのうち，SMTPでメッセージが転送される過程で削除されるものはどれか。

ア Bcc　　イ Date　　ウ Received　　エ X-Mailer

解説

問45 PaaS 初モノ

PaaS (Platform as a Service)とは，サーバやストレージをはじめとするハードウェアやOS，開発ツールなどを利用者側の端末にインターネット経由で，必要なときだけ利用者に提供するサービスのことです。イが正解です。

×ア クラウドサービス基盤もユーザの要求で変更することができます。
○イ 正解です。
×ウ 開発ツールを使ってアプリケーションを開発することができます。
×エ デスクトップの仮想化はPaaSではできません。

問46 DBMSの同時更新 基本

データベースなどの資源に対して，複数のトランザクションが同時に参照や更新を行うと，資源中のデータの値に不整合が生じてしまうことがあります。

このような事態を防ぐため，一つのトランザクションが資源にアクセスしている最中は，他のトランザクションをその資源にアクセスさせず，待機させておくという方法により，資源の更新矛盾などが発生しないようにする制御が必要となります。この制御のことを，**排他制御**（エ）といいます。

攻略のカギ

PaaS (Platform as a Service) 問45
クラウドコンピューティングのサービスモデルの一つ。サービス事業者は，インフラに加えてサーバ上で稼働するOSも提供する。利用者は，アプリケーションソフトウェアを導入してシステムを運用する。

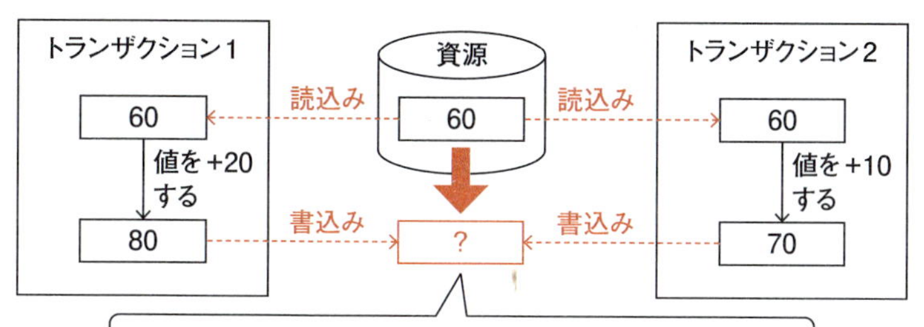

×ア　再編成とは，レコードが物理媒体に格納されている状況を検査し，必要に応じて格納位置を変更して，補助記憶装置の容量を有効に利用できるようにすることです。

×イ　正規化とは，データの矛盾や重複が発生しないように，テーブルの構成を適切化することです。

×ウ　整合性制約とは，テーブルに格納されるデータの内容の整合性を確保するための制約です。例えば，日付であれば1から31までの値しかとらないといった規定があります。これに従わない値の入力を拒否することなどが該当します。

○エ　正解です。

問47　電子メールのヘッダ　初モノ

メールの宛先として指定する欄には，To（正式な宛先），Cc（正式な宛先以外で，メールを読んでおいてほしい宛先），及びBcc（他の受信者に自分のメールアドレスを**知られたくない人にメールを送るときの宛先**）があります。その目的上，Bcc（ア）は転送されません。

<メールヘッダの例>

```
Received: by・・・
Received: by mail@xyz.com
To: abcd@aaa.co.jp;  yama@q-sya.co.jp;  taro@z-sha.co.jp;  nx2000@
example.ne.jp; ……
Cc:
Subject: pwo56wuanaiw1&%$
Date: Sat,25 Nov 2017 20:20:20 +0900
X-Mailer: mailsoft11.0
```

○ア　正解です。

×イ　Dateは送信年月日時を表します。

×ウ　Receivedは通過してきたメールサーバを表します。

×エ　X-Mailerは使用しているメールソフトを表します。

攻略のカギ

正規化　問46

表の繰返し項目を排除したり，重複して記録される項目を別の表に移したりして，データの重複をなくそうとすること。

解答

問45 イ　問46 エ
問47 ア

平成30年度 春 午前

問48

ITアウトソーシングの活用に当たって，委託先決定までの計画工程，委託先決定からサービス利用開始までの準備工程，委託先が提供するサービスを発注者が利用する活用工程の三つに分けたとき，発注者が活用工程で行うことはどれか。

ア　移行計画やサービス利用におけるコミュニケーションプランを委託先と決定する。
イ　移行ツールのテストやサービス利用テストなど，一連のテストを委託先と行う。
ウ　稼働状況を基にした実績報告や利用者評価を基に，改善案を委託先と取りまとめる。
エ　提案依頼書を作成，提示して委託候補先から提案を受ける。

問49

CSR調達に該当するものはどれか。

ア　コストを最小化するために，最も安価な製品を選ぶ。
イ　災害時に調達が不可能となる事態を避けるために，複数の調達先を確保する。
ウ　自然環境，人権などへの配慮を調達基準として示し，調達先に遵守を求める。
エ　物品の購買に当たってEDIを利用し，迅速かつ正確な調達を行う。

問50

製造原価明細書から損益計算書を作成したとき，売上総利益は何千円か。

単位　千円

製造原価明細書	
材料費	400
労務費	300
経　費	200
当期総製造費用	□
期首仕掛品棚卸高	150
期末仕掛品棚卸高	250
当期製品製造原価	□

単位　千円

損益計算書	
売上高	1,000
売上原価	
期首製品棚卸高	120
当期製品製造原価	□
期末製品棚卸高	70
売上原価	□
売上総利益	□

ア　150　　イ　200　　ウ　310　　エ　450

解説

攻略のカギ

問48 ITアウトソーシング

ITアウトソーシングの活用には，“委託先決定までの計画工程”，“委託先決定からサービス利用開始までの準備工程”，“委託先が提供するサービスを発注者が利用する活用工程”の三つがあります。ここでは，**委託先が提供するサービスを発注者が利用する**ので，改善案を取りまとめること（ウ）が，活用工程にあたります。

×ア　準備工程の説明です。

×イ　委託しているので，一緒にテストを行うことはありません。
○ウ　正解です。
×エ　計画工程の説明です。

問49 CSR調達 基本

CSR（Corporate Social Responsibility，企業の社会的責任）とは，企業が社会に与える影響などを適切に把握し，利害関係者などからの要求や要望に対して適切にこたえることで，社会に対して果たす必要のある責任のことです。

CSR調達とは，自社のCSRに相当する責任を，調達先の企業にも守るよう求めることです。そのために，自然環境や人権などへの配慮を示した調達基準を調達先に明示します（ウ）。

×ア　コストを少なくする考え方の説明です。
×イ　BCP（Business Continuity Plan）において行う調達先の確保の説明です。
○ウ　正解です。
×エ　EDIを利用した調達の説明です。

問50 売上総利益 よく出る！

売上総利益は，粗利益ともいい「売上高－売上原価」で算出できます。

ここでは，製造原価明細表の計算をしてから，損益計算書を確認します。

当期総製造費用＝材料費＋労務費＋経費＝400＋300＋200＝900千円

ここで，期首仕掛品棚卸高は前期に入れていないので今期に加算することになります。また，期末仕掛品棚卸高は，次期の分になるので減算することになります。

単位　千円

製造原価明細書

材料費	400	
労務費	300	
経　費	200	
当期総製造費用	900	
期首仕掛品棚卸高	150	加算
期末仕掛品棚卸高	250	減算
当期製品製造原価	800	

当期製品製造原価＝当期総製造費用＋期首仕掛品棚卸高－期末仕掛品棚卸高
＝900＋150－250＝800千円

先ほどと同様に，期首製品棚卸高は前期に入れていないので今期に加算することになります。また，期末製品棚卸高は，次期の分になるので減算することになります。

単位　千円

損益計算書

売上高	1,000	
売上原価		
期首製品棚卸高	120	
当期製品製造原価	800	加算
期末製品棚卸高	70	減算
売上原価	850	
売上総利益	150	

売上原価＝期首製品棚卸高＋当期製品製造原価－期末製品棚卸高
＝120＋800－70＝850千円
売上総利益＝売上高－売上原価＝1000－850＝150千円（ア）

攻略のカギ

覚えよう！ 問49

CSRといえば
- 企業が社会に与える影響などを適切に把握し，利害関係者などからの要求や要望に対して適切にこたえることで，社会に対して果たす必要のある責任。

CSR調達といえば
- 自社のCSRに相当する責任を，調達先の企業にも守るよう求めること
- 自然環境や人権などへの配慮を示した調達基準を調達先に明示する

覚えよう！ 問50

売上総利益といえば
- 売上総利益＝売上高－売上原価

解答

問48 ウ　問49 ウ
問50 ア

平成30年度 春期 午後問題

全問が必須問題です。必ず解答してください。

問1

個人情報の保護に関する法律への対応に関する次の記述を読んで，設問1～3に答えよ。

W社は，ヘルスケア関連商品の個人向け販売代理店であり，従業員数は300名である。組織は，営業部，購買部，情報システム部などで構成される。営業部には，営業企画課，及び販売業務を行う第1販売課から第15販売課までがある。

W社では，5年前に最高情報セキュリティ責任者（CISO）を委員長とする情報セキュリティ委員会（以下，W社委員会という）を設置した。W社委員会の事務局は，情報システム部が担当している。また，各部の部長は，W社委員会の委員及び自部署における情報セキュリティ責任者を務め，自部署の情報セキュリティを適切に確保し，維持，改善する役割を担っている。各情報セキュリティ責任者は，自部署の情報セキュリティに関わる実務を担当する情報セキュリティリーダを選任する。

W社委員会は，2015年に改正された個人情報の保護に関する法律（以下，保護法という）への対応の準備を各部で開始することを決定した。これを受けて，営業部では，情報セキュリティリーダである営業企画課のN課長が，情報システム部のS課長の支援を得て，保護法への対応の準備を進めることになった。

W社では，国の個人情報保護委員会が定めた個人情報の保護に関する法律についてのガイドライン（以下，保護法ガイドラインという）のうち，通則編及び匿名加工情報編への対応は必要であるが，それら以外の保護法ガイドラインへの対応が必要な事業は実施していないことをW社委員会で確認した。また，特定個人情報の取扱いについて検討が必要な場合は，人事担当者などを含めた検討の機会を別途設けることにし，今回の検討範囲からは除外することもW社委員会で確認した。

〔データベースの項目に関する調査及び検討〕

営業部が主管するデータベース（以下，DBという）のうち，保護法への対応が必要なものには，**表1**に示す顧客情報DB及び**表2**に示す販売履歴情報DBがある。N課長とS課長は，これらのDBに格納されているデータを調査した。

表1　顧客情報DBの項目及びデータ型

項番	項目	データ型
1	顧客番号	整数
2	氏名	文字列
3	性別	文字列
4	住所	文字列
5	生年月日	日付
6	肌質	文字列[1]

注[1]　肌質を数十種のカテゴリに分類し，それぞれに応じた記号や名称を使う。
例えば，乾燥肌であれば程度に応じて“K001”～“K100”のような記号を，
アトピー性皮膚炎であれば“ATPD”のような名称を使う。

表2　販売履歴情報DBの項目及びデータ型

項番	項目	データ型
1	顧客番号	整数
2	販売番号 [1]	整数
3	販売年月日	日付
4	商品コード	文字列
5	販売数量	整数

注 [1]　複数の商品を1注文で同時に販売した場合は，同じ販売番号が振られる。
また，販売番号は販売が行われるたびに，1ずつカウントアップされる。

N課長とS課長は，この調査結果を踏まえ，保護法及び保護法ガイドラインに基づき対応を検討した。次はそのときの会話である。

N課長：肌質という項目には，アトピー性皮膚炎などの病歴が分かる名称が記録されている場合があります。病歴は，保護法に定められているように本人に対する不当な差別，偏見その他の不利益が生じないように，［ a ］として特に注意して取り扱わなければいけません。

S課長：［ a ］とそれ以外の個人情報とは，取扱いはどのように違うのですか。

N課長：幾つか違いがあります。例えば，保護法及び保護法ガイドラインによれば，［ a ］以外の個人情報が記載された書面を本人から直接取得する場合は，利用目的の［ b ］が必要ですが，［ a ］を取得する場合は，取得することについて本人の［ c ］を得ることも必要です。ただし，幾つか注意すべき事項があります。ここでは，二つ説明します。
一つ目は，本人から適正に直接取得する場合です。その場合は本人が提供したことをもって［ c ］を得たと解されます。
二つ目は，法令に基づき取得する場合です。例えば会社が［ d ］に基づき従業員の健康診断を実施し，病状，治療などの情報を健康診断実施機関から取得するときは，本人の［ c ］を得ることは不要です。

〔PCに関する情報セキュリティ対策の検討〕

営業部で使用する機器は，オフィスに設置したサーバ，デスクトップPC（以下，DPCという），電話，ファックスなどである。サーバには，顧客情報DB及び販売履歴情報DB，並びに提案書ひな形などの共有ファイルを格納している。サーバのデータのバックアップは，外部記憶媒体に格納し，キャビネットに保管している。

W社の営業スタイルは，主として訪問販売であり，紙媒体による提案資料の提示や多数のサンプル品の持参など，旧態依然としたものである。そこで，営業部長は，売上拡大を図るために，営業スタイルの見直しと効果的なマーケティング計画の立案をN課長に指示した。

営業スタイルについては，N課長は，モバイルPC（以下，MPCという）を活用することによって見直しをすることにした。MPCにはSFA（Sales Force Automation）ツールを導入し，訪問先でも在庫確認処理，受発注処理などを行えるようにする。

N課長は，自社の営業部員が初めてMPCを携行することになることから，他社で発生したMPCの紛失・盗難などの情報セキュリティ事故を踏まえた情報セキュリティ対策を検討する必要があると考えた。そこで，S課長の協力を得て，MPCに関する情報セキュリティ対策を**表3**のとおりまとめてW社委員会に諮り，承認を得た。

表3　MPCに関する情報セキュリティ対策

目的	情報セキュリティ対策
1. MPCの紛失・盗難そのものを防止	・①営業部員がMPCを携行する際の紛失・盗難そのものを防止するための順守事項の周知徹底
2. MPC内ハードディスクに保存された情報の漏えいを技術的に防止	・外部記憶媒体からMPCを起動できない設定の実施 ・ハードディスクを抜き取られてもデータを読み取られないように，自動的に暗号化を行うハードディスクを内蔵したMPCの採用
3. 紛失・盗難中における情報漏えいの可能性について，回収後のMPCを確認	・OSコマンドを使われた可能性やSFAツールを迂回された可能性があるとの前提で，②MPC内のファイルが読み取られた可能性が低いことを確認できる機能の組込み

N課長は，DPCからのファイルの持出し，訪問先で更新したファイルのDPCへの取込みなどを迅速かつ確実に行うためのツールの要件を検討した。この要件をS課長に提示し，要件の実現方法の検討並びにツールの開発及び導入を依頼した。S課長は，検討の後，依頼どおりツールを開発し，導入した。

さらに，N課長は，個人データの漏えい，滅失又は毀損が起こった場合を想定し，国の個人情報保護委員会が定めた“個人データの漏えい等の事案が発生した場合等の対応について”の告示に基づき，③国の個人情報保護委員会などに対して速やかに報告するように努めるべきとされている場合を明らかにし，社内規程に盛り込んだ。

〔マーケティング計画の立案の検討〕

効果的なマーケティング計画の立案については，N課長は，顧客情報や販売履歴情報を分析し，顧客特性や販売チャネルなどに応じたマーケティングを検討することにした。

Z社は，様々な業界のデータを保有するDB提供会社である。W社はZ社に販売履歴に関するデータを提供し，Z社からはW社と同じ業界及び他業界のデータも含めた分析結果を受領することにした。これによって，W社は，顧客特性に即した商品を提案できるようになり，販売活動の効率化が期待できる。

N課長は，1か月分の販売履歴情報DB及び当該月末時点の顧客情報DBのデータを併合し匿名加工情報に加工したものを，翌月10日までにZ社に提供することにした。

N課長は，匿名加工情報に加工する方法について，S課長に検討を依頼しており，本日，N課長はS課長から報告を受けた。次はそのときの会話である。

S課長：検討の結果，匿名加工情報に加工できる目途がつきました。特定の個人を識別できる情報から，氏名は削除し，住所は記述の一部を削除します。また，極端に販売数量が大きい注文の販売履歴情報については，販売数量をあらかじめ定めた上限値に置き換えます。必要に応じて他の加工も行います。

N課長：分かりました。ただし，④当社のマーケティングに有効な分析ができる匿名加工情報であることが必要です。実施する分析は，“商品ごとの同時に購入される他の商品の傾向の分析”，“年齢層ごとの年間を通じた売れ筋商品の傾向の分析”，“新商品ごとの発売開始後の月別販売数量推移と肌質との相関関係の分析”，“商品ごとの性別と年間販売数量との相関関係の分析”です。

S課長：分かりました。それらの分析ができるように工夫します。ところで，Z社に匿名加工情報を取り扱ってもらう際に，注意してもらわなければならないことはありますか。

N課長：保護法には⑤義務規定があるので注意する必要があります。ですが，Z社はコンプライアンス体制が整備されているので，当然理解していると考えられます。

N課長は，営業部長の指示を実行し，半年後には，売上も対前年比で好調に推移し始めた。営業部長は，N課長の一連の取組みの成果を高く評価した。

設問1 本文中の［ a ］～［ d ］に入れる字句はどれか。それぞれの解答群のうち，保護法及び保護法ガイドラインに基づいたときに，最も適切なものを選べ。

aに関する解答群

ア 営業秘密　イ 機微情報　ウ 個人データ
エ センシティブ情報　オ 保有個人データ　カ 要配慮個人情報

bに関する解答群

ア 開示　イ 公表　ウ 主張
エ 通知　オ 提示　カ 明示

cに関する解答群

ア 回答　イ 共感　ウ 信頼
エ 同意　オ 認識

dに関する解答群

ア 次世代育成支援対策推進法　イ 賃金の支払の確保等に関する法律
ウ 労働安全衛生法　エ 労働基準法
オ 労働組合法　カ 労働契約法

設問2 〔PCに関する情報セキュリティ対策の検討〕について，(1)～(3)に答えよ。

(1) 表3中の下線①について，次の(i)～(vi)のうち，有効な順守事項だけを全て挙げた組合せを，解答群の中から選べ。

(i) BIOSパスワードなど電源起動時のパスワードを設定したMPCを携行する。
(ii) MPCの液晶画面にのぞき見防止フィルタを取り付ける。
(iii) MPCを携行しているときは，酒宴に参加しない。
(iv) 移動中，電車の中で，MPCを網棚に置かない。
(v) 営業車から離れるときは，短時間でも車両内にMPCを放置しない。
(vi) ハードディスクのデータをリモートで消去できる機能をもつMPCを携行する。

解答群

ア (i)，(ii)，(iii)　イ (i)，(ii)，(vi)　ウ (i)，(iii)，(iv)
エ (ii)，(iii)，(iv)　オ (ii)，(iii)，(iv)，(v)　カ (ii)，(iv)，(vi)
キ (ii)，(vi)　ク (iii)，(iv)　ケ (iii)，(iv)，(v)
コ (v)，(vi)

(2) 表3中の下線②について，確認できる機能を<u>二つ</u>，解答群の中から選べ。

解答群

ア MPC起動時のBIOS設定など，OS立上げ前の段階で，利用者が設定するパラメタと，管理者権限をもつ者が設定するパラメタとを分離する機能
イ MPC内のファイルへのアクセスについてのログを取得し，そのログの参照，変更，消去の権限を利用者に付与する機能
ウ OSへのログインの成功時に，MPCに搭載されたカメラを使って操作者の写真を撮り，またその画像の更新や消去には管理者権限を必要とする機能
エ OSへのログインの成否をログに記録し，そのログの消去には管理者権限を必要とする機能

オ SFAツールへのログインの成否をログに記録し，そのログの消去には管理者権限を必要とする機能

(3) 本文中の下線③について，次の (i) ～ (v) のうち，該当する場合だけを全て挙げた組合せを，解答群の中から選べ。

(i) 宛名及び送信者名だけの個人データが含まれている文書を，相手先のファックス番号を間違えて，他の会社に送信した場合

(ii) 火災に遭い，顧客情報DBを格納したサーバのハードディスクが焼損し，顧客情報DBがバックアップも含め全て滅失した場合

(iii) 顧客情報DBのデータ全てを印刷した顧客リストを紛失し，漏えいは確認できていないものの，そのおそれがある場合

(iv) 高度な暗号化を施した顧客情報DBのデータを，委託先である印刷会社に送信しようとしたが，誤って別の会社に送信した場合

(v) システムへの登録前の顧客情報登録用シートを，顧客の氏名の五十音順に重ねて置いていて盗難に遭った場合

解答群

ア (i)　**イ** (i), (ii)　**ウ** (i), (iii)
エ (i), (iii), (iv), (v)　**オ** (i), (iii), (v)　**カ** (ii)
キ (ii), (iii)　**ク** (iii)　**ケ** (iii), (v)
コ (iv), (v)

設問3 〔マーケティング計画の立案の検討〕について，(1)，(2)に答えよ。

(1) 本文中の下線④について，次の (i) ～ (vi) のうち，匿名加工情報に加工する適切な方法を四つ挙げた組合せはどれか。解答群のうち，最も適切なものを選べ。

(i) 顧客番号について，乱数などの他の記述を加えた上で，ハッシュ関数を使って変換する。

(ii) 生年月日について，月日を削除して生年だけにする。

(iii) 性別を削除する。

(iv) 肌質について，特異なケースを除外するために，あらかじめ定めたしきい値よりも該当レコード数が少ない病歴の場合は，当該レコードを削除する。

(v) 販売年月日について，日を削除して販売年月だけにする。

(vi) 販売番号について，1の位を四捨五入したものにする。

解答群

ア (i), (ii), (iii), (iv)　**イ** (i), (ii), (iv), (v)
ウ (i), (ii), (v), (vi)　**エ** (i), (iii), (iv), (v)
オ (i), (iii), (iv), (vi)　**カ** (i), (iii), (v), (vi)
キ (i), (iv), (v), (vi)　**ク** (ii), (iii), (iv), (v)
ケ (ii), (iv), (v), (vi)　**コ** (iii), (iv), (v), (vi)

(2) 本文中の下線⑤について，次の (i) ～ (vi) のうち，Z社が保護法に定める努力義務規定以外の義務規定に違反するおそれがあるものだけを全て挙げた組合せを，解答群の中から選べ。

(i) 複数の会社（W社及びW社以外の会社）から受領した匿名加工情報と気象情報との相関を取って，新たな統計情報として作成し，販売した。

(ii) 複数の会社（W社及びW社以外の会社）から受領した匿名加工情報へのアクセス権の設定などの安全管理措置を講じたにもかかわらず，その措置の公表を正当な理由なく1年を超えて怠った。

(iii) 元の本人を識別するために，W社から受領した匿名加工情報と，他の会社から受領した情報と

の照合を行ったところ，数百件程度，識別に成功した。

(iv) 元の本人を識別するために，W社から受領した匿名加工情報と，他の会社から受領した情報との照合を試みたが，結果は全て失敗した。

(v) 元の本人を匿名加工情報から識別するために，書面での秘密保持契約を交わした上で，W社が用いた加工方法を，W社から有償で取得した。

(vi) 元の本人を匿名加工情報から識別するために，書面での秘密保持契約を交わすことなく，口頭での合意の上で，W社が用いた加工方法を，W社から無償で取得した。

解答群

ア	(i), (ii), (iii)	イ	(i), (ii), (iii), (iv)
ウ	(i), (ii), (iii), (iv), (v)	エ	(i), (iii), (iv), (v), (vi)
オ	(i), (iii), (vi)	カ	(ii), (iii), (vi)
キ	(iii), (iv), (v), (vi)	ク	(iii), (iv), (vi)
ケ	(iii), (vi)	コ	(v), (vi)

問1 攻略のカギ

個人情報保護法，個人情報保護法（ガイドライン）や各種法律の用語の理解が必要です。

設問1 個人情報保護法の用語に関する知識が必要です。「個人情報⊇個人データ⊇保有個人データ」の関連と，個人情報中でも「要配慮個人情報」の定義についての理解が必要です。

設問2 (1) **表3**の①欄はMPCの紛失・盗難の部分に注意をする必要があります。データの紛失や盗難と間違えないようにしましょう。

(2) **表3**の②では，「MPC内のファイルが読み取られた」ということから，MPCにアクセスされたことを考慮して解答群を選ぶ必要があります。

(3) 「“個人データの漏えい等の事案が発生した場合等の対応について”の告示に基づき」とはありますが，データが保護されていれば問題はないことと，相手に連絡などがつき，大きな問題にならないと判断できる場合を除けば比較的理解しやすいです。

設問3 (1) 匿名加工情報という名称から，匿名になる可能性のものを問題文の条件と合わせて考えることで解答が導き出せます。

(2) 匿名加工情報から本人を識別することは違反とわかりやすいですが，その加工方法も違反であることに注意が必要です。

本問は，2015年に改正された個人情報保護法を中心とした内容です。そのため，個人情報保護法の説明をしてから，個別の解説をします。

【個人情報保護法】

個人の権利と利益を保護するために，個人情報を取り扱っている事業者に対して様々な義務と対応を定めた法律です。個人情報保護法では，個人情報を収集する際には利用目的を明確にすること，目的以外で利用する場合には本人の同意を得ること，情報漏えい対策を講じる義務，情報の第三者への提供の禁止，本人の情報開示要求に応ずること，などが定められています。

> （第二条）
> **3. この法律において「要配慮個人情報」とは、本人の人種、信条、社会的身分、病歴、犯罪の経歴、犯罪により害を被った事実その他本人に対する不当な差別、偏見その他の不利益が生じないようにその取扱いに特に配慮を要するものとして政令で定める記述等が含まれる個人情報をいう。**

また，“個人情報保護委員会”からは次及び**図A**のようなガイドラインも発行されています。

【個人情報保護法ガイドライン（通則編）】より抜粋

●「要配慮個人情報」とは、不当な差別や偏見その他の不利益が生じないようにその取扱いに特に配慮を要するものとして次の（1）から（11）までの記述等が含まれる個人情報をいう。要配慮個人情報の取得や第三者提供には、原則として本人の同意が必要であり、法第23条第2項の規定による第三者提供（オプトアウトによる第三者提供）は認められていないので、注意が必要である。

●個人情報取扱事業者は、契約書や懸賞応募はがき等の書面等による記載、ユーザー入力画面への打ち込み等の電磁的記録により、直接本人から個人情報を取得する場合には、あらかじめ、本人に対し、その利用目的を明示（※）しなければならない。

（※）「本人に対し、その利用目的を明示」とは、本人に対し、その利用目的を明確に示すことをいい、事業の性質及び個人情報の取扱状況に応じ、内容が本人に認識される合理的かつ適切な方法による必要がある。

設問1 個人情報保護

空欄a

「N課長とS課長の会話より，この調査結果を踏まえ，**保護法及び保護法ガイドライン**に基づき対応を検討した。」とあります。

> N課長：肌質という項目には，アトピー性皮膚炎などの病歴が分かる名称が記録されている場合があります。病歴は，保護法に定められているように本人に対する不当な差別，偏見その他の不利益が生じないように，[a]として特に注意して取り扱わなければいけません。

よって，個人情報保護法第二条より，正解は**要配慮個人情報（カ）**となります。

×ア　営業秘密は，不正競争防止法で定められてい

	旧機微情報（旧金融分野ガイドライン第6条第1項）	要配慮個人情報（個人情報保護法第2条第3項・施行令第2条）	機微情報（金融分野ガイドライン第5条第1項）
①旧機微情報＝要配慮個人情報	・人種 ・民族 ・犯罪歴 ・信教（宗教、思想及び信条） ・政治的見解	・人種 ※人種、世系又は民族的若しくは種族的出身を広く意味する。 ・犯罪の経歴 ・信条 ※個人の基本的なものの見方、考え方を意味し、思想と信仰の双方を含むもの。	・人種 ・犯罪の経歴 ・信条
②旧機微情報＞要配慮個人情報	・保健医療 ※例えば、医師等の診断等によらず、自己判断により市販薬を服用しているといったケースを含み、要配慮個人情報より対象が広い。	・病歴 ・身体障害、知的障害、精神障害等（令2条1号） ・健康診断等の結果（令2条2号） ・医師等による保健指導・診療・調剤（令2条3号）	（保健医療） ・病歴 ・身体障害、知的障害、精神障害等 ・健康診断等の結果 ・医師等による保健指導・診療・調剤 ・その他（例えば、医師等の診断等によらず、自己判断により市販薬を服用しているといったケース）
③要配慮個人情報のみ		・社会的身分 ・犯罪により害を被った事実 ・刑事事件に関する手続（令2条4号） ・少年の保護事件に関する手続（令2条5号）	・社会的身分 ・犯罪により害を被った事実 ・刑事事件に関する手続 ・少年の保護事件に関する手続
④旧機微情報のみ	・労働組合への加盟 ・門地 ・本籍地 ・性生活		・労働組合への加盟 ・門地 ・本籍地 ・性生活

図A　金融庁「個人情報に関するQ＆A」より抜粋

るものです。

×イ　機微情報とは，他の人などに知られたくない情報のことです。

×ウ　個人データは，個人情報の中でも検索など可能にしたもののことです。

×エ　センシティブ情報は，機微情報と同じです。

×オ　保有個人データは，個人データの中でも訂正などの権限があって，6か月以上保持するものです。

空欄b

S課長：要配慮個人情報とそれ以外の個人情報とは，取扱いはどのように違うのですか。

N課長：幾つか違いがあります。例えば，保護法及び保護法ガイドラインによれば，要配慮個人情報 以外の個人情報が記載された書面を本人から直接取得する場合は，利用目的の[b]が必要です

個人情報保護法ガイドラインより，空欄bは**明示**（カ）となります。

空欄c

要配慮個人情報を取得する場合は，取得することについて本人の[c]を得ることも必要です。

個人情報保護法ガイドラインより，空欄cは**同意**（エ）となります。

空欄d

二つ目は，法令に基づき取得する場合です。例えば会社が[d]に基づき従業員の健康診断を実施し，病状，治療などの情報を健康診断実施機関から取得するときは，本人の同意を得ることは不要です。

【労働安全衛生法】

第六十六条　事業者は、労働者に対し、厚生労働省令で定めるところにより、医師による健康診断（第六十六条の十第一項に規定する検査を除く。以下この条及び次条において同じ。）を行わなければならない。

上記より，従業員の健康診断を実施するのは，**労働安全衛生法**（ウ）です。

×ア　**次世代育成支援対策推進法**とは，次代の社会を担う子どもが健やかに生まれ、かつ、育成される環境の整備を図るための法律です。

×イ　**賃金の支払の確保等に関する法律**とは，景気の変動、産業構造の変化その他の事情により企業経営が安定を欠くに至った場合でも賃金の支払が確保される法律です。

×エ　**労働基準法**とは，労働条件を定めている法律です。

×オ　**労働組合法**とは，労働者の権利のために労働組合を作り，団体交渉を助成するための法律です。

×カ　**労働契約法**とは，労働者の保護を図り，個別の労働関係を安定させるための法律です。

設問2　PCの情報セキュリティ

(1)

図Bⓐに示した図3の「目的」では，MPCの紛失・盗難を防止するための，「有効な順守事項だけを…」とあるので，次のようになります。

(i)　BIOSパスワードなど電源起動時のパスワードを設定したMPCを携行する。
⇒これは，本体内に格納されている情報を読取られないようにする方策です。

(ii)　MPCの液晶画面にのぞき見防止フィルタを取り付ける。
⇒これは，MPCを操作中などにその表示内容を読取られないようにする方策です。

(iii)　MPCを携行しているときは，酒宴に参加しない。

目的	情報セキュリティ対策
1. MPC の紛失・盗難そのものを防止ⓐ	・①営業部員が MPC を携行する際の紛失・盗難そのものを防止するための順守事項の周知徹底
MPC 内……ディスク……され	……記憶媒体から MPC を起動できない設定の…… 内蔵し……の採用
3. 紛失・盗難中における情報漏えいの可能性について，回収後の MPC を確認	・OS コマンドを使われた可能性や SFA ツールを迂回された可能性があるとの前提で，②MPC 内のファイルが読み取られた可能性が低いことを確認できる機能の組込みⓑ

図B

⇒MPCを持っている際に酒宴などに参加すると，目を離した隙に持ち去られる可能性があります。（正解です）

(iv) 移動中，電車の中で，MPCを網棚に置かない。
⇒MPCを自分の目の届く範囲外に置くと，持ち去られる可能性があります。（正解です）

(v) 営業車から離れるときは，短時間でも車両内にMPCを放置しない。
⇒営業車に施錠をしても，車上あらしなどに遭い持ち去られる可能性があります。（正解です）

(vi) ハードディスクのデータをリモートで消去できる機能をもつMPCを携行する。
⇒MPCが盗難に遭い，情報が読取られる可能性がある際にする方策です。

したがって，(iii)，(iv)，(v)の ケ が正解です。

(2)

図Bⓑに対し，解答群 ア ～ オ をそれぞれ確認します。

ア MPC起動時のBIOS設定など，OS立上げ前の段階で，利用者が設定するパラメタと，管理者権限をもつ者が設定するパラメタとを分離する機能
⇒この機能は紛失や盗難に遭った際に読取られないようにする機能です。

イ MPC内のファイルへのアクセスについてのログを取得し，そのログの参照，変更，消去の権限を利用者に付与する機能
⇒アクセスログには，ファイルのアクセス記録が保存されているのでアクセスがあったかを確認することができますが，その権限を利用者に与えてしまうと，不正にアクセスした利用者がそのログの削除をしてしまい，痕跡が残りません。

ウ OSへのログインの成功時に，MPCに搭載されたカメラを使って操作者の写真を撮り，またその画像の更新や消去には管理者権限を必要とする機能
⇒ログイン成功時にカメラで撮影することでMPCにアクセスされたかどうかの特定ができます。また，その画像ファイルへの権限がないので，不正なアクセスがあったかどうか確認する有効な手段の一つになります。正解です。

エ OSへのログインの成否をログに記録し，そのログの消去には管理者権限を必要とする機能
⇒ログイン成否でMPCにアクセスされたかどうかの特定ができ，そのログを消去する権限がないので，不正なアクセスがあったかどうかの有効な手段の一つになります。正解です。

オ SFAツールへのログインの成否をログに記録し，そのログの消去には管理者権限を必要とする機能
⇒SFAのログイン成否だけではMPCにアクセスされたかどうかの特定ができません。

したがって，正解は ウ ， エ です。

(3)

国の個人情報保護委員会が定めた **"個人データの漏えい等の事案が発生した場合等の対応について"** の告示に基づき，③国の個人情報保護委員会などに対して速やかに報告するように努めるべきとされている場合を明らかにし，社内規程に盛り込んだ。

問題文で示された「個人データの漏えい等の事案が発生した場合等の対応について」を見てみます。

【個人データの漏えい等の事案が発生した場合等の対応について】抜粋
3. 個人情報保護委員会等への報告
個人情報取扱事業者は、漏えい等事案が発覚した場合は、その事実関係及び再発防止策等について、個人情報保護委員会等に対し、次のとおり速やかに報告するよう努める。
(2) 報告を要しない場合
次の①又は②のいずれかに該当する場合は、報告を要しない。
①実質的に個人データ又は加工方法等情報が外部に漏えいしていないと判断される場合。
なお、「実質的に個人データ又は加工方法等情報が外部に漏えいしていないと判断される場合」には、例えば、次のような場合が該当する。
・漏えい等事案に係る個人データ又は加工方法等情報について高度な暗号化等の秘匿化がされている場合
・漏えい等事案に係る個人データ又は加工方法等情報を第三者に閲覧されないうちに全てを回収した場合
・漏えい等事案に係る個人データ又は加工方法等情報によって特定の個人を識別することが漏えい等事案を生じた事業者以外ではできない場合（ただし、漏えい等事案に係る個人データ又は加工方法等情報のみで、本人に被害が生じるおそれのある情報が漏えい等した場合を除く。）
・個人データ又は加工方法等情報の滅失又は毀損にとどまり、第三者が漏えい等事案に係る個人データ又は加工方法等情報を閲覧することが合理的に予測できない場合
②FAX若しくはメールの誤送信、又は荷物の誤配等のうち軽微なものの場合

(i) ～ (v) をそれぞれ確認します。

(i) 宛名及び送信者名だけの個人データが含まれている文書を，相手先のファックス番号を間違えて，他の会社に送信した場合

表A

顧客番号	性別	住所	生年月日	肌質	販売番号	販売年月日	商品コード	販売数量
1234	男	東京	19640809	K005	125	20180401	S125	20
1234	男	東京	19640809	K005	125	20180401	S240	1
2222	女	広島	19710915	K099	126	20180420	S125	1
2525	女	大阪	19890101	K055	127	20180428	P852	3
3333	男	神奈川	20001125	ATPD	128	20180430	M987	1

⇒抜粋にあるように軽微なものに該当します。

(ii) 火災に遭い，顧客情報DBを格納したサーバのハードディスクが焼損し，顧客情報DBがバックアップも含め全て滅失した場合
⇒情報の消失であり，漏えいではありません。

(iii) 顧客情報DBのデータ全てを印刷した顧客リストを紛失し，漏えいは確認できていないものの，そのおそれがある場合
⇒紛失したことは情報漏えいの可能性があるので，報告の義務が生じます。正解です。

(iv) 高度な暗号化を施した顧客情報DBのデータを，委託先である印刷会社に送信しようとしたが，誤って別の会社に送信した場合
⇒抜粋にあるように高度な暗号化がされている場合は，現実的に復号できる可能性が低いので，報告の義務はありません。

(v) システムへの登録前の顧客情報登録用シートを，顧客の氏名の五十音順に重ねて置いていて盗難に遭った場合
⇒紛失したことは情報漏えいの可能性があるので，報告の義務が生じます。正解です。

よって，(iii)，(v)の**ケ**が正解です。

設問3 匿名加工情報

匿名加工情報とは，個人情報を何らかの形で加工することでもとの情報に戻すことのできない情報のことです（**図C**）。

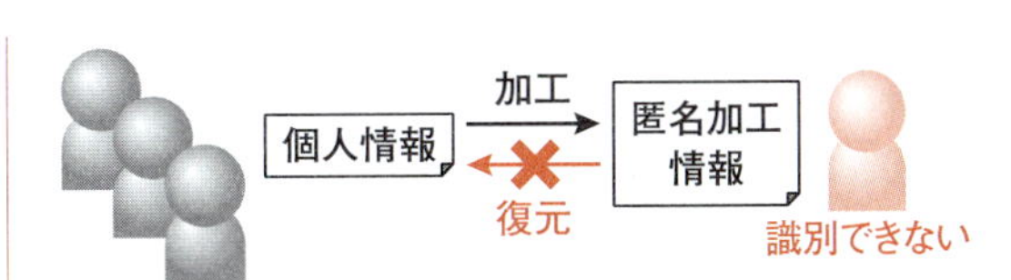

図C　匿名加工情報

(1)

〔マーケティング計画の立案の検討〕では，

> N課長は，1か月分の販売履歴情報DB及び当該月末時点の顧客情報DBのデータを併合し匿名加工情報に加工したものを，翌月10日までにZ社に提供することにした。

となっており，「氏名は削除」，「住所は記述の一部を削除します」，「極端に販売数量が大きい注文の販売履歴情報については，販売数量をあらかじめ定めた上限値に置き換えます」と書かれています。例としては，**表A**のような形式が考えられます。

必要に応じて他の加工も行います。

> N課長は，……"商品ごとの同時に購入される他の商品の傾向の分析"，"年齢層ごとの年間を通じた売れ筋商品の傾向の分析"，"新商品ごとの発売開始後の月別販売数量推移と肌質との相関関係の分析"，"商品ごとの性別と年間販売数量との相関関係の分析"

という条件が出ていることから，(i)～(vi)それぞれを確認します。

(i) 顧客番号について，乱数などの他の記述を加えた上で，ハッシュ関数を使って変換する。
⇒顧客別に分析をする必要がないので，顧客番号はランダムな値になっても問題ありません。

(ii) 生年月日について，月日を削除して生年だけにする。
⇒年齢層は必要ですが，年齢そのものは必要ないので加工できます。

(iii) 性別を削除する。
⇒性別は必要です。

(iv) 肌質について，特異なケースを除外するために，あらかじめ定めたしきい値よりも該当レコード数が少ない病歴の場合は，当該レコードを削除する。
⇒肌質で特異なケースは相関を求めることができないので，加工できます。

(v) 販売年月日について，日を削除して販売年月だけにする。
⇒処理は月別販売数量が必要なので，日は必要ないため加工できます。

(vi) 販売番号について，1の位を四捨五入したものにする。

⇒販売番号はもともと連続な値なので四捨五入の必要はありません。

したがって，(i)，(ii)，(iv)，(v) の イ が正解です。

(2)

Z社に匿名加工情報を取り扱ってもらう際に，注意してもらわなければならないことはありますか。
N課長： 保護法には⑤義務規定があるので注意する必要があります。

個人情報保護法を見てみます。

【個人情報保護法】
第36条　個人情報取扱事業者は、匿名加工情報（匿名加工情報データベース等を構成するものに限る。以下同じ。）を作成するときは、特定の個人を識別すること及びその作成に用いる個人情報を復元することができないようにするために必要なものとして個人情報保護委員会規則で定める基準に従い、当該個人情報を加工しなければならない。
（中略）
3　個人情報取扱事業者は、匿名加工情報を作成したときは、個人情報保護委員会規則で定めるところにより、当該匿名加工情報に含まれる個人に関する情報の項目を公表しなければならない。
（中略）
5　個人情報取扱事業者は、匿名加工情報を作成して自ら当該匿名加工情報を取り扱うに当たっては、当該匿名加工情報の作成に用いられた個人情報に係る本人を識別するために、当該匿名加工情報を他の情報と照合してはならない。
6　個人情報取扱事業者は、匿名加工情報を作成したときは、当該匿名加工情報の安全管理のために必要かつ適切な措置、当該匿名加工情報の作成その他の取扱いに関する苦情の処理その他の当該匿名加工情報の適正な取扱いを確保するために必要な措置を自ら講じ、かつ、当該措置の内容を公表するよう努めなければならない。
（匿名加工情報の提供）
第37条　匿名加工情報取扱事業者は、匿名加工情報（自ら個人情報を加工して作成したものを除く。以下この節において同じ。）を第三者に提供するときは、個人情報保護委員会規則で定めるところにより、あらかじめ、第三者に提供される匿名加工情報に含まれる個人に関する情報の項目及びその提供の方法について公表するとともに、当該第三者に対して、当該提供に係る情報が匿名加工情報である旨を明示しなければならない。
（識別行為の禁止）
第38条　匿名加工情報取扱事業者は、匿名加工情報を取り扱うに当たっては、当該匿名加工情報の作成に用いられた個人情報に係る本人を識別するために、当該個人情報から削除された記述等若しくは個人識別符号若しくは第36条第1項の規定により行われた加工の方法に関する情報を取得し、又は当該匿名加工情報を他の情報と照合してはならない。

Z社が保護法に定める努力義務規定以外の義務規定に**違反するおそれ**があるものを，(i)～(vi) から確認します。

(i) 複数の会社（W社及びW社以外の会社）から受領した匿名加工情報と気象情報との相関を取って，新たな統計情報として作成し，販売した。

⇒匿名加工情報と気象情報との相関は個人を特定することはできませんので違反ではありません。

(ii) 複数の会社（W社及びW社以外の会社）から受領した匿名加工情報へのアクセス権の設定などの安全管理措置を講じたにもかかわらず，その措置の公表を正当な理由なく1年を超えて怠った。

⇒公表はしなければなりませんが，期間が決まっているわけではないので，違反ではありません。

(iii) 元の本人を識別するために，W社から受領した匿名加工情報と，他の会社から受領した情報との照合を行ったところ，数百件程度，識別に成功した。

⇒識別を禁止されているので違反です。

(iv) 元の本人を識別するために，W社から受領した匿名加工情報と，他の会社から受領した情報との照合を試みたが，結果は全て失敗した。

⇒照合を禁止されているので違反です。

(v) 元の本人を匿名加工情報から識別するために，書面での秘密保持契約を交わした上で，W社が用いた加工方法を，W社から有償で取得した。

⇒加工の方法に関する情報を取得することは違反です。

(vi) 元の本人を匿名加工情報から識別するために，書面での秘密保持契約を交わすことなく，口頭での合意の上で，W社が用いた加工方法を，W社から無償で取得した。

⇒　加工の方法に関する情報を取得することは違反です。

したがって，(iii)，(iv)，(v)，(vi) の キ が正解です。

解答

設問1	a：カ	設問2	(1) ケ
	b：カ		(2) ウ，エ
	c：エ		(3) ケ
	d：ウ	設問3	(1) イ
			(2) キ

問2　内部不正事案に関する次の記述を読んで，設問1，2に答えよ。

Q社は，従業員数300名の保険代理店であり，生命保険会社2社，損害保険会社2社と代理店委託契約を締結し，保険商品を販売している。Q社の主な組織，担当業務及び体制を**表1**に示す。

表1　Q社の主な組織，担当業務及び体制

組織		担当業務	体制
本社	総務部	総務，経理，人事，情報システム管理など	部長：1名 主任：2名，スタッフ：7名
	営業部	販売制度企画，営業所管理・支援，顧客管理，市場調査など	部長：1名 主任：4名，顧客管理スタッフ：3名 その他スタッフ：12名
営業所[1]		保険の代理店販売（首都圏に5か所）	所長：1名 主任[2]：3名，営業担当者：45名 スタッフ：3名

注記　営業所の所長と主任を併せて，営業所管理者という。
注[1]　営業所は，営業部の管轄である。また，営業所の体制欄の人数は，T営業所の例を示す。
[2]　営業所の各主任は，通常，営業担当者10～20名のチームを所管している。

Q社では，最高情報セキュリティ責任者（CISO）を委員長とする情報セキュリティ委員会（以下，Q社委員会という）を設置して，情報セキュリティポリシ及び情報セキュリティ関連規程を定めている。総務部長，営業部長はQ社委員会の委員であり，総務部長は総務部の，営業部長は営業部及び全営業所の情報セキュリティ責任者である。また，総務部で，総務及び情報システム管理の業務を担当しているG主任は，総務部の情報セキュリティリーダであり，営業部で，営業所管理・支援業務を担当しているH主任は，営業部及び全営業所の情報セキュリティリーダである。

Q社の情報セキュリティ関連規程では，役職，職務などに応じて，アクセス可能なデータの範囲及び情報システムの操作権限を適切に設定することを求めている。

営業担当者が，保険商品の説明資料や提案書を顧客に渡す方法には，“面会して直接手渡す”，“郵送する”，“電子メール（以下，メールという）に添付して送信する”の3通りがある。最近は面会が少なくなり，メールに添付して送信することが大半を占めている。Q社が導入しているメール管理ツールの機能を**図1**に，メール利用ルールを**図2**に示す。

- 社外送信メールの一時保留機能[1]
- 社外送信メールの上長へのBccによる自動送信機能
- 社外送受信メールの送信者，日時，宛先，件名，メール本文，添付ファイルなどをメールサーバに自動保存する機能
- 保存されているメールの情報の検索，閲覧機能
- メール利用状況のレポート作成機能

注[1]　送信ボタンが押されても，即時送信せずに送信トレイに格納し，送信トレイが送信者によって開かれて確認ボタンが押されると送信する機能

図1　メール管理ツールの機能（抜粋）

平成30年度 春 午後

・社内外を問わず，私的なメールを送信してはならない。
・社外にメールを送信する場合，送信者は送信トレイを開いて，一時保留されたメールの宛先，件名，メール本文，添付ファイルがある場合はその内容を確認し，確認ボタンを押さなくてはならない。
・秘密情報は，原則社外に送信してはならない。業務上必要な送信の場合は，事前に上長の承認を得てから，秘密情報を暗号化した上で送信しなければならない。
・上長は，Bccで届いた社外送信メールを確認しなければならない。暗号化されている場合，上長は，宛先と件名を見て，必要に応じて送信者に内容を確認する。

図2　メール利用ルール（抜粋）

Q社では，ここ数年，売上向上や事務作業効率化を目指して，業務のシステム化を推進している。その一環として，各営業担当者が担当している顧客及び見込客の個人情報（以下，顧客情報という）をデータベース化して一元的に管理する顧客情報管理システム（以下，顧客システムという）を2017年4月3日に利用開始することにした。顧客システムは，営業担当者と営業所管理者が顧客情報を共用し，顧客及び見込客に対して最適な保険商品を迅速に提案することを目的の一つにしている。顧客システムの概要を**図3**に示す。

1．管理する顧客情報
　氏名，性別，生年月日，自宅住所，電話番号，メールアドレス，家族構成，応対履歴などの秘密情報
2．機能
　・顧客情報の登録，参照，更新，削除，検索，PCへのダウンロード，印刷など
　・利用者の管理
3．利用者とそのアクセス可能範囲
　営業担当者：自らが担当している顧客情報
　営業所管理者：自らが所属する営業所が担当している全顧客情報
　営業部の顧客管理スタッフ：Q社が担当している全顧客情報
4．利用者認証方式
　利用者ごとに割り当てた利用者IDと，利用者が設定したパスワードを使用

図3　顧客システムの概要

顧客システムは，総務部と営業部の従業員の一部で編成された開発チームが，ベンダの協力を得ながら開発した。2016年10月から3か月間，顧客情報の登録業務などの機能及びユーザビリティの最終確認のために，T営業所で，顧客システムを試行運用した。試行期間中の主な実施事項を次に示す。
・営業所の営業担当者全員及び営業所管理者，営業部の顧客管理スタッフ並びに開発チームのメンバ（以下，試行利用者という）に，試行用の利用者IDを付与
・営業担当者全員は，自らの顧客情報を登録し，図3の機能を確認
・営業所管理者及び営業部の顧客管理スタッフは，図3の機能を確認
・開発チームのメンバは，利用者管理機能，顧客情報のダウンロード機能などを確認

試行終了時に，開発チームは，試行利用者全員に対して，ダウンロードした顧客情報（以下，顧客ファイルという）をPCから削除するように連絡し，試行用の利用者IDを削除した。

〔内部不正事案の発生〕
2017年3月1日にT営業所のK所長から，総務部の人事担当の主任と，営業部H主任に連絡があった。T営業所のJ主任が3月31日付で退職したいと申し出たということであった。J主任の退職届を3月6日に受理したという連絡が人事担当の主任からあり，H主任は，従業員退職時の点検手続に従って，J主任が退職申出日の1か月前からこれまでに社外に送信したメールをチェックした。Q社では，情報セキュリティ関連規程で会社の秘密情報の社外持出しを原則禁止するとともに，万一持ち出したものがあれば全て返却した旨を退職者に退職時の誓約書で誓約させている。
チェックの結果，J主任の私用と思われるメールアドレス宛てに，ファイルが5回送信されていることが

分かった。送信されたファイルは，暗号化されていた。H主任は，分かったことをすぐに営業部長に報告した。営業部長は，総務部長及びK所長に連絡し，H主任とともにT営業所に赴いた。営業部長とK所長は，J主任に面談して事情を確認した。その後，営業部長は，K所長とも面談した。J主任との面談結果を**図4**に，K所長との面談結果を**図5**に示す。

1. 宛先と送信したファイル
  宛先のメールアドレスは，J主任の私用のメールアドレスであり，J主任が送信したファイルは，顧客システムの試行期間中，J主任が会社のPCに保存した顧客ファイルである。試行終了時に，会社のPCから削除するよう指示があったが，J主任は削除しなかった。ファイルは自宅のPCに保管している。
2. 私用のメールアドレス宛てに顧客ファイルを送信した理由，状況
  J主任は，次のように考えた。
  ・試行期間中にT営業所で担当している全顧客情報が顧客システムに登録されたが，その中には自分が担当する顧客の情報も多くあるので，退職後ももっていても構わない。
  ・同業他社に転職したときに，営業所の全顧客情報を利用して営業で良い成績を上げたい。
  ・登録された顧客情報を利用することはQ社に迷惑を掛けるようなことではないし，後ろめたいようなことでもない。
  ・K所長は外回りなどで多忙なので，メールの確認は余りしていないようであり，またスタッフも様々な事務で忙しそうであったので，見つかりはしない。
3. 退職理由など
  他チームの営業成績が良い中で，自分のチームだけノルマが達成できず，J主任は孤独を感じていた。今の状況では自分の実力を発揮できず公平に評価もされないが，同業他社に転職すればもっと実力を発揮でき，評価されると考えた。ただし，他社との雇用契約は未締結。

図4　J主任との面談結果（抜粋）

1. J主任の状況など
  K所長は，主任全員と毎週打合せを行い，また営業担当者とも年数回，面談している。J主任のチームの成績が伸び悩んでいたので叱咤(しった)激励することはあったが，J主任が思い詰めているようには見えなかった。
2. 管理業務
  以前は，営業所にいる時間も確保できて，点検や確認などの管理業務をK所長自身が行っていたが，最近は他社との競争が厳しく，K所長も積極的に顧客を訪問し，管理業務はできる限りスタッフに任せていた。現在の状況では，メールの上長確認を含め，管理業務に所長が時間を費やし過ぎていると，業績目標の達成は難しいとも考えていた。
3. 教育など
  K所長は，朝礼などで，営業担当者には適切な情報管理を指導している。ただし，実際，どこまで徹底できているか不安を感じている。H主任も年に数回，営業所に来て営業担当者への情報セキュリティ教育を実施してくれたが，教育後の営業担当者の様子からは，今のやり方では限界があるとK所長は感じている。
  顧客システムの試行終了時に，顧客ファイルをPCから消去するよう，開発チームから連絡があり，K所長からも営業所内に周知したが，K所長は試行利用者のPCの中までは点検しなかった。

図5　K所長との面談結果（抜粋）

営業部長は，社長及びQ社委員会の委員に一報するとともに，各保険会社に対しても状況を報告した。また，営業部長は，総務部長及び弁護士とも相談して，K所長とH主任に，J主任の自宅を訪問し，後日の調査への備え及び顧客情報保護のために，J主任の自宅のPCを会社で預かってくるよう指示した。訪問時は，セキュリティ専門事業者の情報処理安全確保支援士（登録セキスペ）であるU氏にも同行を依頼した。

J主任の自宅で，U氏が確認したところ，メールで送信された顧客ファイルは自宅のPCに保存されていた。K所長は，J主任の同意を得て，自宅のPCを当面，会社で預かることにした。また，面談結果は事実に相違ないこと，顧客情報を業務外で利用していないこと，Q社から持ち出した顧客情報が他に残っていないか改めて確認し，残っていたら直ちに削除することなどについてJ主任から念書をとった。

営業部長及び総務部長（以下，両部長という）は，今回発生した内部不正事案（以下，事案という）について，3月13日に臨時に開催されたQ社委員会に報告した。また，両部長は，個人情報の保護に関する法律，保険業法，各保険会社との契約などへの対応，社内規程に基づいたJ主任に対する処分と法的措置について，弁護士と相談の上，対応していくことを報告した。Q社委員会では，CISOが両部長に，メールによる顧客ファイルの不正な送信が他にないか調査すること，及び事案の原因分析と再発防止策の検討を早急に行うことを指示した。これらが完了するまで，2017年4月に予定していた顧客システムの全社での利用開始を延期することにした。また，Q社委員会では，翌3月14日に，Q社の秘密情報の取扱いルール，メール利用ルールなどについて，全従業員に緊急に再周知するとともに，同日分から当面の間，社外送信される全メールについて，メール管理ツールを使って監視を行うよう総務部長に指示した。総務部長は，社外送信メールの上長確認を，当面全件行うように社内に周知した。

〔事案のメール調査〕

Q社委員会の翌日，両部長は，H主任とG主任（以下，両主任という）に，顧客情報をダウンロードして社外に送信した者がJ主任以外にいないかの調査と，事案の原因分析を指示した。

両主任は，社外送信メールの調査範囲として，対象期間を［ a ］，対象者を［ b1 ］，［ b2 ］に設定した。調査の結果，顧客ファイルの不正送信はなかったが，自宅に仕事を持ち帰るために，私用のメールアドレス宛てに業務関係のファイルを送信している事例が発見された。

〔事案の原因分析〕

両主任は，事案発生までの顧客システムやメールの取扱い，J主任及びK所長との面談結果から，“不正のトライアングル”を基に，**表2**のとおり，J主任の立場から見た事案の原因を整理した。また，事案発生までのQ社の状況を確認するために，IPAの“組織における内部不正防止ガイドライン（第4版）”を基に，**表3**のとおり，原因を整理した。

表2　“不正のトライアングル”を基にした原因の整理

項番	要因	事案の原因
1	動機・プレッシャ	・［ c ］ （省略）
2	機会	・顧客システムから顧客情報を大量にダウンロードできたこと ・メールに顧客ファイルを添付して，私用のメールアドレス宛てに送信できたこと ・［ d ］ ・［ e ］ （省略）
3	正当化	・［ f ］ （省略）

注記　要因の分類は，米国の組織犯罪研究者ドナルド・R・クレッシーによる。

表3　“組織における内部不正防止ガイドライン（第4版）”を基にした原因の整理（抜粋）

項番	観点	事案の原因
1	基本方針[1]	・［ g ］
2	人的管理	・［ h ］
3	職場環境	・［ i ］

注[1]　経営者の責任の明確化，統括責任者の任命，体制構築が含まれる。

両主任によるメール調査と原因分析の結果は，3月29日に両部長に報告され，両部長は再発防止策の検討を，開発チーム，両主任などに指示した。

〔事案の再発防止策の策定〕

開発チームでは，顧客システムからの顧客情報のダウンロードについて，抽出件数に上限を設けるという対応策を考えた。また，顧客ファイルの保管場所や保管期間についても案を検討した。

営業所管理者によるメールの確認が不十分であるという問題については，総務部が，個人別の社外送信メール数，送信時刻などを監視するとともに，監視について従業員全員に周知する案をまとめた。

再発防止策の案が固まり，両部長は，Q社委員会にメール調査結果，原因分析結果，及び再発防止策の案を報告し，了承された。Q社委員会の報告を受けた社長は，全営業所長と面談した上で，営業所の管理業務全般の見直しを取締役会に提案し，併せて営業所管理者に対する教育にも力を入れることにした。

Q社では，営業所の管理体制の強化及び全従業員への教育も含めた再発防止への取組みを進めた。2017年6月にはその取組みの成果が確認できたので，Q社委員会の承認の下，2017年7月に全社で顧客システムの利用を開始した。

設問1 〔事案のメール調査〕について，(1)，(2)に答えよ。

(1) 本文中の［ a ］に入れる字句はどれか。解答群のうち，最も適切なものを選べ。

aに関する解答群

- ア 2016年10月1日から12月31日まで
- イ 2016年10月1日から2017年3月6日まで
- ウ 2016年10月1日から2017年3月13日まで
- エ 2016年10月1日から2017年3月31日まで
- オ 2017年1月1日から3月6日まで
- カ 2017年1月1日から3月13日まで
- キ 2017年1月1日から3月31日まで

(2) 本文中の［ b1 ］，［ b2 ］に入れる字句の組合せはどれか。bに関する解答群のうち，最も適切なものを選べ。

bに関する解答群

	b1	b2
ア	T営業所の営業担当者	営業部の顧客管理スタッフ
イ	T営業所の営業担当者	営業部の顧客管理スタッフ及び開発チームのメンバ
ウ	T営業所の営業担当者	営業部の全員
エ	T営業所の営業担当者及び営業所管理者	営業部の顧客管理スタッフ
オ	T営業所の営業担当者及び営業所管理者	営業部の顧客管理スタッフ及び開発チームのメンバ
カ	T営業所の営業担当者及び営業所管理者	営業部の全員
キ	T営業所の全員	営業部の顧客管理スタッフ
ク	T営業所の全員	営業部の顧客管理スタッフ及び開発チームのメンバ
ケ	T営業所の全員	営業部の全員

設問2 〔事案の原因分析〕について，(1)，(2)に答えよ。

(1) 表2中の[c]～[f]に入れる字句はどれか。解答群のうち，最も適切なものをそれぞれ選べ。

c～fに関する解答群

ア　Q社が，自分のことを公平に評価してくれないので，営業成績を悪化させて損害を与えたいと考えたこと
イ　T営業所が担当する顧客情報には，自分が担当する顧客の情報も多くあり，退職後ももっていても構わないと考えたこと
ウ　営業所長が多忙で，不在なときが多く，メールの確認が十分に行われていなかったこと
エ　顧客情報を持ち出して利用すれば，転職先で実力が発揮できて高く評価されると考えたこと
オ　顧客ファイルを会社のPCに保管し続けることができたこと

(2) 表3中の[g]～[i]に入れる字句はどれか。解答群のうち，最も適切なものをそれぞれ選べ。

g～iに関する解答群

ア　営業所ごとの個別の情報セキュリティリーダの任命・配置が未実施
イ　営業所長が多忙で，不在なときが多く，営業所内のコミュニケーションが不十分
ウ　社外送信メールの記録と保存が不十分
エ　社内の懲戒処分を含めた内部規程及びメール利用ルールなどの周知，教育が不十分
オ　従業員退職時の点検手続及びチェックが不十分
カ　内部不正事案発生時の報告体制及び調査のための備えが不十分
キ　本社において，情報セキュリティ責任者及び情報セキュリティリーダが不足

問2 攻略のカギ

保険代理店で起こったケースを題材にした内部不正の問題です。特別な知識がなくても比較的問題文から推測しやすいでしょう。

設問1 (1) 対象期間は，メールを送ることができる期間なので作業後もその期間が継続することに注意が必要です。
(2) 対象者は問題文から個人情報を扱えるメンバがわかります。
設問2 (1) 不正のトラインアングルを知らないとしても，表の「要因」から推測できます。
(2) **表3**は「原因の整理」とあるので，現状と照らして欠けていたものを探せば解答に結びつきます。

内部不正に関する問題です。

【不正のトライアングル】

不正のトライアングルを**図D**に示します。

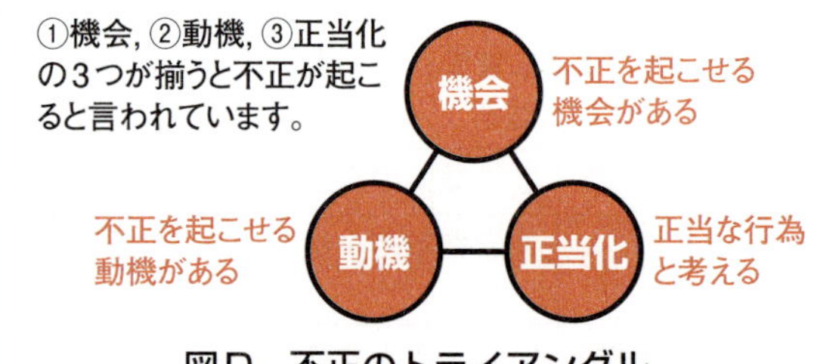

図D　不正のトライアングル

設問1 内部不正事案の調査

(1), (2)

> Q社委員会の翌日，両部長は，H主任とG主任（以下，両主任という）に，顧客情報をダウンロードして社外に送信した者がJ主任以外にいないかの調査と，事案の原因分析を指示した。
> 両主任は，社外送信メールの調査範囲として，対象期間を［ a ］，対象者を［ b1 ］，［ b2 ］に設定した。

顧客情報に触れる機会があった期間及び触れる可能性がある社員全員が対象となります。これに相当する内容は問題文で次及び**図E**のようになっています。

> 顧客システムは，総務部と営業部の従業員の一部で編成された開発チームが，ベンダの協力を得ながら開発した。2016年10月から3か月間，顧客情報の登録業務などの機能及びユーザビリティの最終確認のために，T営業所で，顧客システムを試行運用した。試行期間中の主な実施事項を次に示す。
> - 営業所の営業担当者全員及び営業所管理者，営業部の顧客管理スタッフ並びに開発チームのメンバ（以下，試行利用者という）に，試行用の利用者IDを付与
> - **営業担当者全員**は，自らの顧客情報を登録し，**図3**の機能を確認
> - **営業所管理者及び営業部の顧客管理スタッフ**は，**図3**の機能を確認
> - **開発チームのメンバ**は，利用者管理機能，顧客情報のダウンロード機能などを確認

空欄aでは，「期間は2016年10月1日から12月31日まで」と誤りがちなので注意が必要です。問題文には，「社外送信メールの調査範囲」とあるので，上記の期間に顧客情報を何らかの方法で収集し，その後に送信することは可能です。したがって，送信メールをチェックするのは，この作業直前なので，**2016年10月1日から2017年3月13日まで**としなければいけません。空欄aには**ウ**が入ります。

また，空欄b1と空欄b2に入る対象者は，**営業担当者全員及び営業所管理者**と**営業部の顧客管理スタッフ及び開発チームのメンバ**となります。正解は**オ**です。

設問2 内部不正事案の原因

(1)

空欄c

【不正のトライアングル】で説明したように，「動機」に該当するものは**ア**と**エ**です。このうち，**図4**には**図F**ⓐのように書かれています。

空欄cに入るのは**エ**（**顧客情報を持ち出して利用すれば，転職先で実力が発揮できて高く評価されると考えたこと**）です。

空欄d，e

「機会」に該当するものは，**図F**ⓑⓒの部分です。

空欄dと空欄eには，**ウ**（**営業所長が多忙で，不在なときが多く，メールの確認が十分に行われていなかったこと**）と**オ**（**顧客ファイルを会社のPCに保管し続けることができたこと**）が入ります。

空欄f

図Fⓓと照らし合わせて，「正当化」は**イ**（**T営業所が担当する顧客情報には，自分が担当する顧客の情報も多くあり，退職後ももっていても構わないと考えたこと**）が正解です。

> 1. 管理する顧客情報
>   氏名，性別，生年月日，自宅住所，電話番号，メールアドレス，家族構成，応対履歴などの秘密情報
> 2. 機能
>   ・顧客情報の登録，参照，更新，削除，検索，PCへのダウンロード，印刷など
>   ・利用者の管理
> 3. 利用者とそのアクセス可能範囲
>   営業担当者：自らが担当している顧客情報
>   営業所管理者：自らが所属する営業所が担当している全顧客情報
>   営業部の顧客管理スタッフ：Q社が担当している全顧客情報
> 4. 利用者認証方式
>   利用者ごとに割り当てた利用者IDと，利用者が設定したパスワードを使用

図E　図3より抜粋

1. 宛先と送信したファイル
　宛先のメールアドレスは，J主任の私用のメールアドレスであり，J主任が送信したファイルは，顧客システムの試行期間中，J主任が会社のPCに保存した顧客ファイルである。試行終了時に，ⓑ会社のPCから削除するよう指示があったが，J主任は削除しなかった。ファイルは自宅のPCに保管している。
2. 私用のメールアドレス宛てに顧客ファイルを送信した理由，状況
　J主任は，次のように考えた。
・試行期間中にT営業所で担当している全顧客情報が顧客システムに登録されたが，その中には自分が担当する顧客の情報も多くあるので，退職後ももっていても構わない。ⓓ
・同業他社に転職したときに，営業所の全顧客情報を利用して営業で良い成績を上げたい。
・登録された顧客情報を利用することはQ社に迷惑を掛けるようなことではないし，後ろめたいようなことでもない。
・ⓒK所長は外回りなどで多忙なので，メールの確認は余りしていないようであり，またスタッフも様々な事務で忙しそうであったので，見つかりはしない。
3. 退職理由など
　他チームの営業成績が良い中で，自分のチームだけノルマが達成できず，J主任は孤独を感じていた。ⓐ今の状況では自分の実力を発揮できず公平に評価もされないが，同業他社に転職すればもっと実力を発揮でき，評価されると考えた。ただし，他社との雇用契約は未締結。

図F　図4より抜粋

(2)

「組織の内部不正防止ガイドライン」から，内部不正対策の体制の説明を**図G**に抜粋します。

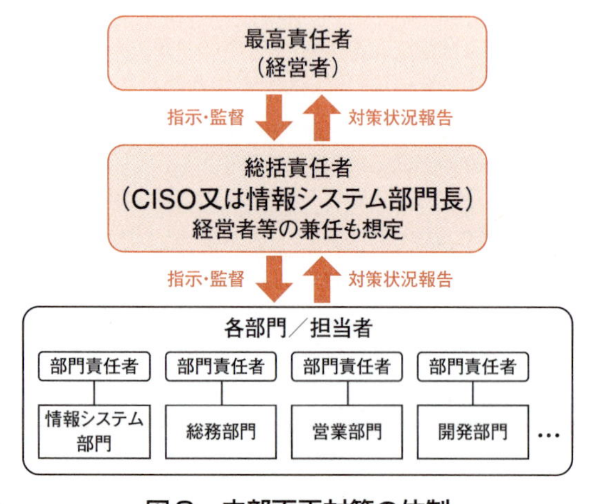

図G　内部不正対策の体制

空欄g

基本方針としては，**表3**の注に「経営者の責任の明確化，統括責任者の任命，体制構築が含まれる」とあるので，ここでは，ア とキ が該当します。このうち，本文中に

> Q社では，最高情報セキュリティ責任者（CISO）を委員長とする情報セキュリティ委員会（以下，Q社委員会という）を設置して，情報セキュリティポリシ及び情報セキュリティ関連規程を定めている。総務部長，営業部長はQ社委員会の委員であり，総務部長は総務部の，営業部長は営業部及び全営業所の情報セキュリティ責任者である。また，総務部で，総務及び情報システム管理の業務を担当しているG主任は，総務部の情報セキュリティリーダであり，営業部で，営業所管理・支援業務を担当しているH主任は，営業部及び全営業所の情報セキュリティリーダである。

とあり，上部の組織担当者など決まっているため，キ は該当しません。したがって，空欄gには ア（**営業所ごとの個別の情報セキュリティリーダの任命・配置が未実施**）が入ります。

空欄h

人的管理としては，「組織の内部不正防止ガイドライン」に次のようにあります。

> ①すべての役職員に教育を実施し、組織の内部不正対策に関する方針及び重要情報の取り扱い等の手順を周知徹底させなければならない。②教育は繰り返して実施することが望ましい。また、教育内容を定期的に見直して更新し、更新内容を内部者に周知徹底させなければならない。

また，図5にも**図H**ⓐのような記述があります。

したがって，空欄hには エ（**社内の懲戒処分を含めた内部規程及びメール利用ルールなどの周知，教育が不十分**）が入ります。

1. J主任の状況など

K 所長は，主任全員と毎週打合せを行い，また営業担当者とも年数回，面談している。J 主任のチームの成績が伸び悩んでいたので叱咤(しった)激励することはあったが，J 主任が思い詰めているようには見えなかった。

2. 管理業務

以前はⓑ営業所にいる時間も確保できて，点検や確認などの管理業務を K 所長自身が行っていたが，最近は他社との競争が厳しく，K 所長も積極的に顧客を訪問し，管理業務はできる限りスタッフに任せていた。現在の状況では，メールの上長確認を含め，管理業務に所長が時間を費やし過ぎていると，業績目標の達成は難しいとも考えていた。

3. 教育など

K 所長は，朝礼などで，営業担当者には適切な情報管理を指導している。ただし，実際，どこまで徹底できているか不安を感じている。H 主任も年に数回，営業所に来て営業担当者へのⓐ情報セキュリティ教育を実施してくれたが，教育後の営業担当者の様子からは，今のやり方では限界があると K 所長は感じている。

顧客システムの試行終了時に，顧客ファイルを PC から消去するよう，開発チームから連絡があり，K 所長からも営業所内に周知したが，K 所長は試行利用者の PC の中までは点検しなかった。

図H　図5より抜粋

空欄i

職場環境については，人事評価などにおいて公平であることや，職場内で良好なコミュニケーションが取れていること，一人だけで作業をしたりしていないことなどが「組織の内部不正防止ガイドライン」に書かれています。

これに対して**図5**には**図H**ⓑのようにあります。

よって，空欄iには **イ**（営業所長が多忙で，不在なときが多く，営業所内のコミュニケーションが不十分）が入ります。

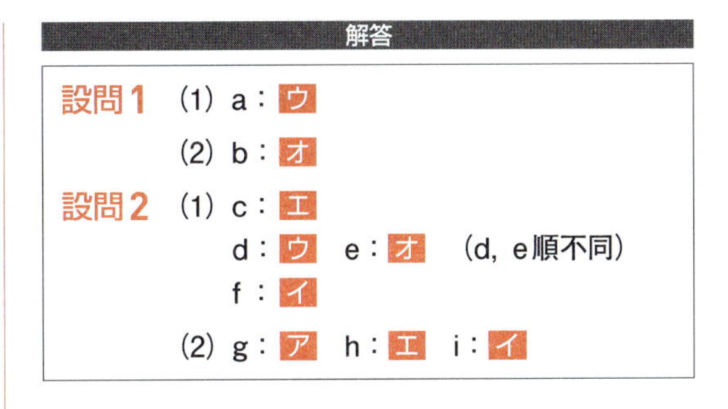

解答

設問1　(1) a：ウ
(2) b：オ

設問2　(1) c：エ
d：ウ　e：オ　(d，e順不同)
f：イ
(2) g：ア　h：エ　i：イ

問3 企業統合における情報セキュリティガバナンスに関する次の記述を読んで，設問1～3に答えよ。

X社は，本社の他に20か所の地方営業所（以下，営業所という）を有する，法人向けオフィス機器などの販売代理店業を営む非上場会社で，従業員数は320名である。従業員のうち営業に従事する者（以下，営業員という）は200名である。X社は，旧X社が同業で業績が低迷していた旧Y社を，販路拡大のために，2016年4月1日に吸収合併してできた。

X社の社長は，合併直後，株式の上場，取引先からの信頼の維持・向上及び事業継続性の向上のために，全社的な業務の効率化，コーポレートガバナンスの強化及び社内の情報システムの計画的な統合を図ることを社長方針として周知した。社長方針を実行に移すために，社長直下に経営企画室を設置し，ITに詳しいC氏を室長に任命した。コーポレートガバナンスの強化の一環として，情報セキュリティガバナンスを整備するために，社長を委員長，経営企画室を事務局とし，各部室長を委員とする情報セキュリティ委員会（以下，委員会という）を設置した。また，経営企画室の職務分掌には，全社的な情報システムの企画及び運用を含めた。A部長が率いる営業統括部では，全社的な営業戦略の策定及び営業管理を行っている。営業統括部には管理課がある。管理課のB課長は，委員会の指示の下，営業部門全体の情報セキュリティに関わる実務を担当する情報セキュリティリーダである。

営業所数は，旧X社が15，旧Y社が10であったが，合併後，統廃合によって旧X社が14，旧Y社が6の計20となった。合併時点で，旧Y社からの事業の承継に伴い提供された顧客データを含め，X社の顧客データベースに登録されている顧客企業の購買担当者数は2,800名となった。

X社では，全ての営業所にLAN環境が整備されている。各営業所の従業員は，会社貸与のデスクトップPC（以下，業務PCという）をLAN環境に接続して使用している。本社と各営業所のLANの間は，WAN回線で結ばれ，本社においてインターネットに接続している。旧X社及び旧Y社（以下，両社という）での業務用ITツールの利用方法を**表1**に，2016年3月末時点での旧X社の情報セキュリティポリシ（以下，情報セキュリティポリシをポリシという）を**図1**に示す。

表1　両社での業務用ITツールの利用方法

	営業支援ツール利用	PC管理	業務用の電子メール（以下，電子メールをメールという）利用
旧X社	・SaaSを顧客管理，案件管理などに利用 ・Webブラウザからアクセスして利用	・PC管理ツールを利用して，業務PCの利用者の操作履歴を収集	・業務PC上で，氏名検索機能付きメールアドレス帳（以下，メールアドレス帳という）及び宛先入力自動補完機能付きメールクライアントソフトを利用 ・従業員ごとに異なる業務メールアドレスを利用 ・社外からは利用不可
旧Y社	・専用ツールは未導入 ・顧客管理は，営業員の業務PC上の表計算ソフトで行い，案件報告は口頭又はメールで実施	・ツールは未導入	・Webブラウザからアクセスして利用 ・従業員ごとに異なる業務メールアドレスを利用 ・社外からは利用不可

1. 業務では，PC，USBメモリ，携帯電話などの機器は会社貸与のものを利用すること
2. 個人情報などの機密性が高い情報は，暗号化，パスワードなどによって保護すること
3. 個人情報などの機密性が高い情報を社外に持ち出す場合には，事前に上長又は所属部門の情報セキュリティリーダの承認を得ること
4. パスワードは，英大文字，英小文字，数字，記号の全ての文字種を組み合わせた8文字以上で，かつ，他人に推測されにくい文字列とし，他人に知られないよう管理すること

図1　旧X社のポリシ（抜粋）

ポリシは旧X社だけが整備していた。旧X社のポリシを旧Y社の営業所へ適用する時期については，経営企画室が検討し，委員会に諮ることにした。そこで，C室長は，情報資産の特定及びリスクアセスメントを2016年5月中旬から開始し，現状の情報資産の取扱状況及び情報セキュリティ対策を調査したところ，同年6月中旬に，旧X社と比べて旧Y社の営業所での情報資産の取扱いがずさんなことが明らかになった。

〔情報システムの利用の変化〕

X社では，旧X社で導入済みの営業支援ツールの利用を2016年7月から全社的に開始した。同年8月からは，業務用のメール利用も旧X社で導入済みの方法に全社で統一し，メールの添付ファイルのサイズを5Mバイト以下とする設定にした。同時に，毎年，社外への送信メールを監査することにし，監査証跡として1年間分の送信メールを残すために，メールアーカイブサーバをメールサーバとは別に設置した。

経営企画室が，2016年9月に合併後の従業員満足度及び旧X社のポリシの全社適用についての社内アンケートを行った。その結果，旧Y社の営業員から，不慣れな業務用ITツールの利用による勤務時間の増加に対する不満，及び旧X社のポリシを全社に適用する方針についての反発が多いことが分かった。そこで，旧X社のポリシの適用は，旧Y社の営業所では，条文によって時期を分け，2016年10月から1年掛けて段階的に行う方針を委員会で決定した。

段階的なポリシの適用を進めていたところ，2015年に改正された個人情報の保護に関する法律の全面施行日を2017年5月30日とする政令が，2016年12月20日に閣議決定された。X社が取り扱う個人情報は，合併以降2016年12月20日まで3,800件を超えることはなかったが，①改正法の全面施行日以降は，X社も，個人情報取扱事業者に該当することになる。そこで，委員会では方針を変更し，2017年1月10日に，旧X社のポリシを2017年4月1日から全社適用することにした。社長から経営企画室及び管理課（以下，両課室という）に対して，旧X社のポリシの全社適用と社長方針の具体的推進を行うよう指示があった。特に，社会的責任にも配慮したコーポレートガバナンスと，それを支えるメカニズムである［ a ］の仕組みを，情報セキュリティの観点から，社内に構築・運用するよう指示があった。そこで，両課室は，次の検討を開始した。

・業務用ITツールの利用による営業効率の最大化及び営業活動の可視化
・情報セキュリティ対策の強化

両課室は，PC管理ツール及びセキュアUSBメモリ（以下，2対策という）を旧X社のポリシの全社適用と同時に全社導入することを，2017年1月中旬に全従業員に通知した。PC管理ツールには，USBデバイス管理機能が含まれている。通知後，旧Y社の営業員から反対意見が管理課に寄せられたので，C室長は旧Y社の情報資産の取扱いにおけるリスクを旧Y社の営業員に説明した。B課長とC室長は，旧X社のポリシの適用及び2対策の導入について，効果，業務への影響，現場の意見を確認するために，旧Y社の営業所1か所で試行導入することを検討した。B課長とC室長の検討の結果，反対意見が多く，情報資産の取扱いが最もずさんで，試行導入後の業務への影響が大きそうな北関東営業所で試行することを委員会に諮り，了承された。北関東営業所の概要を**図2**に示す。

・北関東3県の広域なエリアの顧客をカバーする営業所 ・所長と事務補助員の他に，18名の営業員を配置 ・通常，営業員は，日中，顧客先を回るために社有車を運転して外出 ・合併以前の北関東営業所は，旧Y社の中でも業績の悪かった営業所の一つ ・旧X社南関東営業所の所長であったD氏が2016年10月に所長に任命され，業績を立て直し中

図2　北関東営業所の概要

〔メールの誤送信〕

北関東営業所での2対策の試行内容の概要は，**図3**のとおりである。2017年3月6日から，北関東営業所で旧X社のポリシの全面適用及び2対策の試行を開始した。

1. PC管理ツール
　(ア) PC管理用サーバ
　　・業務PCの起動及び終了の履歴や利用者の操作履歴などを収集
　　・業務PCへの接続を許可するセキュアUSBメモリを登録
　(イ) PC管理用クライアントソフト
　　・業務PCにインストールして利用し，業務PCの起動及び終了の履歴や利用者の操作履歴などをPC管理用サーバにアップロード
　　・PC管理用サーバに登録したセキュアUSBメモリだけ接続を許可
2. セキュアUSBメモリ
　・マルウェア対策ソフトを搭載し，ハードウェアによるデータ自動暗号化機能を実装
　・営業所内での貸与数は，試行における予算内で購入可能な10個
　・貸出しの制約条件：1人につき1個まで
　・利用したい者は，氏名，借用期間を記した借用申請書を所長に提出
　・シリアル番号をキーとした管理台帳に借用申請書上の利用者氏名及び借用期間を所長が記録

図3　北関東営業所での2対策の試行内容（概要）

2017年3月17日正午，北関東営業所の営業員のEさんの担当顧客M氏が，Eさんから，無題かつ本文なしであるが添付ファイル付きのメールを受信した。M氏は不審に思い，同日午後2時，その旨を営業所にいたD所長に電話で伝えた。その直後，D所長からM氏の電話内容を聞いたEさんは，誤送信をM氏に謝罪し，そのメールの削除を依頼した。そのメールには，社外秘文書ファイルが添付されていたが，そのファイルは旧X社のポリシに則して[b]してあった。そのため，M氏はファイルを開こうとしたが開くことができず，内容の確認ができなかったので，情報漏えいという重大な事故には至らなかった。D所長はこの件についてB課長に報告をした。B課長は，念のために，試行開始後，他の営業員もEさんと同様なメール誤送信がないかD所長に調査を依頼したところ，②メール誤送信には至らなかったが，送信直前の確認で宛先の間違いに気づいて修正してから送信した事例が6件あったという報告を受けた。B課長は，このままでは後に重大な事故が起きると考え，メール誤送信未遂とEさんの件の詳しい調査をD所長に依頼した。

〔情報セキュリティガバナンスの向上〕

D所長は，Eさんへの聞き取り調査の結果を，**図4**のとおりB課長に報告した。

・2016年度下期の営業成績が，目標未達であったので，業績改善に躍起になっていた。
・社外秘文書ファイルは，M氏が所属する会社とは別の会社向けに，X社からの値引き後の販売価格を提示するため，3月17日午前中に，業務PCで作り始めたものであった。その日は金曜日であったので，午後の客先訪問後，自宅に直帰し，土日に自宅で，③会社の許可を得ないまま，個人所有のPCを使用して社外秘文書ファイルの作成の続きを行うことにした。
　客先訪問前に社外秘文書ファイルをセキュアUSBメモリに入れて持ち出そうとしたが，全てのセキュアUSBメモリが貸出し中であったので，Eさんが使用できるものはなかった。
　Eさんの個人所有のUSBメモリを業務PCに接続したが，使用できなかった。
・旧X社のポリシには，メールクライアントソフトへの私用のメールアドレスの登録を禁止する条文がなかったので，Eさんの私用のメールアドレスを登録したままであった。試行開始後も，社外秘文書ファイルをEさんの私用のメールアドレス宛てのメールに添付して送信し，自宅の個人所有のPCで編集を行っていた。
・社外秘文書ファイルは，1Mバイトであったので，Eさんの私用のメールアドレス宛てのメールに添付して送信を試みた。そのとき，メールクライアントソフトの宛先入力自動補完機能によって，先頭数文字が同じM氏のメールアドレスが誤選択された。午後の客先訪問に遅刻しそうで急いでいたので，宛先メールアドレスをよく確認せずに送信してしまった。

図4　Eさんへの聞き取り調査の結果

D所長は，3月17日時点でのセキュアUSBメモリの管理台帳を確認し，貸出し中のものの中には，借用期限が過ぎたものが5個あったこと，1人で2個以上のセキュアUSBメモリを同時に借りていた営業員が3人

いたことをB課長に報告した。B課長は，D所長から報告を受けた直後，Eさんが用いた業務PC，メールアーカイブサーバなどの調査を経営企画室に依頼した。経営企画室が，④Eさんからメールの添付ファイルのパスワードを聞きながら調査を進めたところ，試行開始後にEさんが旧X社のポリシに違反していたことが確認できた。そのため，B課長は，Eさんと話をしてメール誤送信の根本的な原因を明らかにすることにした。次は，そのときのB課長とEさんの会話である。

B課長：今回のメール誤送信の件は，情報漏えいには至りませんでした。M氏がそのメール受信直後に当社に連絡してくれたので，我々もすぐに誤送信に気づくことができ，幸運でした。しかし，メール誤送信の根本的な原因を明らかにしたいと思っています。そもそも，なぜ，旧X社のポリシに違反して社外秘文書ファイルを送信したのですか。

Eさん：試行のせいで業務の効率が悪くなったからです。

B課長：業務の効率が悪くなったのは問題なので，解決していきましょう。ところで，試行内容について，詳しい説明はありませんでしたか。

Eさん：いいえ，営業所内の営業員に対しては，試行開始直前，D所長から試行の概要説明があっただけでした。

B課長：なるほど。D所長によるセキュアUSBメモリの管理台帳の確認結果も，営業員への試行内容に関する説明が不十分だったことを示していますね。それで，図4のようなことになったのですね。

B課長は，Eさんとの会話の後，北関東営業所の営業員に試行内容を周知した。加えて，メールの宛先入力自動補完機能の使用禁止について意見を聴いた。そうしたところ，営業員から要望が出されたので，それらの要望を試行に関する報告書の一部として**図5**に取りまとめた。

(a) 業務PCをノート型に変更し，社外での業務利用を可能にしてほしい。
(b) セキュアUSBメモリの借用申請書の提出を廃止してほしい。
(c) セキュアUSBメモリの営業所内での貸与数を，営業員数と同じにしてほしい。
(d) メールの宛先入力自動補完機能は便利なので，使用を継続させてほしい。
(e) 営業員の意見を取り入れる仕組みを設けてほしい。

図5　B課長が取りまとめた営業員からの要望

B課長は，図5の各要望への対応とメール誤送信の防止をどのように両立させるかについて，C室長に相談した。次は，C室長とB課長の会話である。

C室長：(a)は，営業員の営業効率の向上には有効なので，同意します。ただし，(a)を実現するためには，⑤次の二つの条件を両方満たす対策が必要です。一つ目はデータの漏えい・消失のリスク又はそれによる被害のリスクが低減可能であること，二つ目は社長方針に沿うことです。(b)及び(c)については，D所長によるセキュアUSBメモリの管理台帳の確認結果とEさんへの聞き取り調査の結果から分かる問題のうち幾つかを解決すれば，(b)及び(c)の要望自体が出なくなります。一方，(d)の宛先入力自動補完機能は，今回のメール誤送信を引き起こした原因の一つなので，無効化すべきと考えます。いかがですか。

B課長：(b)及び(c)については，C室長の意見に賛成です。しかし，(d)については，この機能がないと，メールアドレスを全て手入力することになるので，非常に不便だと思います。旧X社のポリシに従った，かつ，誤送信も低減できる形で，メールの宛先の入力を便利にする方法はありませんか。

C室長：二つの方法があります。一つ目は，宛先入力自動補完機能を無効化させた上で，［　c　］という方法です。二つ目は，宛先入力自動補完機能を無効化させずに，［　d　］という方法です。

B課長：(d)は要望どおりとして，追加費用は掛かりますが，［　d　］という方法が，情報セキュリティ対策としてバランスが良いと思います。(e)については，現場の意見を聞くためのワーキンググループ(以下，現場WGという)を立ち上げたいと思います。そして，現場WGをまとめられる人材に現場WGを運営してもらって，業務効率向上と情報セキュリティ対策強化が両立できる提案をまとめてもらえるよう，A部長と相談します。

A部長及びC室長は，委員会において，試行結果及びメール誤送信の報告を行った。委員会では，始めは社長方針の実現のために[e1]で取り組み，さらに現場の意見をくみ取るという[e2]によってバランスを取るというB課長の姿勢が高く評価された。A部長は，B課長からの相談内容について，現場WGの設置を委員会に提案し，承認された。その後，4月1日に旧X社のポリシが全社適用された。さらに，上場企業に必要な[a]の六つの基本的要素の一つであるITへの対応の準備，全社的な業務の効率化，情報セキュリティガバナンスの強化が図られることになった。

設問1 〔情報システムの利用の変化〕について，(1)，(2)に答えよ。

(1) 本文中の下線①について，法改正に伴い，X社が個人情報取扱事業者に該当することになる理由として適切なものを，解答群の中から選べ。

解答群

- ア X社が，事業の承継に伴って旧Y社の顧客データの提供を受けたことが，個人データの第三者提供に該当するから
- イ 改正後の政令の条文に個人情報取扱事業者から除かれる者の条件として，個人情報の数の条件が規定されており，X社が取り扱う個人情報の数が，その条件を満たさなくなるから
- ウ 改正前の法に個人情報取扱事業者から除外される者の条件として，“その取り扱う個人情報の量及び利用方法からみて個人の権利利益を害するおそれが少ないものとして政令で定める者”という条文があったが，それが削除されたから
- エ 非上場会社も個人情報取扱業者に該当することになったから

(2) 本文中の[a]に入れる適切な字句を，解答群の中から選べ。

aに関する解答群

- ア QCD
- イ 資源ベースアプローチ
- ウ システムライフサイクルマネジメント
- エ 内部統制
- オ 不正検知
- カ プロジェクト統合マネジメント

設問2 〔メールの誤送信〕について，(1)，(2)に答えよ。

(1) 本文中の[b]に入れる適切な字句を，解答群の中から選べ。

bに関する解答群

- ア パスワードによって保護
- イ 非可逆圧縮
- ウ ファイル変更履歴の記録を無効化
- エ ファイル変更履歴の記録を有効化
- オ ファイル名に“秘密”という文字を挿入

(2) 本文中の下線②について，このような事例を何というか。解答群の中から選べ。

解答群

ア SPAMメール
イ 内部不正
ウ ヒヤリハット
エ 標的型攻撃メール
オ ポリシ違反
カ リスク受容
キ リスク予防

設問3 〔情報セキュリティガバナンスの向上〕について，(1) ～ (5) に答えよ。

(1) 図4中の下線③のような行為はどれか。解答群のうち，最も適切なものを選べ。

解答群

ア オープンイノベーション
イ シャドーIT
ウ テレマタリング
エ テレワーク
オ ノマドワーキング

(2) 本文中の下線④について，どのような調査方法でどのような違反が分かったか。次の (i) ～ (iv) のうち，調査方法と分かった違反が適切な組みだけを全て挙げた組合せを，解答群の中から選べ。

	調査方法	分かった違反
(i)	E さんが利用している業務 PC 上のメールクライアントソフトのメールアドレス帳を調査	E さんが，業務 PC 上のメールクライアントソフトのメールアドレス帳に自身の私用のメールアドレスを登録し，メールアドレス帳内で検索可能な状態にしていた。
(ii)	E さんが利用している業務メールアドレスについてメールアーカイブサーバを調査	E さんが，社外秘文書ファイルを添付したメールを自身の私用のメールアドレス宛てに送信していた。
(iii)	PC 管理ツールを用いて，E さんが利用している業務 PC の 3 月 17 日の操作履歴を調査	E さんが，会社の許可を受けていない個人所有の USB メモリに，業務 PC 内の社外秘文書ファイルをコピーし，それを個人所有の PC 上で編集していた。
(iv)	PC 管理ツールを用いて，E さんが利用している業務 PC の 3 月 17 日の操作履歴を調査	E さんが，業務 PC 上で作成した社外秘文書ファイルをセキュア USB メモリにコピーし，それを個人所有の PC 上で編集していた。

解答群

ア (i)
イ (i), (ii)
ウ (i), (iii)
エ (i), (iv)
オ (ii)
カ (ii), (iii)
キ (ii), (iv)
ク (iii)
ケ (iii), (iv)
コ (iv)

(3) 本文中の下線⑤について，次の (i) ～ (vii) のうち，対策として適切なものだけを全て挙げた組合せを，解答群の中から選べ。

(i) BIOSのパスワードに，他人に推測されにくい文字列を設定

(ii) OSとアプリケーションのファイルを除く，ハードディスク中の全てのファイルに対し，ファイルごとに異なるパスワードを用いて手動で暗号化

(iii) OSのパスワードに，他人に推測されにくい文字列を設定
(iv) 機密性が高い情報を会社貸与のノート型のPCに格納することを原則として禁止し，営業成績を上げられる見込みがある場合に限り，営業員の判断でその情報をそのノート型のPCに格納可能とすることという条文を旧X社のポリシに追加
(v) 旧X社のポリシに則したパスワードを用いてハードディスク全体を暗号化
(vi) 社外で漏えい・消失が発生した場合の対応フローを策定
(vii) ディスプレイにのぞき見防止フィルタを装着

解答群

ア (i), (ii), (iii), (iv), (vi), (vii)
イ (i), (ii), (iv), (v), (vii)
ウ (i), (ii), (v), (vi), (vii)
エ (i), (iii), (iv), (v), (vi)
オ (i), (iii), (v), (vi), (vii)
カ (ii), (iii), (iv), (vi), (vii)
キ (ii), (iii), (v), (vi)
ク (ii), (iv), (v), (vi), (vii)
ケ (iii), (iv), (v), (vi), (vii)
コ (iii), (v), (vi), (vii)

(4) 本文中の［ c ］，［ d ］に入れる適切な字句を，解答群の中からそれぞれ選べ。

c，dに関する解答群

ア 顧客企業の購買担当者の一覧を顧客名簿ファイルとして，パスワードによる保護を施さずに保存しておき，そのファイルの中にあるメールアドレスをコピーして，メールクライアントソフトの宛先欄に貼り付ける
イ 電子署名方式の送信ドメイン認証技術を導入する
ウ メールクライアントソフトのメールアドレス帳を活用し，メールを送信したい相手の氏名による検索によって，メールアドレスを選択する手順を従業員に教育する
エ メール誤送信防止ツールを新たに導入してメール送信前に利用者が宛先を確認するための画面を表示し，即時送信を抑止する
オ メールを送信したい相手から過去に受信したメールに対する返信としてメールを送信するとき，宛先がその相手だけであることを確認しない

(5) 本文中の［ e1 ］，［ e2 ］に入れる字句の適切な組合せを，eに関する解答群の中から選べ。

eに関する解答群

	e1	e2
ア	組合せアプローチ	ギャップアプローチ
イ	組合せアプローチ	ベースラインアプローチ
ウ	組合せアプローチ	リスクアプローチ
エ	トップダウンアプローチ	ベースラインアプローチ
オ	トップダウンアプローチ	ボトムアップアプローチ
カ	トップダウンアプローチ	リスクアプローチ
キ	ホールシステムアプローチ	ギャップアプローチ
ク	ホールシステムアプローチ	組合せアプローチ
ケ	ホールシステムアプローチ	ボトムアップアプローチ

問3 攻略のカギ

企業の合併後のポリシの整備と電子メールでのトラブルにおいて，個人情報取扱事業者に求められる知識を確認する問題です。

設問1（1）個人情報保護法の個人情報取扱事業者の変更部分の理解が必要です。
（2）企業活動でよく聞かれる用語の確認が必要です。

設問2（1）旧X社のポリシにヒントがあります。
（2）企業内活動用語で最近はよく目にすることも多くなりました。

設問3（1）このような事象はよく聞かれますが，本試験のシラバスに掲載されていない用語なので，ほかの解答群から想像できると解答が導かれます。
（2）この表だけで考えてしまうと間違えやすいので，調査方法に書かれている内容で違反が分かるのか確認する必要があります。
（3）一般的な情報漏えいのリスク低減を考えると幾つかの解答がわかるので，それをヒントに解答群から選択できます。
（4）メールの宛先入力を便利にするかつ誤送信をなくすのは，ソフトウェアを使用できることが望ましいですが，基本的には人がやっているので“気づき”が必要になります。
（5）「社長方針」と「現場の意見をくみ取る」という言葉がヒントになります。

設問1 個人情報取扱事業者

(1)

「個人情報の保護に関する法律（個人情報保護法）」の改正が2017年5月30日に施行されました。

> ・個人情報取扱事業者に除外適用が撤廃
> （過去6か月以内のいずれの日においても5000を超えないものを持つ小規模取扱事業者）
> ・個人情報の明確化
> （個人識別符号（指紋／顔認証データ／旅券番号／免許証番号など）の類型化）
> など

これにより，問題文のX社は，小規模取扱事業者から個人情報取扱事業者になりました。

> 〔情報システムの利用の変化〕
> （中略）
> X社が取り扱う個人情報は，合併以降（2016年4月1日）2016年12月20日まで3,800件を超えることはなかったが，

したがって，ウ（改正前の法に個人情報取扱事業者から除外される者の条件として，“その取り扱う個人情報の量及び利用方法からみて個人の権利利益を害するおそれが少ないものとして政令で定める者”という条文があったが，それが削除されたから）が正解です。

(2)

問題文には，「社会的責任にも配慮したコーポレートガバナンスと，それを支えるメカニズムである［ a ］の仕組みを，情報セキュリティの観点から，社内に構築・運用するよう指示があった」とあります。

コーポレートガバナンスとは，企業の経営管理が適切に行われているかを監視し，利害関係者に対して企業活動の正当性を維持する行為，及びそのための仕組みのことです。コーポレートガバナンスにより，企業の不祥事を事前に防いだり，客観的な企業の価値を高めたりすることができます。

よって，社員への内部統制（エ）が該当します。

×ア **QCD**とは，“Quality”（品質），“Cost”（費用），“Delivery”（納期）のことです。
×イ **資源ベースアプローチ**とは，企業内の内部資源に着目する考え方のことです。
×ウ **システムライフサイクルマネジメント**とは，システム構築の開発工程を体系化したISOの規格です。
×オ **不正検知**とは，ネットワークや社内での不正を検知することです。
×カ **プロジェクト統合マネジメント**とは，複数のプロセスからプロジェクト全体を管理するものです。

設問2 メール誤送信対策

3(1)

本文中には，「そのメールには，社外秘文書ファイルが添付されていたが，そのファイルは旧X社のポリシに則して［ b ］してあった。そのため，M氏はファイルを開こうとしたが開くことができず，内容の確認ができなかった」とあります。旧X社のポリシを確認すると下の**図I ⓐ**のような記述があります。

よって，暗号化やパスワード設定がなされているものと考えられます。また，「W氏がファイルを開こうとしたが開くことができず」という記述から，暗号化であればファイルを開くことができるため，正解は**ア**（**パスワードによって保護**）となります。

3(2)

問題文の該当箇所は以下のとおりです。

> B課長は，念のために，試行開始後，他の営業員もEさんと同様なメール誤送信がないかD所長に調査を依頼したところ，②メール誤送信には至らなかったが，送信直前の確認で宛先の間違いに気づいて修正してから送信した事例が6件あったという報告を受けた。B課長は，このままでは後に重大な事故が起きると考え，メール誤送信未遂とEさんの件の詳しい調査をD所長に依頼した。

②のようなケースは，一歩間違えば，メールの誤送信による情報漏えいや社会的信用を失う可能性があります。このような事例のことを**ウ**（**ヒヤリハット**）といいます。

× **ア** **SPAMメール**とは，相手を特定しない大量に送付するメールのことです。

× **イ** **内部不正**とは，社内の社員の不正のことです。

× **エ** **標的型攻撃メール**とは，標的とした相手を調べて読みそうな内容をメールとして送り，悪意のあるWebサイトに誘導したり，ウイルスに感染させたりする攻撃です。

× **オ** **ポリシ違反**とは，情報セキュリティポリシに違反していることです。

× **カ** **リスク受容**とは，発生確率や被害額が小さいリスクは，あえて対策を行わないままにすることです。

× **キ** **リスク予防**とは，リスクが起きないように事前に対策を立てておくことです。

設問3 情報セキュリティガバナンス

(1)

下線③の部分を見てみます（**図J ⓐ**）。

最近では，スマートフォンを業務で使用するなどの用途も増えてきて，私用と業務との区別がつきにくくなっています。私用のスマートフォン，タブレット，PCなどを社内に持ち込んで作業したり，業務データを持ち出して自宅などで作業したりすることを**シャドーIT**（**イ**）といいます。

× **ア** **オープンイノベーション**とは，革新的な内容を組織内だけでなく，組織外（官公庁，学校，研究機関など）と取り組むことです。

× **ウ** **テレメタリング**とは，遠隔地から各種データを収集することをいいます。

× **エ** **テレワーク**とは，インターネット環境を使って遠隔地で勤務することをいいます。

× **オ** **ノマドワーキング**とは，テレワークと同じ勤務形態ですが，一般的には個人事業などで使われている言葉です。

(2)

問題文には次の部分及び下の**図I ⓑ**のようにあります。

> **Eさんが用いた業務PC，メールアーカイブサーバなどの調査を経営企画室に依頼した。**経営企画室が，④Eさんからメールの添付ファイルのパスワードを聞きながら調査を進めたところ，試行開始後にEさんが旧X社のポリシに違反していたことが確認できた。そのため，B課長は，Eさんと話をしてメール誤送信の根本的な原因を明らかにすることにした。次は，そのときのB課長とEさんの会話である。

> 1. 業務では，PC，USBメモリ，携帯電話などの機器は会社貸与のものを利用すること
> 2. ⓐ個人情報などの機密性が高い情報は，暗号化，パスワードなどによって保護すること
> 3. ⓑ個人情報などの機密性が高い情報を社外に持ち出す場合には，事前に上長又は所属部門の情報セキュリティリーダの承認を得ること
> 4. パスワードは，英大文字，英小文字，数字，記号の全ての文字種を組み合わせた 8 文字以上で，かつ，他人に推測されにくい文字列とし，他人に知られないよう管理すること

図I　図1より抜粋

・2016年度下期の営業成績が，目標未達であったので，業績改善に躍起になっていた。
・社外秘文書ファイルは，M氏が所属する会社とは別の会社向けに，X社からの値引き後の販売価格を提示するため，3月17日午前中に，業務PCで作り始めたものであった。その日は金曜日であったので，午後の客先訪問後，自宅に直帰し，土日に自宅で，③会社の許可を得ないまま，個人所有のPCを使用して社外秘文書ファイルの作成の続きを行うことにした。
客先訪問前に社外秘文書ファイルをセキュアUSBメモリに入れて持ち出そうとしたが，全てのセキュアUSBメモリが貸出し中であったので，Eさんが使用できるものはなかった。
Eさんの個人所有のUSBメモリを業務PCに接続したが，使用できなかった。ⓐ
ⓑ・旧X社のポリシには，メールクライアントソフトへの私用のメールアドレスの登録を禁止する条文がなかったので，Eさんの私用のメールアドレスを登録したままであった。試行開始後も，社外秘文書ファイルをEさんの私用のメールアドレス宛てのメールに添付して送信し，自宅の個人所有のPCで編集を行っていた。
・社外秘文書ファイルは，1Mバイトであったので，Eさんの私用のメールアドレス宛てのメールに添付して送信を試みた。そのとき，メールクライアントソフトの宛先入力自動補完機能によって，先頭数文字が同じM氏のメールアドレスが誤選択された。午後の客先訪問に遅刻しそうで急いでいたので，宛先メールアドレスをよく確認せずに送信してしまった。

図J　図4より抜粋

これに違反しているかを順に確認します。

(i) **調査方法：**Eさんが利用している業務PC上のメールクライアントソフトのメールアドレス帳を調査
分かった違反：Eさんが，業務PC上のメールクライアントソフトのメールアドレス帳に自身の私用のメールアドレスを登録し，メールアドレス帳内で検索可能な状態にしていた
⇒**図Jⓑ**のように，ただメールクライアントにソフトのアドレス帳に確認していただけなので，旧X社のポリシには違反しません。

(ii) **調査方法：**Eさんが利用している業務メールアドレスについてメールアーカイブサーバで調査
分かった違反：Eさんが，社外秘文書ファイルを添付したメールを自身の私用のメールアドレス宛に送信していた
⇒この場合，メールアーカイブサーバでは送信メールを最近の該当期間確認できます。④から，このファイルにはパスワードを施しているのことがわかります。しかし，その情報を送信する際に，「事前に上長又は所属部門の情報セキュリティリーダの承認を取ること」という**ポリシに違反しています。**

(iii)，(iv) **調査方法：**PC管理ツールを用いて，Eさんが利用している業務PCの**3月17日の操作履歴を調査**
分かった違反：Eさんが会社の許可を受けていない個人所有のUSBメモリに，業務用PC内の社外秘文書ファイルをコピーし，それを個人所有のPC内で編集していた。
⇒これは，「分かった違反」だけ読むと違反のように感じるかもしれませんが，調査したのが3月17日のみのため，誤ったメールを送信したことはわかっていますが，その他の状況は当日だけではわかりません。したがって，適切ではありません。

よって，正解は(ii)（オ）になります。

(3)

本文中のC室長の発言には次のようにあります。

> [a]は，営業員の営業効率の向上には有効なので，同意します。ただし，[a]を実現するためには，⑤次の二つの条件を両方満たす対策が必要です。一つ目は**データの漏えい・消失のリスク又はそれによる被害のリスクが低減可能であること**，二つ目は**社長方針に沿う**ことです。

ここで，社長方針とは本文の先頭部分に次のようにあります。

> 株式の上場，取引先からの信頼の維持・向上及び事業継続性の向上のために，全社的な業務の効率化，コーポレートガバナンスの強化及び社内の情報システムの計画的な統合を図ることを社長方針として周知した

この部分を考慮した対策が必要です。

(i) BIOSのパスワードに，他人に推測されにくい文字列を設定
⇒リスク低減も社長方針も満たすことができます。

(ii) OSとアプリケーションのファイルを除く，ハードディスク中の全てのファイルに対し，ファイルごとに異なるパスワードを用いて手動で暗号化
⇒手動で暗号化にすると，利用者によって必ずし

も暗号化されないファイルが存在してしまいますので不適切です。

(iii) OSのパスワードに，他人に推測されにくい文字列を設定
⇒リスク低減も社長方針も満たすことができます。

(iv) 機密性が高い情報を会社貸与のノート型のPCに格納することを原則として禁止し，営業成績を上げられる見込みがある場合に限り，営業員の判断でその情報をそのノート型のPCに格納可能とすることという条文を旧X社のポリシに追加
⇒営業員の判断で格納するという，基準があいまいなので，不適切です。

(v) 旧X社のポリシに則したパスワードを用いてハードディスク全体を暗号化
⇒リスク低減も社長方針も満たすことができます。

(vi) 社外で漏えい・消失が発生した場合の対応フローを策定
⇒リスク低減も社長方針も満たすことができます。

(vii) ディスプレイにのぞき見防止フィルタを装着
⇒リスク低減も社長方針も満たすことができます。

したがって，(i)，(iii)，(v)，(vi)，(vii)（オ）が正解です。

(4)

空欄c

本文中のB課長の発言，「旧X社のポリシに従った，かつ，誤送信も低減できる形で，メールの宛先の入力を便利にする方法はありませんか」と，C室長の発言の「宛先入力自動補完機能を無効化させた上で，［ c ］という方法です」より，ソフトウェアに頼るのではなく人に頼ることに主眼を置いた解答を選択することになります。したがって，ウ（**メールクライアントソフトのメールアドレス帳を活用し，メールを送信したい相手の氏名による検索によって，メールアドレスを選択する手順を従業員に教育する**）が正解です。

空欄d

「宛先入力自動補完機能を無効化させずに，［ d ］という方法です」とB課長の「［ d ］は要望どおりとして，追加費用は掛かりますが，［ d ］という方法が，情報セキュリティ対策としてバランスが良いと思います」より，追加のソフトウェアを導入するため，エ（メール誤送信防止ツールを新たに導入してメール送信前に利用者が宛先を確認するための画面を表示し，即時送信を抑止する）が正解です。

(5)

本文には，「委員会では，始めは社長方針の実現のために［ e1 ］で取り組み，さらに現場の意見をくみ取るという［ e2 ］によってバランスを取るというB課長の姿勢が高く評価された」とあります。そのため，空欄e1には社長方針による上意下達の**トップダウンアプローチ**が，空欄2には現場の意見による下意上達の**ボトムアップアプローチ**が入ります。オが正解です。

- **ベースラインアプローチ**とは，自組織で標準や基準をもとにベースラインを策定し，チェックしていく方法です。
- **組合せアプローチ**とは，複数のアプローチの併用をすることです。
- **ギャップアプローチ**とは，基準と現実のギャップを考えてそこをヒントに問題解決をしていく方法です。
- **リスクアプローチ**とは，重要な虚偽の表示が生じる可能性が高い事項について，重点的に人員や時間を割く監査手法の一つです。
- **ホールシステムアプローチ**とは，問題を全ての関連する人々が一堂に会して話し合い解決策を策定するアプローチ法です。

解答

設問1	(1) ウ	設問3	(1) イ
	(2) a：エ		(2) オ
設問2	(1) b：ア		(3) オ
	(2) ウ		(4) c：ウ d：エ
			(5) e：オ

■問題文中で共通に使用される表記ルール

各問題文中に注記がない限り，次の表記ルールが適用されているものとする。

試験問題での表記	規格・標準の名称
JIS Q 9001	JIS Q 9001:2015
JIS Q 14001	JIS Q 14001:2015
JIS Q 15001	JIS Q 15001:2006
JIS Q 20000-1	JIS Q 20000-1:2012
JIS Q 20000-2	JIS Q 20000-2:2013
JIS Q 27000	JIS Q 27000:2014
JIS Q 27001	JIS Q 27001:2014
JIS Q 27002	JIS Q 27002:2014
JIS X 0160	JIS X 0160:2012
ISO 21500	ISO 21500:2012
ITIL	ITIL 2011 edition
PMBOK	PMBOK ガイド 第5版
共通フレーム	共通フレーム 2013

解答一覧

令和元年度 秋期

●午前問題（各2点，合計100点）

問1	ア	問2	ウ	問3	ア	問4	エ	問5	ウ
問6	ア	問7	イ	問8	ア	問9	ア	問10	イ
問11	ア	問12	エ	問13	ウ	問14	ア	問15	ア
問16	イ	問17	イ	問18	エ	問19	イ	問20	エ
問21	ア	問22	イ	問23	ウ	問24	ウ	問25	ア
問26	エ	問27	イ	問28	エ	問29	エ	問30	ア
問31	ア	問32	ア	問33	ウ	問34	エ	問35	ア
問36	ア	問37	ウ	問38	エ	問39	イ	問40	イ
問41	ア	問42	ア	問43	エ	問44	ウ	問45	ア
問46	エ	問47	ウ	問48	イ	問49	ウ	問50	ウ

●午後問題（全問が必須問題，合計の上限は100点）

問1（設問1：10点 設問2：2点 設問3：8点 設問4：5点 設問5：9点）	
設問1	(1)a：オ (2点) (2)b：ウ (3点) (3)c：キ (3点) (4)ア (2点)
設問2	d：エ (2点)
設問3	(1)e：イ (3点) (2)f：イ (2点) (3)イ (3点)
設問4	(1)g：エ (2点) (2)h：カ (3点)
設問5	i：カ j：オ k：ウ (各3点)
問2（設問1：7点 設問2：17点 設問3：4点 設問4：6点）	
設問1	(1)ア (3点) (2)ア (4点)
設問2	(1)a：エ (4点) (2)ア (3点) (3)b：カ (4点) (4)エ (3点) (5)イ (3点)
設問3	イ (4点)
設問4	(1)c：エ (3点) (2)d：イ (3点)
問3（設問1：7点 設問2：3点 設問3：16点 設問4：7点）	
設問1	(1)a：ウ (3点) (2)エ (4点)
設問2	b：エ (3点)
設問3	(1)c：エ (3点) (2)d, e：オ, カ (順不同) (各3点) (3)ア (4点) (4)コ (3点)
設問4	(1)エ (3点) (2)カ (4点)

平成31年度 春期

●午前問題（各2点，合計100点）

問1	ウ	問2	ア	問3	ウ	問4	ア	問5	ア
問6	イ	問7	エ	問8	ア	問9	エ	問10	イ
問11	エ	問12	イ	問13	イ	問14	エ	問15	イ
問16	ア	問17	イ	問18	ウ	問19	ウ	問20	エ
問21	ア	問22	ウ	問23	ウ	問24	ウ	問25	イ
問26	ア	問27	ア	問28	イ	問29	イ	問30	ウ
問31	エ	問32	ア	問33	エ	問34	イ	問35	エ
問36	イ	問37	エ	問38	ア	問39	ウ	問40	エ
問41	ウ	問42	エ	問43	エ	問44	ア	問45	ウ
問46	エ	問47	イ	問48	エ	問49	ウ	問50	イ

●午後問題（全問が必須問題，合計の上限は100点）

設問	解答	設問	解答
問1（設問1：9点 設問2：16点 設問3：6点 設問4：3点）			
設問1	(1) a：コ (3点) (2)イ (3点) (3) b：オ (3点)		
設問2	(1)カ (4点) (2)ウ (4点) (3)ウ (4点) (4)オ (4点)		
設問3	(1) c：ウ (3点) (2) d：キ (3点)		
設問4	オ (3点)		
問2（設問1：4点 設問2：9点 設問3：15点 設問4：6点）			
設問1	ア, イ, カ (4点)		
設問2	(1)ケ (3点) (2) a：オ (3点) (3)カ (3点)		
設問3	(1) b：エ (3点) (2) c：ケ (4点) (3) d：イ (4点) (4) e：ウ (4点)		
設問4	(1) f：キ (3点) (2) g：オ (3点)		
問3（設問1：3点 設問2：6点 設問3：12点 設問4：3点 設問5：3点 設問6：6点）			
設問1	ウ (3点)	設問2	(1) a：キ (3点) (2)イ (3点)
設問3	(1) b：イ (3点) (2) c：イ (3点) (3) d：ケ (3点) (4) e：ウ (3点)		
設問4	キ (3点)	設問5	エ (3点)
設問6	(1)エ (3点) (2)カ (3点)		

※設問ごとの詳細な配点は，公式情報が未公開なため，編集部による予想配点となります。参考例としてお使いください。

平成30年度 秋期

●午前問題（各2点，合計100点）

問1	ア	問2	エ	問3	イ	問4	エ	問5	ウ
問6	イ	問7	ウ	問8	ア	問9	イ	問10	エ
問11	エ	問12	エ	問13	ア	問14	エ	問15	ア
問16	ア	問17	ウ	問18	イ	問19	エ	問20	エ
問21	ウ	問22	ウ	問23	ウ	問24	ウ	問25	ア
問26	ア	問27	ア	問28	イ	問29	エ	問30	イ
問31	エ	問32	ア	問33	イ	問34	エ	問35	ア
問36	ウ	問37	エ	問38	ア	問39	ウ	問40	エ
問41	ウ	問42	ウ	問43	エ	問44	ウ	問45	エ
問46	ウ	問47	イ	問48	ウ	問49	ア	問50	ウ

●午後問題（全問が必須問題，合計の上限は100点）

問1（設問1：3点　設問2：3点　設問3：6点　設問4：6点　設問5：15点）	
設問1	ア（3点）　設問2　イ（3点）
設問3	(1)a：オ（3点）(2)b：ウ（3点）
設問4	(1)ウ（3点）　(2)オ（3点）
設問5	(1)ウ（3点）　(2)c：エ（3点） (3)d：ウ（3点）(4)e：ウ（3点） (5)f：ウ（3点）
問2（設問1：34点）	
設問1	(1)ア（3点）　(2)エ（3点） (3)a：ア　b：キ（各3点） (4)ア，ウ（3点）(5)ア，イ，ウ（4点） (6)c：イ　d：キ　e：オ　f：ア（各3点） (7)g：イ（3点）
問3（設問1：4点　設問2：11点　設問3：3点　設問4：16点）	
設問1	ケ（4点）
設問2	(1)エ（3点） (2)a，b：ウ，キ（順不同）（各4点）
設問3	エ（3点）
設問4	(1)エ（4点）　(2)ア（4点） (3)c：カ　d：オ（各4点）

平成30年度 春期

●午前問題（各2点，合計100点）

問1	エ	問2	ウ	問3	イ	問4	エ	問5	ウ
問6	エ	問7	ウ	問8	ア	問9	イ	問10	イ
問11	ウ	問12	ア	問13	イ	問14	エ	問15	ア
問16	ア	問17	エ	問18	ウ	問19	ア	問20	エ
問21	エ	問22	ウ	問23	イ	問24	ウ	問25	ウ
問26	ウ	問27	ア	問28	エ	問29	エ	問30	ウ
問31	ア	問32	ア	問33	ア	問34	ウ	問35	エ
問36	イ	問37	ウ	問38	エ	問39	エ	問40	イ
問41	ア	問42	イ	問43	エ	問44	ア	問45	イ
問46	エ	問47	ア	問48	ウ	問49	ウ	問50	ア

●午後問題（全問が必須問題，合計の上限は100点）

問1（設問1：12点　設問2：13点　設問3：9点）	
設問1	a：カ　b：カ　c：エ　d：ウ（各3点）
設問2	(1)ケ（5点）　(2)ウ，エ（4点完答） (3)ケ（4点）
設問3	(1)イ（4点）　(2)キ（5点）
問2（設問1：6点　設問2：28点）	
設問1	(1)a：ウ（3点）(2)b：オ（3点）
設問2	(1)c：エ　d，e：ウ，オ（順不同） f：イ（各4点） (2)g：ア　h：エ　i：イ（各4点）
問3（設問1：6点　設問2：6点　設問3：22点）	
設問1	(1)ウ（3点）　(2)a：エ（3点）
設問2	(1)b：ア（3点）(2)ウ（3点）
設問3	(1)イ（3点）　(2)オ（5点）　(3)オ（5点） (4)c：ウ　d：エ（各3点） (5)e：オ（3点）

※設問ごとの詳細な配点は，公式情報が未公開なため，編集部による予想配点となります。参考例としてお使いください。

答案用紙

※本ページをコピー、または PDF を【ダウンロード→印刷】してご利用ください。ダウンロードについては 2 ページをご確認ください。

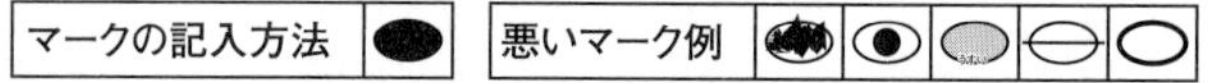

●午前問題（共通）

解答欄									
問1	㋐㋑㋒㋓	問11	㋐㋑㋒㋓	問21	㋐㋑㋒㋓	問31	㋐㋑㋒㋓	問41	㋐㋑㋒㋓
問2	㋐㋑㋒㋓	問12	㋐㋑㋒㋓	問22	㋐㋑㋒㋓	問32	㋐㋑㋒㋓	問42	㋐㋑㋒㋓
問3	㋐㋑㋒㋓	問13	㋐㋑㋒㋓	問23	㋐㋑㋒㋓	問33	㋐㋑㋒㋓	問43	㋐㋑㋒㋓
問4	㋐㋑㋒㋓	問14	㋐㋑㋒㋓	問24	㋐㋑㋒㋓	問34	㋐㋑㋒㋓	問44	㋐㋑㋒㋓
問5	㋐㋑㋒㋓	問15	㋐㋑㋒㋓	問25	㋐㋑㋒㋓	問35	㋐㋑㋒㋓	問45	㋐㋑㋒㋓
問6	㋐㋑㋒㋓	問16	㋐㋑㋒㋓	問26	㋐㋑㋒㋓	問36	㋐㋑㋒㋓	問46	㋐㋑㋒㋓
問7	㋐㋑㋒㋓	問17	㋐㋑㋒㋓	問27	㋐㋑㋒㋓	問37	㋐㋑㋒㋓	問47	㋐㋑㋒㋓
問8	㋐㋑㋒㋓	問18	㋐㋑㋒㋓	問28	㋐㋑㋒㋓	問38	㋐㋑㋒㋓	問48	㋐㋑㋒㋓
問9	㋐㋑㋒㋓	問19	㋐㋑㋒㋓	問29	㋐㋑㋒㋓	問39	㋐㋑㋒㋓	問49	㋐㋑㋒㋓
問10	㋐㋑㋒㋓	問20	㋐㋑㋒㋓	問30	㋐㋑㋒㋓	問40	㋐㋑㋒㋓	問50	㋐㋑㋒㋓

令和元年度 秋期 ●午後問題

解答欄									
問1	設問1	(1) a	(2) b	(3) c	(4)	設問2	d		
	設問3	(1) e	(2) f	(3)	設問4	(1) g	(2) h		
	設問5	i j k							
問2	設問1	(1)	(2)						
	設問2	(1) a	(2)	(3) b	(4)	(5)			
	設問3		設問4	(1) c	(2) d				
問3	設問1	(1) a	(2)	設問2	b				
	設問3	(1) c	(2) d, e ,	(3)	(4)	設問4	(1)	(2)	

平成31年度 春期 ●午後問題

解答欄									
問1	設問1	(1) a	(2)	(3) b					
	設問2	(1)	(2)	(3)	(4)				
	設問3	(1) c	(2) d	設問4					
問2	設問1	, ,	設問2	(1)	(2) a	(3)			
	設問3	(1) b	(2) c	(3) d	(4) e	設問4	(1) f	(2) g	
問3	設問1		設問2	(1) a	(2)				
	設問3	(1) b	(2) c	(3) d	(4) e	設問4		設問5	
	設問6	(1)	(2)						

平成30年度 秋期 ●午後問題

解答欄										
問1	設問1		設問2		設問3	(1) a	(2) b	設問4	(1)	(2)
	設問5	(1)	(2) c	(3) d	(4) e	(5) f				
問2	設問1	(1)	(2)	(3) a b	(4) ,	(5) , ,				
		(6) c d e f	(7) g							
問3	設問1		設問2	(1)	(2) a b	設問3				
	設問4	(1)	(2)	(3) c d						

平成30年度 春期 ●午後問題

解答欄							
問1	設問1	a b c d	設問2	(1)	(2) ,	(3)	
	設問3	(1)	(2)				
問2	設問1	(1) a	(2) b				
	設問2	(1) c d e f	(2) g h i				
問3	設問1	(1)	(2) a	設問2	(1) b	(2)	
	設問3	(1)	(2)	(3)	(4) c d	(5) e	

索引

数字

英字

あ行

か行

さ行

た行

な行

は行

ま行

や行

ら行

わ行

● 著者紹介

五十嵐　聡（いがらし　さとし）

1964年横浜市生まれ。60社を超えるIT系メーカやソフトウェア企業などですべての区分をこなせる情報処理技術者試験対策などの講師として25,000名以上の指導実績がある。各研修先では，その指導力とキャラクタから常に高合格率を誇っている。
「情報処理試験用語集（インプレス）」「ITパスポートパーフェクトラーニング過去問題集（技術評論社）」など著書は70冊を超える。

● STAFF

編集／片元　諭　DTP／株式会社トップスタジオ　表紙イラスト／境目有希子　表紙デザイン／馬見塚意匠室
編集長／玉巻秀雄

■ 商品に関する問い合わせ先

インプレスブックスのお問い合わせフォームより入力してください。
https://book.impress.co.jp/info/
上記フォームがご利用頂けない場合のメールでの問い合わせ先
info@impress.co.jp
※ お問い合わせの際は、書名、ISBN、お名前、お電話番号、メールアドレスに加えて、「該当するページ」と「具体的なご質問内容」「お使いの動作環境」を必ずご明記ください。なお、本書の範囲を超えるご質問にはお答えできないのでご了承ください。

● 電話やFAX等でのご質問には対応しておりません。なお、本書の範囲を超える質問に関しましてはお答えできませんのでご了承ください。

● インプレスブックスの本書情報ページ https://book.impress.co.jp/books/1120101176では、本書のサポート情報や正誤表・訂正情報などを提供しています。あわせてご確認ください。

● 本書の奥付に記載されている初版発行日から1年が経過した場合、もしくは本書で紹介している製品やサービスについて提供会社によるサポートが終了した場合はご質問にお答えできない場合があります。

■ 落丁・乱丁本などの問い合わせ先

TEL　03-6837-5016　FAX　03-6837-5023
service@impress.co.jp
(受付時間／10:00-12:00、13:00-17:30 土日、祝祭日を除く)
※ 古書店で購入されたものについてはお取り替えできません。

■ 書店／販売会社からのご注文窓口

株式会社インプレス 受注センター
TEL　048-449-8040
FAX　048-449-8041
株式会社インプレス 出版営業部
TEL　03-6837-4635

徹底攻略 情報セキュリティマネジメント過去問題集　令和3年度下期

2021年6月11日　初版発行

著　者　五十嵐 聡
発行人　小川 亨
編集人　高橋隆志
発行所　株式会社インプレス
〒101-0051　東京都千代田区神田神保町一丁目105番地
ホームページ　https://book.impress.co.jp/

印刷所　日経印刷株式会社

ISBN978-4-295-01161-3 C3055

Printed in Japan